有機フッ素化合物の最新動向

Recent Trends in Synthesis and Application of Fluoroorganic Materials

監修:今野 勉
Supervisor : Tsutomu Konno

シーエムシー出版

はじめに

　有機フッ素化合物の応用は，今日，医農薬品，化学エネルギー材料，半導体関連材料，フロン代替化合物，表面改質剤や機能性膜などの高分子材料，さらには住宅・生活関連用品といった，数多くの分野に広がっている。これほどまでに，有機フッ素化合物の応用が飛躍的な拡大を遂げた要因は，有機化合物の構成要素の中で，一般に最も総数の多い水素原子と比べ，フッ素原子が，そのサイズならびに原子価の点で大きな類似性を持つことに起因する。周知のように，有機化合物の大半は，炭素原子，水素原子，酸素原子あるいは窒素原子といった，わずか3，4種類の原子から構成されているにもかかわらず，その結合様式や3次元構造などの多様性から，現在までに膨大な数の有機化合物がCASに登録されている。その多様な有機化合物における水素原子を，ある一定の数だけフッ素原子に置換すると，その導入数ならびに導入位置に応じて，さらに膨大な数の新しい有機フッ素化合物が創製される。この多様性を巧みに利用することで，多様な分子特性が実現できることこそが，広範な領域において有機フッ素化合物が重宝される所以であろう。もちろん，その多様性に加えて，フッ素原子が全原子中最大の電気陰性度を有すること，また，炭素−フッ素結合が極めて強固であることも，他原子では実現し得ない特化した分子特性を発現する要因となっていることは言うまでもない。

　このような有機フッ素化合物の多様性に伴い，その開発が急速に拡大し，有機フッ素化合物の有用性が広く認知された結果，これまで，有機フッ素化合物を取り扱ってこなかった有機化学者にも，有機フッ素化学研究が深く浸透し，定着するようになった。こうしたことは，新しいフッ素化試薬やフルオロアルキル化試薬の飛躍的な進歩，あるいは有機金属錯体を用いた有機フッ素化合物の新規合成手法の開発を誘起し，また，強固な炭素−フッ素結合を，炭素−炭素結合生成反応に積極的に活用する，「炭素−フッ素結合活性化反応」という新たな研究領域の誕生をも促した。

　こうした現状を鑑みると，現行の有機フッ素化学研究は，一昔前の，いわゆる「成長期」から，より高度な技術革新が迫られる「成熟期」に移行しつつあるように感じる。こうした状況において，本書は，今後の有機フッ素化学の新たな進化を誘起するために，「有機フッ素化合物の最新動向」というタイトルの下，そのコンテンツを「合成」と「応用」に大別し，近年，特に注目されている領域のトピックをそれぞれ取り上げた。「合成」では，各種フッ素化剤ならびにフルオロアルキル化剤の現状紹介に始まり，特異な骨格構築法や不斉合成法，また，産業界で汎用されるフッ素含有基幹物質を利用した最新の合成反応などを取り上げた。一方，「応用」では，医農薬分野への応用と機能性材料分野への応用に分類し，機能性材料分野への応用においては，さらに二大別し，フッ素含有低分子の応用例とフッ素含有高分子の応用例を紹介した。前者では，特

にエネルギー貯蔵デバイス，有機半導体材料，あるいは発光材料への最近の応用例などを取り上げた。後者では，2013年に㈱シーエムシー出版から刊行されている「フッ素樹脂の最新動向」には取り上げられていない最近のトピックを取り上げた。そのため，フッ素樹脂に関するさらなる詳細を知りたい方は，同著書を参照されたい。

このように，広範な範囲を網羅した本書ではあるが，それぞれのトピックは，極めて専門的かつ最新であり，今後の有機フッ素化学の第二次成長の糧になることに疑いはなく，読者の皆様に有意義な情報を数多く提供できるものと確信している。

最後に，本書の出版にあたり多忙な中にもかかわらず執筆をご快諾頂き，大変貴重な原稿をお寄せ頂きました執筆者各位に心より御礼申し上げます。また，本書の企画から出版に至るまでご尽力頂きました㈱シーエムシー出版の井口誠氏に深謝申し上げます。

2018年4月

京都工芸繊維大学

今野　勉

執筆者一覧（執筆順）

今 野 　 勉	京都工芸繊維大学　大学院工芸科学研究科　分子化学系　教授
柴 富 一 孝	豊橋技術科学大学　大学院工学研究科　環境・生命工学系　准教授
網 井 秀 樹	群馬大学　大学院理工学府　分子科学部門　教授
國 信 洋一郎	九州大学　先導物質化学研究所　教授
新 名 清 輝	名古屋工業大学　大学院工学研究科　生命・応用化学専攻
柴 田 哲 男	名古屋工業大学　大学院工学研究科　生命・応用化学専攻， 共同ナノメディシン科学専攻　教授
住 井 裕 司	名古屋工業大学　大学院工学研究科　生命・応用化学専攻　助教
藤 田 健 志	筑波大学　数理物質系　化学域　助教
渕 辺 耕 平	筑波大学　数理物質系　化学域　准教授
市 川 淳 士	筑波大学　数理物質系　化学域　教授
山 崎 　 孝	東京農工大学　大学院工学研究院　応用化学部門　教授
丹 羽 　 節	(国研)理化学研究所　生命機能科学研究センター 分子標的化学研究チーム　副チームリーダー
矢 島 知 子	お茶の水女子大学　基幹研究院　自然科学系　准教授
井 上 宗 宣	(公財)相模中央化学研究所　副所長， 精密有機化学グループリーダー
山 口 博 司	名古屋大学　脳とこころの研究センター，大学院医学系研究科 特任講師
水 上 　 進	東北大学　多元物質科学研究所　教授

平 井 憲 次	(公財)相模中央化学研究所　所長
小 林　　修	(公財)相模中央化学研究所　生物制御化学グループ　副主任研究員
森　　達 哉	住友化学㈱　健康・農業関連事業研究所　フェロー
氏 原 一 哉	住友化学㈱　健康・農業関連事業研究所　探索化学グループ 主席研究員
庄 野 美 徳	住友化学㈱　生活環境事業部　開発部
南 部 典 稔	東京工芸大学　工学部　生命環境化学科　教授
山 田 重 之	京都工芸繊維大学　分子化学系　助教
久保田 俊 夫	茨城大学　大学院理工学研究科　量子線科学専攻　教授
折 田 明 浩	岡山理科大学　工学部　バイオ・応用化学科　教授
船 曳 一 正	岐阜大学　工学部　化学・生命工学科　教授
大 槻 記 靖	日本ゼオン㈱　化学品事業部　技術グループ　課長
伊 藤 隆 彦	㈱フロロテクノロジー　代表取締役
井 本 克 彦	ダイキン工業㈱　化学事業部　商品開発部　主任技師
入 江 正 樹	ダイキン工業㈱　化学事業部　商品開発部　主任技師
長谷川 直 樹	㈱豊田中央研究所　環境・エネルギー１部　燃料電池第１研究室 主任研究員
宮 崎 久 遠	旭化成㈱　研究・開発本部　化学・プロセス研究所　主幹研究員
西　　栄 一	旭硝子㈱　化学品カンパニー　戦略本部　開発部　機能商品開発室

目　　次

第1章　フッ素化合物の合成

1　最近のフッ素化剤動向 … **柴富一孝** … 1
　1.1　はじめに …………………………… 1
　1.2　求核的フッ素化剤の動向 ………… 1
　1.3　N-F結合型求電子的フッ素化剤の
　　　最近の応用例 ……………………… 9
　1.4　おわりに …………………………… 13
2　最近のフルオロアルキル化剤の動向
　………………………… **網井秀樹** … 15
　2.1　はじめに …………………………… 15
　2.2　求核的トリフルオロメチル化反応の
　　　進展 ………………………………… 15
　2.3　求電子的トリフルオロメチル化反
　　　応，酸化的トリフルオロメチル化反
　　　応の進展 …………………………… 20
　2.4　ラジカル的トリフルオロメチル化反
　　　応の進展 …………………………… 23
　2.5　おわりに …………………………… 26
3　位置選択的なトリフルオロメチル化反
　　応の開発 ……………… **國信洋一郎** … 29
　3.1　はじめに …………………………… 29
　3.2　C(sp^2)-H結合の位置選択的なトリ
　　　フルオロメチル化 ………………… 29
　3.3　C(sp^3)-H結合の位置選択的なトリ
　　　フルオロメチル化 ………………… 32
　3.4　今後の展望 ………………………… 34
4　ペンタフルオロスルファニル化合物の
　　最新動向 …… **新名清輝，柴田哲男** … 36
　4.1　はじめに …………………………… 36
　4.2　SF$_5$基置換芳香族炭化水素の合成
　　　……………………………………… 37

　4.3　SF$_5$基置換複素環式化合物の合成
　　　……………………………………… 39
　4.4　SF$_5$芳香環部位およびSF$_5$複素環式
　　　化合物部位を直接導入する試薬の開
　　　発 …………………………………… 45
　4.5　おわりに …………………………… 47
5　トリフルオロメタンスルホニル基含有
　　化合物の最新動向
　　………………… **住井裕司，柴田哲男** … 49
　5.1　はじめに …………………………… 49
　5.2　芳香族トリフロン（Ar-SO$_2$CF$_3$），
　　　複素環トリフロン（HetAr-SO$_2$CF$_3$）
　　　の合成 ……………………………… 50
　5.3　おわりに …………………………… 58
6　テトラフルオロエチレン基を有する有
　　機分子の合成開発 ……… **今野　勉** … 61
　6.1　はじめに …………………………… 61
　6.2　テトラフルオロエチレン基含有化合
　　　物の合成法 ………………………… 62
7　フッ素脱離を利用する炭素-フッ素結
　　合活性化反応の現状
　　…… **藤田健志，渕辺耕平，市川淳士** … 74
　7.1　序 …………………………………… 74
　7.2　遷移金属によるフッ素脱離 ……… 77
　7.3　β-フッ素脱離によるC-F結合活性
　　　化 …………………………………… 78
　7.4　α-フッ素脱離によるC-F結合活性
　　　化 …………………………………… 89
　7.5　総括 ………………………………… 91

8 フッ素原子あるいは含フッ素アルキル基を有する不斉炭素の構築法 ………………… 山崎　孝 … 94
8.1 はじめに ……………………………… 94
8.2 触媒的アルドール反応 ……………… 94
8.3 キラルなスルフィンアミドを用いた反応 ……………………………………… 97
8.4 直接的なトリフルオロメチル化ならびにフッ素化反応 ……………………… 98
8.5 環化を伴うトリフルオロメチル化ならびにフッ素化反応 ……………… 99
8.6 アルキン類と含フッ素カルボニル化合物との反応 ………………………… 100
8.7 含フッ素アルキン類と α, β-不飽和カルボニル化合物との反応 ……… 102
8.8 トリフルオロメチル基を有した化合物のプロトン移動反応 ……………… 103
8.9 おわりに …………………………… 103
9 TFE, HFP, CTFE などの安価な市販のフッ素原料を用いた合成 ………………………………………… 丹羽　節 … 107

9.1 はじめに：ペルフルオロアルケン類を起点とする精密有機合成 ……… 107
9.2 脱フッ素を経る置換反応 ………… 107
9.3 炭素−炭素二重結合への付加反応 ……………………………………… 110
9.4 ペルフルオロアルケン類の交差オレフィンメタセシス反応への利用 … 113
9.5 TFE の実験室レベルでの新規発生法 ………………………………… 114
9.6 最後に ……………………………… 114
10 可視光レドックス触媒を用いた有機フッ素化合物の合成 …… 矢島知子 … 117
10.1 はじめに …………………………… 117
10.2 ルテニウム，イリジウム錯体を用いた可視光ペルフルオロアルキル化 …………………………………… 117
10.3 有機色素を用いた可視光ペルフルオロアルキル化 ………………… 120
10.4 錯形成などを利用した可視光ペルフルオロアルキル化 …………… 122
10.5 おわりに …………………………… 124

第2章　医農薬分野への応用

1 フッ素系医薬の動向 …… 井上宗宣 … 127
1.1 はじめに …………………………… 127
1.2 フッ素系医薬 ……………………… 127
2 PET 用診断薬の合成ならびにその応用 ………………………………… 山口博司 … 142
2.1 PET 検査について ………………… 142
2.2 サイクロトロンと標識合成装置 … 142
2.3 PET 核種について ………………… 143
2.4 PET 核種 [18]F について ………… 144
2.5 当院における ^{18}F-PET 用診断薬について …………………………… 146

2.6 その他の臨床研究 ^{18}F-PET 診断薬 ……………………………………… 148
2.7 新規 ^{18}F-PET 診断薬の開発に向けて ………………………………… 149
3 MRI などへの機能性含フッ素プローブ応用 ……………………… 水上　進 … 151
3.1 はじめに …………………………… 151
3.2 分子イメージングプローブの開発（その1）：OFF/ON 型低分子 ^{19}F MRI プローブ ……………… 152
3.3 ^{19}F MRI プローブの高感度化 …… 155

3.4 分子イメージングプローブの開発
（その2）：OFF/ON 型ナノ粒子
^{19}F MRI プローブ ……………… 157
3.5 まとめ ……………………………… 159
4 フッ素系農薬の開発動向
……………… 平井憲次, 小林 修 … 161
4.1 はじめに ………………………… 161
4.2 フッ素系除草剤 ………………… 162
4.3 フッ素系殺虫剤 ………………… 167
4.4 フッ素系殺菌剤 ………………… 174
4.5 最後に ……………………………… 179

5 含フッ素家庭防疫用殺虫剤の探索研究
… 森 達哉, 氏原一哉, 庄野美徳 … 183
5.1 はじめに ………………………… 183
5.2 アミドフルメト ………………… 183
5.3 ジメフルトリン ………………… 184
5.4 メトフルトリン ………………… 186
5.5 プロフルトリン ………………… 187
5.6 モンフルオロトリン …………… 188
5.7 α-ピロン化合物 ………………… 188
5.8 おわりに ………………………… 190

第3章　低分子機能性材料

1 フッ素化ジエーテル化合物の物性およ
び電気化学特性 ………… 南部典稔 … 191
1.1 はじめに ………………………… 191
1.2 物理的，化学的および電気化学的性
質 ……………………………… 192
1.3 リチウム二次電池への応用 ……… 196
2 フッ素系発光材料
………… 山田重之, 久保田俊夫 … 200
2.1 はじめに ………………………… 200
2.2 フッ素系蛍光材料 ……………… 200
2.3 フッ素系りん光材料 …………… 208
2.4 おわりに ………………………… 215
3 有機電界効果トランジスターを指向し
た含フッ素有機半導体材料の設計と評
価 ……………………… 折田明浩 … 218
3.1 はじめに ………………………… 218
3.2 BPEPE の合成とキャリア輸送能評
価 ……………………………… 219
3.3 FPE の合成とキャリア輸送能評価
……………………………… 221

3.4 おわりに ………………………… 227
4 フッ素置換基を活用した機能性色素の
設計とその特性 ……… 船曳一正 … 229
4.1 はじめに ………………………… 229
4.2 モノメチンシアニン色素へのフッ素
置換基の導入効果 ……………… 229
4.3 フッ素置換基を有するモノ，トリ，
およびペンタメチンシアニン色素
……………………………… 231
4.4 ヘプタメチンシアニン色素へのフッ
素置換基導入の効果 …………… 233
4.5 おわりに ………………………… 237
5 地球環境型フッ素系溶剤
"ゼオローラH" ………… 大槻記靖 … 240
5.1 はじめに ………………………… 240
5.2 洗浄剤の動向 …………………… 243
5.3 フッ素系洗浄剤の種類と基本物性比
較 ……………………………… 244
5.4 ゼオローラHとは ……………… 245
5.5 おわりに ………………………… 252

第4章　高分子機能性材料

1　常温型フッ素系コーティング剤による
　　電子部品・実装基板の防湿性・防水性
　　付与 ……………… **伊藤隆彦** … 253

1.1　はじめに …………………… 253

1.2　概要 ………………………… 253

1.3　皮膜特性面での優位点 ……… 254

1.4　使用上のメリット …………… 257

1.5　使用例 ………………………… 258

1.6　今後の方向性と環境への配慮 …… 259

2　塗料用水性フッ素樹脂の耐候性と水性
　　架橋技術 …………… **井本克彦** … 261

2.1　はじめに …………………… 261

2.2　有機溶剤と環境問題 ………… 261

2.3　フッ素樹脂の水性化 ………… 261

2.4　水性塗料用フッ素樹脂 ……… 262

2.5　終わりに …………………… 268

3　自動車向け高機能フッ素ゴム
　　………………………… **入江正樹** … 269

3.1　序章 ………………………… 269

3.2　フッ素ゴムの種類と特徴 ……… 269

3.3　自動車の地球環境問題への取り組み
　　………………………………… 270

3.4　自動車向けフッ素ゴムに求められる
　　機能と開発動向 ……………… 271

3.5　おわりに …………………… 277

4　フッ素電解質材料の固体高分子形燃料
　　電池触媒層への応用 … **長谷川直樹** … 279

4.1　はじめに …………………… 279

4.2　固体高分子形燃料電池の触媒層 … 280

4.3　触媒層アイオノマー ………… 281

4.4　まとめ ……………………… 290

5　固体高分子型燃料電池用フッ素系電解
　　質膜の高機能化 ……… **宮崎久遠** … 292

5.1　はじめに …………………… 292

5.2　固体高分子型燃料電池（PEFC）… 292

5.3　電解質膜の特徴と機能発現因子 … 293

5.4　高性能，高耐久電解質膜の開発 … 295

5.5　最後に ……………………… 300

6　接着性フッ素樹脂及びその応用
　　………………………… **西　栄一** … 301

6.1　緒言 ………………………… 301

6.2　フッ素樹脂の特性，市場及び用途
　　………………………………… 302

6.3　接着性フッ素系高分子材料の紹介及
　　び複合化 …………………… 304

6.4　自動車におけるフッ素樹脂系高分子
　　材料の用途 ………………… 307

6.5　燃料系の防止材料，長期耐久部材と
　　してのフッ素樹脂 …………… 307

6.6　接着性フッ素樹脂の新たな展開 … 315

6.7　フッ素技術によるポリアミド樹脂の
　　改質について ……………… 316

第1章　フッ素化合物の合成

1　最近のフッ素化剤動向

柴富一孝[*]

1.1　はじめに

　含フッ素有機分子の持つ大きな可能性は医薬品，高分子材料をはじめとする様々な機能性分子の開発において注目されている。このため近年，有機化合物へのフッ素原子の導入反応が精力的に研究されている。効率的にフッ素化合物を製造するには実用的なフッ素化剤の存在が不可欠である。しかしながら，フッ素ガス（F_2）に代表されるように活性の高いフッ素化剤は安定性や安全性に問題がある場合が多く，高活性かつ扱いやすいフッ素化剤の開発が重要な研究課題となる。汎用されているフッ素化剤は求核的フッ素化剤と求電子的フッ素化剤に大別することができるが，いずれのタイプのフッ素化剤においても反応性だけでなく，選択性，安定性，汎用溶媒への溶解性，原子効率，製造コスト等の様々な要素が実用性に影響する。これらの向上を目指した新たなフッ素化剤の開発研究は近年着実に進歩しており，特に最近10年では脱酸素的フッ素化剤の開発が目覚ましい。本節ではこれらのフッ素化剤の開発状況と応用例について，最近の例を中心に概説する。

1.2　求核的フッ素化剤の動向

　最も単純かつ基本的な求核的フッ素化剤としてはフッ化水素（HF）が挙げられる。HF はフッ素化合物の工業的な製造に広く用いられているが，H－F 間の強い水素結合に起因する求核性の低さや，毒性の高さ等から実験室レベルでの利用には向かない。また，フッ化カリウム（KF），フッ化セシウム（CsF），フッ化テトラブチルアンモニウム（n-Bu$_4$NF）等を利用した求核置換反応も基本的なフッ素化反応であるが，こちらもフッ素アニオンの求核性の低さ等から適用範囲が限られている。一方で，C－O 結合を C－F 結合に変換する脱酸素的フッ素化反応は汎用性の高い手法である[1]。例えばアルコール，アルデヒド，ケトン，カルボン酸のような普遍的な官能基を対応するフッ素系置換基に変換できるため，合成化学的な有用性は大きい。四フッ化硫黄（SF_4）はこのような脱炭素的フッ素化剤として古くから知られており[2]，アルコール性水酸基のフッ素化，カルボニル基のジフルオロメチレン基への変換，カルボキシル基のトリフルオロメチル基への変換反応等を行うことができる。しかしながら，SF_4 は毒性が高く，常温・常圧で気体であるため簡便に利用できる反応剤とは言えない。実用性の高い脱炭素的フッ素化剤としては，ジメチルアミノ三フッ化硫黄（DAST）が良く知られている[3,4]。常温で液体であることから SF_4

---

[*]　Kazutaka Shibatomi　豊橋技術科学大学　大学院工学研究科　環境・生命工学系　准教授

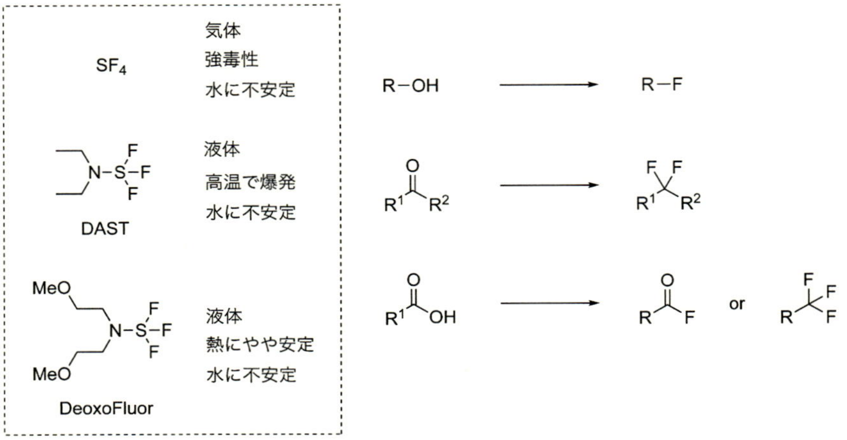

有機フッ素化合物の最新動向

図1 代表的な脱酸素的フッ素化剤の性質と典型的な反応例

に比べて取り扱いやすく，良好な反応性を持っているため広く利用されているが，熱安定性が低く加熱により爆発する危険性がある。また，水と激しく反応して毒性の高いHFを生成するため，吸湿や使用後の後処理に十分な注意を要する。DeoxoFluor[4,5]はDASTよりも安定性が向上しているが，液体であり依然水への安定性は低い。最近これらの問題点を克服した取り扱いの容易な脱酸素的フッ素化剤が開発されている。本項ではこれらの脱酸素的フッ素化剤について特徴と反応例を紹介する。

1.2.1　Fluolead[6]

2010年に梅本らが報告したFluoleadはSF$_4$と同様に様々な脱酸素的フッ素化反応に用いることができる（図2）。Fluoleadは結晶状の粉末であり，水とも穏やかに反応するため，取り扱いや保管が容易である。少量のFluoleadを水中に懸濁させてみても，10分程度の間は見た目に何も変化が起こらないことが報告されている。一方で，DASTやDeoxoFluorを同様に水中に滴下すると発煙を伴って激しく反応する。Fluolead類縁体の水に対する安定性は，フェニル基上の

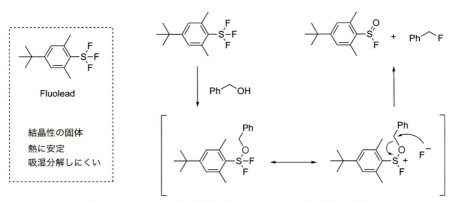

図2　Fluoleadによる脱酸素的フッ素化反応の推定反応機構

第1章　フッ素化合物の合成

アルキル基の嵩高さに大きく関連していることも報告されている。また Fluolead は熱安定性も高い。示差走査熱量測定（DSC）から Fluolead の分解温度は 232℃ と見積もられており，これは DeoxoFluor の 140℃ を大きく上回っている。実際にカルボン酸のトリフルオロメチル基への変換反応は高温条件下（100℃）で行われているが，目的生成物は定量的に得られている。

　Fluolead はアルコール性水酸基のフッ素化反応，カルボニル基のジフルオロメチレン基への変換等の様々な酸素官能基のフッ素化反応に利用できる。アルコールのフッ素化反応について，図2に示した反応機構が提唱されている。不斉炭素上の第二級水酸基のフッ素化反応では DAST の場合と同様に立体化学の反転を伴って反応が進行する（図3(a)）。その他，特徴的な反応を幾つか紹介する。D-Glucopyranose のテトラベンジルエーテル 1 のフッ素化反応では高いジアステレオ選択性（$\alpha/\beta = 96/4$）でフッ素化体が得られる（図3(b)）。同様の反応を DAST もしくは DeoxoFluor を用いて行うとややジアステレオ選択性が低下することが報告されている[7,8]。

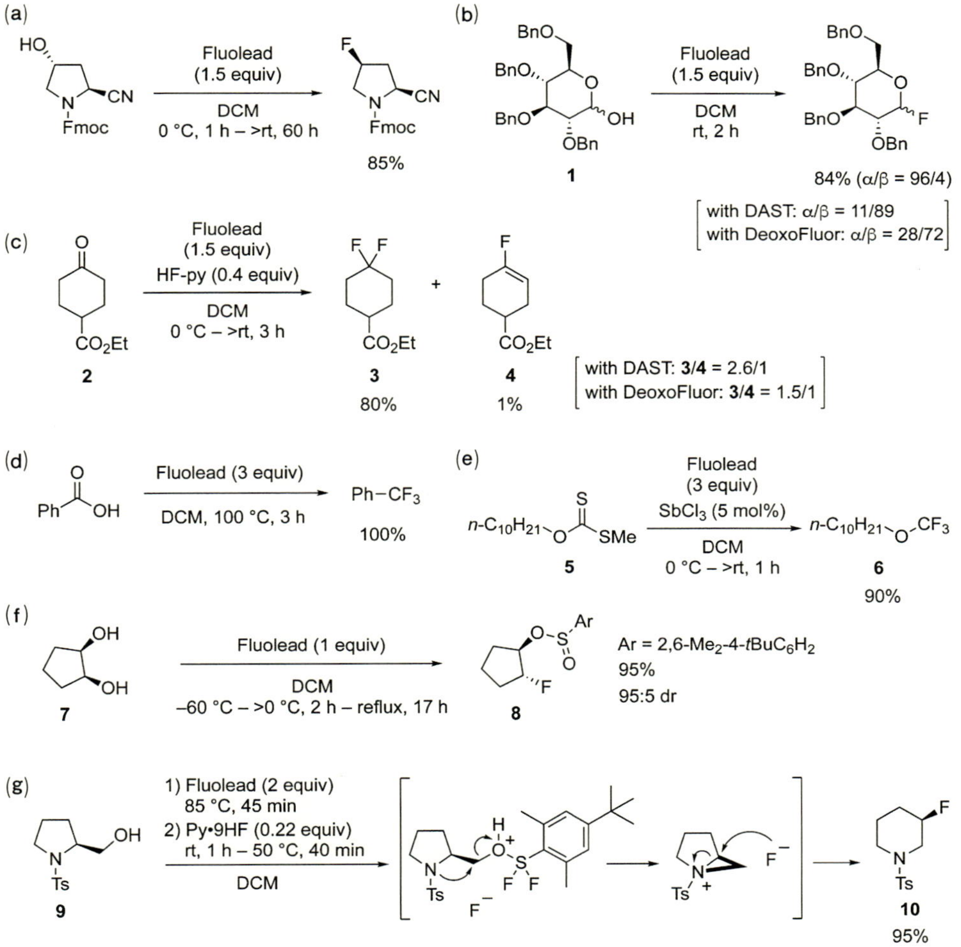

図3　Fluolead を用いた脱酸素的フッ素化反応の例

シクロヘキサノン誘導体 2 のフッ素化反応ではジフルオロメチレン化合物 3 が良好な収率で得られる（図 3(c)）。本反応では HF-pyridine を共存させる必要がある。この反応を DAST もしくは DeoxoFluor を用いて行うと脱離反応由来のフルオロアルケン 4 が約 20～40％程度副生してしまうが，Fluolead を用いた場合 4 はほとんど生成しない。カルボキシル基のトリフルオロメチル基への変換反応も円滑に進行する（図 3(d)）。ジチオ炭酸エステル 5 の反応ではトリフルオロメチルエーテル 6 が良好な収率で得られる（図 3(e)）。トリフルオロメトキシ基は医薬品の設計において重要な部分構造であるが，この官能基を導入する実践的な手法はほとんど知られていないことから有用な反応である。また，1,2-ジオール 7 を用いた反応では一方の水酸基のみがフッ素化されたスルフィン酸エステル 8 が得られる（図 3(f)）。また，Haufe らは，N-トシルプロリノール（9）を Fluolead と pyridine・9HF を用いてフッ素化することで，3-フルオロ-N-トシルピペリジン（10）が高収率で得られることを報告している[9]。推定反応機構は図 3(g)に示す通りである。Fluolead は現在，宇部興産㈱医薬事業部，東京化成工業㈱，シグマアルドリッチ社等から市販されている。

1.2.2 XtalFluor[10]

XtalFluor は 2009 年に Couturier らにより開発された脱酸素的フッ素化剤である（図 4）。結晶性の固体であり，短時間であれば空気中で取り扱うことができる。DSC 測定により分解温度は XtalFluor-E が 205℃，XtalFluor-M が 243℃ と見積もられており，熱的安定性も高い。また，暴走反応熱量測定（ARC）においても，熱分解による自己発熱開始温度は DAST，DeoxoFluor が共に 60℃ であるのに対して XtalFluor-E，XtalFluor-M はそれぞれ 119℃，141℃ であり，同フッ素化剤の安全性を示している。XtalFluor も DAST 同様に種々の酸素官能基のフッ素化に利用できるが，添加剤として Et₃N・3HF もしくは DBU を用いる必要がある。一方で，反応後に遊離の HF が発生しないことから，通常のガラス容器で反応を行える利点がある。これはフッ素化剤と酸素官能基が結合した際に，他の脱酸素的フッ素化剤と異なり HF が発生しないことに起因

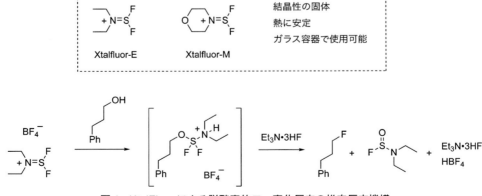

図 4 XtalFluor による脱酸素的フッ素化反応の推定反応機構

第1章　フッ素化合物の合成

すると考えられる。推定反応機構を図4に示す。

　Couturier らは XtalFluor の特筆すべき反応性として，DAST や DeoxoFluor を用いた場合に比べて脱離反応によるフルオロアルケンの生成が少ないことを挙げている（図5(a)）。一方で，後年 Paquin らはジメチルアセトアミド（DMA）を溶媒とすることでフルオロアルケンの選択性が大きく向上することを報告している[11]（図5(b)）。フルオロアルケンは医薬品や機能性高分子の部分構造としての応用が期待されているため，こちらの条件にも利用価値があると思われる。キラル二級アルコールのフッ素化反応では立体化学の反転を伴って光学純度をほとんど損なうことなく反応が進行する（図5(c)）。カルボン酸のフッ素化反応ではトリフルオロメチル化は

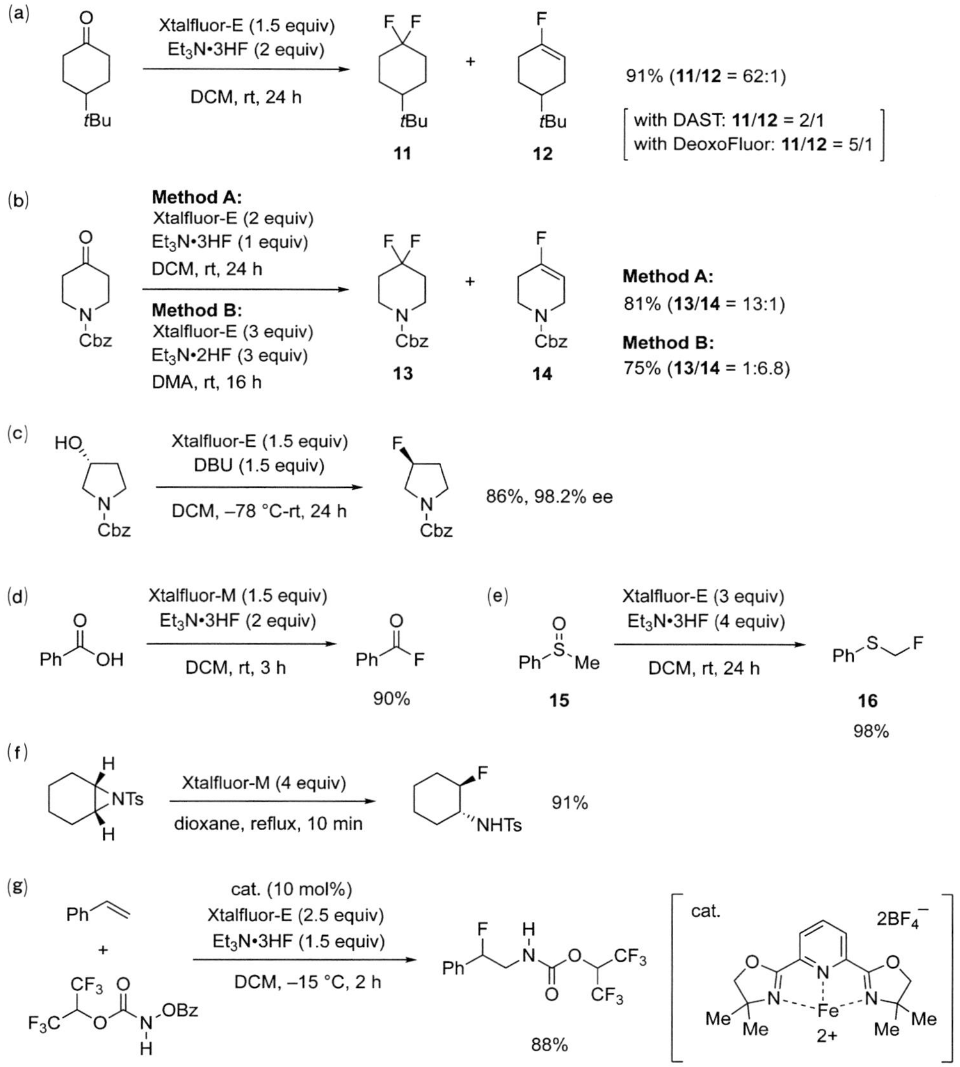

図5　XtalFluor による脱酸素的フッ素化反応の例

進行せず，酸フルオリドを与える（図5(d)）。また，メチルフェニルスルホキシド（**15**）のα-フルオロチオエーテル **16** への変換も可能である（図5(e)）。最近では，*N*-トシルアジリジンの開環反応[12]（図5(f)）やFe触媒を用いたアルケンのアミノフッ素化反応への利用[13]も報告されている（図5(g)）。本フッ素化剤も現在，複数の試薬メーカーから市販されている。

1.2.3　PhenoFluor[1b,14]

　2011年にRitterらは新たな脱酸素的フッ素化剤PhenoFluorを報告した（図6(a)）。DSC測定による分解温度は213℃であり熱安定性は高い。常温で粉末状のフッ素化剤であるが，吸湿により容易に分解して失活する。このためグローブボックス内で扱うか，無水条件下で調整された溶液を使用する必要がある。反応にはCsFを添加剤として用いる必要があるが，CsFは吸湿性が

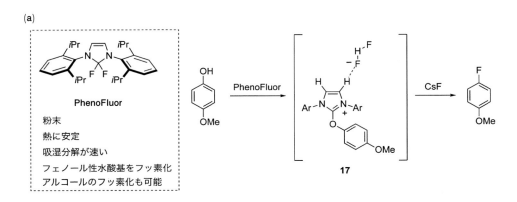

図6　PhenoFluorによるフェノール類の脱酸素的フッ素化反応

第1章 フッ素化合物の合成

あるため乾燥させておく必要がある。PhenoFluor の最も大きな反応性は，フェノール性水酸基をフッ素化できることである。従来の脱炭素的フッ素化剤ではフェノール性水酸基はほとんど反応しない（図6(b)）。遷移金属触媒を利用することなくフェノール性水酸基を一段階でフッ素に変換できる画期的な反応と言える。この反応はフェノールと PhenoFluor から中間体 **17** が生成して進行することが示唆されている。中間体 **17** のビフルオリドとイミダゾール環の水素との間に水素結合があり，この水素結合がフッ素化反応に重要な役割を持っていると考えられている。この水素結合の存在は X 線結晶構造解析および ^{1}H NMR 測定から強く示唆されている。PhenoFluor によるフェノール類のフッ素化反応は図6(c)に例示したように官能基許容性が非常に高い。ピリジン環，キノリン環のフッ素化反応にも利用できる点も興味深い。

また，PhenoFluor はアルコール性水酸基のフッ素化にも利用できる[14b]。従来のフッ素化剤に比べて化学選択性が高いことが特徴である。例えば，図7(a)に示す Fmoc 保護されたセリンメチルエステル（**18**）のフッ素化反応では，水酸基が活性化されることにより脱水やアジリジン環形成等の副反応が起こることが知られている。実際にこの反応を従来の脱炭素的フッ素化剤を用いて行うとフッ素化体 **19** はほとんど生成しない。一方で，PhenoFluor を用いて反応を行うと **19** が 80％ 収率で得られている。このように PhenoFluor はアルコール性水酸基のフッ素化においても高い官能基許容性と化学選択性を示す。さらに PhenoFluor は複数の水酸基を持つ反応基質のフッ素化において高い位置選択性を示す。例えば，図7(b)に示す oligomycin A を反応基質

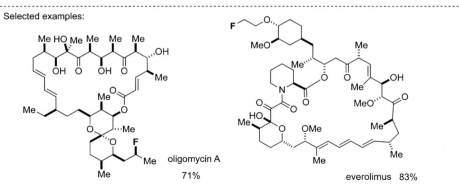

図7 PhenoFluor によるアルコールの脱酸素的フッ素化反応

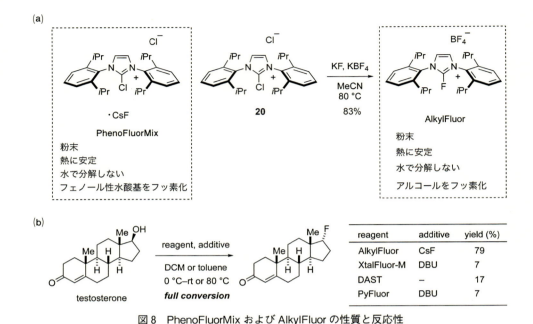

図8　PhenoFluorMix および AlkylFluor の性質と反応性

とした場合，テトラヒドロピラン環側鎖状の二級水酸基が選択的にフッ素化される（71%収率）。本反応を DAST を用いて行うと，少なくとも5つ以上のフッ素化合物の混合物となる。その他にも様々な生物活性物質の位置選択的なフッ素化反応が報告されている。複雑な化合物の水酸基を保護基を用いることなく選択的にフッ素化できる Late-Stage フッ素化反応として非常に興味深い報告である。Ritter らは複数の水酸基の選択性を理解する指標を以下のように述べている。①第一級アルコールは第二級，第三級アルコール存在下でも選択的に反応する，②β位，β'位が共に分岐構造である第二級アルコールはほとんど反応しない，但しアリルアルコールを除く，③アリルアルコールを除いて第三級アルコールは反応しない，④水素結合をしている水酸基は反応しない。PhenoFluor は複数の試薬メーカーから市販されており，PhenoFluor の無水 toluene 溶液も市販されている。

1.2.4　PhenoFluorMix[15]，AlkylFluor[16]

　上述のように PhenoFluor は有用な脱酸素的フッ素化剤であるが，吸湿による分解が速いため取り扱いが困難である。そこで Ritter らは新たなフェノール類の脱酸素的フッ素化剤として PhenoFluorMix を開発した（図8(a)）。これはクロロイミダゾリニウム塩 **20** と CsF の1：2混合物（重量比）である。PhenoFluorMix もフッ素化反応の実践にあたっては無水条件を必要とするが，PhenoFluor と違い水と反応して分解することがない。空気中，室温で数ヶ月以上保管することができる。保管中に吸湿した場合でも，使用前に乾燥させることで問題なく反応を行うことができる。PhenoFluorMix は PhenoFluor と同様に様々なフェノール誘導体のフッ素化反応を行うことができるが，アルコール性水酸基のフッ素化に適用すると塩素化反応が大きく競合し

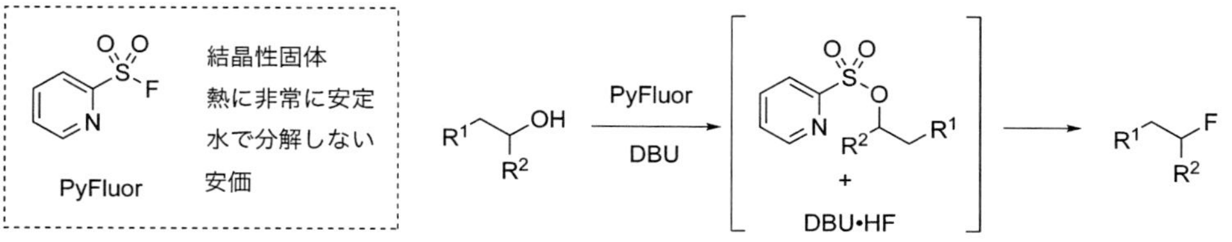

第1章　フッ素化合物の合成

図9　PyFluor の構造と反応性

てしまう。

　そこで，アルコール性水酸基をフッ素化できる扱いやすい脱酸素的フッ素化剤として開発され
たのが AlkylFluor である（図8(a)）。AlkylFluor はクロロイミダゾリニウム塩 **20** から容易に合
成でき，PhenoFluorMix と同様に空気中，室温で安定である。また，水中に懸濁させても加水
分解されず安定である。AlkylFluor は KF を共存させることで種々の第一級および第二級アル
コールをフッ素化することができる。従来の脱炭素的フッ素化剤では困難であった基質にも適用
できる。例えば testosterone の水酸基は周辺の立体障害のためフッ素化することが難しい。実際
に，DAST 等のフッ素化剤を用いて反応を行うと低収率でしか目的化合物が得られない（図8
(b)）。一方，AlkylFluor を用いて反応を行うと，79%収率で目的物が得られる。PhenoFluorMix,
AlkylFluor 共に市販されている。

1.2.5　PyFluor[17]

　2015 年に Doyle らによって報告された PyFluor も第一級，第二級アルコールのフッ素化に有
効な試薬である（図9）。反応には DBU の添加が必要である。競合する脱離反応を抑制して良
好な収率で脱酸素的フッ素化反応を行うことができる。熱的にも安定で，350℃ までの DSC 測定
において発熱を伴う分解が見られない。これは，上述した脱酸素的フッ素化剤のほとんどが高温
下では発熱を伴って分解するのと対照的である。水や空気に安定であり，水中に懸濁させても分
解せず，シリカゲルに対しても安定であると報告されている。単位物質量あたりの単価が比較的
安いこともメリットである。

1.3　N−F 結合型求電子的フッ素化剤の最近の応用例

　フッ素ガスは求電子的にフッ素化を行うことのできる基本的かつ代表的な反応剤であるが，反
応性が極めて高く選択的なフッ素化反応には向かない。また毒性が強く取り扱いが困難であるた
め，多くの場合大学等の実験室での使用は現実的ではない。二フッ化キセノン（XeF$_2$）は高い
反応性を持つ求電子的フッ素化剤であり取り扱いも容易であるが，高価であるため大スケールで
の使用には向かない。最近は N−F 結合を持つ幾つかの有用な求電子的フッ素化剤が容易に入手
できるため，これらを利用した反応が数多く報告されている。代表的な N−F 結合型フッ素化剤
として，梅本らにより開発された N-フルオロピリジニウム塩[18]，N-クロロメチル-N'-フルオロ
トリエチレンジアンモニウムビス（テトラフルオロボラート）（F-TEDA もしくは
Selectfluor）[19]，N-フルオロベンゼンスルホンイミド（NFSI）[20] が挙げられる（図10）。いずれ

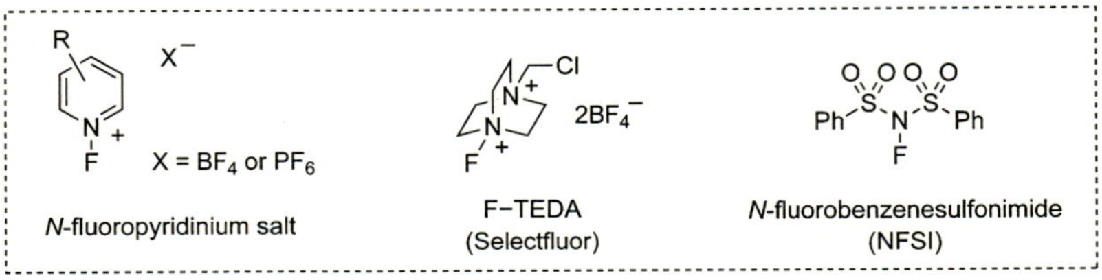

有機フッ素化合物の最新動向

図 10　代表的な N－F 結合型求電子的フッ素化剤

も安定な結晶もしくは粉末であり，複数の大手試薬メーカーから市販されている。エノール，シリルエノラート，安定カルバニオン，アルケンとの反応例が多数報告されている[21]。本項ではこれらの求電子的フッ素化剤の最近の利用例を紹介する。

1.3.1　遷移金属触媒を用いた C－F 結合形成反応

　求電子的フッ素化剤は酸化力を持っており，通常はフッ素化剤が電子豊富な反応基質を直接酸化する形で反応が進行する。一方最近，フッ素化剤による遷移金属触媒の酸化を経由するタイプのフッ素化反応が注目されている。例えば，2013 年に Ritter らは Pd 錯体 **21** を触媒としたアリールボロン酸誘導体の Selectfluor によるフッ素化反応を報告した[22]（図 11 (a)）。この反応では二価 Pd 錯体 **21** が Selectfluor によって一電子酸化を受けて三価 Pd 錯体 **22** を形成すると共に，生成した Selectfluor のラジカルカチオンからフッ素ラジカルがアリールボロン酸誘導体へ移動して C－F 結合を形成し，最後にフッ素化されたアリールラジカルから三価 Pd 錯体への一電子移動により目的生成物が得られると考えられている。実際に **21** と Selectfluor から生成する三価 Pd 錯体 **22** が単離され X 線結晶構造解析により構造決定されている（図 11 (b)）。さらに最近 Ritter らは，類似の Pd 錯体 **23** を触媒とした芳香族化合物の C－H フッ素化反応を報告している[23]（図 11 (c)）。この反応では，二価 Pd 錯体 **23** がフッ素化剤により四価のフルオロ Pd 錯体 **24** に酸化されて活性種として働くと考えられている。こちらも Pd 錯体 **24** が単離され，X 線結晶構造解析により構造決定されている（図 11 (d)）。フッ素化の位置選択性（主にオルト，パラ選択性）には課題が残るものの，配向基を用いることなく不活性な C－H 結合をフッ素化することに成功した画期的な成果である。官能基許容性が高いことも大きな特徴である。

　Ag 錯体を触媒としたアリールスズ化合物のフッ素化反応や[24]，アルキルカルボン酸の脱炭酸を伴うフッ素化反応[25]も最近の興味深い報告である（図 12 (a)，(b)）。これらの反応はいずれも一価の Ag 錯体が Selectfluor により二価もしくは三価に酸化される過程を経て進行していると考えられている。図 12 (a)に示したフッ素化反応は官能基許容性が非常に高く，複雑な構造を持つ生物活性物質の Late-Stage フッ素化反応への適用も報告されている。

10

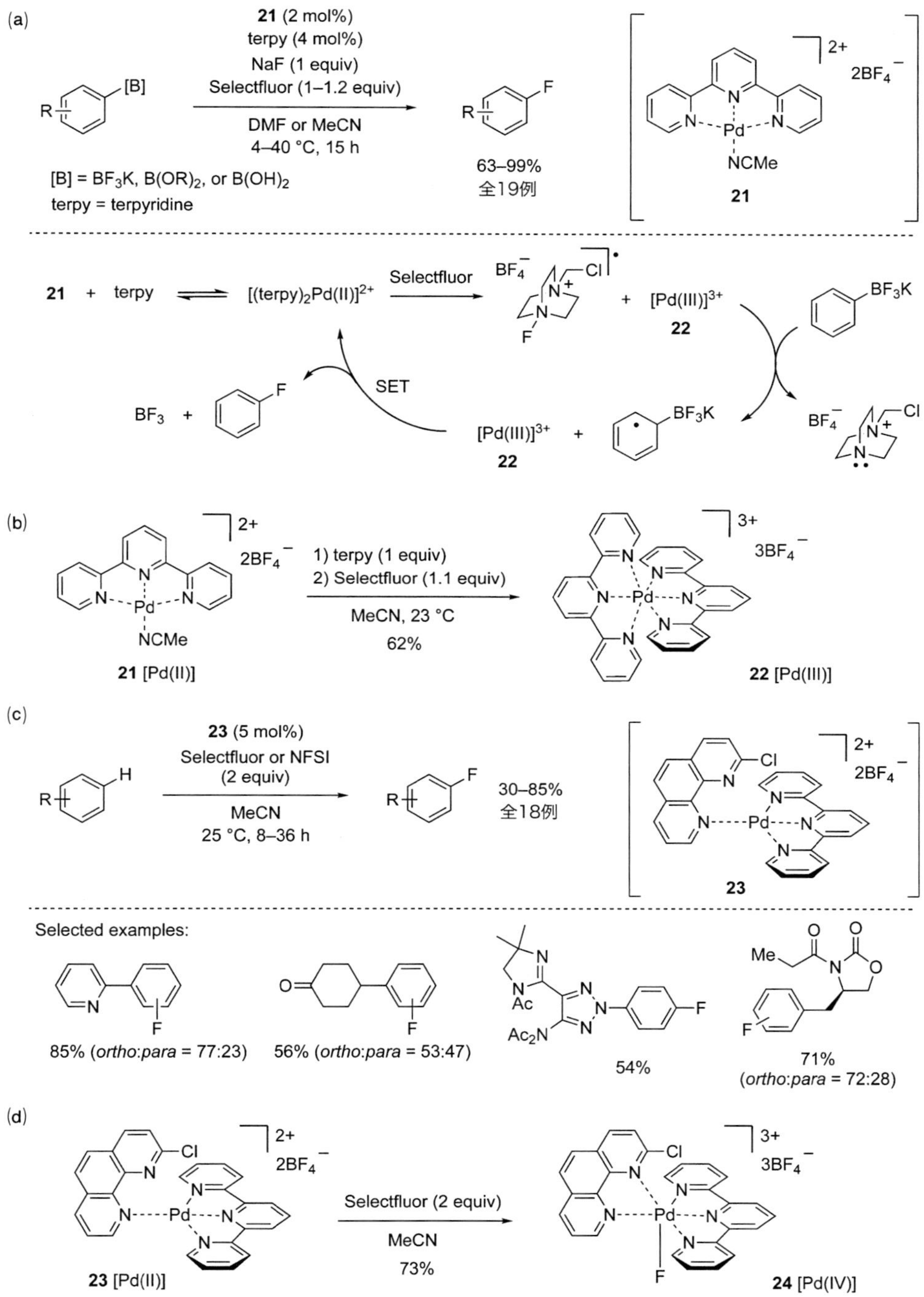

第1章　フッ素化合物の合成

(a)

(b)

(c)

Selected examples:

85% (*ortho:para* = 77:23)

56% (*ortho:para* = 53:47)

54%

71%
(*ortho:para* = 72:28)

(d)

図11　フッ素化剤による Pd 錯体の酸化を経るフッ素化反応

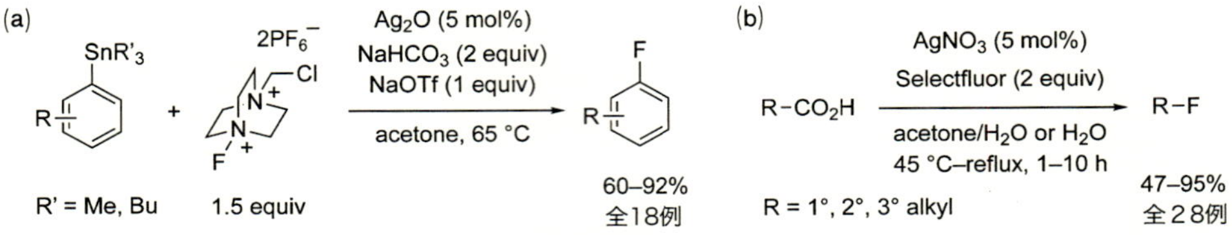

図12 フッ素化剤によるAg錯体の酸化を経るフッ素化反応

1.3.2 キラルアニオン相間移動触媒

　Selectfluorはイオン結合を持っていることから低極性溶媒への溶解性が低い。この性質を利用した興味深い不斉フッ素化反応が報告されている。2011年にTosteらはキラルリン酸触媒を用いたアリルアミドの不斉フルオロ環化反応を報告した[26]（図13）。この反応ではSelectfluorのBF$_4$アニオンがキラルリン酸アニオンと交換することで，キラルな対アニオンを持つ求電子的フッ素化剤が生成する。このキラルフッ素化剤がフルオロ環化反応を促進することで高いエナンチオ選択性を発現している。本反応では反応溶媒としてヘキサンや芳香族系溶媒を使用しており，Selectfluorはこれらの低極性溶媒に難溶である。このため，Selectfluor自身がフルオロ環化を促進してラセミ体の生成物を与えることはない。一方で，対アニオンがリン酸アニオンと交換したフッ素化剤は，脂溶性の高いビナフチル骨格を持っているため反応溶媒に溶解して反応を促進する。フッ素化剤の物理的特性を不斉反応の駆動システムに組み込んだ興味深い例である。後年，同原理を利用した不斉反応が多数報告されている[27]。

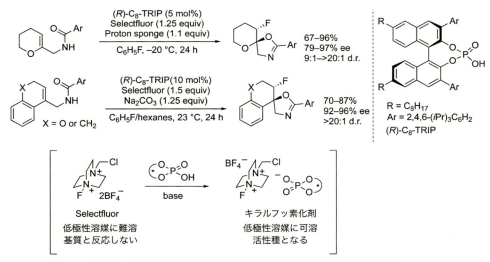

図13 キラルリン酸を相間移動触媒とした不斉フルオロ環化反応

第1章 フッ素化合物の合成

1.4 おわりに

脱酸素的フッ素化剤の開発，および N－F 結合型フッ素化剤の特性を利用した新規合成反応開発について最近の動向を概説した。脱酸素的フッ素化剤の開発は最近 10 年で長足の進歩を遂げたと言える。DAST，DeoxoFluor の安全性の改善にとどまらず，反応の化学選択性，位置選択性，官能基許容性を向上させることに成功した例も多く見られる。また，求電子的フッ素化剤を用いたフッ素化反応に関しても遷移金属触媒を利用した斬新な手法が次々と発表されている。フッ素原子の特異な性質から，フッ素化反応において高い化学・位置選択性，官能基許容性を実現するのは容易ではない。しかしながら本節で紹介した幾つかの反応ではこれらを達成しており，多官能基性化合物の Late-Stage Fluorination へ繋げている。フッ素化合物の機能性物質開発における重要性は述べるまでもないが，フッ素のポテンシャルを十分に発揮するためには自在なフッ素原子の導入技術を確立する必要がある。今後のさらなる進歩に期待したい。

また本節では触れていないが，今回紹介した脱酸素的フッ素化剤は酸素官能基を強く活性化するため，フッ素化反応以外の目的で活用されることも多い。これは求電子的フッ素化剤についても同様であり，フッ素化剤の酸化力を利用した新たな遷移金属触媒反応が最近活発に研究されている。フッ素の特異な反応性が有機合成化学の新境地を拓いていくことを期待する。

文　　献

1) (a) N. Al-Maharik, D. O'Hagan, *Aldrichim. Acta*, **44**, 65 (2011) ; (b) C. N. Neumann, T. Ritter, *Acc. Chem. Res.*, **50**, 2822 (2017)

2) W. R. Hasek, W. C. Smith, V. A. Engelhardt, *J. Am. Chem. Soc.*, **82**, 543 (1960)

3) W. J. Middleton, *J. Org. Chem.*, **40**, 574 (1975)

4) (a) M. Hudlicky, *Org. React.*, **35**, 513 (1988) ; (b) R. P. Singh, J. M. Shreeve, *Synthesis*, 2561 (2002)

5) L. N. Markovsku, V. E. Pashinnik, A. V. Kirsanov, *Synthesis*, 787 (1973)

6) T. Umemoto, R. P. Singh, Y. Xu, N. Saito, *J. Am. Chem. Soc.*, **132**, 18199 (2010)

7) G. H. Posner, S. R. Haines, *Tetrahedron Lett.*, **26**, 5 (1985)

8) G. S. Lal, G. P. Pez, R. J. Pesaresi, F. M. Prozonic, *Chem. Commun.*, 215 (1999)

9) V. Hugenberg, R. Froehlich, G. Haufe, *Org. Biomol. Chem.*, **8**, 5682 (2010)

10) (a) F. Beaulieu, L.-P. Beauregard, G. Courchesne, M. Couturier, F. LaFlamme, A. L'Heureux, *Org. Lett.*, **11**, 5050 (2009) ; (b) A. L'Heureux, F. Beaulieu, C. Bennett, D. R. Bill, S. Clayton, F. LaFlamme, M. Mirmehrabi, S. Tadayon, D. Tovell, M. Couturier, *J. Org. Chem.*, **75**, 3401 (2010)

11) M. Vandamme, J.-F. Paquin, *Org. Lett.*, **19**, 3604 (2017)

12) M. Nonn, L. Kiss, M. Haukka, S. Fustero, F. Fülöp, *Org. Lett.*, **17**, 1074 (2015)

13) (a) D.-F. Lu, C.-L. Zhu, J. D. Sears, H. Xu, *J. Am. Chem. Soc.*, **138**, 11360 (2016) ; (b) D.-F. Lu, G.-S. Liu, C.-L. Zhu, B. Yuan, H. Xu, *Org. Lett.*, **16**, 2912 (2014)

14) (a) P. Tang, W. Wang, T. Ritter, *J. Am. Chem. Soc.*, **133**, 11482 (2011) ; (b) F. Sladojevich, S. I. Arlow, P. Tang, T. Ritter, *J. Am. Chem. Soc.*, **135**, 2470 (2013) ; (c) T. Fujimoto, F. Becker, T. Ritter, *Org. Process Res. Dev.*, **18**, 1041 (2014)

15) T. Fujimoto, T. Ritter, *Org. Lett.*, **17**, 544 (2015)

16) N. W. Goldberg, X. Shen, J. Li, T. Ritter, *Org. Lett.*, **18**, 6102 (2016)

17) M. K. Nielsen, C. R. Ugaz, W. Li, A. G. Doyle, *J. Am. Chem. Soc.*, **137**, 9571 (2015)

18) T. Umemoto, K. Kawada, K. Tomita, *Tetrahedron Lett.*, **27**, 4465 (1986)

19) (a) R. E. Banks, S. N. Mohialdin-Khaffaf, G. S. Lal, I. Sharif, R. G. Syvret, *J. Chem. Soc., Chem. Commun.*, 595 (1992) ; (b) R. P. Singh, J. M. Shreeve, *Acc. Chem. Res.*, **37**, 31 (2004) ; (c) P. T. Nyffeler, S. G. Durón, M. D. Burkart, S. P. Vincent, C.-H. Wong, *Angew. Chem. Int. Ed.*, **44**, 192 (2005)

20) (a) E. Differding, H. Ofner, *Synlett*, 187 (1991) ; (b) S. Singh, D. D. DesMarteau, S. S. Zuberi, M. Witz, H. N. Huang, *J. Am. Chem. Soc.*, **109**, 7194 (1987)

21) G. S. Lal, G. P. Pez, R. G. Syvret, *Chem. Rev.*, **96**, 1737 (1996)

22) A. R. Mazzotti, M. G. Campbell, P. Tang, J. M. Murphy, T. Ritter, *J. Am. Chem. Soc.*, **135**, 14012 (2013)

23) K. Yamamoto, J. Li, J. A. O. Garber, J. D. Rolfes, G. B. Boursalian, J. C. Borghs, C. Genicot, J. Jacq, M. van Gastel, F. Neese, T. Ritter, *Nature*, **554**, 511 (2018)

24) P. Tang, T. Furuya, T. Ritter, *J. Am. Chem. Soc.*, **132**, 12150 (2010)

25) F. Yin, Z. Wang, Z. Li, C. Li, *J. Am. Chem. Soc.*, **134**, 10401 (2012)

26) V. Rauniyar, A. D. Lackner, G. L. Hamilton, F. D. Toste, *Science*, **334**, 1681 (2011)

27) For examples: (a) R. J. Phipps, K. Hiramatsu, F. D. Toste, *J. Am. Chem. Soc.*, **134**, 8376 (2012) ; (b) R. J. Phipps, F. D. Toste, *J. Am. Chem. Soc.*, **135**, 1268 (2013) ; (c) J. Wu, Y.-M. Wang, A. Drljevic, V. Rauniyar, R. J. Phipps, F. D. Toste, *Proc. Natl. Acad. Sci. USA*, **110**, 13729 (2013) ; (d) X. Yang, R. J. Phipps, F. D. Toste, *J. Am. Chem. Soc.*, **136**, 5225 (2014) ; (e) W. Zi, Y.-M. Wang, F. D. Toste, *J. Am. Chem. Soc.*, **136**, 12864 (2014) ; (f) H. Egami, J. Asada, K. Sato, D. Hashizume, Y. Kawato, Y. Hamashima, *J. Am. Chem. Soc.*, **137**, 10132 (2015) ; (g) E. Yamamoto, M. J. Hilton, M. Orlandi, V. Saini, F. D. Toste, M. S. Sigman, *J. Am. Chem. Soc.*, **136**, 15877 (2016) ; (h) H. Egami, T. Niwa, H. Sato, R. Hotta, T. Rouno, Y. Kawato, Y. Hamashima, *J. Am. Chem. Soc.*, **140**, 2785 (2018)

2 最近のフルオロアルキル化剤の動向

網井秀樹＊

2.1 はじめに

有機フッ素化学の 2000 年以降の進展は目覚ましく，有機フッ素化合物がつくりだす特異な分子間相互作用に基づく機能に関する研究が盛んに行われている。一方，その合成と反応の分野に目を向けると，不斉フッ素化，炭素－フッ素結合活性化などの研究が飛躍的に発展した。なかでも大きな注目を浴びているのは，触媒的フッ素化とトリフルオロメチル化である。種々の官能基を有する化合物に対し，合成工程後半でフッ素を導入する技術を「late-stage fluorination」と呼び，これは医薬品探索に極めて有効である[1,2]。最近では，医薬品として上市されている化合物そのものを直接トリフルオロメチル化する反応も報告されている。触媒的フッ素化とトリフルオロメチル化の技術は，ポジトロン断層撮影（PET）診断薬としての ^{18}F 標識化合物の迅速合成の手法としても有効であり，今後のさらなる発展が期待されている。本節では，トリフルオロメチル化をはじめとするフルオロアルキル化反応の研究動向について紹介する（図 1）。

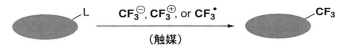

図 1　有機化合物へのトリフルオロメチル基の導入

2.2 求核的トリフルオロメチル化反応の進展

トリフルオロメチル基を有機分子に導入することにより，①脂溶性の向上，②強い電子求引性，③置換基としての特徴的な大きさ，④酸化的代謝の抑制（強固な C−F 結合）などが賦与できる。その結果，薬理効果の発現，生体内での吸収輸送の改善，作用選択性の向上が期待できる。クロスカップリング反応やラジカル付加反応などを用いる「有機化合物へのトリフルオロメチル基の導入法」の開発が急進展を遂げた。まず，求核的トリフルオロメチル化剤を用いる反応系について述べる（図 2）。

トリフルオロメチル化試薬の中でも，Ruppert-Prakash 試薬（CF$_3$SiMe$_3$）は，沸点が 55℃ であり，実験室で容易に取り扱うことができる安定な化合物である。これがフッ化物イオンと反応

CF$_3$−SiR$_3$　(R = Me, Et)
CF$_3$−B(OMe$_3$)$_3$K
CF$_3$−H　　**CF$_3$**−CO$_2$Na
CF$_3$−CH(NR$_2$)(OSiMe$_3$)

図 2　求核的トリフルオロメチル化剤の例

＊　Hideki Amii　群馬大学　大学院理工学府　分子科学部門　教授

有機フッ素化合物の最新動向

すると，瞬時にトリフルオロメチルアニオン種が発生する。Ruppert-Prakash 試薬は，カルボニル化合物に対し，求核的にトリフルオロメチル基を導入できる「定番の反応剤」として位置づけられている（(1)式）[3]。

$$\text{（図：(1)式の反応スキーム）} \tag{1}$$

これまでに，Ruppert-Prakash 試薬は，求核的トリフルオロメチル化剤として数多く利用されてきた。その高度変換の例として，2009 年に柴田らはアゾメチンイミンの高エナンチオ選択的トリフルオロメチル化を報告している（(2)式）[4]。

$$\text{（図：(2)式の反応スキーム）} \tag{2}$$

Ruppert-Prakash 試薬は，芳香族トリフルオロメチル化剤としても有効に働く[5]。筆者らは，銅触媒クロスカップリングによる芳香族トリフルオロメチル化に成功している[6]。筆者らは，渕上らが開発した有機ケイ素化合物（CF_3SiR_3）[5]をトリフルオロメチル源として用いる反応において，二座窒素配位子の 1,10-フェナントロリン（phen）を有する銅錯体が有効な触媒活性を有することを見出した（(3)式）。

$$\text{（図：(3)式の反応スキーム）} \tag{3}$$

筆者らと同時期に，井上，荒木らによって，アミノピリジン配位子を有する銅錯体を用いるクロスカップリング反応が開発された[7]。本反応の特徴は，CF_3SiEt_3 よりも経済的な CF_3SiMe_3 を

第1章　フッ素化合物の合成

トリフルオロメチル化剤として用いている点である。さらに同時期に，桑野らは CuCl–phen 触媒系による芳香族トリフルオロメチル化を開発している[8]。

2010 年に Buchwald らは，芳香族塩化物を基質としてパラジウム触媒芳香族トリフルオロメチル化に成功した（(4)式)[9]。クロスカップリング反応の基質として芳香族塩化物を使用することは，他の芳香族ハロゲン化物の利用と比べて，経済性，原子効率的な有利性などの実用的観点から優れている。

$$(4)$$

筆者らおよび Buchwald らの触媒反応系ではトリフルオロメチル化剤として高価な CF_3SiEt_3 を用いるという問題点を有する。安価で取り扱いが容易なトリフルオロメチル化剤を芳香族トリフルオロメチル化反応に使用することができれば，より実用性が高まるであろう。2011 年に Goossen らが固体で取り扱いやすいホウ素反応剤として（トリフルオロメチル）トリメトキシボレート塩を用いた銅触媒芳香族トリフルオロメチル化を報告している（(5)式)[10]。筆者らは，ペンタフルオロエチル化反応剤としてボレート塩を用いた銅触媒クロスカップリング反応を行った（(6)式)[11]。

$$(5)$$

$$(6)$$

トリフルオロアセトアルデヒド（フルオラール）から誘導できるシリル化トリフルオロメチルヘミアミナールは，入手と合成が容易な求核的トリフルオロメチル化剤である（(7)，(8)式)[12]。

17

（式 7）

（式 8）

芳香族トリフルオロメチル化クロスカップリング反応の展開を目指し，筆者らは，シリル化トリフルオロメチルヘミアミナールを用いる芳香族トリフルオロメチル化反応を見出した（（9）式）[13]。さらに，CuTC-phen 錯体触媒を用いると，10 g 以上のスケールで，再現性良くクロスカップリング反応を実施できる[14]。

（式 9）

フルオロホルム（HCF$_3$，トリフルオロメタン，HFC-23）は，テトラフルオロエチレン製造時に生成する副生物で，およそ 2 万トン／年の量が産出されている。その性質は，沸点が－82℃，大きな温室効果（地球温暖化係数 11,700）をもつガスであり，その産出量は年々増えている。地球上で大量に存在するフルオロホルムをトリフルオロメチル化剤としての有効に利用する研究が，現在，脚光を浴びている（図 3，(10)式）[15,16]。

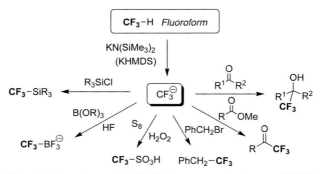

図 3　トリフルオロメチル化剤としてのフルオロホルムの利用例

第 1 章　フッ素化合物の合成

$$CF_3\text{-}H \xrightarrow[\text{THF}]{P_4\text{-}t\text{Bu}} \left[\cdots \right]^{\oplus} CF_3^{\ominus} \xrightarrow{R^1 C(=O) R^2} \underset{CF_3}{R^1}{\overset{OH}{\underset{}{\mid}}}R^2 \tag{10}$$

　塩基存在下で，フルオロホルム（CF₃H）を芳香族トリフルオロメチル化剤として用いる研究が，Grushin らによって展開されている（⑾式）[17]。

$$CF_3H \xrightarrow[\substack{25\ ^\circ C,\ 1\ atm \\ DMF \\ \textit{Direct Cupration}}]{\substack{CuCl \\ t\text{-BuOK}}} \underset{>90\%}{CF_3\text{-}Cu} \xrightarrow[50\ ^\circ C,\ 24\ h]{} \underset{80\text{-}85\%}{\text{Ph-}CF_3} \tag{11}$$

　2008 年以降，トリフルオロメチル銅錯体が複数の研究グループで単離され，これらが高活性な芳香族トリフルオロメチル化剤として働くことが報告された。Hartwig らが固体として単離した「フェナントロリン配位子を有するトリフルオロメチル銅錯体」は，芳香族トリフルオロメチル化に有効であり，ヨウ化アリールのみならず，電子求引基を有する臭化アリールに対してもクロスカップリング反応が適用できる（⑿式）[18]。CF₃Cu(phen) 錯体（Trifluoromethylator™）とCF₃Cu(PPh₃)₃ 錯体（⒀式）[19] は市販されており，温和な条件下でヨウ化アリールを確実にトリフルオロメチル化芳香族化合物に変換できる大変便利な試薬である。

$$\tag{12}$$

$$\tag{13}$$

19

有機フッ素化合物の最新動向

2.3 求電子的トリフルオロメチル化反応，酸化的トリフルオロメチル化反応の進展

　求電子的芳香族トリフルオロメチル化，およびラジカル的芳香族トリフルオロメチル化は，芳香族C−H結合を直接トリフルオロメチル基に変換できる有効な手法である。電子供与性置換基を有する基質ほど反応性が高い。置換ベンゼンの求電子的，およびラジカル的芳香族トリフルオロメチル化は，一般的に位置選択性の制御が困難であるが，基質の選び方によっては位置選択的にトリフルオロメチル基を導入できる系がある。求電子的トリフルオロメチル化剤を用いる反応系について述べる（図4）。

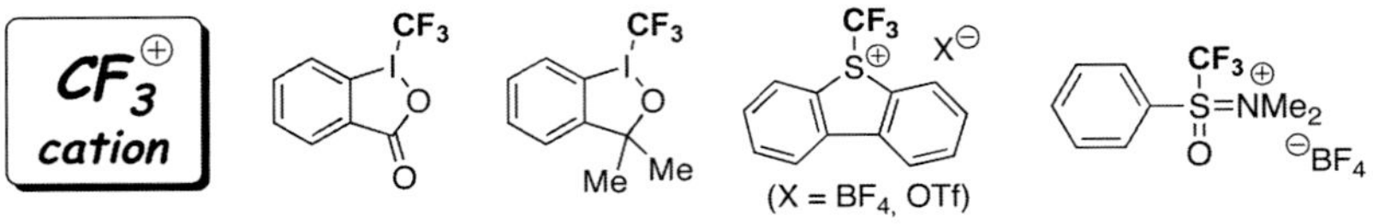

図4　求電子的トリフルオロメチル化剤の例

　袖岡，濱島らは，超原子価ヨウ素化合物を用いるインドール類の2-位選択的な求電子的トリフルオロメチル化に成功している（(14)式）[20]。その際，銅触媒の添加が有効であることを報告している。同時期にTogniらは，$Zn(NTf_2)_2$または$(Me_3Si)_3SiCl$を添加物として用いる求電子的トリフルオロメチル化反応を開発している（(15)式）[21]。

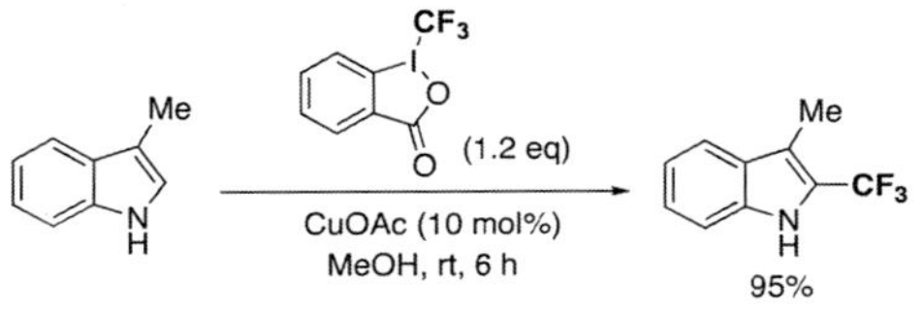

$$(14)$$

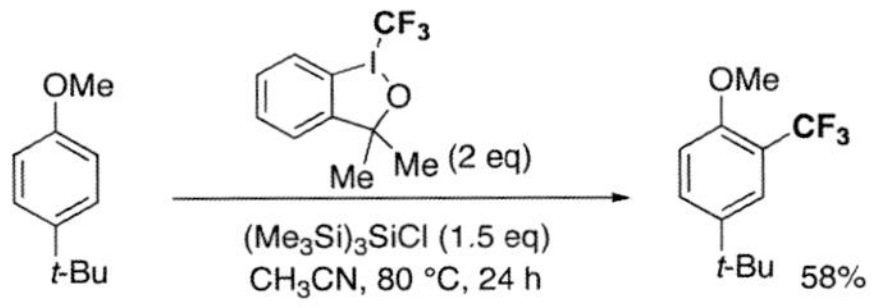

$$(15)$$

　銅触媒存在下，アリールボロン酸と求電子的トリフルオロメチル化剤とのクロスカップリング反応が，Liuら，およびShenらのグループからほぼ同時期に報告された（(16)式）[22,23]。さらに，イリジウム触媒によるC−H結合ボリル化と，銅触媒トリフルオロメチル化を組み合わせた連続反応の例が，HartwigらおよびShenらによって同時期に報告された（(17)式）[24,25]。

第1章　フッ素化合物の合成

(16)

(17)

パラジウム触媒を用いる芳香環の求電子的トリフルオロメチル化の例を述べる。アリール（トリフルオロメチル）パラジウム（Ⅱ）種をアリール（トリフルオロメチル）パラジウム（Ⅳ）種に変換すると還元的脱離が容易になることをSanfordらが2010年に報告した[26]。アリールパラジウム（Ⅱ）種に対し，求電子的にトリフルオロメチル基を導入すると，高原子価状態のアリール（トリフルオロメチル）パラジウム種が生成し，還元的脱離が容易に進行すると考えられる。この原理に基づき，Yuらは芳香族C−H結合活性化によるアリールパラジウム（Ⅱ）種の生成と，求電子的なトリフルオロメチル化を組み合わせた[27]。パラジウム−銅触媒存在下，ピリジンなどの含窒素芳香環を有するベンゼン類と求電子的トリフルオロメチル化剤を反応させると，ベンゼン環にトリフルオロメチル基が効率良く導入できた（(18)式）。ベンゼン環C−H結合の中でも，含窒素芳香環置換基に対しオルト位のC−H結合が位置選択的にトリフルオロメチル化される。

(18)

Products

86%　　88%　　74%

有機フッ素化合物の最新動向

柴田らが開発した求電子的トリフルオロメチル化剤（柴田-Johnson 試薬）は，多様な求核剤との反応に有効である（(19)，(20)式）[28]。

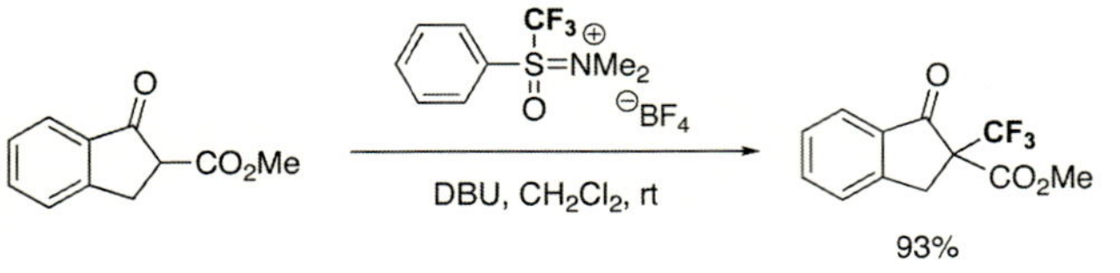

(19)

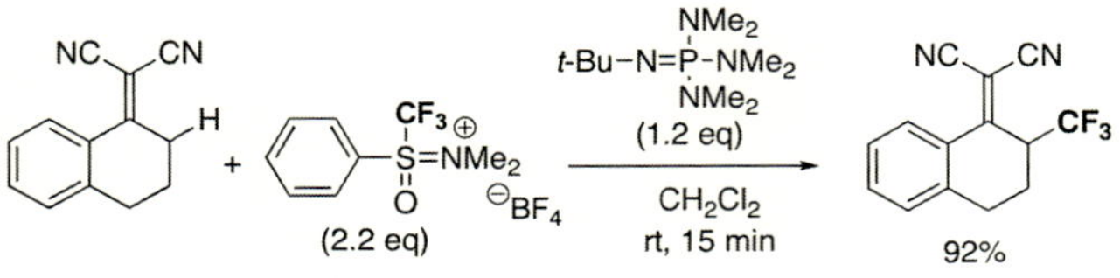

(20)

アリールボロン酸と窒素または酸素求核剤との銅触媒酸化的クロスカップリングは，Chan-Lam-Evans 反応と呼ばれる（Ar-B(OH)$_2$ + HNu → Ar-Nu）。この反応における求核剤（Nu）として，トリフルオロメチルアニオン種を用いることができれば，芳香族トリフルオロメチル化が実現できる。Qing らは 2010 年に，CF$_3$SiMe$_3$ をトリフルオロメチル化剤とするアリールボロン酸の酸化的クロスカップリングを開発した（(21)式）[29]。現在では多様なアリールボロン酸が市販されているため，本手法は合成化学的に非常に有用である。

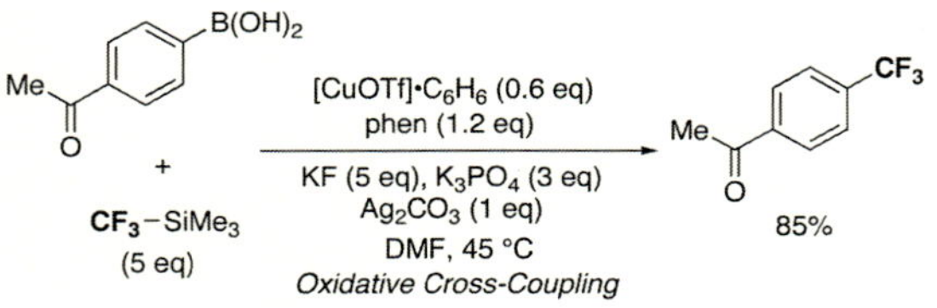

(21)

Qing らはさらに，酸化的クロスカップリング法を，ヘテロ芳香族化合物などの酸性度の高い C–H 結合を選択的にトリフルオロメチル化する変換反応に応用した（(22)式）[30]。

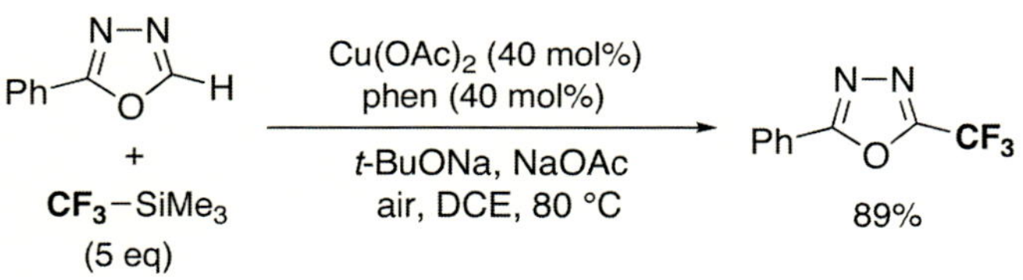

(22)

國信，金井らによって，キノリンオキシド・ボラン錯体を経由する C–H トリフルオロメチル化が報告されている（(23)式）[31]。

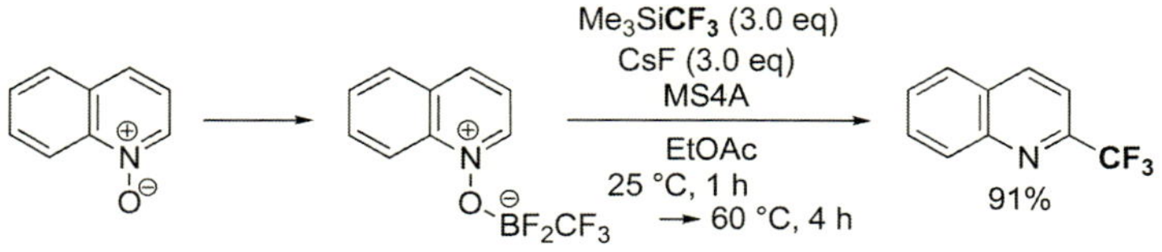

第1章 フッ素化合物の合成

$$\text{(23)}$$

2.4 ラジカル的トリフルオロメチル化反応の進展

ラジカル的トリフルオロメチル化剤を用いる研究が，活発に行われている（図5）。

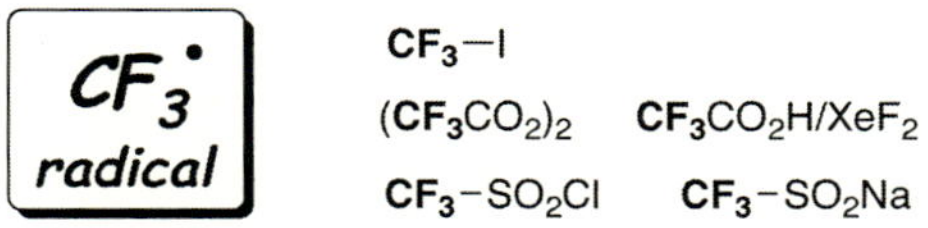

$$CF_3^{\cdot} \ radical$$

CF_3-I

$(CF_3CO_2)_2$ CF_3CO_2H/XeF_2

CF_3-SO_2Cl CF_3-SO_2Na

図5 ラジカル的トリフルオロメチル化剤の例

ヨウ化ペルフルオロアルキルの不飽和有機化合物への付加反応は，官能基許容性に優れた反応であり，多様な基質に対してペルフルオロアルキル基が導入できる便利な手法である（(24)～(26)式）[32~34]。ラジカル付加を用いた含フッ素アミノ酸類，膜脂質などへの応用が研究されている。

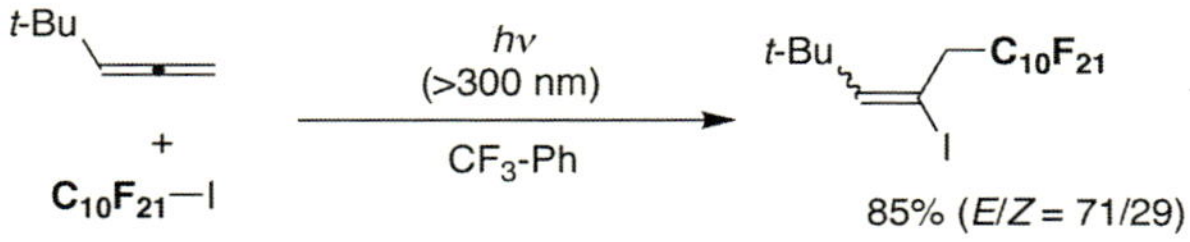

$$\text{(24)}$$

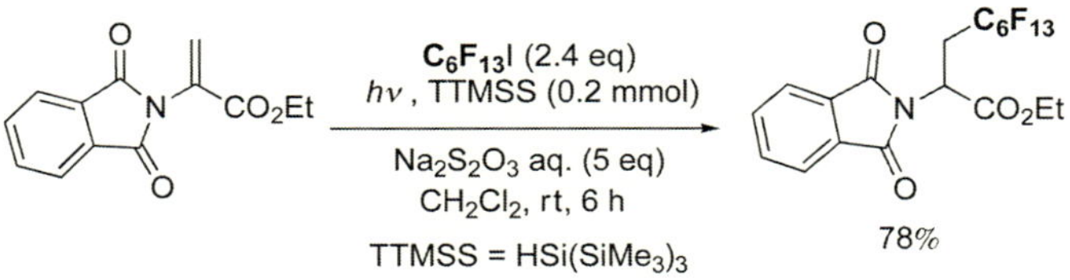

$$\text{(25)}$$

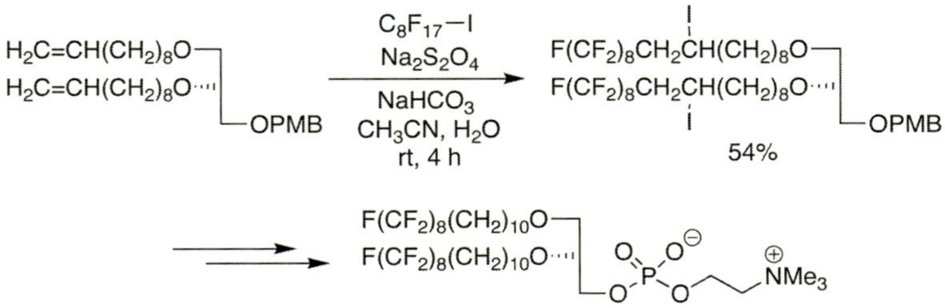

$$\text{(26)}$$

山川らは鉄（II）$-H_2O_2$ 触媒系（Fenton 試薬）を用いるラジカル的芳香族トリフルオロメチル化を開発した（(27)式）[35]。

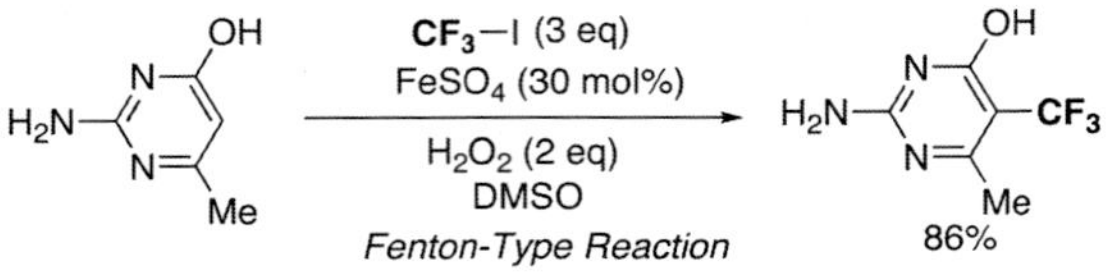

有機フッ素化合物の最新動向

(27)

McMillan らは，フォトレドックス触媒を用いることにより，CF$_3$SO$_2$Cl（上方らが開発）[36] の反応条件の温和化に成功し，リピトールなどの医薬品化合物の直接的トリフルオロメチル化を実現した（(28)式）[37]。

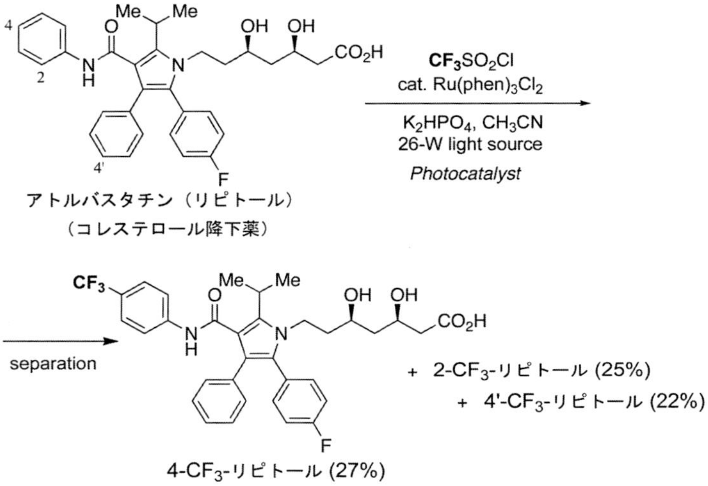

(28)

フォトレドックス触媒系は，トリフルオロメチル基と他の官能基の一挙導入に非常に有効である。小池，穐田らは梅本試薬を用いるアルケン類のトリフルオロメチル化・ヒドロキシ化に成功した（(29), (30)式）[38,39]。

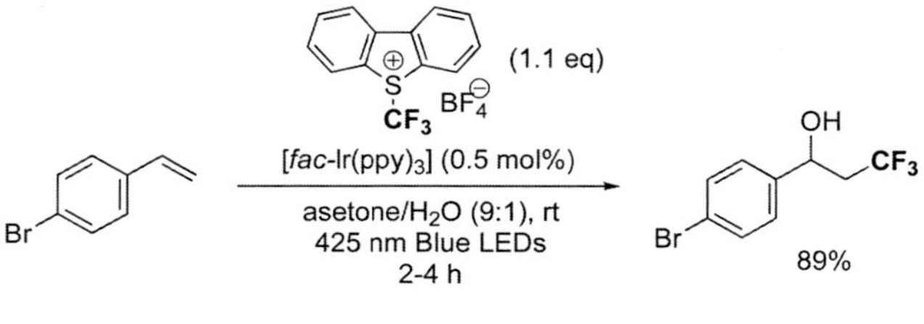

(29)

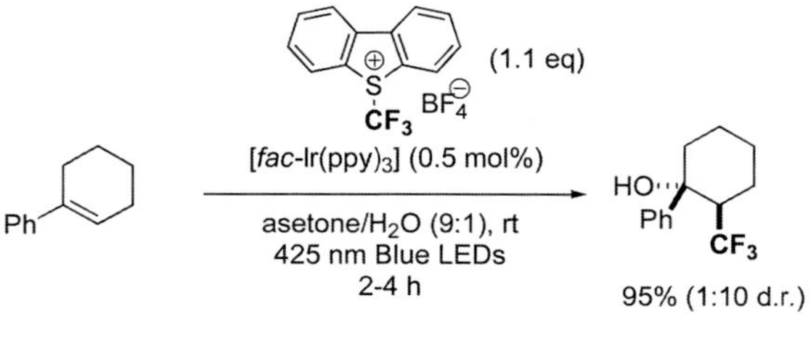

(30)

第1章　フッ素化合物の合成

ラジカル的芳香族トリフルオロメチル化に関しては，トリフルオロメチル化剤および酸化剤を巧みに選択することによって，遷移金属触媒を全く使用しない反応系が実現できる。Baran らはヘテロ芳香族のトリフルオロメチル化を開発した（(31)式）[40]。本反応は，開放系（酸素や水の共存下）で反応が進行する。柴田らは電子豊富な芳香族部位に対し選択的にトリフルオロメチル基を導入する含フッ素ビアリール合成を行った（(32)式）[41]。

$$\tag{31}$$

$$49\% \ (C_5:C_4 = 11:4)$$

$$\tag{32}$$

$$49\% \ (C_5:C_4 = 11:4)$$

カルボニル基 α 炭素へのラジカル的トリフルオロメチル化が可能である。三上らは金属エノラート中間体の CF_3-I のラジカル反応を活用した（(33)式）[42]。

$$\tag{33}$$

$$81\%$$

川本，上村らは，分子内ラジカル反応により，トリフルオロメタンスルホン酸無水物がケトンの活性化剤かつトリフルオロメチル源として働く興味深い反応を開発している（(34)，(35)式）[43]。

$$\tag{34}$$

$$\tag{35}$$

$$79\%$$

入手容易なトリフルオロ酢酸無水物をトリフルオロラジカル源とした反応が報告された。

有機フッ素化合物の最新動向

Stepheson らは，フォトレドックス触媒を用いたトリフルオロメチル化反応の試薬としてトリフルオロ酢酸無水物と N-オキシドの組み合わせが芳香族およびヘテロ芳香族化合物のトリフルオロメチル化に功を奏した（(36)式）[44]。袖岡らによりトリフルオロ酢酸無水物が不活性オレフィンのトリフルオロメチル化にも活用できることが報告された（(37)式）[45]。

(36)

(37)

2.5 おわりに

　有機化合物に対する触媒的フッ素化とトリフルオロメチル化は，世界中で活発に研究が行われており，新しい反応が次々と開発されている。今後の研究が発展し，多くの分野において役立つ技術が生み出されるであろう。

文　　　　献

1) Z. Jin, G. B. Hammond, B. Xu, *Aldrichimica Acta*, **45**, 67-83（2012）
2) T. Liang, C. Neumann, T. Ritter, *Angew. Chem. Int. Ed.*, **52**, 8214-8264（2013）

第 1 章　フッ素化合物の合成

3) G. K. S. Prakash, R. Krishnamurti, G. A. Olah, *J. Am. Chem. Soc.*, **111**, 393-395 (1989)

4) H. Kawai, A. Kusuda, S. Nakamura, M. Shiro, N. Shibata, *Angew. Chem. Int. Ed.*, **48**, 6324-6327 (2009)

5) H. Urata, T. Fuchikami, *Tetrahedron Lett.*, **32**, 91-94 (1991)

6) M. Oishi, H. Kondo, H. Amii, *Chem. Commun.*, 1909-1911 (2009)

7) 井上宗宣，荒木啓介，河田恒佐，特開 2009-234921

8) 桑野良一，曽我真一，田中亮宣，花崎保彰，特開 2010-222304

9) E. J. Cho, T. D. Senecal, T. Kinzel, Y. Zhang, D. A. Watson, S. L. Buchwald, *Science*, **328**, 1679-1681 (2010)

10) T. Knauber, F. Arikan, G.-V. Röschenthaler, L. J. Gooben, *Chem. Eur. J.*, **17**, 2689-2697 (2011)

11) T. Sugiishi, D. Kawauchi, M. Sato, T. Sakai, H. Amii, *Synthesis*, **49**, 1874-1878 (2017)

12) T. Billard, B. R. Langlois, G. Blond, *Tetrahedron Lett.*, **41**, 8777-8780 (2000)

13) H. Kondo, M. Oishi, K. Fujikawa, H. Amii, *Adv. Synth. Catal.*, **353**, 1247-1252 (2011)

14) N. Shimizu, H. Kondo, M. Oishi, K. Fujikawa, K. Komoda, H. Amii, *Org. Synth.*, **93**, 147-162 (2016)

15) G. K. S. Prakash, P. V. Jog, P. T. D. Batamack, G. A. Olah, *Science*, **338**, 1324-1327 (2012)

16) H. Kawai, Z.Yuan, H. Tokunaga, N. Shibata, *Org. Biomol. Chem.*, **11**, 1446-1450 (2013)

17) A. Zanardi, M. A. Novikov, E. Martin, J. Benet-Buchholz, V. V. Grushin, *J. Am. Chem. Soc.*, **133**, 20901-20903 (2011)

18) H. Morimoto, T. Tsubogo, N. D. Litvinas, J. F. Hartwig, *Angew. Chem. Int. Ed.*, **50**, 3793-3798 (2011)

19) O. A. Tomashenko, E. C. Escudero-Adan, M. M. Belmonte, V. V. Grushin, *Angew. Chem. Int. Ed.*, **50**, 7655-7659 (2011)

20) R. Shimizu, H. Egami, T. Nagi, J. Chae, Y. Hamashima, M. Sodeoka, *Tetrahedron Lett.*, **51**, 5947-5949 (2010)

21) M. S. Wiehn, E. V. Vinogradova, A. Togni, *J. Fluorine Chem.*, **131**, 951-957 (2010)

22) J. Xu, D.-F. Luo, B. Xiao, Z.-J. Liu, T.-J. Gong, Y. Fu, L. Liu, *Chem. Commun.*, **47**, 4300-4302 (2011)

23) T. Liu, Q. Shen, *Org. Lett.*, **13**, 2342-2345 (2011)

24) N. D. Litvinas, P. S. Fier, J. F. Hartwig, *Angew. Chem. Int. Ed.*, **51**, 536-539 (2012)

25) T. Liu, X. Shao, Y. Wu, Q. Shen, *Angew. Chem. Int. Ed.*, **51**, 540-543 (2012)

26) N. D. Ball, J. W. Kampf, M. S. Sanford, *J. Am. Chem. Soc.*, **132**, 14682-14687 (2010)

27) X. Wang, L. Truesdale, J.-Q. Yu, *J. Am. Chem. Soc.*, **132**, 3648-3649 (2010)

28) S. Noritake, N. Shibata, S. Nakamura, T. Toru, M. Shiro, *Eur. J. Org. Chem.*, **2008**, 3465-3468 (2008)

29) L. Chu, F.-L. Qing, *Org. Lett.*, **12**, 5060-5063 (2010)

30) L. Chu, F.-L. Qing, *J. Am. Chem. Soc.*, **134**, 1298-1304 (2012)

31) T. Nishida, H. Ida, Y. Kuninobu, M. Kanai, *Nat. Commun.*, **5**, 3387-3392 (2014)

32) K. Tsuchii, M. Imura, N. Kamada, T. Hirao, A. Ogawa, *J. Org. Chem.*, **69**, 6658-6665 (2004)

33) T. Yajima, H. Nagano, *Org. Lett.*, **9**, 2513-2515 (2007)

34) K. Takai, T. Takagi, T. Baba, T. Kanamori, *J. Fluorine Chem.*, **125,** 1959–1964 (2004)

35) T. Kino, Y. Nagase, Y. Ohtsuka, K. Yamamoto, D. Uraguchi, K. Tokuhisa, T. Yamakawa, *J. Fluorine Chem.*, **131,** 98–105 (2010)

36) N. Kamigata, T. Fukushima, M. Yoshida, *Chem. Lett.*, **19,** 649 (1990)

37) D. A. Nagib, D. W. C. MacMillan, *Nature*, **480,** 224–288 (2011)

38) Y. Yasu, T. Koike, and M. Akita, *Angew. Chem. Int. Ed.*, **51,** 9567–9571 (2012)

39) T. Koike, M. Akita, *Chem.*, **4,** 409–437 (2018)

40) Y. Ji, T. Brueckl, R. D. Baxter, Y. Fujiwara, I. B. Seiple, S. Su, D. G. Blackmond, P. S. Baran, *Proc. Natl. Acad. Sci. USA*, **108,** 14411–14415 (2011)

41) Y. D. Yang, K. Iwamoto, E. Tokunaga, N. Shibata, *Chem. Commun.*, **49,** 5510–5512 (2013)

42) Y. Itoh, K. Mikami, *Org. Lett.*, **7,** 649–651 (2005)

43) T. Kawamoto, R. Sasaki, A. Kamimura, *Angew. Chem. Int. Ed.*, **56,** 1342–1345 (2017)

44) J. W. Beatty, J. J. Douglas, K. P. Cole, C. R. J. Stephenson, *Nature Comm.*, **6,** 7919–7924 (2015)

45) S. Kawamura, M. Sodeoka, Angew. *Chem. Int. Ed.*, **55,** 8740–8743 (2016)

3 位置選択的なトリフルオロメチル化反応の開発

國信洋一郎[*]

3.1 はじめに

トリフルオロメチル基は，最近では多くの医薬品，農薬，有機機能性材料に含まれる，とても重要な官能基であり，その効率的かつ位置選択的な導入法の開発はとても重要である。例えば医薬品においては，トリフルオロメチル基の導入により，脂溶性や代謝安定性が向上し，薬理動態の改善が期待できる。また，様々な位置でのトリフルオロメチル化反応を開発することができれば，化合物ライブラリーの構築につながり，創薬や有機機能性材料の創製に貢献できることが期待される。

本節では，狙った炭素−水素結合を炭素−トリフルオロメチル結合に直截的に変換する反応に限定して紹介したい。

3.2 C(sp^2)−H 結合の位置選択的なトリフルオロメチル化

3.2.1 5員環ヘテロ芳香族化合物の位置選択的なトリフルオロメチル化

トリフルオロメチルラジカルを用いる5員環ヘテロ芳香族化合物のトリフルオロメチル化反応が報告されている。トリフルオロメチル化反応は位置選択的に進行し，多くの基質では単一の生成物を与える[1~6]。

袖岡らは，銅触媒存在下，インドール誘導体に Togni 試薬を作用させることで，インドール誘導体の2位選択的なトリフルオロメチル化反応の開発に成功している（(1)式)[1]。

$$(1)$$

MacMillan らは，光レドックス触媒を用いることにより，トリフルオロメチルラジカルの発生を伴う5員環ヘテロ芳香族化合物の2位選択的なトリフルオロメチル化反応を開発した（(2)式)[3]。

$$(2)$$

---

* Yoichiro Kuninobu 九州大学 先導物質化学研究所 教授

3.2.2 6員環ヘテロ芳香族化合物の位置選択的なトリフルオロメチル化

5員環ヘテロ芳香族化合物の位置選択的なトリフルオロメチル化に比べ，6員環ヘテロ芳香族化合物の位置選択的なトリフルオロメチル化は困難である。5員環ヘテロ芳香族化合物の場合と同様，トリフルオロメチルラジカルを用いる反応が報告されているが，特殊な基質を除いて，ほとんどの基質では反応しうるすべての反応点でトリフルオロメチル化反応が進行してしまい，位置異性体の混合物が得られてしまうという問題点があった（(3)式）[7,8]。

國信，金井らは，トリフルオロメチル化剤としてトリフルオロメチルラジカルよりも反応性の低いトリフルオロメチルアニオン源に着目することで，6員環ヘテロ芳香族化合物の位置選択的なトリフルオロメチル化反応の開発に成功した（(4)式）[9]。

(4)式では，トリフルオロメチル化の前に，6員環ヘテロ芳香族化合物を対応する *N*-オキシド-BF₂CF₃錯体に誘導しないといけない。國信，金井らは最近，キノリン類に市販されている化合物をいくつか混ぜるだけで，キノリン類の2位選択的なトリフルオロメチル化反応が進行することを見出し，報告している（(5)式）[10]。

國信，金井らは，かさ高いLewis酸を用いることで，6員環ヘテロ芳香環を求電子的に活性化するとともに，最も反応性の高い2位を立体的に保護することにより，6員環ヘテロ芳香族化合

第1章　フッ素化合物の合成

物の4位選択的なトリフルオロメチル化反応の開発に成功した（(6)式）[11]。本反応を用いることにより，トリフルオロメチル基だけでなく，ペンタフルオロエチル基やヘプタフルオロプロピル基のようなパーフルオロアルキル基，ペンタフルオロフェニル基，ジフルオロメチル基の導入も可能である。また，國信，金井らは，8-アミノキノリン類の4位選択的なパーフルオロアルキル化反応を報告している[12]。Cai ら[13]，Zhang ら[14]によっても同様の反応が報告された。

(6)

82%

Zou らは，量論量のマンガン塩と $NaSO_2CF_3$ からトリフルオロメチルラジカルを発生させることにより，ピリミジノン類やピリジノン類の位置選択的なトリフルオロメチル化反応を報告している[15]。

3.2.3　芳香族化合物の位置選択的なトリフルオロメチル化

5員環や6員環ヘテロ芳香族化合物のみならず，芳香族化合物のトリフルオロメチル化反応の開発も検討されてきた。例えば，Sanford らにより，量論的の銀塩を用いるトリフルオロメチルラジカルの発生を伴う芳香族化合物のトリフルオロメチル化反応が報告されている[16]。Togni らは，レニウム触媒存在下，Togni 試薬を作用させることにより，芳香族化合物のトリフルオロメチル化反応の開発に成功している[17]。Qing らは，超原子価ヨウ素 $PhI(OAc)_2$ に酸化剤を作用させ，系中でトリフルオロメチルラジカルを発生させることにより，芳香族化合物のトリフルオロメチル化反応を進行させた[18]。伊藤らは，光レドックス有機触媒を用いることにより，芳香族化合物のトリフルオロメチル化反応の開発を達成している[19]。柴田らは，トリフルオロメチルラジカルを利用する，電子豊富なビアリール化合物のトリフルオロメチル化反応を報告している[20]。Stephenson らは，ルテニウム／ビピリジル触媒存在下，光照射することにより，ラジカル的な芳香族トリフルオロメチル化反応に成功している[21]。Beller らは，パラジウム触媒を用いることにより，ブロモトリフルオロメタンからトリフルオロメチルラジカルを発生させることにより，芳香族化合物のトリフルオロメチル化反応を達成している[22]。また，Gong らは，酸化グラフェンを用いるラジカル的な芳香族化合物のトリフルオロメチル化反応を報告している[23]。しかし，いずれの系でも位置選択性は発現せず，様々な反応点で反応が進行してしまう，という問題点があった。

そこで，位置選択性を出すための手法として，配向基を用いる反応が報告されている。いずれの反応も配向基のオルト位選択的なトリフルオロメチル化反応である。

Yu らは，パラジウム触媒および量論量の銅塩を用いることにより，2-フェニルピリジンやその類縁体[24,25]，ベンジルアミン類[26]のオルト位選択的なトリフルオロメチル化に成功している（(7)式）。また，Yu らは，量論量の銅塩および銀塩を用いることにより，キレート型配向基をも

31

つ芳香族化合物のオルト位選択的なトリフルオロメチル化反応の開発に成功している[27]。

$$ (7) $$

しかし，上記の配向基を用いる方法は，反応前に基質に配向基を導入し，反応後に生成物から配向基をはずす必要があること，また，基質によっては生成物から配向基をはずせないこと，基本的にはオルト位にしかトリフルオロメチル基を導入できないことから，実用性からは程遠い。今後，配向基を用いない芳香族化合物の位置選択的なトリフルオロメチル化反応の開発が望まれる。

3.2.4 オレフィン性 C-H 結合の位置選択的なトリフルオロメチル化

山川らは，Fenton 試薬によるトリフルオロメチルラジカルの発生を利用するウラシル誘導体の5位選択的なトリフルオロメチル化反応を報告している（(8)式)[28]。

$$ (8) $$

Xiong, Ye らは，光レドックスイリジウム触媒を用いることにより，トリフルオロメチルラジカルの発生を伴う，グリカール類の β 位選択的なトリフルオロメチル化反応に成功している（(9)式)[29]。

$$ (9) $$

3.3 C(sp³)-H 結合の位置選択的なトリフルオロメチル化

3.3.1 カルボニル α 位のトリフルオロメチル化

MacMillan らは，光レドックス触媒と光学活性な有機触媒を併せて用いることにより，アルデヒドと有機触媒から生じるエナミン中間体へのトリフルオロメチルラジカルの付加を経由する，アルデヒドの α 位でのエナンチオ選択的なトリフルオロメチル化反応の開発を達成している（(10)式)[30]。また光レドックス触媒を用いずに，光学活性アミン触媒と Lewis 酸触媒の組み合わせに

32

第 1 章　フッ素化合物の合成

よる，アルデヒド α 位でのエナンチオ選択的なトリフルオロメチル化反応についても報告している[31]。

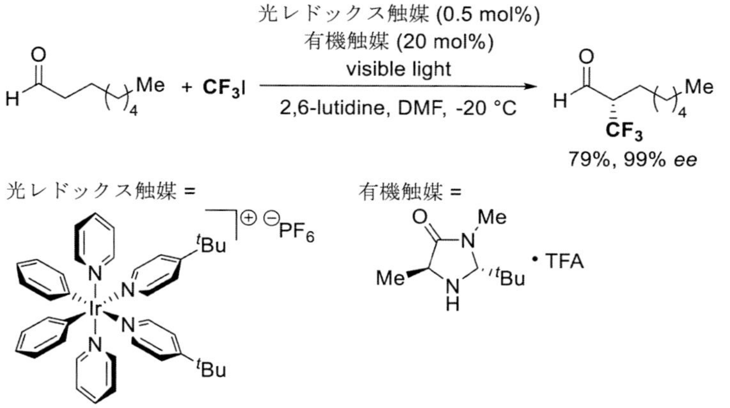

$$\text{(10)}$$

$$\text{光レドックス触媒} = \qquad \text{有機触媒} =$$

3.3.2　ベンジル位のトリフルオロメチル化

　國信，金井らは，2 位にアルキル鎖をもつ 6 員環ヘテロ芳香族化合物の N-オキシド–BF$_2$CF$_3$ 錯体に対し，フッ化テトラメチルアンモニウム（TMAF）を作用させることにより，ベンジル位選択的にトリフルオロメチル化反応が進行することを見出した（(11)式）[32]。本反応を用いることにより，トリフルオロメチル基のみならず，ペンタフルオロエチル基やヘプタフルオロプロピル基のようなパーフルオロアルキル基の導入も可能である。

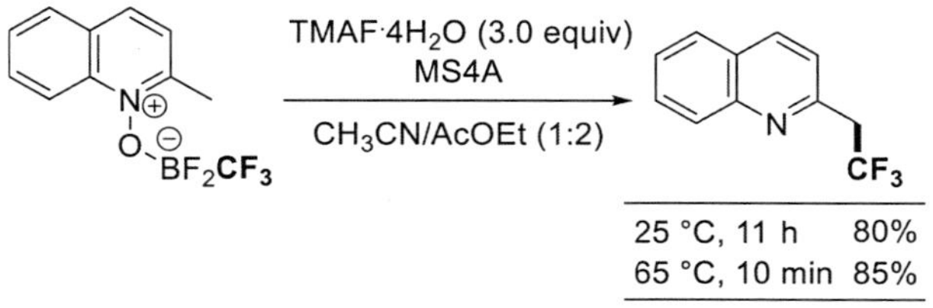

$$\text{(11)}$$

25 ℃, 11 h	80%
65 ℃, 10 min	85%

　濱島らは，4 位にメチル基をもつフェノール誘導体に対し，銅触媒存在下 Togni 試薬を作用させることにより，ベンジルラジカルとトリフルオロメチルラジカルが発生し，それらラジカル同士のカップリングにより，フェノール誘導体のベンジル位選択的なトリフルオロメチル化反応が進行することを報告している（(12)式）[33]。

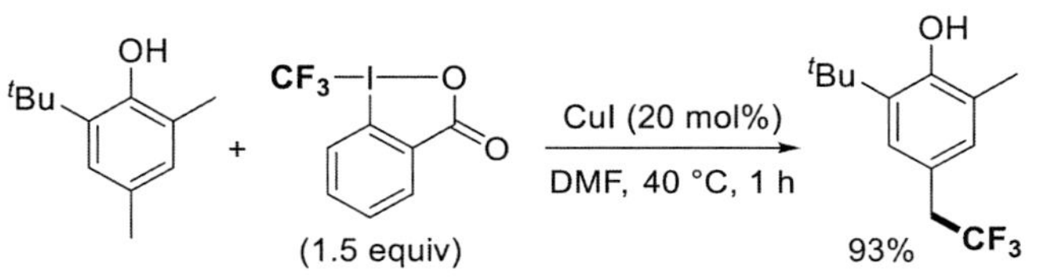

$$\text{(12)}$$

　濱島らは，365 nm の光照射下，2 位にメチル基を有する芳香族ケトンのベンジル位選択的な

33

有機フッ素化合物の最新動向

トリフルオロメチル化にも成功している（(13)式）[34]。本反応は，光励起されたカルボニル基による2位メチル基の水素ラジカルの引き抜き，フォトエノールの生成，生じたフォトエノールのTogni試薬への求核攻撃により進行していると提唱されている。

(13)

3.4　今後の展望

　以上，最近精力的に研究が進められている炭素－水素結合を炭素－トリフルオロメチル結合に直截的に変換する反応について，その代表例を紹介した。特殊な基質では位置選択性を制御できていても，様々な基質でトリフルオロメチル基を位置選択的に導入するためには，今後のさらなる反応開発が望まれる。例えば，5員環や6員環ヘテロ芳香環のすべての反応点での位置選択的なトリフルオロメチル化反応，配向基を用いない芳香族化合物の位置選択的なトリフルオロメチル化反応，不活性なC(sp^3)–Hの位置選択的なトリフルオロメチル化反応，などの開発が期待される。

文　　　　献

1) M. Sodeoka *et al.*, *Tetrahedron Lett.*, **51**, 5947 (2010)
2) A. Togni *et al.*, *J. Fluorine Chem.*, **131**, 951 (2010)
3) D. W. C. MacMillan *et al.*, *Nature*, **480**, 224 (2011)
4) F.-L. Qing *et al.*, *J. Am. Chem. Soc.*, **134**, 1298 (2012)
5) M. F. Greaney *et al.*, *Chem. Commun.*, **49**, 6385 (2013)
6) W. Xia *et al.*, *Chem. Commun.*, **53**, 1041 (2017)
7) P. S. Baran *et al.*, *Proc. Natl. Acad. Sci. USA*, **108**, 14411 (2011)
8) P. S. Baran *et al.*, *Nature*, **492**, 95 (2012)
9) Y. Kuninobu *et al.*, *Nat. Commun.*, **5**, 3387 (2014)
10) Y. Kuninobu *et al.*, *Org. Lett.*, **20**, 1593 (2018)
11) Y. Kuninobu *et al.*, *J. Am. Chem. Soc.*, **138**, 6103 (2016)
12) Y. Kuninobu *et al.*, *Org. Biomol. Chem.*, **14**, 8092 (2016)
13) C. Cai *et al.*, *Org. Chem. Front.*, **3**, 1309 (2016)
14) P. Zhang *et al.*, *Org. Chem. Front.*, **4**, 1116 (2017)
15) J.-P. Zou *et al.*, *Tetrahedron*, **72**, 3250 (2016)

第 1 章　フッ素化合物の合成

16) M. S. Sanford *et al.*, *Org. Lett.*, **13**, 5464 (2011)

17) A. Togni *et al.*, *ACS Catal.*, **2**, 521 (2012)

18) F.-L. Qing *et al.*, *Tetrahedron Lett.*, **54**, 249 (2013)

19) A. Itoh *et al.*, *Adv. Synth. Catal.*, **355**, 2203 (2013)

20) N. Shibata *et al.*, *Chem. Commun.*, **49**, 5510 (2013)

21) C. R. J. Stephenson *et al.*, *Nat. Commun.*, **6**, 7919 (2015)

22) M. Beller *et al.*, *Angew. Chem. Int. Ed.*, **55**, 2782 (2016)

23) H. Gong *et al.*, *Chem. Asian J.*, **12**, 2524 (2017)

24) J.-Q. Yu *et al.*, *J. Am. Chem. Soc.*, **132**, 3648 (2010)

25) J.-Q. Yu *et al.*, *J. Am. Chem. Soc.*, **134**, 11948 (2012)

26) J.-Q. Yu *et al.*, *Org. Lett.*, **15**, 5258 (2013)

27) J.-Q. Yu *et al.*, *Angew. Chem. Int. Ed.*, **53**, 10439 (2014)

28) T. Yamakawa *et al.*, *Appl. Catal. A*, **342**, 137 (2008)

29) X.-S. Ye *et al.*, *Org. Lett.*, **17**, 5698 (2015)

30) D. W. C. MacMillan *et al.*, *J. Am. Chem. Soc.*, **131**, 10875 (2009)

31) D. W. C. MacMillan *et al.*, *J. Am. Chem. Soc.*, **132**, 4986 (2010)

32) Y. Kuninobu *et al.*, *Angew. Chem. Int. Ed.*, **54**, 10263 (2015)

33) Y. Hamashima *et al.*, *Chem. Commun.*, **51**, 16675 (2015)

34) Y. Hamashima *et al.*, *Org. Lett.*, **19**, 4452 (2017)

4 ペンタフルオロスルファニル化合物の最新動向

新名清輝[*1]，柴田哲男[*2]

4.1 はじめに

ライフサイエンスにおける有機フッ素化合物の活躍は，ブロックバスターと呼ばれる年間数千億円の売り上げを誇る医薬品，世界の食糧事情を支える農薬などの生理活性物質から最新型スマートフォンに使用される液晶などの電子材料にいたるまで幅広く使用されており，いまや有機フッ素化合物は私たちの生活に欠かせないものになりつつある[1]。これら有機フッ素化合物の特徴を引き出している主役は，まさに構造中に含まれるフッ素原子であり，非フッ素の有機化合物に比べて，安定性や耐久性の向上，溶解性の改善などが見られることが多い。フッ素系高分子のテフロン®やフッ素系溶剤であるドライクリーニング薬剤ソルカン®，消火薬剤ノベック®，また冷媒のフロンなどペルフルオロ化合物は別として，ライフサイエンスで活躍している数多くの有機フッ素化合物の多くは，それら化学構造中におけるフッ素原子の数は少ない。具体的には，分子量 300 から 500 程度の有機化合物で 1〜3 個のフッ素原子やトリフルオロメチル（CF_3）基を含有するケースが半分以上を占める。高コレステロール血症の治療に用いられるアトルバスタチン（リピトール，分子量 558）では，わずかフッ素原子が 1 つ，HIV 治療薬であるストックリン（エファビレンツ，分子量 315）では，トリフルオロメチル基が 1 つといった具合である（図 1）。つまり，有機フッ素化合物が持つ特異な性質は，分子構造中に含まれるわずかなフッ素原子やフッ素官能基の影響によるところが大きい。そのため，これまでにモノフッ素化反応やトリフルオロメチル化反応など，有機分子を直接的にフッ素化合物に変換する合成反応の開発が盛んに行われている[2]。

医農薬品の部分構造によく見られるフッ素官能基には，トリフルオロメチル基の他，トリフルオロメチルチオ基，トリフルオロメチルスルホニル基，トリフルオロメトキシ基やそれぞれに対

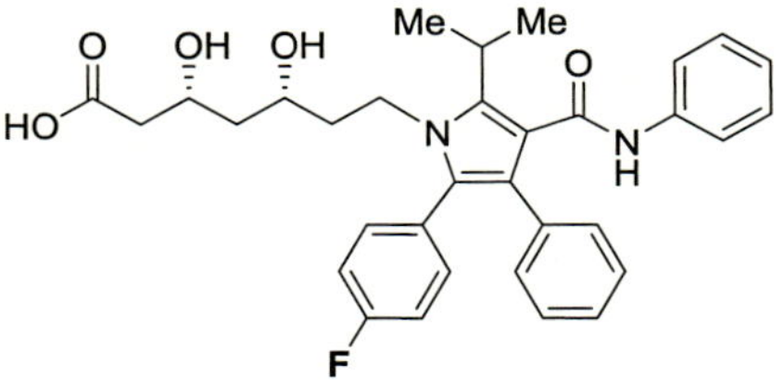

アトルバスタチン
（リピトール，分子量 558）

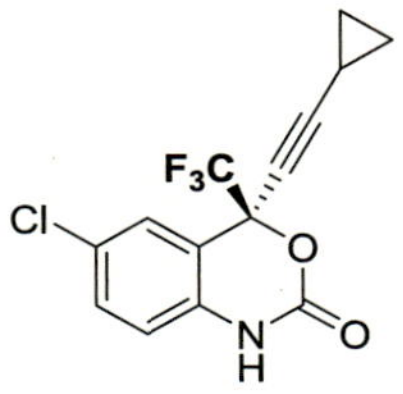

ストックリン
（エファビレンツ，分子量 315）

図 1　含フッ素医薬品の例

＊1　Kiyoteru Niina　名古屋工業大学　大学院工学研究科　生命・応用化学専攻　大学院生

＊2　Norio Shibata　名古屋工業大学　大学院工学研究科　生命・応用化学専攻，
　　　共同ナノメディシン科学専攻　教授

第 1 章　フッ素化合物の合成

 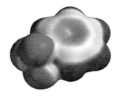

SF₅ ベンゼン（SF₅C₆H₅）　　　**CF₃ ベンゼン**（CF₃C₆H₅）
図 2　SF₅ ベンゼン，および CF₃ ベンゼンの電子密度マップ

応するモノフルオロメチルやジフルオロメチル類縁体がある。その中でも，最近になって注目されはじめた含フッ素官能基として，ペンタフルオロスルファニル（SF₅）基がある[3]。SF₅ 基は超原子価八面体構造の硫黄原子に，5 つのフッ素原子が四角錐ピラミッド配列で結合した極めて特徴的な対称性化学構造を持つ。CF₃ 基が逆円錐形構造であることから，大きく異なる特徴といえる。さらに，SF₅ 基は汎用されている CF₃ 基よりもかなり嵩高く，t-ブチル（t-Bu）基よりも僅かに小さい。一方，その他の性質は，CF₃ 基に類似した部分が多い。SF₅ ベンゼンと CF₃ ベンゼンの電子密度マップ[4]を示す（図 2）。立体的にも電子的にも類似していることが理解できるであろう。まず，CF₃ 基と同じく SF₅ 基は対称性化学構造のため，回転に対する障壁が少ない。また SF₅ 基の電気陰性度は 3.65 であり，CF₃ 基（3.36）よりも若干高く，電子求引性に関する Hammett σ_p 値は SF₅ 基が 0.68，CF₃ の σ_p 値 0.54 と，やはり SF₅ 基の方が電子求引性はやや高い。誘起効果と共鳴効果は，SF₅ 基の σ_I 値 0.55 と σ_R 値 0.11，CF₃ 基では σ_I 値 0.39 と σ_R 値 0.12 である。脂溶性パラメーター π は，SF₅ 基は 1.23，CF₃ 基では 0.88 であり，SF₅ 基の脂溶性はかなり高いといえる。安定性については，トリフルオロメチル基と同様に安定であることがわかっており，特に塩基性条件下での安定性はトリフルオロメチル基よりも各段に高い[3a,5]。

このような特徴から，SF₅ 基はスーパー CF₃ 基と形容されることが多く，市場において成功を収めている CF₃ 基含有フッ素化合物の CF₃ 基部分を SF₅ 基に置き換えることで，その性能を向上させ，分解を抑制するなどの可能性が期待されている。例えば，除草剤成分として知られる Triazolopyrimidine や Trifluralin，殺虫剤成分として用いられる Fipronil の化学構造中の CF₃ 基を SF₅ 基へと置換した SF₅ 類縁体は，既存の物質より持続効果を示すことが報告されている[6]（図 3）。

4.2　SF₅ 基置換芳香族炭化水素の合成

　SF₅ 基を含む化合物は天然には全く存在しない。そのため SF₅ 基含有有機化合物を得るには，有機合成化学を駆使する手法以外に方法はない。SF₅ 基が炭素原子に結合した部分構造（C-SF₅）を用いて，化合物検索を行った結果を示す[7]（図 4）。SF₅ 基を持つ有機化合物の研究が，1950 年代から始まったにも関わらず，その研究の進展は遅く，ここ 10 年で一挙に活発化していることがわかる。

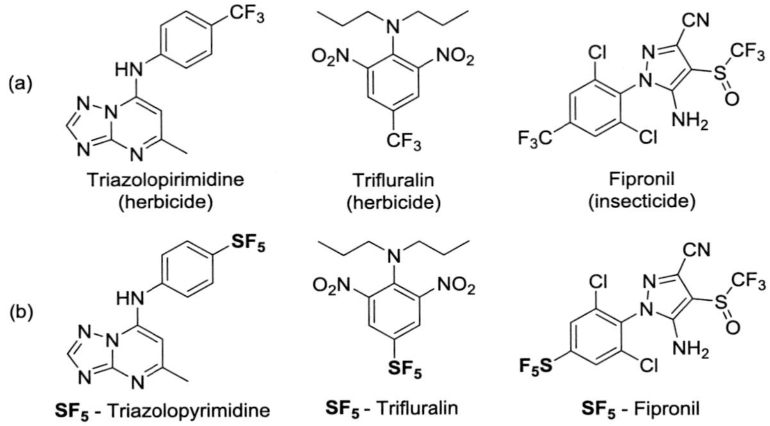

有機フッ素化合物の最新動向

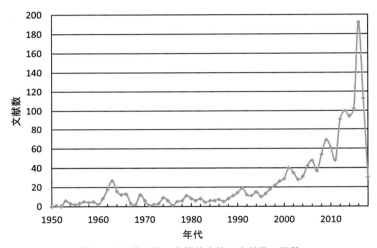

図3 市販されているCF₃置換生理活性物質のCF₃部位をSF₅基に置換した類縁体の例

図4 SF₅基を持つ有機化合物の文献数の推移

　研究が活発化した主な要因のひとつに，SF₅基が置換した芳香族化合物，特にSF₅ベンゼン類の合成法が確立したことが挙げられる。SF₅ベンゼン類は，アリールジスルフィドに対して，3つのタイプの酸化的フッ素化反応を経て合成することができる（図5）[8]。即ち，Sheppardのフッ化銀（II）（AgF₂）による手法（図5(a)）[8a]，Bowdenらによるフッ素ガスを用いる手法（図5(b)）[8b] および梅本らの酸化的塩化フッ素化にてアリール塩化テトラフルオロスルファニル（ArSF₄Cl）化合物を得たのち，残った1つの塩素をフッ素で交換する2段階法（図5(c)）[8c] である。このうち，ニトロ基やトリフルオロメチル基といった電子求引性基を持つSF₅ベンゼン類の合成には図5(b)のBowden法が，置換基の無いものや電子供与性基を持つものには図5(c)の梅本法が優れている。もっともBowden法，梅本法のいずれも，毒性の高いフッ素ガスや塩素ガスなどが必要となるため実験室での実施は簡単ではない。幸い，近年になって，一連のSF₅

38

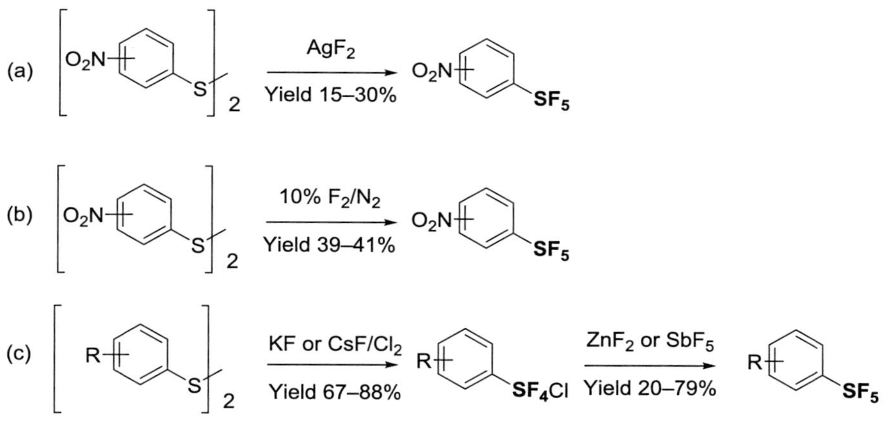

第 1 章　フッ素化合物の合成

図 5　SF$_5$ 基置換芳香族炭化水素の合成法

基置換芳香族炭化水素類が，宇部興産㈱[9] など数社から販売されるようになり，研究分野の急速な発展につながっている。

4.3　SF$_5$ 基置換複素環式化合物の合成

4.3.1　芳香族炭化水素上に SF$_5$ 基が結合した複素環式化合物の合成

　SF$_5$ 基が結合した複素環式化合物には，インドールやベンゾチオフェンのような二環性複素環式化合物の芳香族炭化水素上に SF$_5$ 基がついたものと，ピロールやピリジンなどの複素環上に直接 SF$_5$ 基が結合した化合物が合成されている（図 6）[10]。いずれも医農薬品開発の観点から魅力的な合成中間体といえる。

　SF$_5$ 基が芳香族炭化水素上に結合した複素環式化合物では，現在までベンゾイミダゾール，ベンゾチオフェン，インドール，フタロシアニン，サブフタロシアニンなど，様々な種類の化合物が報告されている（図 7）。

　これらの化合物は，いずれも入手容易な SF$_5$ 基を持つ芳香族炭化水素（4.2 項）から誘導することで合成することができる。例えば，SF$_5$ 基が直接ペリ位に結合したフタロシアニン類の場合には，次のように合成することができる[11]。まず，SF$_5$ ベンゾニトリルをリチウムテトラメチルピペリジンにて位置選択的にオルト位－リチオ化し，さらにヨウ素化することによって SF$_5$-オルトヨウ化ベンゾニトリルが得られる。得られた SF$_5$-ベンゾニトリルのヨウ素部位を DMF 中で銅（Ⅰ）シアニドを用いるカップリング反応にてシアノ基を導入し，前駆体となる SF$_5$-フタロニトリルを得る。これらフタロニトリルをジクロロ亜鉛（Ⅱ）によって加熱反応することでペリ位に SF$_5$ 置換基を持つフタロシアニン類へと変換される（図 8）。

39

有機フッ素化合物の最新動向

図6 SF₅基含有複素環式化合物の分類例

ベンゾイミダゾール　　ベンゾチオフェン　　インドール

フタロシアニン　　サブフタロシアニン

図7 芳香族炭化水素上にSF₅基が結合した複素環式化合物の例

図8 SF₅フタロシアニン類の合成

4.3.2 SF$_5$基が複素環上に直接結合した複素環式化合物（5員環）の合成

ピロールやチオフェン，フランなど5員環構造の複素環式化合物に直接SF$_5$基が結合した化合物の合成は，Dolbierらによって精力的に行われている。様々な種類の5員環性複素環が合成されており，いずれの場合も，SF$_5$が結合したアルキンが共通した出発原料である。SF$_5$アルキンは，塩化ペンタフルオロスルファニル（SF$_5$Cl）あるいは臭化ペンタフルオロスルファニル（SF$_5$Br）とアセチレン類とのトリエチルボラン存在下でのラジカル反応で付加体を得た後，脱ハロゲン化水素反応にて合成することができる（図9）[12]。

SF$_5$アルキンを用いたSF$_5$置換型5員環性複素環式化合物の合成例を次に示す（図10）。まず，SF$_5$置換ピロール類は，SF$_5$アルキンとアゾメチンイリドとの［3＋2］環化付加反応，続く酸化反応によって収率良く合成することができる[12a]。ここでアゾメチンイリドではなく，硫黄イリドを用いて，同様の［3＋2］環化付加反応および酸化反応を行うとSF$_5$置換チオフェンが得られる[12b]。SF$_5$アルキン類は極めて有用な合成素子であり，この他にもジアゾメタン類との環化反応ではSF$_5$置換ピラゾールを与え[12c,d]，ニトリルオキシドとはSF$_5$置換イソキサゾールを[12e,f]，ニトロンと反応させるとSF$_5$置換イソキサゾリン[12e,f]，アジドとのクリック反応ではSF$_5$置換

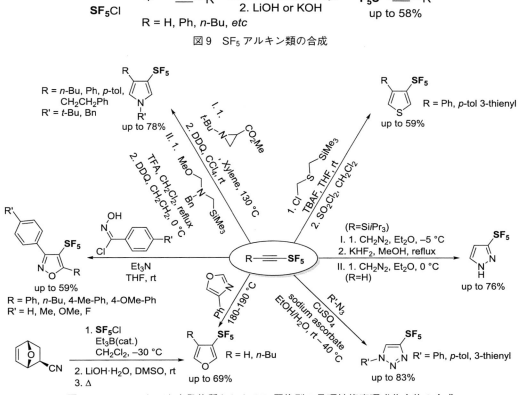

図9　SF$_5$アルキン類の合成

図10　SF$_5$アルキンを出発物質としたSF$_5$置換型5員環性複素環式化合物の合成

トリアゾールが得られる[12d]。また，SF_5アルキンをオキサゾールと高温条件で反応させた場合には，一旦，Diels-Alder反応を経て付加体が生成した後，逆Diels-Alder反応によりSF_5置換フランが合成できる[12e,g]。なお，SF_5フランは，フランとアクリロニトリルからDiels-Alder反応付加体を合成した後，SF_5Clで処理し，先と同様に逆Diels-Alder反応を経て合成することも可能である[12b,e,g]。

4.3.3 SF_5基が複素環上に直接結合した複素環式化合物（6員環）の合成

ピリジンやピリドンなどの6員環構造の複素環式化合物に直接SF_5基が結合した化合物は，最近になってようやく合成法が確立している。2種類の合成法が報告されており，1つは4.2項で述べた2段階からなる梅本法を拡張した手法[13]，もう一方はSF_5基が結合した酢酸エステル誘導体の環化反応を経る手法である[14]。前者の手法ではピリジンやピリミジン，キノリンの合成が，後者ではピリドンやキノリノン，クマリンの合成が報告されている。

（1）ジスルフィドからの合成

2014年にDolbierらは，オルトピリジンジスルフィドから酸化的塩化フッ素化にてピリジン塩化テトラフルオロスルファニル（$PySF_4Cl$）化合物を合成したのち，フッ化銀（I）（AgF）を用いる塩素・フッ素交換反応により，オルトSF_5ピリジン類の合成に成功している[13a]（図11）。11種類のオルトSF_5ピリジン類の合成例が示されているが，基質適応範囲に若干の制限がある。まず，ピリジン環にニトロ基やトリフルオロメチル基といった電子求引性基がある場合には，2段階目の塩素・フッ素交換反応が期待通りに進行しない。また，メタおよびパラ置換SF_5ピリジン類の合成には，適用できない。Dolbierらはこの手法を用いて，抗マラリア活性の期待される2-SF_5-メフロキン類縁体の合成を行った（図12）[13c]。

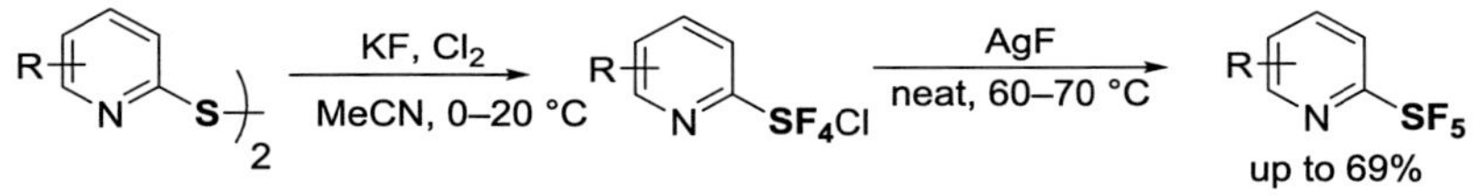

図11　オルトSF_5ピリジンの合成

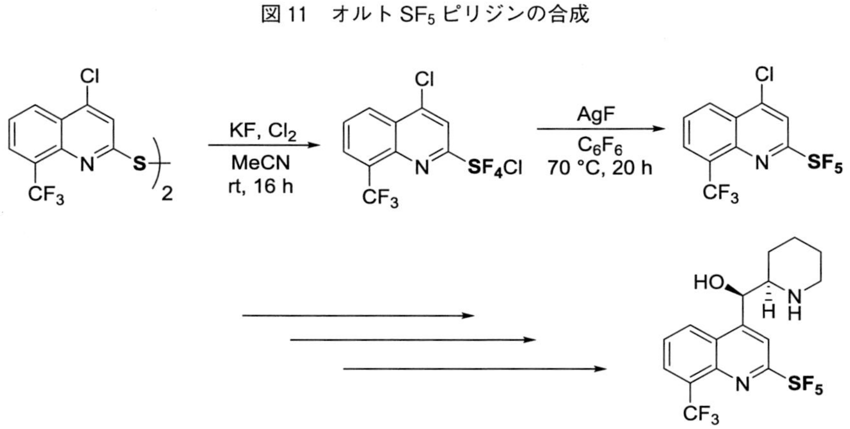

図12　2-SF_5-メフロキン類縁体の合成

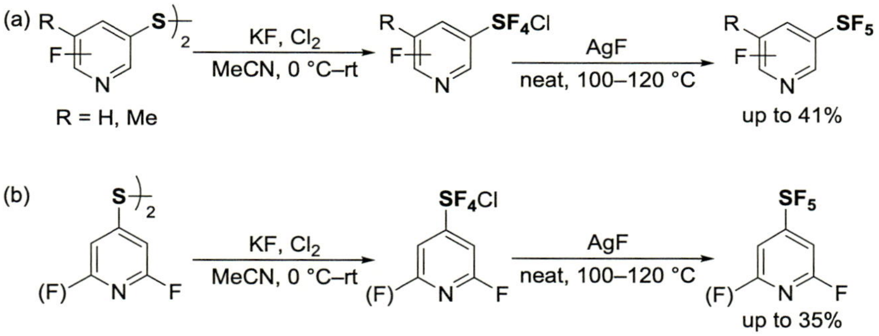

第1章　フッ素化合物の合成

図13　メタ，およびパラ SF_5 ピリジンの合成

　メタおよびパラ置換 SF_5 ピリジン類の合成は，2016年に柴田らが報告している[13b]。反応条件は梅本，Dolbier らの手法と同じであるが，相違は，出発物質のピリジンジスルフィドにフッ素置換基を組み込んだ点にある（図13(a)，(b)）。ピリジン環上にあるフッ素原子の効果について，柴田らは次のように説明している。まず，フッ素の高い電気陰性度がピリジンの窒素部位の求核性を抑え，分解物の生成を抑制したことである。さらにフッ素の高い電子求引性は，三中心四電子結合を持つ超原子価硫黄原子（塩化テトラフルオロスルファニル部位）の安定性を高めることにも寄与しており，密度汎関数理論計算を用いて考察している。

　柴田法で得た SF_5 ピリジン類の有用性の１つとして，ピリジン環上にあるフッ素部位を足掛かりに，様々な求核剤との芳香族求核置換反応（S_NAr 反応）を経て，ピリジン構造修飾体を容易に合成できることが挙げられる。炭素，窒素，硫黄，および酸素求核剤と反応させることで，対応する付加体が中程度から高収率で得られる（図14）。

　その後，柴田らは２段階目の塩素・フッ素交換反応を，AgF ではなく，五フッ化ヨウ素（IF_5）を用いる改良法を報告した（図15）[15]。この IF_5 法の優れた点は，これまで合成困難であったニトロ基やトリフルオロメチル基といった電子求引性基を持つオルト置換 SF_5 ピリジン類の合成にも適用可能であることである。加えて，梅本らの報告において合成収率の低かった電子求引性基を持つ SF_5 ベンゼン類も，IF_5 法では高収率で合成できる。また，この手法により SF_5 ピリミジンが初めて合成されるなど，IF_5 法の基質汎用性は高い。塩素・フッ素置換反応は，密度汎関数理論計算によって，ハロゲン結合を介した S_Ni 様反応で進行すると推察されている。

　このように２段階目の塩素・フッ素交換反応は反応基質の芳香環の電子状態によって大きく影響を受ける。柴田らは，この点を改善する手法として，炭酸銀を用いる自壊型 SF_5 合成法を見出した[16]。驚くべきことに，この手法では，AgF や IF_5 といったフッ素化剤を用いることなく塩素・フッ素交換反応が首尾良く進行する。柴田らはこの反応機構について，出発物質の $ArSF_4Cl$ 自身がフッ素化剤として作用する自壊型フッ素化反応機構を提唱している。そのため変換収率は最高80%程度にとどまる（図16）。

43

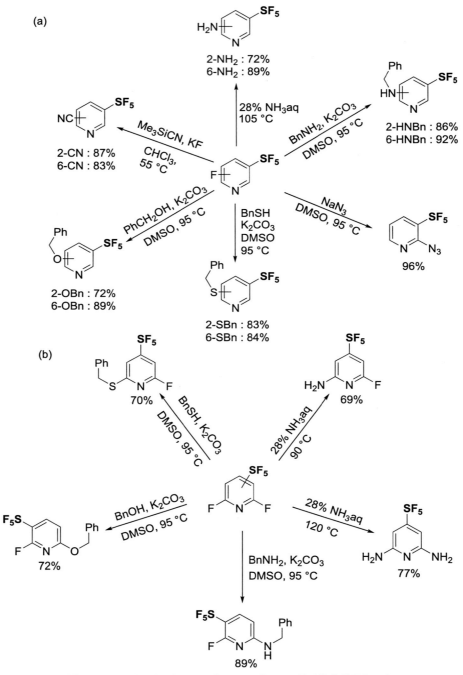

図14 SF$_5$-ピリジン上のフッ素原子を活用した芳香族求核置換反応

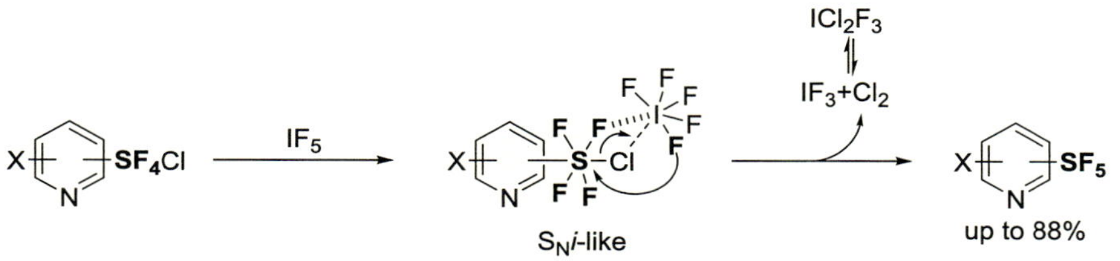

第1章　フッ素化合物の合成

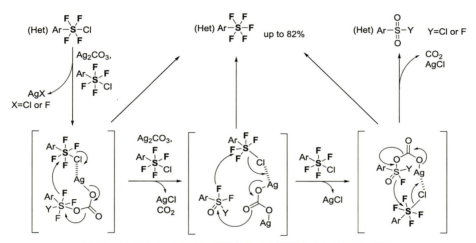

図15　IF₅によるSF₅ピリジン類の合成

図16　Ag₂CO₃によるSF₅芳香族類の自壊型合成とその反応機構

(2) SF₅基を持つ酢酸エステル誘導体からの環化反応を利用したSF₅-ピリドン，キノリノン，クマリンの合成

脂肪族に直接SF₅基が結合した化合物の合成は，Welchらを中心に精力的に行われている[3a]。最近になって，Carreira[14a]，Haufe[14b]，Ponomarenko[14c]らは，それぞれ独立に，α位にSF₅基を持つ酢酸エステル誘導体とアルデヒド類とのアルドール反応を報告した（図17）。このアルドール反応ではボロンやチタンを用いたソフトなエノールを利用することで，中間体の分解を阻止しているところが鍵であり，高いジアステレオ選択性で一方の異性体が得られる。得られたアルドール付加体の分子内環化反応を利用し，CarreiraらはSF₅-ピリドン，およびSF₅-キノリノンの合成を，PonomarenkoらはSF₅クマリンの合成を達成している。

4.4　SF₅芳香環部位およびSF₅複素環式化合物部位を直接導入する試薬の開発

これまでに述べてきたSF₅化合物の合成では，4.3.1項で示した市販のSF₅芳香環を合成素子として用いる手法を除いては，SF₅Clや塩素ガス，IF₅といった毒性が高く，取り扱いに注意を必要とする薬品を用いる必要がある。柴田らは，フッ素官能基を合成過程の後半で導入する目的で様々な試薬類の開発を行っており[17]，その一環として，SF₅芳香環およびSF₅複素環式化合物

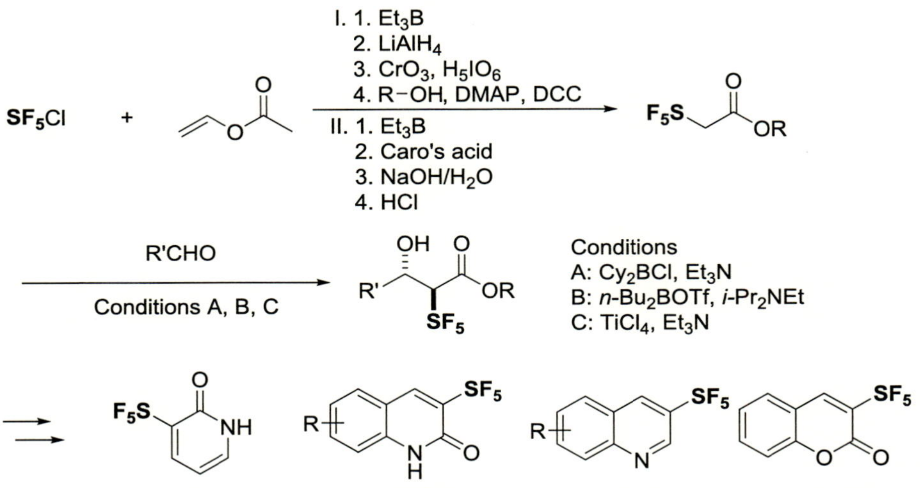

有機フッ素化合物の最新動向

図17 α位に SF$_5$ 基を持つ酢酸エステル誘導体の合成とアルデヒド類とのアルドール反応および
SF$_5$ 置換6員環性複素環式化合物への誘導

のユニットを予め組み込んだ求電子型試薬を開発することにより，特殊な器具や試薬を使用することなく，SF$_5$ 芳香環および SF$_5$ 複素環式化合物を合成する手法を報告している[18]。これら試薬は，アリール–λ^3–ヨードニウム塩構造を持つ。いずれの場合も，様々な求核試薬と速やかに反応し，SF$_5$ ベンゼン[4] および SF$_5$ ピリジン部位[18]を持った複雑な有機分子を一段階で合成することができる。求核種は，炭素，窒素，酸素，硫黄など幅広く適用可能である（図18，図19）。

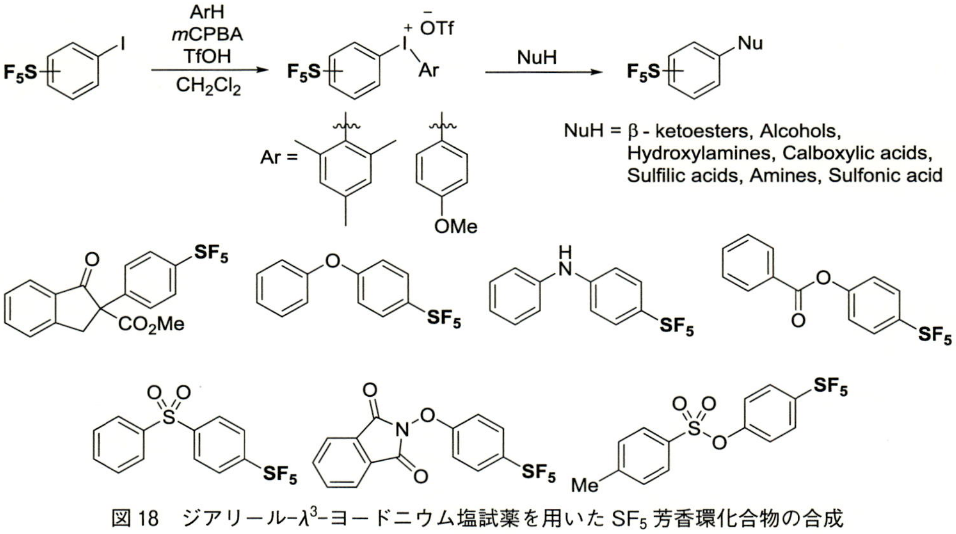

図18 ジアリール–λ^3–ヨードニウム塩試薬を用いた SF$_5$ 芳香環化合物の合成

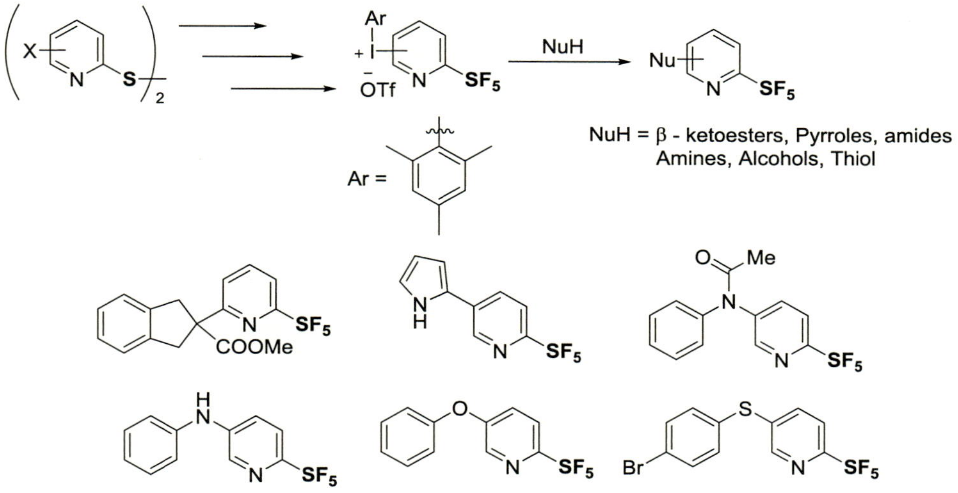

第 1 章　フッ素化合物の合成

図 19　アリール-ピリジル-λ^3-ヨードニウム塩試薬を用いた SF$_5$ 複素環式化合物の合成

4.5　おわりに

　以上のように，様々な SF$_5$ 芳香族および複素環式化合物の合成法について紹介してきた。これまで合成困難であった SF$_5$ 基を持つ化合物群が容易に合成できるようになってきたといえる。ただ，合成法が確立されたといっても，SF$_5$ 基を持つ有機化合物の性質はまだまだ不明な点が多く，ライフサイエンスにどのようなメリットをもたらすかは全くの未知数である。しかしながら，トリフルオロメチル基を持つ化合物群が医農薬分野，および材料科学分野において大成功を収めていることから推察すると，SF$_5$ 基を持つ有機化合物の重要性が明らかになってくることは時間の問題であろう。この解説を通じて，より多くの研究者が SF$_5$ を持つ有機化合物の研究開発に興味を持ち，当該研究分野に参入し，研究が大きく発展していくことを期待している。

文　　　献

1)　(a)日本学術振興会フッ素化学第 155 委員会，フッ素化学入門 2015　フッ素化合物の合成法，p. 1，三共出版（2015）；(b)日本学術振興会フッ素化学第 155 委員会，フッ素化学入門 2010　基礎と応用の最前線，p. 41，三共出版（2010）；(c)日本学術振興会フッ素化学第 155 委員会，フッ素化学入門　先端テクノロジーに果たすフッ素化学の役割，p. 1，三共出版（2004）；(d)日本学術振興会フッ素化学第 155 委員会，フッ素化学入門　基礎と実験法，p. 1，三共出版（1997）；(e)F&F インターナショナル，トコトンやさしいフッ素の本，p. 1，日刊工業新聞社（2012）

2)　(a) T. Ritter *et al.*, *Chem. Rev.*, **115**, 612（2015）；(b) N. Shibata *et al.*, *Chem. Rev.*, **118**, 3887

（2018）；(c) N. Shibata *et al.*, *Chem. Rev.*, **115**, 731 （2015）；(d) P. Kirsch, "Modern Fluoroorganic Chemistry", p. 1, Wiley-VCH Verlag GmbH & Co. KGaA （2013）

3) (a) J. T. Welch *et al.*, *Chem. Rev.*, **115**, 1130 （2015）；(b) M. Zanda *et al.*, *J. Fluorine Chem.*, **143**, 57 （2012）；(c) R. G. Syvret, *Chim. Oggi*, **26**, 26 （2008）；(d) G. L. Gard, *Chim. Oggi*, **27**, 10 （2009）

4) N. Shibata *et al.*, *Org. Lett.*, **17**, 3038 （2015）

5) C. Hansch *et al.*, *J. Med. Chem.*, **16**, 1207 （1973）

6) (a) M. A. Phillips *et al.*, *J. Med. Chem.*, **54**, 5540 （2011）；(b) M. A. Phillips *et al.*, *J. Med. Chem.*, **54**, 3935 （2011）；(c) J. T. Welch *et al.*, *J. Pestic. Sci.*, **32**, 255 （2007）；(d) S. K. Huber, EP Patent EP0963695 （1999）

7) SciFinder による検索。2018 年 5 月現在

8) (a) W. A. Sheppard, *J. Am. Chem. Soc.*, **84**, 3064 （1962）；(b) R. D. Bowden *et al.*, WO Patent WO9705106 （1997）；(c) T. Umemoto, US Patent US20080234520 （2008）；(d) T. Umemoto *et al.*, *Beilstein J. Org. Chem.*, **8**, 461 （2012）

9) 宇部興産㈱, https://www.ube.com/contents/jp/pharmaceutical/sf5-chemicais.pdf

10) (a) W. R. Dolbier Jr. *et al.*, *Advances in Heterocyclic Chemistry*, **120**, 1 （2016）；(b) N. Shibata *et al.*, *Tetrahedron Letters*, **58**, 4803 （2017）

11) (a) N. Shibata *et al.*, *ChemistryOpen*, **4**, 698 （2015）；(b) N. Shibata *et al.*, *J. Fluorine Chem.*, **168**, 93 （2014）；(c) N. Shibata *et al.*, *J. Fluorine Chem.*, **171**, 120 （2015）

12) (a) W. R. Dolbier Jr. *et al.*, *J. Org. Chem.*, **74**, 5626 （2009）；(b) W. R. Dolbier Jr. *et al.*, *J. Fluorine Chem.*, **132**, 389 （2011）；(c) D. D. Coffmann *et al.*, *J. Org. Chem.*, **29**, 3567 （1964）；(d) J. M. Shreeve *et al.*, *Org. Lett.*, **9**, 3841 （2007）；(e) W. R. Dolbier Jr. *et al.*, WO Patent WO2007106818 （2007）；(f) W. R. Dolbier Jr. *et al.*, *J. Fluorine Chem.*, **176**, 121 （2015）；(g) W. R. Dolbier Jr. *et al.*, *Org. Lett.*, **8**, 5573 （2006）；(h) W. R. Dolbier Jr. *et al.*, *J. Fluorine Chem.*, **127**, 1302 （2006）

13) (a) W. R. Dolbier Jr. *et al.*, *Angew. Chem. Int. Ed.*, **54**, 280 （2015）；(b) N. Shibata *et al.*, *Angew. Chem. Int. Ed.*, **55**, 10781 （2016）；(c) W. R. Dolbier Jr. *et al.*, US Patent US20160332988 （2016）

14) (a) E. M. Carreira *et al.*, *Angew. Chem. Int. Ed.*, **55**, 2113 （2016）；(b) G. Haufe *et al.*, *Org. Lett.*, **18**, 1012 （2016）；(c) M. V. Ponomarenko *et al.*, *J. Org. Chem.*, **81**, 6783 （2016）

15) N. Shibata *et al.*, *Chem. Commun.*, **53**, 5997 （2017）

16) N. Shibata *et al.*, *Chem. Commun.*, **53**, 12738 （2017）

17) (a) N. Shibata, *Bull. Chem. Soc. Jpn.*, **89**, 1307 （2016）；(b) N. Shibata, D. Cahard *et al.*, *Beilstein J. Org. Chem.*, **6**, No. 65 （2010）

18) N. Shibata *et al.*, *Chem. Commun.*, **53**, 3850 （2017）

5　トリフルオロメタンスルホニル基含有化合物の最新動向

住井裕司[*1]，柴田哲男[*2]

5.1　はじめに

　フッ素原子やフッ素官能基を有機化合物に導入することで，親化合物の溶解性や安定性，水素結合能力や，電子密度などを比較的容易に変化させることができる。このような特徴から，機能性材料や医農薬品の設計において，有機フッ素化合物群が積極的に取り入れられるようになってきた[1]。とりわけ芳香環上にフッ素（F）やトリフルオロメチル（CF_3）基を持つ芳香族フルオリド類（Ar-F）やベンゾトリフルオリド類（Ar-CF_3）は，市場で頻繁に見られる有機フッ素化合物である[2]。これらの市場での成功に触発され，様々な種類のフッ素官能基の研究が盛んになってきた。なかでも注目を集めているのが，フッ素と硫黄を組み合わせた官能基類の，トリフルオロメチルチオ（$-SCF_3$）基，トリフルオロメタンスルホニル（$-SO_2CF_3$，トリフリル，Tf）基，ペンタフルオロスルファニル（$-SF_5$）基である。特にトリフルオロメタンスルホニル基を有する化合物は，トリフロンとも呼ばれ，農薬を中心に既に広く用いられている。SO_2CF_3基は，CF_3基と比較すると，高い電子求引性とやや弱い脂溶性を有する（SO_2CF_3：$\Pi = 0.55$，$\sigma_m = 0.79$，$\sigma_p = 0.93$，CF_3：$\Pi = 0.88$，$\sigma_m = 0.43$，$\sigma_p = 0.54$）[3]。そのため，医農薬品の芳香族CF_3部位を芳香族SO_2CF_3部位に置き換えたトリフロン化合物は既存のCF_3化合物の性質を微調整することができる可能性が示唆されている。トリフロンを化学構造に持つ生物活性物質としては，カプサイシンなどの受容体として知られているカチオンチャネル TrpV1 の拮抗剤であるテトラヒドロピリジン 4-カルボキシアミドや，抗アポトーシス作用を持つ Bcl-2 タンパクに作用することで抗ガン活性を示すと考えられている ABT-263 などが挙げられる[4]（図1）。またトリフロンは，生物活性物質の開発研究だけでなく，触媒や配位子，機能材料などの合成素子としての利用も期待されている。

　トリフロンの合成は，①トリフルオロメチルチオ基（SCF_3基）の酸化，②スルホニル化合物のトリフルオロメチル化，③SO_2CF_3基を有する化合物を合成素子として用いる手法，④トリフレートの分子内転位反応，⑤直接的トリフルオロメタンスルホニル化反応など様々である[3e,5]。これらのうち酸化やトリフルオロメチル化の手法は古くから研究されているトリフロン類を合成する主な手法であるが（図2），反応前駆体であるSCF_3基やSO_2R基を持つ化合物があらかじめ必要であり，上記⑤に示した直接的にSO_2CF_3基を標的化合物に導入する手法が望まれている。特に複素環は多くの生物活性物質に見られる構造であるため，複素環上にSO_2CF_3基を有する複素環トリフロン類の直接的な合成法の開発は，新しい医農薬品を開発する上で重要である。

　このような背景から，芳香族トリフロンや複素環トリフロンの合成研究が活発化しており，既

＊1　Yuji Sumii　名古屋工業大学　大学院工学研究科　生命・応用化学専攻　助教

＊2　Norio Shibata　名古屋工業大学　大学院工学研究科　生命・応用化学専攻，
　　　共同ナノメディシン科学専攻　教授

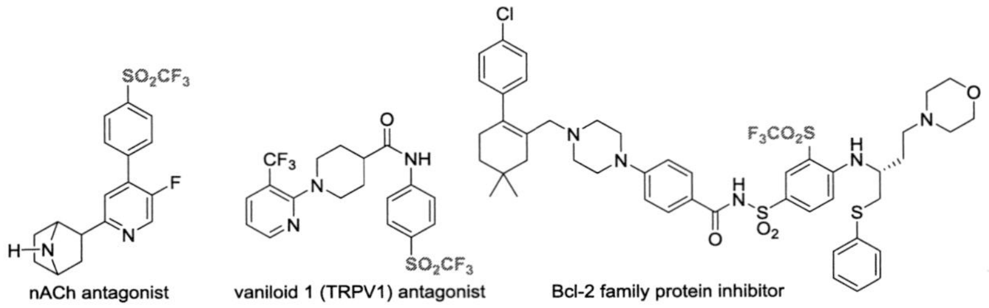

有機フッ素化合物の最新動向

図1　トリフリル基を有する生物活性物質

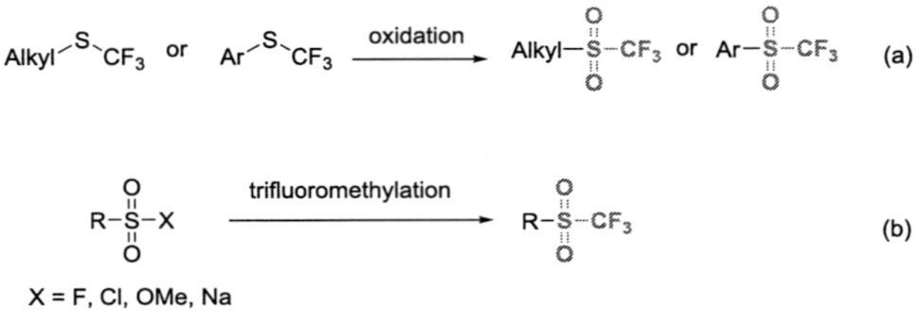

図2　トリフロンの主な合成法
(a)トリフルオロメチルチオ基の酸化反応，(b)スルホン類へのトリフルオロメチル化

にいくつかの総説が報告されている[3e,5b,c]。筆者らの研究グループでも2013年に複素環トリフロンの合成に関する総説[5b]，2015年にはトリフロンをはじめとする様々な硫黄とフッ素を併せ持つ官能基類の合成法に関する総説を報告している[3e]。本項では，研究が特に盛んである，トリフリル基の直接的導入による芳香族トリフロンおよび複素環トリフロンの合成法について紹介する。

5.2　芳香族トリフロン（Ar–SO$_2$CF$_3$），複素環トリフロン（HetAr–SO$_2$CF$_3$）の合成

5.2.1　フリーデル・クラフツ反応を用いる手法

　フリーデル・クラフツ反応は，芳香族化合物に対してアルキル基やアシル基などを求電子置換反応によって導入する手法であり，塩化アルミニウムなどルイス酸などの存在下で行うことが多い。1977年，Hendrichsonらは，無水トリフルオロメタンスルホン酸（(CF$_3$SO$_2$)$_2$O）と芳香族化合物とのフリーデル・クラフツ型反応による直接的トリフリル化反応を報告した[6a]（図3(a)）。簡便な手法であるものの，反応基質を溶媒として使用する必要があるため，基質適応範囲に制限がある。また，一般的なフリーデル・クラフツ反応の抱える問題点と同様，芳香環上に電子求引性基を有する場合には本手法は適応できない。1980年に，Crearyらは芳香族Grinard試薬と(CF$_3$SO$_2$)$_2$Oを用いて芳香族トリフロンの合成を試みたが，ハロゲン化体が主な生成物として得られ，目的の芳香族トリフロンは低収率にとどまった[6b]（図3(b)）。

　2011年，柴田らはフリーデル・クラフツ反応を複素環に拡張し，インドールトリフロンの合成に成功している。2,4,6-トリ tert-ブチルピリジン（TTBP）を添加剤に用いることで，2量化や複雑化を防ぎ，高収率で生成物が得られることを見出した[6c]（図4(a)）。インドールの窒素原

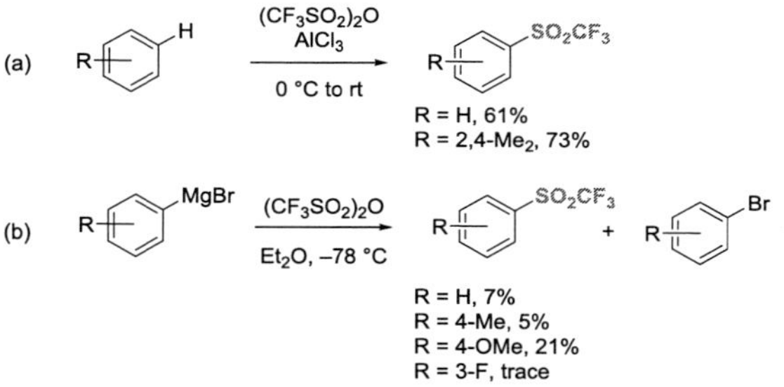

第1章　フッ素化合物の合成

図3　フリーデル・クラフツ反応による求電子的トリフリル化
（a）Hendrichson らの方法，（b）Creary らによる Grinard 試薬を用いた方法

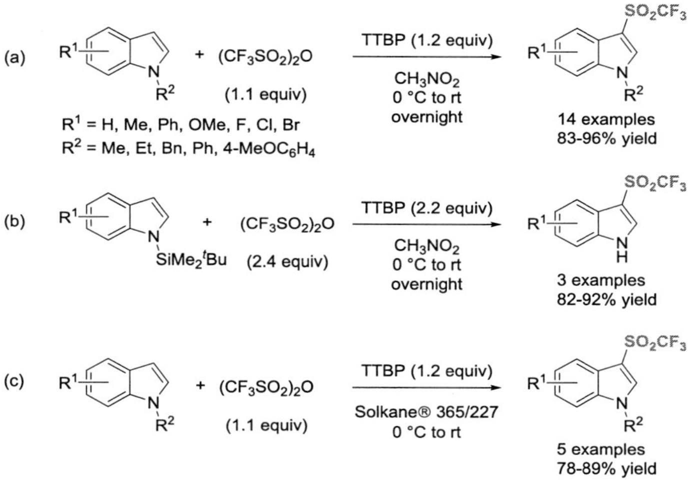

図4　(a)フリーデル・クラフツ反応によるインドールトリフロンの合成，(b)N-H 体のインドール
トリフロンの合成，(c)ソルカン 365/227 を溶媒に用いたインドールトリフロンの合成

子の保護基に *tert*-butyldimethylsilyl（TBS）基を用いると，高収率で N-H 体のインドールトリ
フロンが得られる（図4(b)）。さらに，溶媒にフッ素系溶剤ソルカン 365/227 を用いても高収率
でインドールトリフロンが得られることを見出した（図4(c)）。ソルカン 365/227 はオゾン層を
破壊のない不燃性のドライクリーニング溶剤であり，環境に配慮した反応といえる[7]。

5.2.2　Thia-Fries 転位を用いる合成法

2003 年，Lloyd-Jones らは Thia-Fries 転位によるアリールトリフロンの合成を報告した[8a]。
フェノール類から誘導したトリフラートに LDA にてオルトリチオ化した後，生じたアニオンが
スルホニルの硫黄原子を求核攻撃し，オルト位にトリフリル基が転位する（図5）。本手法の適
応範囲は広く，クロム(η⁶-アレーン)カルボニル錯体，ビアリール化合物およびフェロセン類に
おいても良好な収率で芳香族トリフロンが得られる[8b~h]。

宮部らはジエチル亜鉛を用いたベンザインと DMF の付加反応の検討中，副生成物としてトリ
フロンの生成を観察しているが[8i]（図6），これは上記と同様にフッ素アニオンがトリメチルシ

51

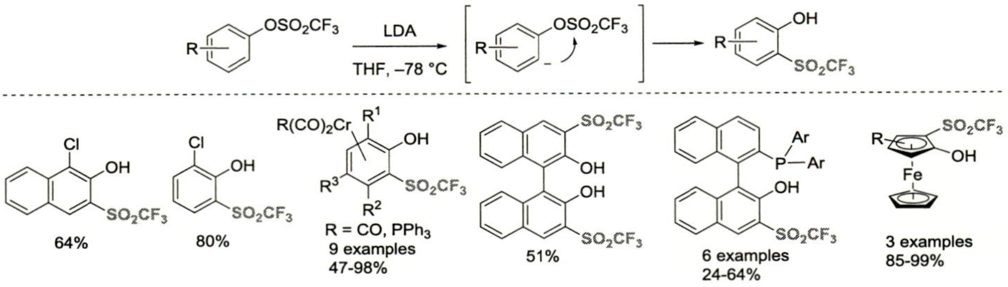

有機フッ素化合物の最新動向

図5 Thia-Fries 転位による求電子的トリフリル化

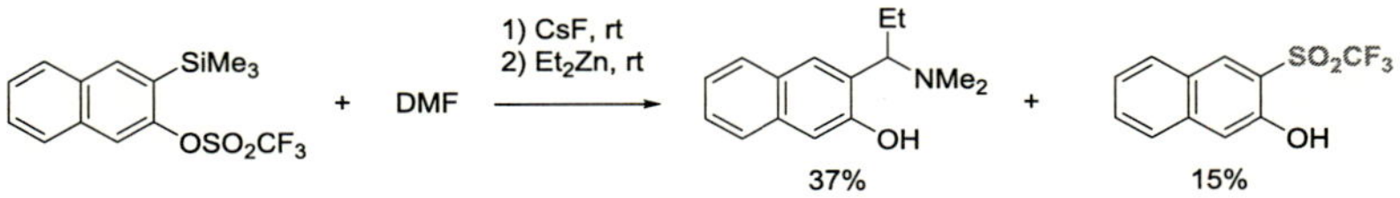

図6 ベンザイン生成の副反応で得られたアリールトリフロン

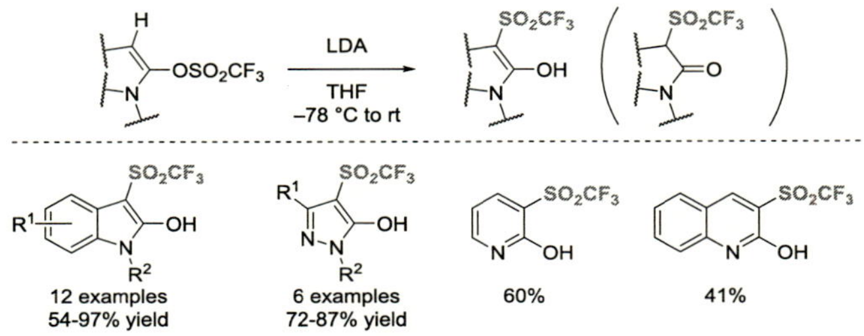

図7 Thia-Fries 転位によるヘテロアリールトリフロンの合成

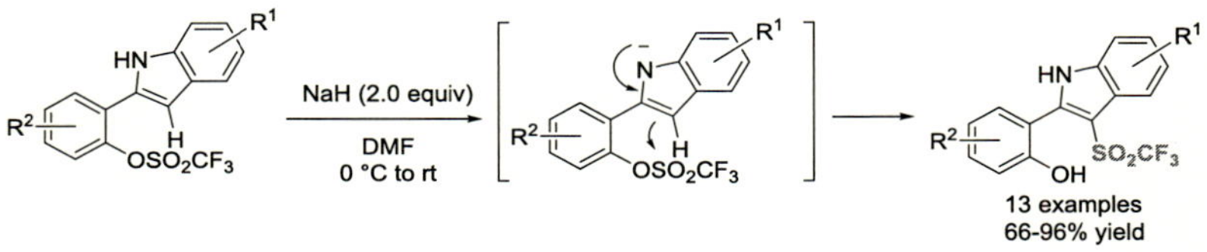

図8 遠隔型 Thia-Fries 転位によるインドールトリフロンの合成

リル基を求核攻撃した後，Thia-Fries 転位を起こして生じたものであろう。

　Thia-Fries 転位は，ヘテロアリールトリフロンの合成にも利用されている[9a]（図7）。インドール，ピラゾール，ピリジン，キノリンのトリフロンが中程度から高収率で得られ，生成物は，アミド型ではなくエノール型の構造で存在することが確かめられている。

　2013 年柴田らは，トリフラートを有するフェニル基が2位に置換したインドールに対し，NaH を作用させることで遠隔型 Thia-Fries 転位が進行し，3-インドールトリフロンが得られることを見出した[9b]。遠隔型の Thia-Fries 転位の初めての例であり，インドールトリフロンが良好な収率で得られる（図8）。詳細な反応機構の解析により，トリフリル基は，分子間ではなく分子内転位で進行することを明らかにしている。

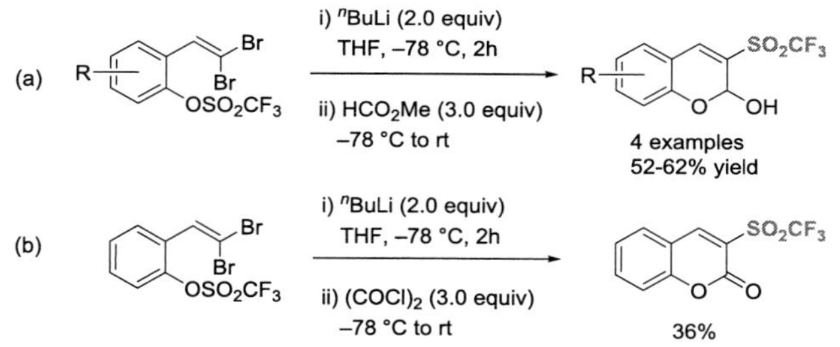

第1章　フッ素化合物の合成

(a) 図: i) nBuLi (2.0 equiv) THF, −78 °C, 2h; ii) HCO₂Me (3.0 equiv) −78 °C to rt → 4 examples 52-62% yield

(b) 図: i) nBuLi (2.0 equiv) THF, −78 °C, 2h; ii) (COCl)₂ (3.0 equiv) −78 °C to rt → 36%

図9　遠隔型 Thia-Fries 転位とワンポット環化反応を利用したクマリントリフロンの合成
(a) 2-ヒドロキシベンゾピラゾールトリフロンの合成，(b) クマリントリフロンの合成

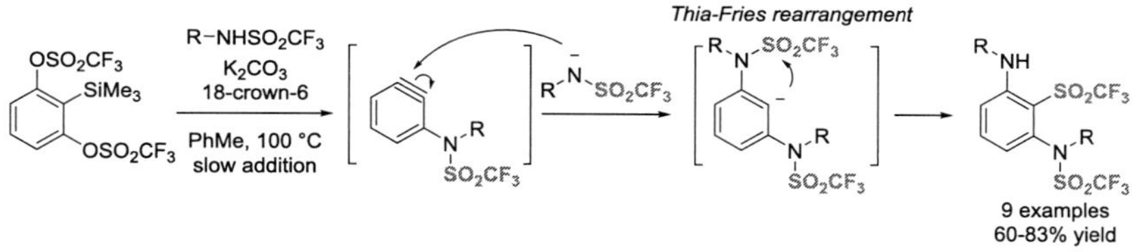

図10　ベンザインに対するドミノアミノ化を伴ったアリールトリフロンの合成

　また柴田らは，遠隔型 Thia-Fries 転位を応用し，オルト-gem ジブロモビニルフェニルトリフラートを強塩基で処理することで，トリフリル基が転位してビニルトリフロンが得られることを報告した[9c]。さらに転位反応終了後ワンポットで蟻酸メチル（HCO₂Me）または塩化オキサリル（COCl）₂を作用させると，2-ヒドロキシベンゾピラゾールトリフロン（図9(a)）またはクマリントリフロン（図9(b)）が中程度の収率で得られる。

　2016 年，Li らはベンザインに対するドミノアミノ化を報告した[9d]。1,3 位にトリフラート，2位に trimethylsilyl（TMS）基を有する3置換ベンゼンに対し，炭酸カリウムとクラウンエーテルを用いる条件でベンザインを発生させ，2度のアミノ化を起こした後，トリフリル基の分子内Thia-Fries 転位によって，1,3-ジアミノ-2-トリフリルベンゼンが高収率で得られる（図10）。本反応では，ベンザインを発生する一般的な条件であるフッ素アニオンを用いると，HF の発生により収率が低下する。

　2017 年，Xu らはベンザインに対しベンジルトリフロン，またはアルキルトリフロンを作用させることで，オルト-アルキルアリールトリフロンが中程度から高収率で合成できる興味深い反応を報告した[9e]（図11）。反応はベンザインに炭素求核種が付加した後，Thia-Fries 転位によってオルト位にトリフリル基が移る。オルト位にベンジル基や酢酸エステル基を持つアリールトリフロンが一挙に得られる。

　Thia-Fries 転位は，ピリミジントリフロンの合成にも応用されている。2016 年，Garg らは2,3-ピリダインの環化付加反応を報告した[9f]。2,3-ピリダインに続き，2,3-ピリミダインの反応性を検討したところ，2位に triethylsilyl（TES）基，3位にトリフラートを有するピリミジンにフッ化セシウムを作用させると，分子内 Thia-Fries 転位が進行し，ピリミジントリフロンが生

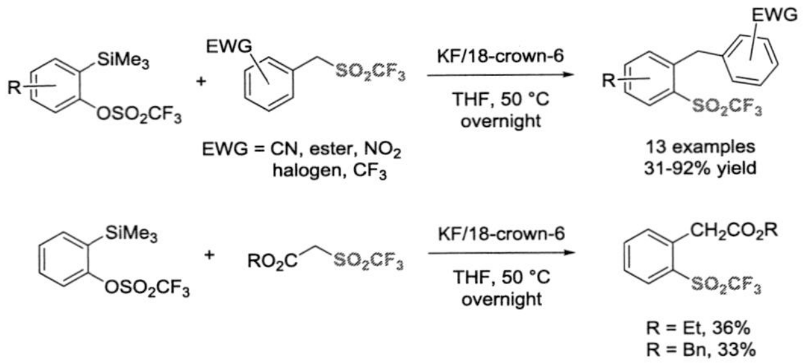

有機フッ素化合物の最新動向

図 11　ベンザインに対する C-C 結合生成を伴うトリフリル化

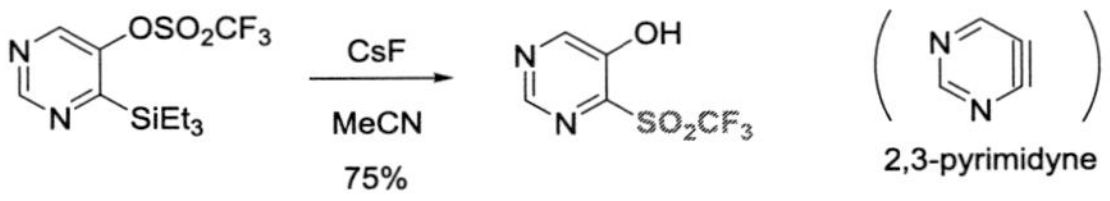

図 12　2-TES-3-ピリミジントリフラートの分子内 Thia-Fries 転位反応

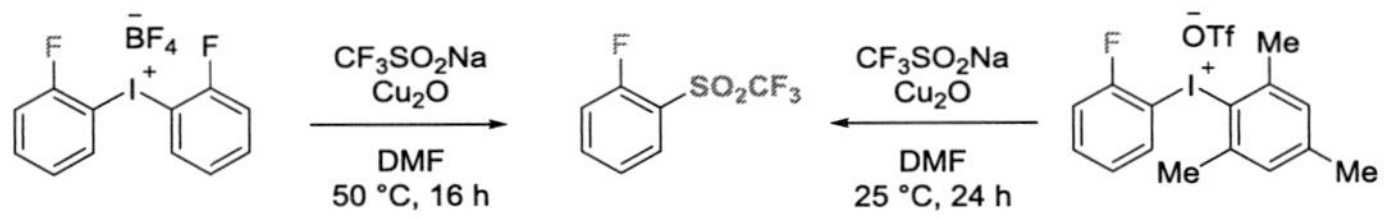

図 13　ジアリール-λ^3-ヨードニウム塩試薬と CF$_3$SO$_2$Na を用いた最初のアリールトリフロンの合成

成することを見出した（図 12）。なお，TES 基とトリフラートの結合位置が逆のピリミジンを用
いた場合，転位は進行しない。

5.2.3　超原子価ヨードニウム塩を用いたアリールトリフロンの合成

　芳香環や複素環化合物にトリフリル基を直接導入する試薬として，トリフルオロメタンスル
フィン酸（CF$_3$SO$_2$H）およびその塩（CF$_3$SO$_2$M，M = Na，K）が考えられる。このうち，
CF$_3$SO$_2$Na は Langlois 試薬[10]として知られているが，これまでトルフルオロメチル化反応に用い
られていたものの，トリフリル化試薬としての利用はほとんどなかった。

　2009 年，Franczyk らはアポトーシス促進物質 ABT-263 の合成の途中で，ジアリール-λ^3-ヨー
ドニウム塩試薬と CF$_3$SO$_2$Na からオルトフルオロフェニルトリフロンを得ている[11a]（図 13）。
反応は銅触媒がヨウ素原子に配位した後，CF$_3$SO$_2$ アニオンが求核付加して進行する。収率は記
載されていないものの，ジアリール-λ^3-ヨードニウム塩試薬と CF$_3$SO$_2$Na からアリールトリフロ
ンを合成する初の例である。

　2012 年，井上らはジアリール-λ^3-ヨードニウム塩試薬と CF$_3$SO$_2$Na を用いた銅触媒によるア
リールトリフロンの反応を報告した[11b]。彼らは種々の官能基について検討しており，反応に長
時間を必要とするが，対称型および非対称型のいずれのヨードニウム塩からでも中程度から高収
率で対応するアリールトリフロンが得られる（図 14）。

　2013 年 Shekhar らは，カウンターアニオンの異なる種々のジアリール-λ^3-ヨードニウムイリ
ド塩試薬を合成し，CF$_3$SO$_2$Na と銅触媒を用いたアリールトリフロンの合成を行った[11c]（図 15）。

54

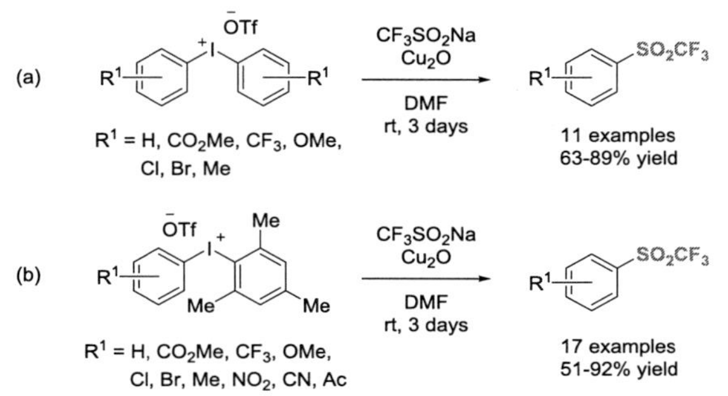
(a)
OTf
R1
R1
CF3SO2Na
Cu2O
DMF
rt, 3 days
SO2CF3
R1
R1 = H, CO2Me, CF3, OMe,
Cl, Br, Me
11 examples
63-89% yield
(b)
OTf
Me
R1
Me
Me
CF3SO2Na
Cu2O
DMF
rt, 3 days
SO2CF3
R1
R1 = H, CO2Me, CF3, OMe,
Cl, Br, Me, NO2, CN, Ac
17 examples
51-92% yield

図14　ジアリール-λ^3-ヨードニウム塩試薬とCF_3SO_2Naを用いたアリールトリフロンの合成
(a)対称型のジアリール-λ^3-ヨードニウム塩試薬，(b)非対称ジアリール-λ^3-ヨードニウム塩試薬

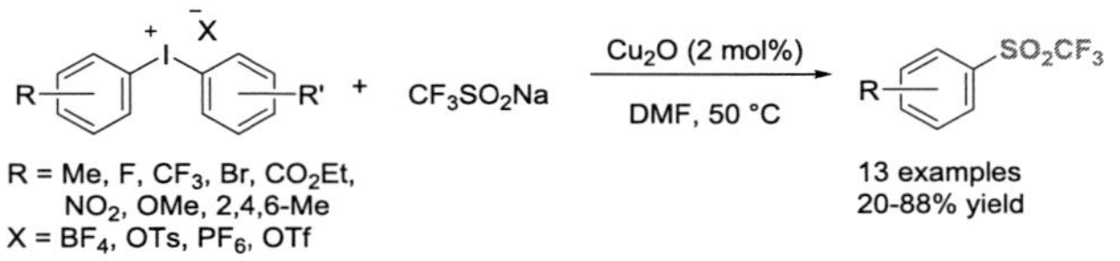
X
R
R'
+
CF3SO2Na
Cu2O (2 mol%)
DMF, 50 °C
SO2CF3
R
R = Me, F, CF3, Br, CO2Et,
NO2, OMe, 2,4,6-Me
X = BF4, OTs, PF6, OTf
13 examples
20-88% yield

図15　ジアリール-λ^3-ヨードニウム塩試薬に対する直接的トリフリル化

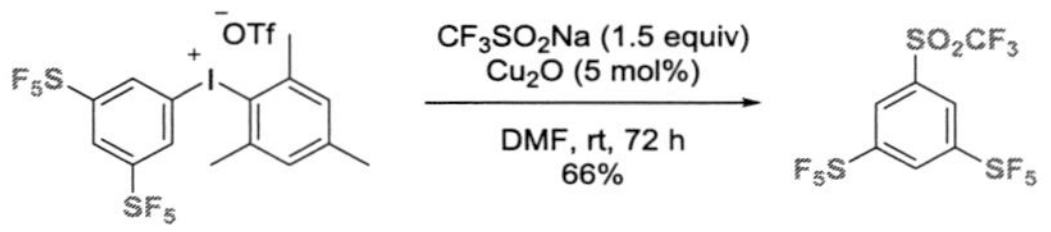
OTf
F5S
SF5
CF3SO2Na (1.5 equiv)
Cu2O (5 mol%)
DMF, rt, 72 h
66%
SO2CF3
F5S
SF5

図16　SF_5-アリール-アリール-λ^3-ヨードニウム塩試薬に対する直接的トリフリル化

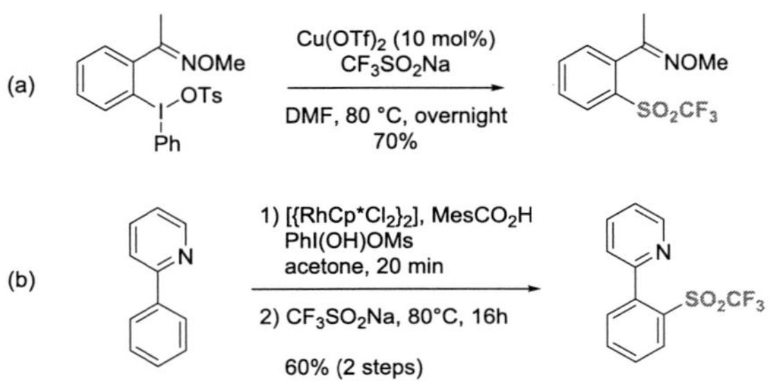
(a)
NOMe
OTs
Ph
Cu(OTf)2 (10 mol%)
CF3SO2Na
DMF, 80 °C, overnight
70%
NOMe
SO2CF3
(b)
N
1) [{RhCp*Cl2}2], MesCO2H
PhI(OH)OMs
acetone, 20 min
2) CF3SO2Na, 80°C, 16h
60% (2 steps)
N
SO2CF3

図17　C-H活性化によるジアリール-λ^3-ヨードニウムイリド塩試薬への変換と直接的トリフリル化

基質に応じてカウンターアニオンを選択している。

2015年柴田らはペンタフルオロスルファニル基（SF_5基）を有するジアリールヨードニウム塩試薬を開発しており，様々な求核置換種に対するSF_5-アリール化反応を報告した[11d)]。SF_5基を2つ有するベンゼンが結合したジアリールヨードニウム塩試薬に対し，塩化銅(Ⅰ)の存在下で求核剤にCF_3SO_2Naを用いた場合，SF_5基を2つ持つ芳香族トリフロンが得られる（図16）。

ジアリール-λ^3-ヨードニウムイリド塩試薬を用いる反応の適応範囲は広い。Liらは配向基が結合したジアリール-λ^3-ヨードニウムイリド塩試薬において，銅触媒とCF_3SO_2Naを用いることで芳香族トリフロンを得ている[11e)]（図17(a)）。また，配向基にピリジンを用い，ジアリール-λ^3-

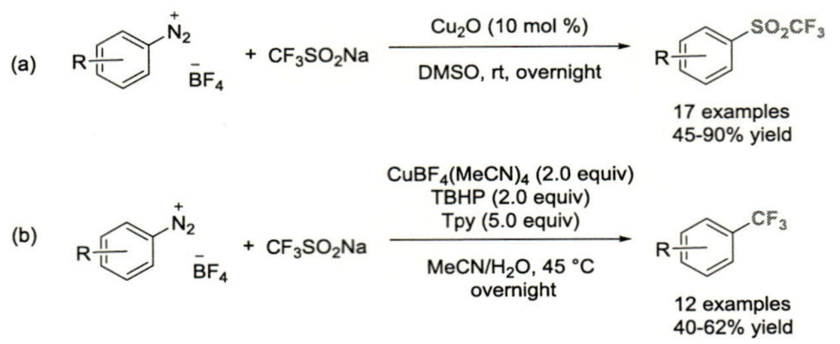

有機フッ素化合物の最新動向

図18　ジアゾ芳香族に対する直接的トリフリル化およびトリフルオロメチル化反応

ヨードニウムイリド塩試薬の調整とトリフリル化をワンポットで行う手法も開発している[11f]（図17(b)）。

5.2.4　芳香族ジアゾ化合物とCF₃SO₂Naを用いた手法

2015年，Xu，Quinらは芳香族ジアゾ化合物に対して，CF₃SO₂Naと酸化銅（Ⅰ）を作用させることで芳香族トリフロンが直接的に合成できることを報告した[12]。エステル，カルボン酸，シアノ，ケトン，ニトロ，スルホニル，ハロゲンなど種々の電子求引性基が結合した芳香環において，中程度以上の収率で生成物を与える（図18(a)）。興味深いことに銅触媒をCuBF₄(MeCN)₄に変更し，溶媒をアセトニトリル—水の混合溶媒に変え，2,2′:6′,2″-terpyridine（Tpy）とTBHPを加えると，トリフリル化ではなく，脱二酸化硫黄を伴うトリフルオロメチル化が進行し，ベンゾトリフルオリド類を与える（図18(b)）。

5.2.5　CF₃SO₂NaとPd触媒下でのカップリング反応を用いた手法

2016年，Shekharらは，芳香族トリフラートとCF₃SO₂NaからPd触媒を用いたカップリング反応によって，芳香族トリフロンが合成できることを報告した[13]（図19(a)）。配位子にRockPhos，添加剤にトリス(3,6-ジオキサヘプチル)アミン（TDA）を用いる本手法は，電子求引性基や電子供与性基を持つ芳香族トリフラート類全般に適応することができるだけでなく，複素環にも適用可能である（図19(b)）。しかし，芳香環の電子密度によっては反応性が大きく異なる。例えば，OMe，NMe₂など電子供与性基や，OAc，エステルなどの電子求引性基の場合は単離収率70%以上の高収率で生成物が得られるが，シアノ基やニトロ基が結合した場合は，単離収率が15%以下になる。なお，トリフラート以外にも芳香族クロリドでは反応が進行するが，芳香族ブロミドでは，ほとんど進行しない（図19(c)）。

5.2.6　ベンザインに対するトリフリル化反応

ベンザインに対してトリフルオロメタンスルフィニル類（R-SO₂CF₃）を作用させることで，芳香族トリフロンが合成できる。2014年Singhらは，ベンザインに対して種々の芳香族スルフィン酸ナトリウム（Ar-SO₂Na）を作用させることで，芳香族スルホニル化が進行することを報告している[14a]。なお，トリフリル化については，1例のみであり適応範囲などは不明である（図20）。

同様の研究は，柴田らによっても独立して報告されており，基質適応範囲や位置選択性などの

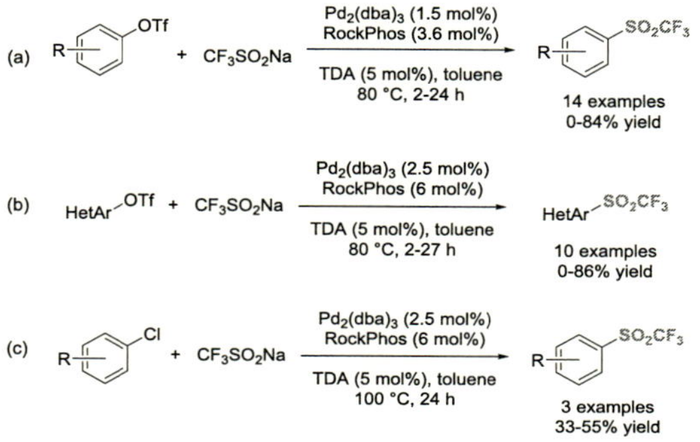

第1章　フッ素化合物の合成

図19　CF_3SO_2Na と Pd 触媒を用いた芳香族トリフラートおよび芳香族クロリドに対する直接的トリフリル化

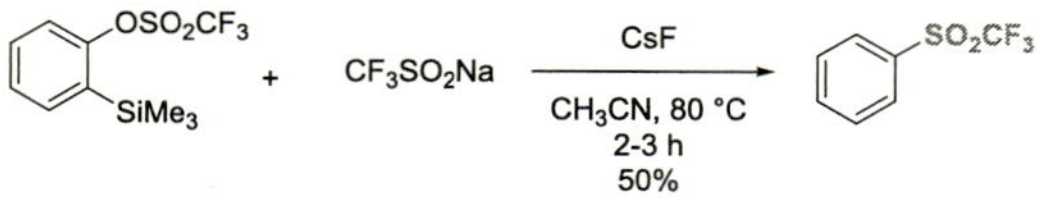

図20　ベンザインに対するスルフィン酸（CF_3SO_2Na）を用いた直接的トリフリル化

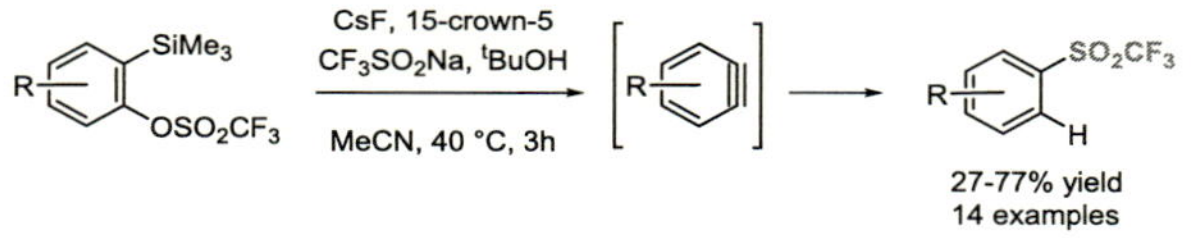

図21　ベンザインに対する CF_3SO_2Na と ^tBuOH を用いた直接的トリフリル化

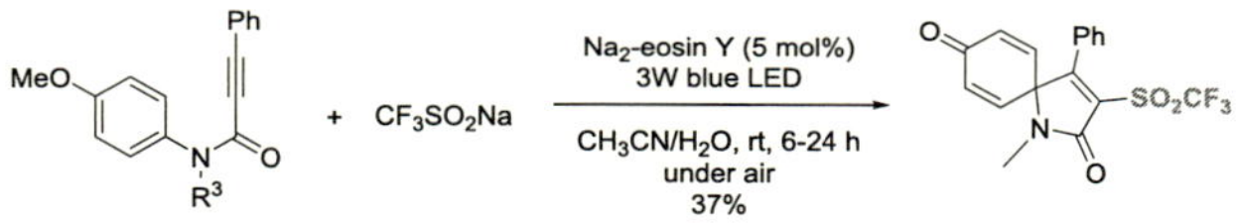

図22　N-芳香族プロピオールアミドとスルフィン酸の光環化反応

詳細が調べられている[14b]。ベンザインの発生に 15-crown-5 とフッ化セシウムを用い，CF_3SO_2Na から生じる CF_3SO_2 アニオン（トリフリルアニオン）がベンザインに求核攻撃した後，生じたアニオンを ^tBuOH でプロトン化することで，オルト位が無置換の芳香族トリフロンが得られる（図21）。非対称なベンザインの場合，トリフリル基の導入は位置選択的に進行する。密度汎関数理論（DFT）計算を行い，トリフリルアニオンの求核攻撃の選択性が，ベンザインの結合性軌道の電子密度の偏りと一致することを明らかにしている。

5.2.7　N-芳香族プロピオールアミドとスルフィン酸の光環化反応

2017 年，Wei，Wang らの研究グループは N-（パラ-メトキシ芳香族）プロピオールアミドとスルフィン酸の光反応により，3-スルホニルアザスピロ[4, 5]トリエノンが得られることを報告した。種々の芳香族スルフィン酸で反応は進行し，CF_3SO_2Na を用いた場合 37％で 3-トリフリル-γ-ラクトンが得られる[15]（図22）。

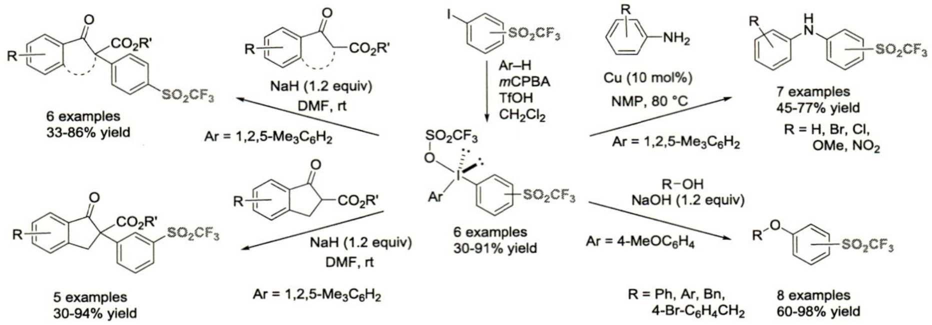

有機フッ素化合物の最新動向

図23 トリフリルジアリール–λ^3–ヨードニウムイリド塩試薬に対する求核置換反応

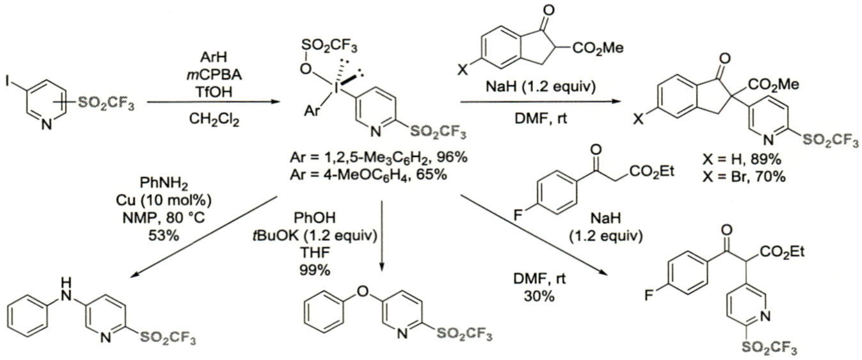

図24 トリフリルピリジル–λ^3–ヨードニウム塩試薬に対する求核置換反応

5.2.8 トリフリルジアリール–λ^3–ヨードニウムイリド塩試薬を用いた芳香族トリフロン，ピリジルトリフロンの合成

2017年柴田らは，芳香族トリフロンを直接的に導入する安定な試薬として，非対称型のトリフリルジアリール–λ^3–ヨードニウムイリドを開発した[16]。この試薬は，オルト，メタ，およびパラ–トリフリルヨードベンゼンに芳香族基とmCPBA，トリフルオロメタンスルホン酸を作用させることで容易に得られる。このトリフリルジアリール–λ^3–ヨードニウムイリド塩試薬に対し，求核剤を作用させることで，様々な骨格の芳香族トリフロンが合成できる（図23）。求核剤には，炭素，酸素，窒素求核剤が適用可能であり，中程度から高収率で生成物が得られる。

本手法は，複素環トリフロンの合成にも展開できる。トリフリルヨードピリジンから合成したトリフリルピリジル–λ^3–ヨードニウム塩試薬に対し，求核剤と反応させることで，同様にピリジルトリフロン部位が容易に導入可能である（図24）。

5.3 おわりに

最近10年の間にトリフロンの合成研究は大きく進展した。これまで主流であったトリフルオロメチルチオ基の酸化やスルホニル類のトリフルオロメチル化反応などの間接的な方法ではな

58

第1章　フッ素化合物の合成

く，金属触媒や超原子価ヨードイリドを用いた芳香族への直接的トリフリル化反応の研究が一挙に開花したといえる。この直接的手法は，生物活性物質の開発研究に不可欠な，いくつかの複素環トリフロンの合成にも適応できることが報告されており，今後，複素環の適応範囲の拡大が期待される。芳香族トリフロンや複素環トリフロンが自在に合成できるようになれば，医農薬品や機能性材料の研究開発に一層の拍車がかかる。本解説がさらなる研究の発展に寄与することを期待したい。

<h1 style="text-align:center">文　　　献</h1>

1) (a)日本学術振興会フッ素化学第155委員会，フッ素化学入門2015　フッ素化合物の合成法，p.1，三共出版（2015）；(b)日本学術振興会フッ素化学第155委員会，フッ素化学入門2010　基礎と応用の最前線，p.41，三共出版（2010）；(c)日本学術振興会フッ素化学第155委員会，フッ素化学入門　先端テクノロジーに果たすフッ素化学の役割，p.1，三共出版（2004）；(d)日本学術振興会フッ素化学第155委員会，フッ素化学入門　基礎と実験法，p.1，三共出版（1997）；(e)F&Fインターナショナル，トコトンやさしいフッ素の本，p.1，日刊工業新聞社（2012）

2) (a) A. E. Sorochinsky, S. Fustero, V. A. Soloshonok and H. Liu *et al.*, *Chem. Rev.*, **114**, 2432 (2014)；(b) J. L. Aceña, V. A. Soloshonok, K. Izawa and H. Liu *et al.*, *Chem. Rev.*, **116**, 422 (2016)；(c) J. Han, N. Shibata, M. Sodeoka, V. A. Soloshonok, F. D. Toste *et al.*, *Chem. Rev.*, **118**, 3887 (2018)

3) (a) W. Sheppard, *J. Am. Chem. Soc.*, **85**, 1314 (1963)；(b) C. Hansch *et al.*, *Chem. Rev.*, **91**, 165 (1991)；(c) E. Buncel and F. Terrier *et al.*, *Org. Biomol. Chem.*, **1**, 1741 (2003)；(d) F. Terrier and E. Buncel *et al.*, *J. Am. Chem. Soc.*, **127**, 5563 (2005)；(e) N. Shibata *et al.*, *Chem. Rev.*, **115**, 731 (2015)

4) (a) S. W. Elmore *et al.*, *J. Med. Chem.*, **51**, 6902 (2008)；(b) B. S. Brown *et al.*, *Bioorg. Med. Chem.*, **16**, 8516 (2008)；(c) F. I. Carroll *et al.*, *J. Med. Chem.*, **55**, 6512 (2012)

5) (a) J. B. Hendrickson *et al.*, *Org. Prep. Proced.*, **9**, 173 (1977)；(b) N. Shibata *et al.*, 有機合成化学協会誌, **71**, 1195 (2013)；(c) D. Cahard *et al.*, *Beilstein J. Org. Chem.*, **13**, 2764 (2017)

6) (a) J. B. Hendrickson *et al.*, *J. Org. Chem.*, **42**, 3875 (1977)；(b) X. Creary, *J. Org. Chem.*, **45**, 2727 (1980)；(c) N. Shibata *et al.*, *Org. Lett.*, **13**, 4854 (2011)

7) (a) N. Shibata *et al.*, *Green Chem.*, **11**, 1733 (2009)；(b) N. Shibata *et al.*, *Green Chem.*, **13**, 46 (2011)；(c) N. Shibata *et al.*, *Green Chem.*, **13**, 843 (2011)

8) (a) G. C. Lloyd-Jones *et al.*, *Chem. Commun.*, 380 (2003)；(b) G. C. Lloyd-Jones *et al.*, *Angew. Chem. Int. Ed.*, **47**, 5067 (2008)；(c) H. Butenschön *et al.*, *Chem. Commun.*, 3007 (2006)；(d) H. Butenschön *et al.*, *Eur. J. Org. Chem.*, 3132 (2012)；(e) G. R. Cook and G. C. Lloyd-Jones *et al.*, *J. Am. Chem. Soc.*, **129**, 3846 (2007)；(f) W. Leitner and G. C. Lloyd-Jones *et al.*, *Adv. Synth. Catal.*, **350**, 2013 (2008)；(g) H. Butenschön *et al.*, *Adv. Synth.*

Catal., **352**, 1345 (2010) ; (h) H. Butenschön *et al., Organometallics*, **32**, 5798 (2013) ; (i) H. Miyabe *et al., Org. Lett.*, **12**, 1956 (2010)

9) (a) N. Shibata *et al., Org. Lett.*, **14**, 2544 (2012) ; (b) N. Shibata *et al., Org. Lett.*, **15**, 686 (2013) ; (c) N. Shibata *et al., Angew. Chem. Int. Ed.*, **52**, 12628 (2013) ; (d) Y. Li *et al., Org. Lett.*, **18**, 3130 (2016) ; (e) X.-H. Xu *et al., RSC Adv.*, **7**, 47 (2017) ; (f) N. K. Garg *et al., Tetrahedron*, **72**, 3629 (2016)

10) (a) B. R. Langlois *et al., Tetrahedron Lett.*, **32**, 7525 (1991) ; (b) B. R. Langlois *et al., Tetrahedron Lett.*, **33**, 1291 (1992)

11) (a) T. S. Franczyk II *et al.*, WO Patent WO2009155386A1 (2009) ; (b) M. Inoue *et al.*, JP Patent JP2012250964A (2012) ; (c) S. Shekhar *et al., J. Org. Chem.*, **78**, 12194 (2013) ; (d) N. Shibata *et al., Org. Lett.*, **17**, 3038 (2015) ; (e) X. Li *et al., Angew. Chem. Int. Ed.*, **54**, 7405 (2015) ; (f) X. Li *et al., Chem. Eur. J.*, **22**, 511 (2016)

12) X.-H. Xu and F.-L. Qing *et al., J. Org. Chem.*, **80**, 7658 (2015)

13) S. Shekhar *et al., J. Org. Chem.*, **81**, 1285 (2016)

14) (a) P. P. Singh *et al., RSC Adv.*, **4**, 50208 (2014) ; (b) N. Shibata *et al., ChemistryOpen*, **7**, 204 (2018)

15) W. Wei and H. Wang *et al., Green Chem.*, **19**, 5608 (2017)

16) N. Shibata *et al., J. Org. Chem.*, **82**, 11915 (2017)

6 テトラフルオロエチレン基を有する有機分子の合成開発

今野　勉[*]

6.1 はじめに

1998 年，DiMagno らは，α-グルコースの 3 つのヒドロキシメチレン基（CHOH）をジフルオロメチレン基（CF_2）に置換した，ヘキサフルオロピラノースが，α-グルコースに比べて 10 倍もの細胞膜透過性を発現することを見出した（図 1）[1]。この現象は，ヒドロキシ基に由来する親水性に加えて，ヘキサフルオロプロピレン基に由来する疎水性を併せ持つヘキサフルオロピラノースが，輸送タンパクと強く相互作用することに起因しており，彼らは，そのヘキサフルオロピラノースが持つ特異性を "Polar hydrophobicity" と名付けた。また，性質の異なるヒドロキシメチレン基とジフルオロメチレン基がほぼ同等のかさ高さを持っており，ゆえに，α-グルコースの 3 次元構造を変化させることなく，大きな疎水性部位を分子に付与することが可能となったことも，生理活性増大要因の一つとしてあげられる。

この DiMagno らの報告以降，ペルフルオロアルキレン基を有する化合物に注目が集まっており，とりわけ近年では，ペルフルオロアルキレン基の中でも，テトラフルオロエチレン基を有する有機分子の分子特性に大きな関心が寄せられている。これまでにテトラフルオロエチレン基を持つ糖誘導体が，Linclau[2] ならびに Gouverneur[3] によって合成されており，それら糖誘導体の興味ある生理活性についても報告されている（図 2）。我々のグループにおいても，独自の手法を用い，テトラフルオロエチレン基含有糖誘導体の簡便合成に成功している[4]。加えて，テトラフルオロシクロヘキサン，シクロヘキセンならびにシクロヘキサジエンをメソゲン部に導入した化合物が，短軸方向に大きな双極子モーメントを発現するため，ネガ型液晶分子として極めて有

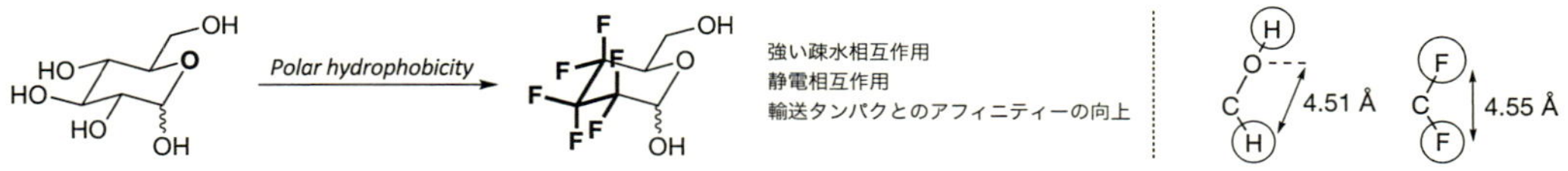

図 1　α-グルコースとヘキサフルオロピラノース

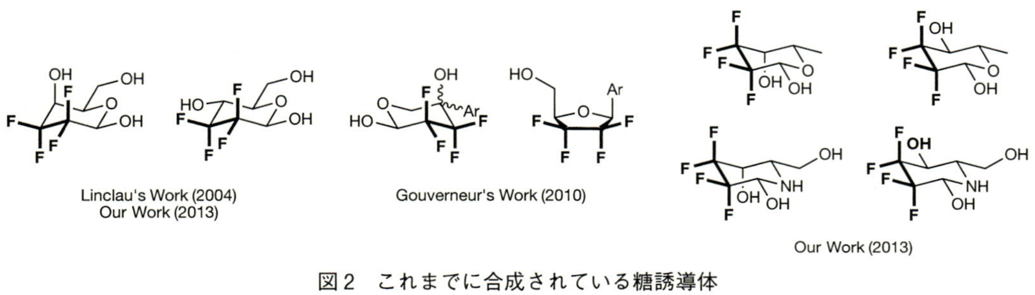

図 2　これまでに合成されている糖誘導体

---

[*]　Tsutomu Konno　京都工芸繊維大学　大学院工芸科学研究科　分子化学系　教授

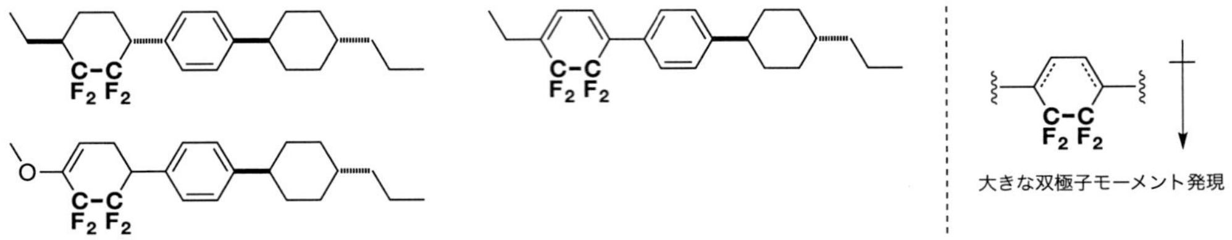

有機フッ素化合物の最新動向

図3　テトラフルオロエチレン基を有するネガ型液晶分子

用であることも見出している（図3）[5]。本節では，そうした特異な分子特性を有するテトラフルオロエチレン基含有化合物に焦点を絞り，その合成法について紹介する[6]。

6.2　テトラフルオロエチレン基含有化合物の合成法

6.2.1　直接法

　テトラフルオロエチレン骨格の構築法として，まずは1,2-ジケトンの求核的フッ素化があげられよう（スキーム1）。しかし，アリールケトン部位のカルボニル基は，各種フッ素化剤によってジフルオロメチレン基へと容易に変換可能であるが（(1)式，(2)式）[7]，脂肪族ケトンの場合，ジフルオロメチレン基への変換が幾分難しく，テトラフルオロエチレン構造への変換はさらに困難となる（(3)式）[8]。

　求電子的フッ素化法を利用したテトラフルオロエチレン骨格の構築例も報告されている。例えばナフトール誘導体に対し，Selectfluor® を作用させることで α, α-ジフルオロケトンを調製し，その後，Deoxofluor® による求核的フッ素化法によって，テトラフルオロエチレン骨格が構築されている（スキーム2）。しかし，前半の求電子的フッ素化法においては，極めて厳格な基質特異性が存在し，一般的な合成法とは言い難い[9]。

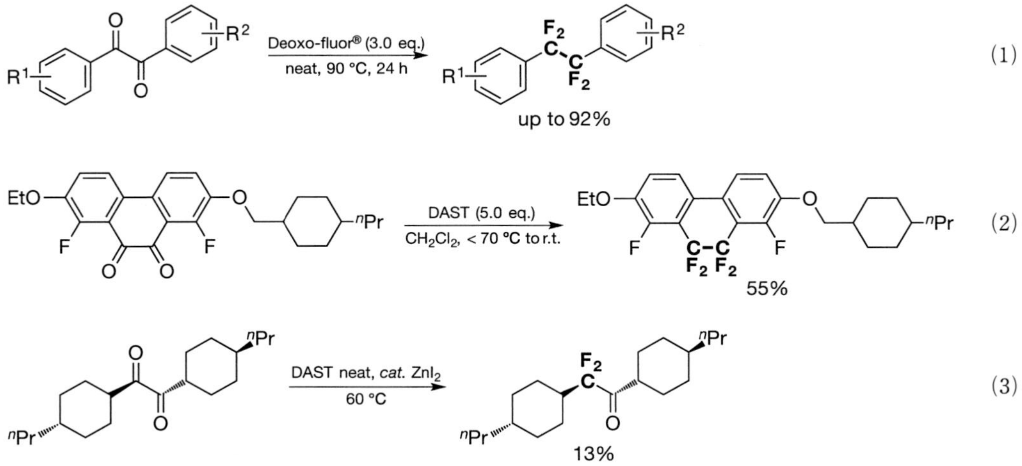

スキーム1　1,2-ジケトンの求核的フッ素化反応

第1章　フッ素化合物の合成

スキーム2　ナフトール誘導体の求電子的フッ素化反応

6.2.2　間接法（ビルディング・ブロック法）

(1)　1,2-ジハロ-1,1,2,2-テトラフルオロエタンを用いる合成法

　テトラフルオロエチレン基を導入するための合成素子として，これまで最も多く利用されてきた化合物は，1,2-ジハロ-1,1,2,2-テトラフルオロエタンであろう。特に，1,2-ジブロモ-1,1,2,2-テトラフルオロエタンを用いた合成法は，長年，極めて重宝される手法であった[10]。例えば，各種含窒素複素環化合物へのテトラフルオロエチレン化反応では，窒素上あるいはα炭素上において，テトラフルオロエチレン化がスムーズに進行する。フェノキシドやチオラートとも収率良く反応するし，電子豊富な芳香環，末端アルキン，さらにはアルケンともラジカル的に反応する（スキーム3）。

　しかし，1,2-ジブロモ-1,1,2,2-テトラフルオロエタン（ハロン2402）は，モントリオール議定書附属書A，グループⅡに掲げる，オゾン層破壊物質として指定された特定ハロンであり，すでに1994年1月1日から議定書第5条非適用国（先進国）では製造などが全廃されている。したがって日本ではすでに入手困難となっているばかりか，海外からの輸入も規制されている。今後，欧米でも入手困難となることは間違いないであろう。これに代わり，1-ブロモ-1,1,2,2-テトラフルオロ-2-ヨードエタンや1-クロロ-1,1,2,2-テトラフルオロ-2-ヨードエタンを用いた，アルキンやアルケンへのラジカル付加反応が報告されている（スキーム4）[11]。

スキーム3　1,2-ジブロモ-1,1,2,2-テトラフルオロエタンを用いたテトラフルオロエチレン化反応

有機フッ素化合物の最新動向

スキーム4　1,2-ジハロ-1,1,2,2-テトラフルオロエタンを用いたラジカル付加反応

スキーム5　リチウム−ハロゲン交換反応を利用したリチウム種発生法とその反応

スキーム6　テトラフルオロエチレン基含有グリニャール試薬の発生ならびにその反応

　このようにして調製されたブロモテトラフルオロエチル基含有化合物の炭素鎖伸長反応について，ここ数年，多くの手法が報告されるに至った。例えば，Linclau らは，リチウム−ハロゲン交換反応を利用して，リチウム試薬の調製に成功している（スキーム5）[2a,b,c]。ただし，リチウム種が熱的に極めて不安定であるので，β-脱離反応よりも付加反応を優先させる目的で，分子内に求核部位を設けた分子を設計し，効率的な炭素鎖伸長を達成している。

　一方，ターボグリニャール試薬によるマグネシウム−ハロゲン交換反応を行うことで，テトラフルオロエチレン基含有グリニャール試薬が調製できることを Beier らは報告している（スキーム6）[12]。生成した金属種は，上記のリチウム試薬に比べ，格段に熱的安定性が向上しており，−78℃，4時間では分解せず，−50℃でも1.5時間の半減期を有しており，さらには−40℃でも，完全に分解するまでには50分かかる。このような熱的安定性ゆえに，リチウム試薬の場合のように，いわゆる"Internal trap"法によって求核付加反応を行う必要もなく，極低温下，ターボグリニャール試薬により，マグネシウム−ハロゲン交換反応を行った後，速やかに求電子剤を加えればよい。金属マグネシウムを用いてグリニャール試薬を調製し，クロロトリメチルシランと反応させる場合は，"Internal trap"法が効率的である。

　こうして得られたケイ素試薬も，広義の有機金属種であり，フッ化物イオン存在下，各種求電子剤と求核付加反応を起こす（スキーム7）[13]。

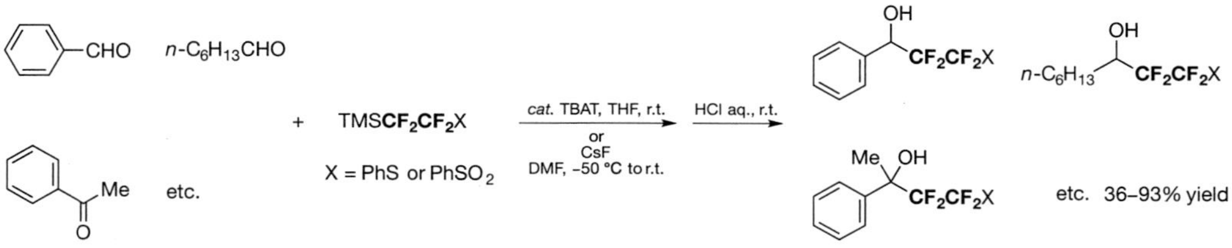

第1章　フッ素化合物の合成

スキーム7　テトラフルオロエチレン基含有ケイ素試薬の反応

表1　求電子的テトラフルオロエチレン化試薬

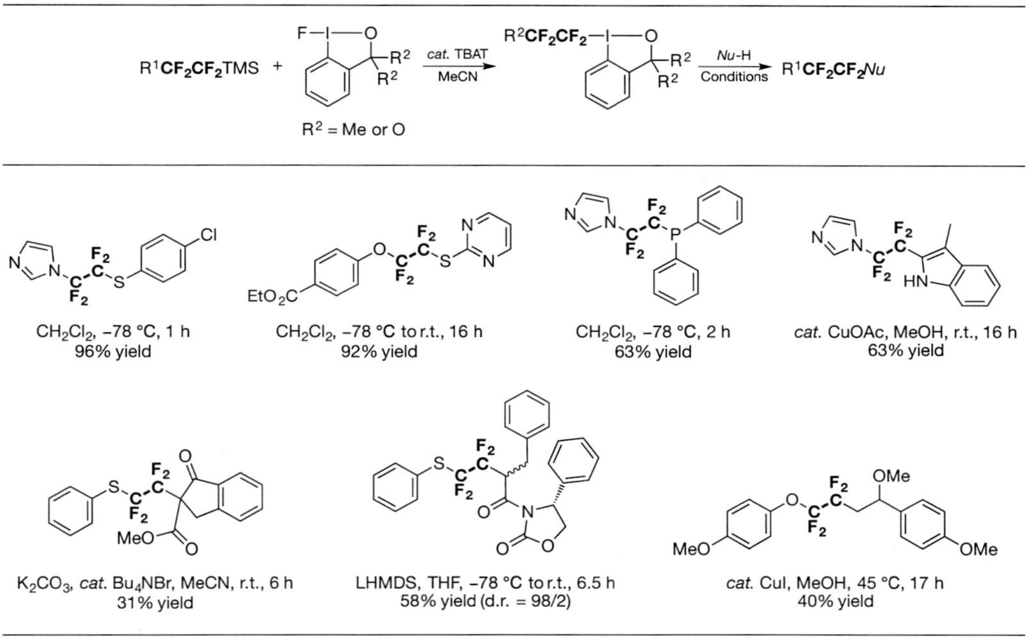

Togni らは，ケイ素化合物を求核剤としてそのまま求核付加反応に用いるのではなく，一端，超原子価ヨウ素化合物に変換することで，テトラフルオロエチレン基を有する新規求電子剤を開発している（表1）[14]。この試剤は様々な求核剤と良好な収率で反応するため，利用価値は極めて高い。

上記で得られた化合物のフェニルチオ基あるいはフェニルスルホニル基を有する化合物は，ラジカル的に炭素−硫黄結合を切断することが可能であり，水素原子に置換したり，あるいは生成するラジカルをアルケンに付加させて，炭素−炭素結合形成を行うこともできる（スキーム8）[15]。

（2）　クロロジフルオロ酢酸メチルを用いる合成法

Gouverneur らは，一部，直接フッ素法（直接法）を組み込んだテトラフルオロエチレン基含有化合物の合成法を報告している（スキーム9）[16]。すなわち，直接法においても述べたが，DAST などのフッ素化剤を用いたアリールケトンのアリールジフルオロメチル基への変換が極

65

スキーム 8　炭素－硫黄結合開裂によるラジカル発生法とその反応

スキーム 9　直接法ならびに間接法を組み合わせたテトラフルオロエチレン基含有ケイ素試薬の調製ならびにその反応

めて効率良く進行することに着目し，アリールグリニャール試薬とクロロジフルオロ酢酸メチルを反応させ，アリールクロロジフルオロメチルケトンを調製し，その後，カルボニル基のフッ素化，続くグリニャール試薬への変換ならびに TMSCl による "Internal trap" を行うことで，上記で述べたようなテトラフルオロエチレン基含有ケイ素試薬を調製している。この試薬は，フッ化物イオン存在下，各種カルボニル化合物と効率良く反応することはもちろんのこと，反応系内で，トランスメタル化によって銅試薬に変換した後，各種ヨードアレーンを作用させることで，対応するクロスカップリング生成物を比較的良好な収率で与える。後者の反応では，ヨードアレーンの代わりにブロモアレーンを用いた検討も行われているが，収率は軒並み低い。

（3）　ブロモジフルオロ酢酸エチルを用いた合成法

Dilman らは，ジフルオロ酢酸メチルから含フッ素シリルエノールエーテルを調製し，これにジフルオロカルベンを作用させることで，一旦テトラフルオロシクロプロパン誘導体へと導き，その環開裂を通じて，テトラフルオロプロピオン酸誘導体を合成している（スキーム 10）[17]。前述の通り，フッ化物イオンの存在下において，ケイ素－炭素結合は切断可能であるため，求電子

スキーム 10　テトラフルオロシクロプロパンの環開裂を伴う反応

第1章 フッ素化合物の合成

剤としてアルデヒドを作用させると，4-ヒドロキシ-2,2,3,3-テトラフルオロブタン酸誘導体に導くことができる。アルデヒドの代わりにイミンを用いても，対応する4-アミノ-2,2,3,3-テトラフルオロブタン酸誘導体が得られる。ただし，本論文では右末端のアミド基の化学変換に関しては，一切の記載がない。

（4）　アリールトリフルオロメチルケトンを用いた合成法

　宇根山・網井らは，フルオロアルキルケトンに金属マグネシウムとTMSClを作用させると，還元的脱フッ素化反応がスムーズに進行し，ジフルオロシリルエノールエーテルが調製できることを見出している[18]。このジフルオロシリルエノールエーテルに酸化剤を作用させ，ラジカル的ホモカップリングを行うことで，2,2,3,3-テトラフルオロ-1,4-ジケトン誘導体が得られる（スキーム11）[19]。一方，このジフルオロシリルエノールエーテルを加熱すると，[2＋2]環化付加反応がスムーズに進行し，対応するシクロブタン誘導体が得られる[20]。このシクロブタンを，極低温下，TBAFで処理すると，対応するジオールが得られる。このジオールを，空気雰囲気下，シリカゲルに作用させると，cis 体からのみ，収率良く2,2,3,3-テトラフルオロ-1,4-ジケトン誘導体が得られる。trans 体からの1,4-ジケトン生成は極めて遅い。

　我々の研究グループでは，この宇根山・網井法と，ギ酸還元反応ならびに閉環メタセシス反応を組み合わせて，テトラフルオロエチレン基を有するネガ型液晶分子の構築に成功した（スキーム12）[5b]。

スキーム 11　脱フッ素化を経るテトラフルオロエチレン基含有化合物の合成

スキーム 12　対称構造を持つネガ型液晶分子の構築

67

(5) テトラフルオロコハク酸ジメチルを用いた合成法

テトラフルオロコハク酸，テトラフルオロコハク酸無水物，テトラフルオロコハク酸ジエステルといったテトラフルオロコハク酸誘導体はいずれも市販されており，入手容易である。にもかかわらず，これらテトラフルオロコハク酸誘導体を用いたテトラフルオロエチレン基含有化合物の合成法に関しては，これまであまり多くは報告されていない。

我々のグループでは，テトラフルオロコハク酸ジメチルを出発物質に用い，テトラフルオロシクロヘキサンあるいはシクロヘキサジエン骨格を有するネガ型液晶分子の構築に成功している（スキーム13)[21]。すなわち，テトラフルオロコハク酸ジメチルに，極低温下，過剰量のアリールグリニャール試薬を作用させると，1つのカルボニル基のみにおいて求核置換反応が進行し，γ-ケトエステルが良好な収率で得られる。過剰量のグリニャール試薬を用いても，さらに反応が進行しない理由は，中間に生成するマグネシウムアルコキシドが，もう一方のカルボニル基に分子内求核付加し，比較的安定な5員環マグネシウムアセタールを形成するためである。こうして得られたγ-ケトエステルに過剰量のビニルグリニャール試薬を作用させ，加熱還流すると，低収率ながら1,4-ジオールが得られる。この反応を室温で行うとケト基でのみ反応が進行する。この場合，先と同様に，ビニルグリニャール試薬の付加によって生成したマグネシウムアルコキシドが分子内求核付加反応を起こし，マグネシウムヘミアセタールを形成し，安定化する。加熱還流することで開環体の生成が促進され，エステルカルボニル基もビニルグリニャール試薬の攻撃を受けることとなる。また，目的生成物の収率が低い理由は，中間に生じるα,β-不飽和ケトンの共役付加反応が進行してしまうため，対応する1,4-付加体が副生するからである。

こうして得られたトリエンの触媒的メタセシス反応を行うことで，独占的にシクロヘキサン-1,4-ジオール誘導体が定量的に得られる。その後，接触水素化を行い，テトラフルオロシクロヘキサン-1,4-ジオールへと変換した後，脱水反応を施せば，テトラフルオロシクロヘキサジエン骨格を持つ液晶分子が，一方，Barton-McCombie 脱酸素化を行うと，テトラフルオロシクロヘキサン誘導体が異性体混合物として得られ，最後に優先再結晶を行うと，トランス体が純度良く得られる（スキーム14）。

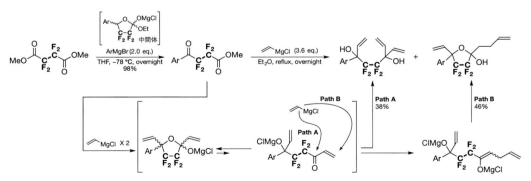

スキーム13　テトラフルオロコハク酸ジメチルの両末端での炭素鎖伸長法

スキーム 14 テトラフルオロエチレン基含有ネガ型液晶分子の合成

(6) テトラフルオロエチレンを用いた合成法

　産業に利用されている化合物は極めて安価であるため，それを利用した有機合成は大変有用である。この観点から，ここ数年，生越らはテトラフルオロエチレンを用いた有機合成を展開している（スキーム 15）。これまで，テトラフルオロエチレンに各種金属試薬（リチウム試薬やグリニャール試薬など）を作用させると，一般に，付加反応に続いて脱離反応が連続的に進行してしまうため，結果的に置換生成物が得られることが古くから知られていた[22]。これは，金属試薬の対カチオンがフッ素原子と強く相互作用し，脱離を促進しているためである。彼らは，銅原子とフッ素原子の親和性が，上記のリチウムやマグネシウムほど高くはないことに着目し，有機銅試薬のテトラフルオロエチレンへの付加反応を達成した[23]。

　こうして生成したテトラフルオロエチレン基含有銅試薬は，比較的高い熱的安定性を持ち，各種ヨードアレーンと速やかに反応し，対応するクロスカップリング生成物を与える。さらに彼らは，テトラフルオロエチレン，エチレン，ならびにニッケル(0)から，効率良くニッケラサイクルが生成することを見出し，これにアルデヒドを作用させることで，三成分カップリング反応を実現している[24]。

(7) 4-ブロモ-3,3,4,4-テトラフルオロブタ-1-エンを用いた合成法

　これまで述べてきた合成法では，その多くがハロン 2402 として知られる，1,2-ジブロモ-1,1,2,2-テトラフルオロエタン，あるいは取り扱いに注意を要するテトラフルオロエチレン

スキーム 15 テトラフルオロエチレンを用いた最近の有機合成

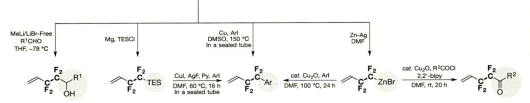

スキーム 16　4-ブロモ-3,3,4,4-テトラフルオロブタ-1-エンの右末端での炭素鎖伸長法

図 4　生成すると考えられた副生成物

を出発物質とした方法であった．しかし，前者の場合は，今後，出発原料が入手困難となることは自明であり，また後者の場合は高度な技術を必要とする．我々のグループでは，一般化学者でも容易に行える，テトラフルオロエチレン基含有化合物の合成法として，市販の 4-ブロモ-3,3,4,4-テトラフルオロブタ-1-エンに着目した．本化合物は両末端に異なる反応性を持った官能基を有しており，それぞれ独立に炭素鎖伸長が可能である（スキーム 16）．

すなわち，極低温下，4-ブロモ-3,3,4,4-テトラフルオロブタ-1-エンと 2.4 当量の各種カルボニル化合物との THF 溶液に，LiBr を含まない MeLi を 2.4 当量作用させることで，対応するカップリングアルコール体が収率良く得られる[25]．本反応は分子間反応であるにもかかわらず，Linclau らの反応において観測された，β-脱離生成物や，3,3,4,4-テトラフルオロブタ-1-エン，あるいは 3,3,4,4-テトラフルオロペンタ-1-エン（図 4）といった副生成物は全く観測されない．MeLi/LiBr-Free の代わりに LiBr を含む MeLi や n-BuLi を用いても反応は進行するが，収率は低下する．一方，TMSCl 存在下，金属マグネシウムを作用させることで，対応するケイ素化合物が調製できる．このケイ素化合物は，先にも述べたように，フッ化物イオン存在下，各種カルボニル化合物と収率良く反応するだけでなく，銅塩・銀塩・TMEDA 存在下，各種ヨードアレーンともクロスカップリング反応を起こす[26]．高温下，金属銅ならびに各種ハロゲン化アリールと反応させると，クロスカップリング反応が進行するが，ハロゲン化アリールのホモカップリング反応が拮抗するため，収率良く目的生成物を得るには，大量のハロゲン化アリールを必要とする[27]．また，Zn–Ag 合金を用いると，熱的に極めて安定な亜鉛試剤を調製できる．この亜鉛試薬は，銅塩存在下，各種ハロゲン化アリールならびに酸塩化物と効率良く反応し，対応するカップリング生成物を与える[28]．

第1章　フッ素化合物の合成

スキーム 17　4-ブロモ-3,3,4,4-テトラフルオロブタ-1-エンの左末端での炭素鎖伸長法ならびに官能基化

　一方，4-ブロモ-3,3,4,4-テトラフルオロブタ-1-エンの左末端における炭素鎖伸長法ならびに官能基変換法としては，オゾン分解に続く還元的処理を通じてヘミアセタールあるいは水和物とした後，グリニャール反応，ウィッティヒ反応，ならびにアルドール反応などを駆使することで，対応するアルコール体や α, β-不飽和カルボニル化合物へ変換できる（スキーム 17）[29]。(S)-BINAP を不斉配位子に持つロジウム触媒存在下，この α, β-不飽和カルボニル化合物と各種ボロン酸を用い，不斉共役付加反応を行うことで，テトラフルオロエチレン基を有する不斉炭素が構築できる[29]。さらに，パラジウム触媒存在下，各種アリールジアゾニウム塩を用いたヘック反応を行えば，対応する多置換アルケンが良好な収率かつ高立体選択的に得られる[30]。また，不斉ジヒドロキシ化も可能である[2a]。

文　　献

1)　J. C. Biffinger, H. W. Kim, S. G. DiMagno, *ChemBioChem*, **5**, 622-627 (2004)；(b) H. W. Kim, N. P. Rossi, R. K. Shoemeker, S. G. DiMagno, *J. Am. Chem. Soc.*, **120**, 9082-9083 (1998)

2)　(a) A. J. Boydell, V. Vinader, B. Linclau, *Angew. Chem. Int. Ed.*, **43**, 5677-5679 (2004)；(b) R. S. Timofte, B. Linclau, *Org. Lett.*, **10**, 3673-3676 (2008)；(c) B. Linclau, A. J. Boydell, R. S. Timofte, K. J. Brown, V. Vinader, A. C. Weymouth-Wilson, *Org. Biomol. Chem.*, **7**, 803-814 (2009)；(d) A. Ioannou, E. Cini, R. S. Timofte, S. L. Flitsch, N. J. Turner, B. Linclau, *Chem., Commun.*, **47**, 11228-11230 (2011)；(e) I. N'Go, S. Golten, A. Ardá, J. Canada, J. Jiménez-Barbero, B. Linclau, S. P. Vincent, *Chem. Eur. J.*, **20**, 106-112 (2014)；(f) K. E. von Straaten, J. R. A. Kuttiyatveetil, C. M. Sevrain, S. A. Villaume, J. Jiménez-Barbero, B. Linclau, S. P. Vincent, D. A. R. Sanders, *J. Am. Chem. Soc.*, **137**, 1230-1244 (2015)

3) L. Bonnac, S. E. Lee, G. T. Giuffredi, L. M. Elphick, A. A. Anderson, E. S. Child, D. J. Mann, V. Gouverneur, *Org. Biomol. Chem.*, **8**, 1445-1454 (2010)

4) T. Konno, T. Hoshino, T. Kida, S. Takano, T. Ishihara, *J. Fluorine Chem.*, **152**, 106-113 (2013)

5) (a) S. Yamada, S. Hashishita, T. Asai, T. Ishihara, T. Konno, *Org. Biomol. Chem.*, **15**, 1495-1509 (2017) ; (b) S. Yamada, S. Hashishita, H. Konishi, Y. Nishi, T. Kubota, T. Asai, T. Ishihara, T. Konno, *J. Fluorine Chem.*, **200**, 47-58 (2017) ; (c) S. Yamada, K. Tamamoto, T. Kida, T. Asai, T. Ishihara, T. Konno, *Org. Biomol. Chem.*, **15**, 9442-9454 (2017)

6) ごく最近，テトラフルオロエチレン基含有化合物の合成法に関する総説が発刊されたので，合わせて参照されたい。J. Václavík, I. Klimánková, A. Budinská, P. Beier, *Eur. J. Org. Chem.*, https://doi.org/10.1002/ejoc.201701590

7) (a) Y. Chang, A. Tewari, A.-I. Adi, C. Bae, *Tetrahedron*, **64**, 9837-9842 (2008) ; (b) K. Hirata, H. Ookawa, WO Patent 2012086437 A1, June 2012

8) P. Kirsch, M. Bremer, F. Huber, H. Lannert, A. Ruhl, A. Lieb, T. Wallmichrath, *J. Am. Chem., Soc.*, **123**, 5414-5417 (2001)

9) A. Klauck-Jacobs, K. S. Hayes, R. Taege, W. Casteel, G. S. Lal, US Patent 2003014935

10) 1,2-ジブロモ-1,1,2,2-テトラフルオロエタンを用いた合成法は総説にまとめられている。W. Dmowski, *J. Fluorine Chem.*, **142**, 6-13 (2012)

11) (a) Z.-Y. Chen, Z.-M. Qiu, *J. Fluorine Chem.*, **35**, 343-357 (1987) ; (b) C.-M. Hu, Y.-L. Qiu, *J. Fluorine Chem.*, **55**, 109-111 (1991) ; (c) Z. Wang, X. Lu, *Tetrahedron*, **51**, 11765-11774 (1995)

12) (a) S. Voltrobá, M. Muselli, J. Filgas, V. Matousek, B. Klepetárová, P. Beier, *Org. Biomol. Chem.*, **15**, 4962-4965 (2017) ; (b) A. Budinská, J. Václavík, V. Matousek, P. Beier, *Org. Lett.*, **18**, 5844-5847 (2016)

13) J. Václavík, Y. Chernykh, B. Jurásek, P. Beier, *J. Fluorine Chem.*, **169**, 24-31 (2015)

14) (a) J. Charpentier, N. Früh, S. Foser, A. Togni, *Org. Lett.*, **18**, 756-759 (2016) ; (b) V. Matousek, J. Václavík, P. Hájek, J. Charpentier, Z. E. Blastik, E. Pietrasiak, A. Budinská, A. Togni, P. Beier, *Chem. Eur. J.*, **22**, 417-424 (2016)

15) (a) Y. Chernykh, K. Hlat-Glembová, B. Klepetárova, P. Beier, *Eur. J. Org. Chem.*, 4528-4531 (2011) ; (b) Y. Chernykh, P. Beier, *J. Fluorine Chem.*, **156**, 307-313 (2013)

16) (a) M. O'Duill, E. Dubost, L. Pfeifer, V. Gouverneur, *Org. Lett.*, **17**, 3466-3469 (2015) ; (b) G. K. S. Prakash, J. Hu, J. Simon, R. Bellew, G. A. Olah, *J. Fluorine Chem.*, **125**, 595-601 (2004)

17) O. V. Fedorov, M. I. Struchkova, A. D. Dilman, *J. Org. Chem.*, **81**, 9455-9460 (2016)

18) 総説としてまとめられている。H. Amii, K. Uneyama, *Chem. Rev.*, **109**, 2119-2183 (2009)

19) (a) K. Uneyama, H. Tanaka, S. Kobayashi, M. Shioyama, H. Amii, *Org. Lett.*, **6**, 2733-2736 (2004) ；その他にも，ホモカップリング反応を経由するテトラフルオロエチレン基含有化合物の合成法が報告されている。(b) H. Amii, Y. Hatamoto, M. Seo, K. Uneyama, *J. Org. Chem.*, **66**, 7216-7218 (2001)

20) S. Kobayashi, Y. Yamamoto, H. Amii, K. Uneyama, *Chem. Lett.*, 1366-1367 (2000)

21) T. Kumon, S. Hashishita, T. Kida, S. Yamada, T. Ishihara, T. Konno, *Beilstein J. Org. Chem.*, **14**, 148-154 (2018)

22) 我々の研究グループにおいても，この付加脱離機構を利用して様々なフッ素化合物の合成

第1章　フッ素化合物の合成

に成功している。(a) S. Yamada, T. Konno, T. Ishihara, H. Yamanaka, *J. Fluorine Chem.*, **126**, 125-133（2005）；(b) S. Yamada, T. Takahashi, T. Konno, T. Ishihara, *Chem. Commun.*, 3679-3681（2007）

23) (a) H. Saijo, M. Ohashi, S. Ogoshi, *J. Am. Chem. Soc.*, **136**, 15158-15161（2014）；(b) H. Sakaguchi, M. Ohashi, S. Ogoshi, *Angew. Chem. Int. Ed.*, **57**, 328-332（2018）；(c) M. Ohashi, T. Adachi, N. Ishida, K. Kikushima, S. Ogoshi, *Angew. Chem. Int. Ed.*, **56**, 11911-11915（2017）

24) (a) M. Ohashi, H. Shirataki, K. Kikushima, S. Ogoshi, *J. Am. Chem. Soc.*, **137**, 6496-6499（2015）；(b) M. Ohashi, T. Kawashima, T. Taniguchi, K. Kikushima, S. Ogoshi, *Organometallics*, **34**, 1604-1607（2015）

25) T. Konno, S. Takano, Y. Takahashi, H. Konishi, Y. Tanaka, T. Ishihara, *Synthesis*, 33-44（2011）

26) 薬師神凌介，山田重之，今野勉，第7回 CSJ 化学フェスタ 2017，P9-035

27) Y. Watanabe, T. Konno, *J. Fluorine Chem.*, **174**, 102-107（2015）

28) 玉本健，山田重之，今野勉，第39回フッ素化学討論会　講演要旨集，O-23（2016）

29) K. Yamashika, S. Morishitabara, S. Yamada, T. Kubota, T. Konno, *J. Fluorine Chem.*, **207**, 24-37（2018）

30) Y. Sakaguchi, S. Yamada, T. Konno, T. Agou, T. Kubota, *J. Org. Chem.*, **82**, 1618-1631（2017）

7 フッ素脱離を利用する炭素－フッ素結合活性化反応の現状

藤田健志[*1]，渕辺耕平[*2]，市川淳士[*3]

7.1 序

　炭素－フッ素（C－F）結合は，他の炭素－ハロゲン結合と比べて結合解離エネルギーが高く，このため C－F 結合の化学変換は困難とされている[1]。しかしながら，含フッ素化合物の中でもフルオロアルケン類は，フッ素置換基による特異な反応性を示し，その C－F 結合の切断を経る結合形成反応（C－F 結合活性化）が進行する。例えば，電子不足な (a) 1,1-ジフルオロ-1-アルケン[2]や (b) 2-トリフルオロメチル-1-アルケン[3]では，付加－脱離過程を経る求核置換反応が起こり易い（図1）。これは，フッ素置換基の持つ ①電子求引性誘起効果（a, b），②非共有電子対と π 電子との静電反発（a），および ③フッ化物イオンとしての脱離能（a, b），に起因する[4]。1,1-ジフルオロ-1-アルケンや 2-トリフルオロメチル-1-アルケンは，それぞれフッ素置換基の α 炭素あるいは γ 炭素で求核攻撃を受ける。これにより，フッ素の電子求引性と負の超共役によって安定化された β-カルボアニオン中間体が生成する[4]。ここから β-フッ素脱離が起こることで，それぞれ置換 1-フルオロ-1-アルケンあるいは置換 1,1-ジフルオロ-1-アルケンを与える。我々は，これらの付加－脱離過程を主に分子内環化に活用して，様々な含フッ素ヘテロ環および炭素環を構築してきた[2,3]。ただしこれらの手法は，アルカリ金属やアルカリ土類金属の対イオンを持つアニオン性求核種の反応に限られていた。

　1991 年に Heitz は，パラジウム触媒による 1,1-ジフルオロエチレンとヨウ化アリールとの脱フッ素カップリング反応を報告した（図2）[5]。この反応では，ヨウ化アリールと 0 価パラジウムから生成するアリールパラジウム（II）に対して，1,1-ジフルオロエチレンの挿入が上述の付加－脱離反応と同様の向きで位置選択的に進行する。得られる 2-アリール-2,2-ジフルオロエチルパラジウム（II）から β-フッ素脱離が進行し，含フッ素ポリマーの原料モノマーとなる α-フルオロスチレンが得られる。我々の知る限り，遷移金属触媒による β-フッ素脱離を経由した C－F

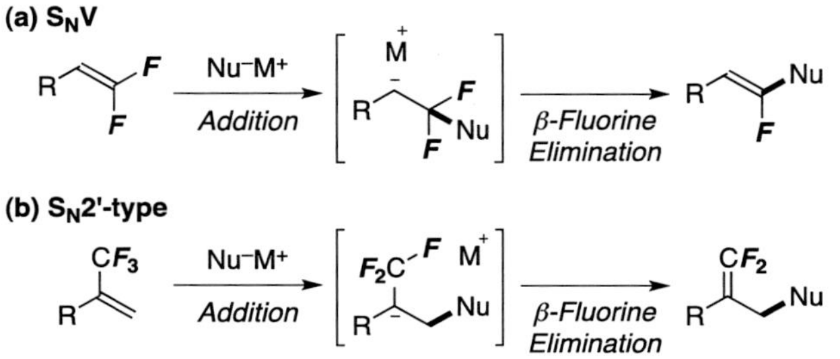

図1　β-フッ素脱離を経由するフルオロアルケンの求核置換反応

- ＊1　Takeshi Fujita　筑波大学　数理物質系　化学域　助教
- ＊2　Kohei Fuchibe　筑波大学　数理物質系　化学域　准教授
- ＊3　Junji Ichikawa　筑波大学　数理物質系　化学域　教授

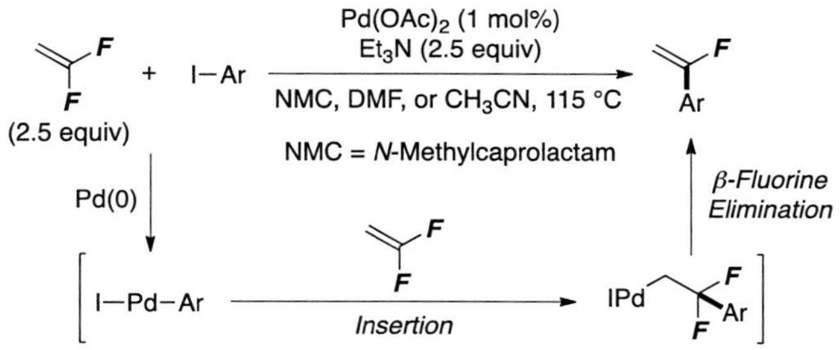

第1章　フッ素化合物の合成

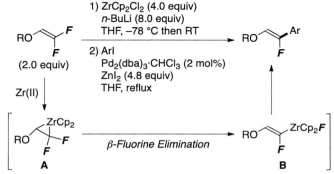

図2　パラジウム触媒を用いたβ-フッ素脱離を経由する1,1-ジフルオロエチレンとヨウ化アリールとの脱フッ素カップリング

図3　ジルコニウム錯体を用いたβ-フッ素脱離を経由する1,1-ジフルオロエチレンとヨウ化アリールとの脱フッ素カップリング

結合活性化（C−C結合形成）は，この報告が最初である。この先駆的な研究も，2005年および2006年に我々がパラジウム触媒を用いた挿入−脱離によるC−F結合活性化法を発表するまで（後述），10年以上も注目されることはなかった。

一方我々は，フルオロアルケンの求核的な付加−脱離反応の研究を進める中で，アルカリ金属やアルカリ土類金属求核種だけでなく遷移金属種を用いても，β-フッ素脱離を経由して形式的な置換反応が円滑に進行すると考えていた。実際，1999年に我々は，ジルコニウムによるβ-フッ素脱離を経由する1,1-ジフルオロエチレンの脱フッ素カップリングを見出した（図3）[6]。この反応では，反応系中で調製したジルコノセン等価体と1,1-ジフルオロエチレンから生成するジルコナシクロプロパン**A**を鍵中間体とし，**A**からのβ-フッ素脱離によって1-フルオロビニルジルコノセン**B**が生じる。パラジウム触媒およびヨウ化亜鉛の存在下，この**B**とヨウ化アリールとのカップリングが進行し，アリール置換したフルオロエチレンが得られる。

その後2005年に我々は，1,1-ジフルオロアルケン部位を有するオキシム誘導体からβ-フッ素脱離を経由する分子内Heck型環化に成功した（図4(a)）[7]。3,3-ジフルオロアリルケトン O-（ペンタフルオロベンゾイル）オキシムに対して0価パラジウム触媒を作用させると，①N−O結合の酸化的付加，②C−N結合形成を経るジフルオロアルケン部位の5-endo挿入，③β-フッ素脱

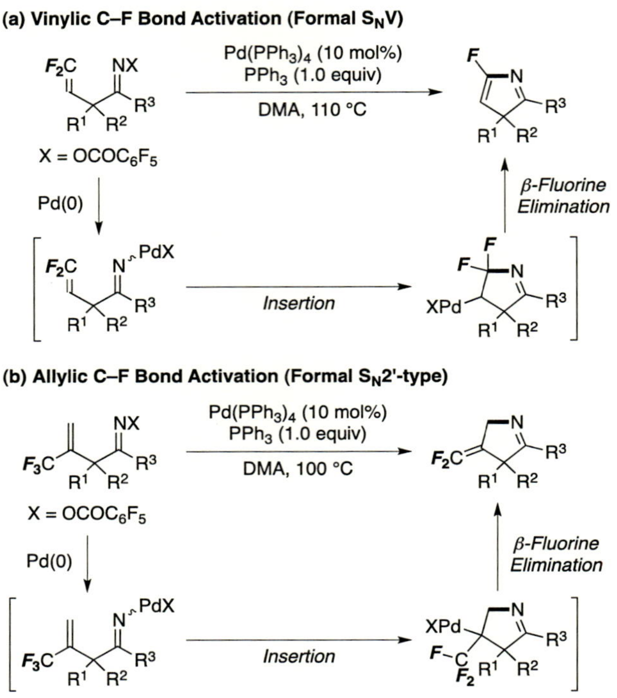

(a) Vinylic C–F Bond Activation (Formal S$_N$V)

Pd(PPh$_3$)$_4$ (10 mol%)
PPh$_3$ (1.0 equiv)
DMA, 110 °C

X = OCOC$_6$F$_5$

Pd(0)

Insertion

β-Fluorine Elimination

(b) Allylic C–F Bond Activation (Formal S$_N$2'-type)

Pd(PPh$_3$)$_4$ (10 mol%)
PPh$_3$ (1.0 equiv)
DMA, 100 °C

X = OCOC$_6$F$_5$

Pd(0)

Insertion

β-Fluorine Elimination

図 4　パラジウム触媒を用いた β-フッ素脱離を経由するオキシム誘導体の 5-endo 環化

離，と一連の三過程が円滑に進行し，5-フルオロ-3H-ピロールを与える。また，3,3-ジフルオロアリル基がオルト位に置換したアリールトリフラートを基質として用いた場合も，同様の 5-endo 環化が起こる[8]。続く 2006 年さらに我々は，トリフルオロメチルアルケン部位を有する O-(ペンタフルオロベンゾイル)オキシムを基質として用い，パラジウム触媒による β-フッ素脱離を経由して，再び 5-endo 環化に成功している（図 4 (b)）[9]。これらのビニル位およびアリル位 C–F 結合活性化の手法は，当該分野に指針を与え発展の契機になった。現に 2015 年以降，ジフルオロアルケンあるいはトリフルオロメチルアルケンを用い，その不飽和結合の挿入と β-フッ素脱離を組み合わせることで，C–F 結合の触媒的活性化を行う報告が急激な増加を見せている（後述）。

これらの発見は，合成化学におけるフッ素脱離を経由する C–F 結合活性化の大きな可能性を示した。つまり，新たな結合を形成しながら，いかにしてフッ素脱離可能な前駆体をセットアップするか，これこそが C–F 結合活性化の鍵となる。上述の報告以来，遷移金属による β-または α-フッ素脱離を用いた合成反応が世界中で活発に研究されている。本総説では，これらの C–F 結合活性化法を前駆体調製の手法ごとに概観する。すなわち，フッ素脱離する前駆体のセットアップ法に着目し，酸化的環化，酸化的付加，求電子的カルボ（アミノ）メタル化，挿入，およびラジカル付加という有機金属化学の素反応過程で分類して述べる。

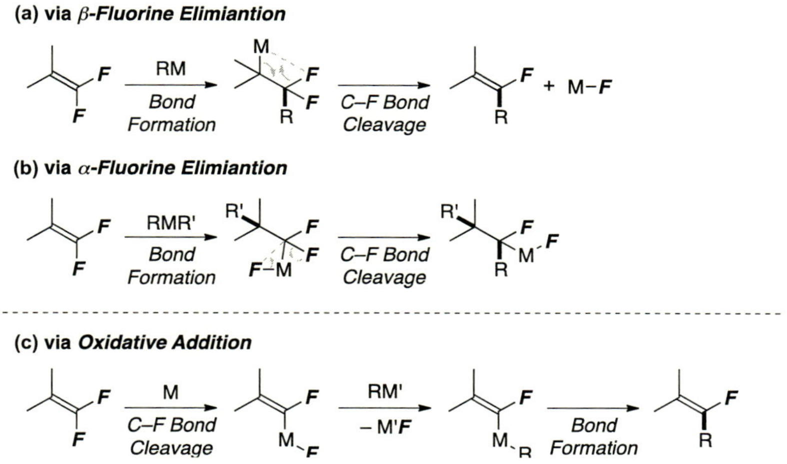

第1章　フッ素化合物の合成

(a) via β-Fluorine Elimiantion

$$\text{RM} \xrightarrow{\text{Bond Formation}} \xrightarrow{\text{C–F Bond Cleavage}} + \text{M–F}$$

(b) via α-Fluorine Elimiantion

$$\text{RMR'} \xrightarrow{\text{Bond Formation}} \xrightarrow{\text{C–F Bond Cleavage}}$$

(c) via Oxidative Addition

$$\text{M} \xrightarrow[\text{Cleavage}]{\text{C–F Bond}} \xrightarrow[\text{– M'F}]{\text{RM'}} \xrightarrow{\text{Bond Formation}}$$

図5　遷移金属触媒を用いた (a) β-フッ素脱離，(b) α-フッ素脱離，および (c)酸化的付加を経由する
ビニル位 C−F 結合活性化

7.2　遷移金属によるフッ素脱離

　遷移金属によるフッ素脱離は，酸化的付加に比べてより穏和な反応条件下で C−F 結合の切断を可能にする（図5）。β-フッ素脱離は，金属中心の β 炭素上にフッ素置換基を有する有機金属中間体から進行し，炭素−炭素（C−C）二重結合および金属−フッ素（M−F）結合を形成する。一方，フッ素脱離のもう一つの様式である α-フッ素脱離は，α 炭素にフッ素が置換した有機金属中間体から進行し，新しい C−C 結合と M−F 結合を形成する。いずれのフッ素脱離を活用した C−F 結合活性化法も，フッ素脱離可能な中間体を生成するための結合形成過程から反応が開始する。このことは，酸化的付加を用いた C−F 結合変換反応が C−F 結合の切断を開始段階とすることと好対照をなす（図5(a)，(b) vs 図5(c)）。金属による酸化的付加は，フルオロアルケンの C−F 結合活性化法の主な手法として利用されてきたが，高温や特殊な配位子を必要とすることが多かった。さらに酸化的付加法と比べてフッ素脱離法の大きな利点は，フッ素脱離可能な中間体へと至る素反応過程の選択によって，単にフッ素を置換するだけではない多様な骨格形成が行えることである。

　金属によるフッ素脱離を経由した C−F 結合活性化反応を触媒的に進行させるためには，フッ素脱離過程で生成する金属フッ化物中間体から反応活性種を再生させる必要がある。しかし，一般に金属−フッ素結合は他の金属−ハロゲン結合と比べて結合エネルギーが高く[10]，また金属フッ化物はフッ素で架橋した不活性なオリゴマーやポリマーを生成することが多い[11]。このため，金属フッ化物からフッ素を取り除くのは困難であり，触媒活性種を再生するにはフッ素との親和性の高いホウ素やケイ素の添加剤を使うなど，工夫を必要とする[10]。

77

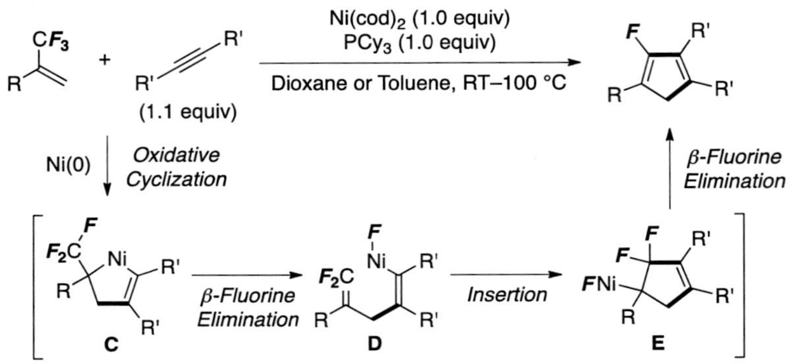

有機フッ素化合物の最新動向

図6 ニッケル錯体を用いた β-フッ素脱離を経由する 2-トリフルオロメチル-1-アルケンと
アルキンの [3 + 2] 環化

7.3 β-フッ素脱離による C−F 結合活性化

7.3.1 酸化的環化

　金属－炭素結合を形成する重要な素反応過程の一つに，低原子価金属錯体と複数の不飽和化合物による酸化的環化がある。そこで，フルオロアルケンを酸化的環化に用いると，C−C 結合を形成しつつフッ素脱離可能なメタラサイクルが構築できる。2014 年に我々は，ニッケル錯体を用いてトリフルオロメチル基の二本の C−F 結合を活性化し，[3 + 2] 環化を達成した（図 6）[12]。化学量論量の 0 価ニッケル錯体存在下，トリフルオロメチルアルケンに対してアルキンを作用させると，C−F 結合の切断を 2 回経て 2-フルオロシクロペンタジエンが得られる。ここでは，酸化的環化によって生じるニッケラシクロペンテン **C** から最初の β-フッ素脱離が起こり，ジフルオロジエニルニッケル **D** を生じる。続く 5-*endo* 挿入によって生じるシクロペンテニルニッケル **E** から二度目の β-フッ素脱離が起こり，生成物の 2-フルオロシクロペンタジエンを与える。

　我々は，フッ素と親和性の高いケイ素やホウ素の添加剤を用いることで，ニッケルによる酸化的環化および β-フッ素脱離を経由する脱フッ素カップリングの触媒化に成功した。まず，ビス（ネオペンチルグリコラト）ジボロン，カリウム *tert*-ブトキシド，およびフッ化マグネシウムを用いると，上述の [3 + 2] 環化が触媒的に進行し，2-フルオロシクロペンタジエンが選択的に得られることを見出した（図 7 (a)）[13]。ここでは，反応で生成するニッケル（II）ジフルオリドがジボロンによって 0 価ニッケルへ還元されると考えている。一方，トリエチルシランを反応系に添加した場合は，ジエニルニッケル（II）フルオリド中間体 **D** との金属交換によってニッケル（II）ヒドリド種が生成し，続く還元的脱離によって 1,1-ジフルオロ-1,4-ジエンが選択的に得られる（図 7 (b)）[14]。後に Bi，Liu は，量子化学計算によりこれらの反応機構を検討し，C−F 結合の切断過程が我々の推測通り酸化的付加ではなく，β-フッ素脱離によって起こることを示している[15]。このように我々は，トリフルオロメチル基の一本または二本の C−F 結合を選択的に切断し，2-トリフルオロメチル-1-アルケンとアルキンとの触媒的カップリングにおいて生成物の作り分けを可能とした。これらの C−F 結合活性化法は，トリフルオロメチルアルケンだけでな

78

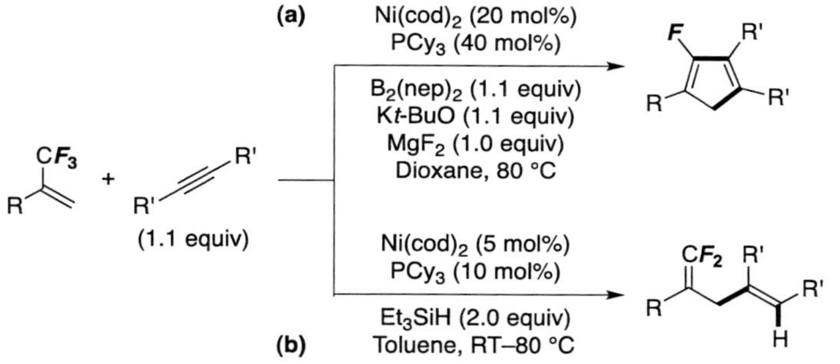

第 1 章　フッ素化合物の合成

図 7　ニッケル触媒を用いた β-フッ素脱離を経由する 2-トリフルオロメチル-1-アルケンと
　　　アルキンとの脱フッ素カップリング

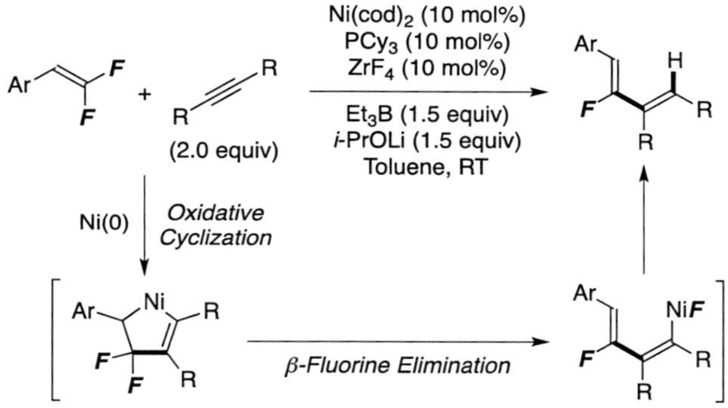

図 8　ニッケル触媒を用いた β-フッ素脱離を経由する β,β-ジフルオロスチレンとアルキンとの
　　　脱フッ素カップリング

く，ペルフルオロアルキルアルケン[14]やジフルオロアリル化合物[16]にも適用可能であり，アリル
位の C–F 結合を選択的に切断する。

　また我々は，2-トリフルオロメチル-1-アルケンの代わりに β,β-ジフルオロスチレンを用いる
ことで，アルキンのヒドロアルケニル化を達成した（図 8）[17]。0 価ニッケル触媒存在下，β,β-
ジフルオロスチレンに対してアルキンを作用させ，トリエチルボランとリチウムイソプロポキシ
ドから調製したボラートを添加すると，1,1-ジフルオロ-1,3-ジエンが得られる。ここではまず，
開始段階の酸化的環化において β,β-ジフルオロスチレンが位置選択的に取り込まれ，β,β-ジフ
ルオロニッケラシクロペンテンが生成する。この位置選択性は，アリール基がニッケル中心へ配
位して発現すると考えている。続く β-フッ素脱離の後，ボラートによるヒドリド導入が進行し
て 1,1-ジフルオロ-1,3-ジエンを与える。

7.3.2　酸化的付加

　フッ素置換基を環上に持つ炭素小員環において C–C 結合が金属に酸化的付加すると，フッ素
脱離可能な中間体を直接セットアップすることができる。2015 年に Fu は，gem-ジフルオロシ
クロプロパンを基質として用い，パラジウム触媒による窒素，酸素，および炭素求核種の 2-フ
ルオロアリル化に成功した（図 9）[18]。この反応の中間体である含フッ素 π-アリルパラジウム

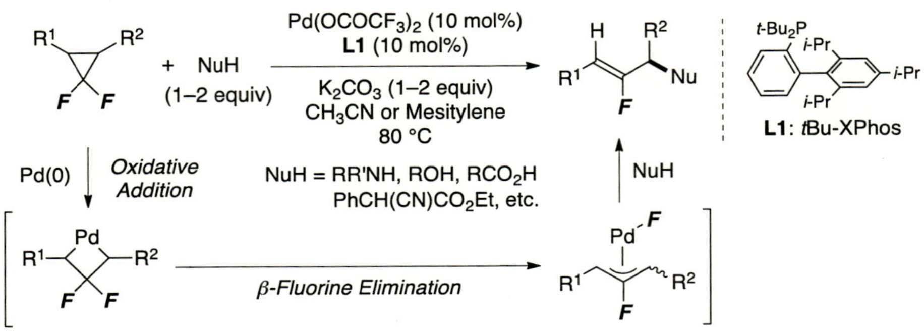

有機フッ素化合物の最新動向

図9　パラジウム触媒を用いた β-フッ素脱離を経由する 2-フルオロアリル化

（II）種は，C−F 結合の酸化的付加と異性化により生じたとも考えられるが，C−C 結合の酸化的付加および β-フッ素脱離を経ていることが DFT 計算によって支持された。

7.3.3　求電子的カルボ（アミノ）メタル化

　電子不足な 1,1-ジフルオロ-1-アルケンの求電子的活性化は，一般に困難とされるもののカチオン性金属錯体により達成され，弱い求核剤との反応を促進することができる。この場合，フッ素置換基の α-カチオン安定化効果を反映して α 炭素に求核攻撃が起こり，β-フッ素脱離可能な中間体を与える。2007 年[19]および 2010 年[20]に我々は，2 価パラジウム触媒を用いた 1,1-ジフルオロ-1-アルケンのカルボメタル化あるいはアミノメタル化に，それぞれ β-フッ素脱離を組み合わせた分子内環化を報告している。ただし，β-フッ素脱離で生成する 4-フルオロ-1,2-ジヒドロナフタレンや 2-フルオロインドールがフルオロアルケン部位の加水分解を受け，1-テトラロンや 2-オキシインドールを与えていた。

　後に我々は，加水分解が進行しない反応系を見出し，フッ素置換基を生成物に残すことができた。カルボメタル化の場合は，基質の求核部位として用いていた 2-アリールエチル基をビアリール基に変更し，β-フッ素脱離とともに芳香環化する反応系を構築した（図10）[21~23]。すなわち，2-(2,2-ジフルオロビニル)ビアリールに対して，パラジウム（II）触媒と三フッ化ホウ素ジエチルエーテル錯体を併せて作用させることにより，加水分解に対して安定なフルオロフェナセンが合成できる。またアミノメタル化については，塩化パラジウム（II）とトリメチルシリルトリフラートの触媒系を変更し，ヘキサフルオロアンチモン酸銀（I）と N,O-ビス（トリメチルシリル）アセトアミド（BSA）を組み合わせることで，β,β-ジフルオロ-o-スルホンアミドスチレンの分子内環化が円滑に進行し，加水分解することなく 2-フルオロインドールが得られる（図11）[24]。いずれの場合も，フッ素と親和性の高いホウ素あるいはケイ素化合物が，反応で生成する金属フッ化物からカチオン性の触媒活性種を再生している。

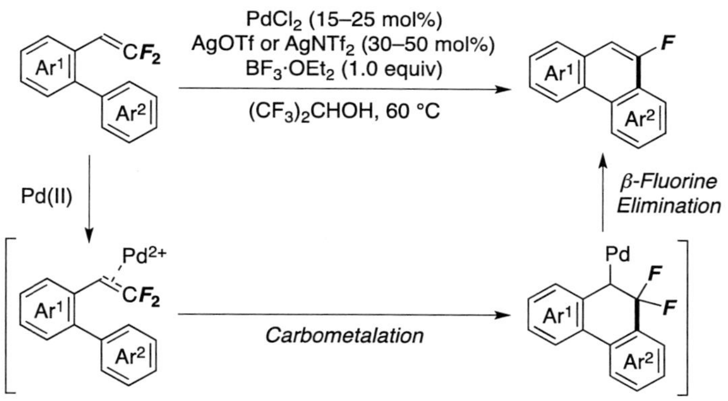

第1章　フッ素化合物の合成

PdCl$_2$ (15–25 mol%)
AgOTf or AgNTf$_2$ (30–50 mol%)
BF$_3$·OEt$_2$ (1.0 equiv)
(CF$_3$)$_2$CHOH, 60 °C

β-Fluorine Elimination

Pd(II)

Carbometalation

図10　パラジウム触媒を用いた β-フッ素脱離を経由する 2-(2,2-ジフルオロビニル)ビアリールの分子内 Friedel-Crafts 型環化

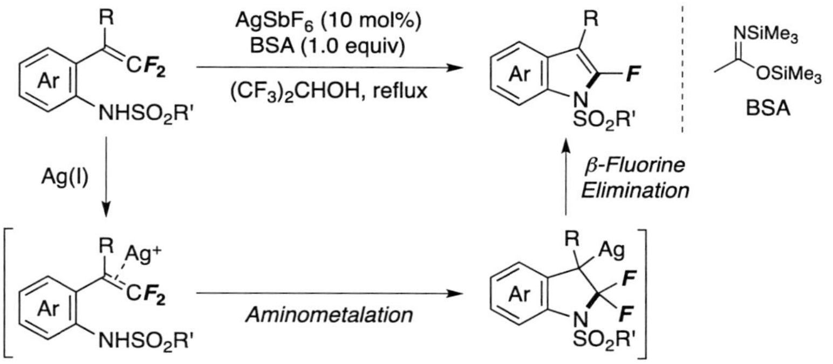

AgSbF$_6$ (10 mol%)
BSA (1.0 equiv)
(CF$_3$)$_2$CHOH, reflux

β-Fluorine Elimination

Ag(I)

Aminometalation

BSA

図11　銀触媒を用いた β-フッ素脱離を経由するジフルオロ(スルホンアミド)スチレンの分子内環化

7.3.4　挿入

　金属－炭素結合に対するフルオロアルケンやフルオロアルキンの挿入は，不飽和化合物の関わる有機金属化学において最も基本的な素反応過程の一つであり，古くから応用例も多い。Heitz[5]や我々の報告[7~9]を皮切りに，同じく挿入をフッ素脱離と組み合わせた反応がここ数年集中的に研究されている。中でも，金属交換やC－H結合活性化を開始段階の素反応過程とし，不飽和化合物の挿入へと導く例が多い。この項では，挿入とフッ素脱離を組み合わせたC－F結合活性化法について，挿入に繋げる素反応過程により分類して述べる。なお，酸化的付加－挿入によるHeitz および我々の例は既に図2，図4で示した。

(1)　金属交換－挿入

　有機典型金属反応剤との金属交換で生じる有機遷移金属種は，フルオロアルケンの位置選択的な挿入を引き起こす。これにより，β炭素にフッ素置換基を有する金属中間体が生成し，β-フッ素脱離がこれに続く。つまり，1,1-ジフルオロ-1-アルケンや2-トリフルオロメチル-1-アルケンから，モノフルオロアルケンあるいはジフルオロアルケンをそれぞれ与える。形式的にみるとこれらは，1,1-ジフルオロ-1-アルケンについては S$_N$V 反応が，2-トリフルオロメチル-1-アル

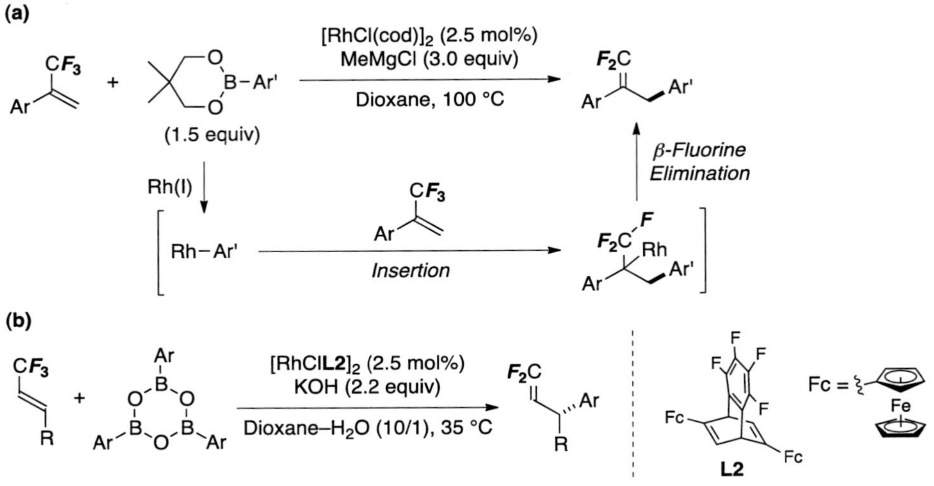

有機フッ素化合物の最新動向

(a)

(b)

図12　ロジウム触媒を用いた β-フッ素脱離を経由するトリフルオロメチルアルケンのアリル位脱フッ素アリール化

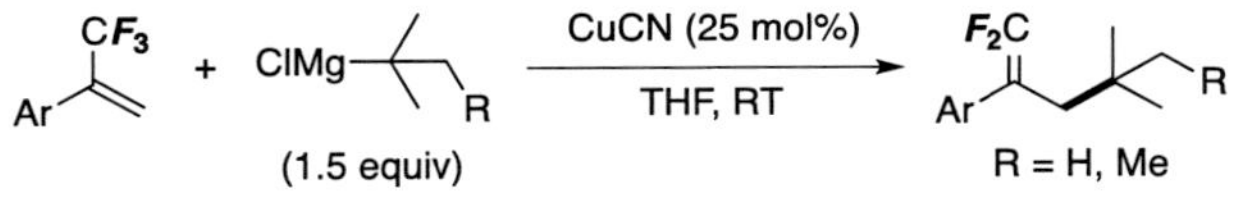

図13　銅触媒を用いた β-フッ素脱離を経由する α-（トリフルオロメチル）スチレンのアリル位脱フッ素アルキル化

ケンについては S_N2' 型反応が進行したことになる．ここで用いられる有機典型金属反応剤は，フッ素を捕捉するために有機ケイ素反応剤または有機ホウ素反応剤が多い．

2008 年に村上は，ロジウム触媒とアリールボロン酸エステルを用いて α-（トリフルオロメチル）スチレンのアリル位 C–F 結合アリール化を報告した（図 12 (a)）[25]．この反応ではまず，アリールボロン酸エステルと 1 価ロジウム錯体の反応によってアリールロジウム（I）種が生成し，これに α-（トリフルオロメチル）スチレンが挿入する．続く β-フッ素脱離により，対応するジフルオロアルケンを与える．後に林は，キラルジエンを配位子とする 1 価ロジウム触媒とアリールボロキシンを用いて，1-トリフルオロメチル-1-アルケンの不斉アリール化を達成している（図 12 (b)）[26]．ごく最近 Cao は，銅触媒と第三級アルキルマグネシウム反応剤を用いた α-（トリフルオロメチル）スチレンのアルキル化を報告している（図 13）[27]．

生越，大橋は，1 価銅錯体とアリールボロン酸エステルを用いてテトラフルオロエチレンのビニル位脱フッ素アリール化を達成し，トリフルオロスチレンを合成した（図 14 (a)）[28]．この中で彼らは，ヨウ化ナトリウムが β-フッ素脱離を促進するとしている．Toste は 2 価パラジウム錯体を用い，アリールボロン酸による β,β-ジフルオロスチレンの脱フッ素アリール化を触媒化した（図 14 (b)）[29]．Cao は，銅触媒と活性メチレン化合物を用いた β,β-ジフルオロスチレンの連続的な C–F 結合活性化によって，フランを合成している[30]．

82

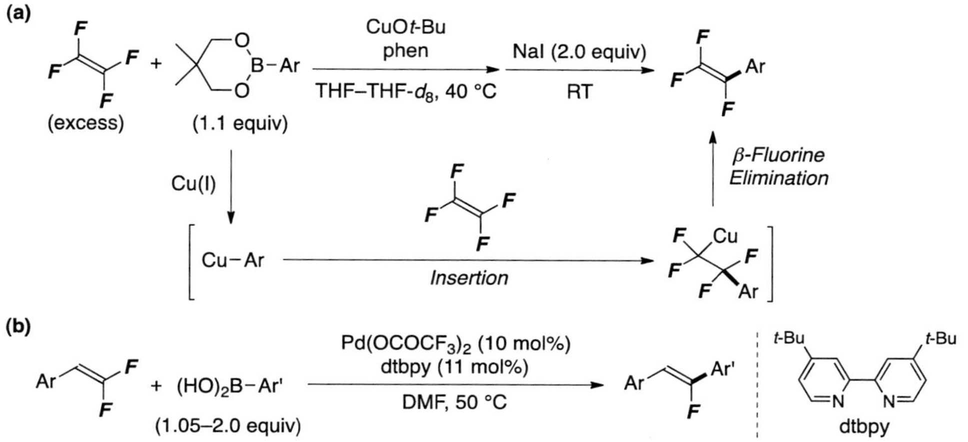

第 1 章　フッ素化合物の合成

(a)

CuOt-Bu
phen
THF–THF-d_8, 40 °C

NaI (2.0 equiv)
RT

β-Fluorine Elimination

Cu(I)

Cu–Ar — *Insertion* →

(b)

Pd(OCOCF$_3$)$_2$ (10 mol%)
dtbpy (11 mol%)
DMF, 50 °C

(1.05–2.0 equiv)

dtbpy

図 14　銅錯体またはパラジウム触媒を用いた β-フッ素脱離を経由するビニル位脱フッ素アリール化

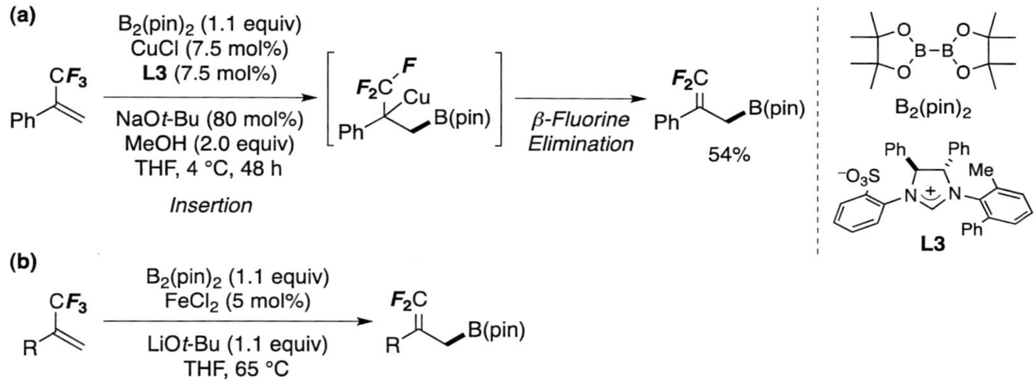

(a)

B$_2$(pin)$_2$ (1.1 equiv)
CuCl (7.5 mol%)
L3 (7.5 mol%)

NaOt-Bu (80 mol%)
MeOH (2.0 equiv)
THF, 4 °C, 48 h

Insertion

β-Fluorine Elimination

54%

B$_2$(pin)$_2$

L3

(b)

B$_2$(pin)$_2$ (1.1 equiv)
FeCl$_2$ (5 mol%)
LiOt-Bu (1.1 equiv)
THF, 65 °C

図 15　銅または鉄触媒を用いた β-フッ素脱離を経由する 2-(トリフルオロメチル)-1-アルケンの
　　　アリル位脱フッ素ボリル化

　Hoveyda は，銅触媒とビス（ピナコラト）ジボロンを用いた α-（トリフルオロメチル）スチレン
のアリル位脱フッ素ボリル化を報告した（図 15（a））[31]。この反応では，ボリル銅（Ⅰ）中間体に対
して α-（トリフルオロメチル）スチレンが挿入し，続く β-フッ素脱離により生成物を与える。
Zhou は，鉄触媒を用いて類似の反応を達成し，基質適用範囲を拡張した（図 15（b））[32]。ごく最
近伊藤は，キラルフェロセン配位子を有する銅触媒を用いて 1-トリフルオロメチル-1-アルケン
の不斉ボリル化を報告している[33]。

　2017 年以降，銅触媒を用いた β-フッ素脱離によるビニル位脱フッ素ボリル化法が，相次いで
報告された（図 16）。いずれの場合も 1,1-ジフルオロ-1-アルケンを基質として用い，1 価銅錯
体とジボロン化合物から反応系中で生成するボリル銅（Ⅰ）がボリル化剤として働く。Cao は，
Xantphos を銅触媒の配位子として用い，Z 体のフルオロビニルボロン酸エステルを選択的に合
成した[34]。細谷，生越，丹羽は，トリシクロヘキシルホスフィンを配位子として用い，ジフルオ

83

有機フッ素化合物の最新動向

Group	Product	B	cat. Cu	Base
Cao[34]	**B**-form	Bpin	Cu(OAc)/Xantphos	NaO*t*-Bu
Hosoya, Ogoshi, Niwa[35]	**B**-form	Bpin, Bnep	(Cy$_3$P)$_2$CuCl	CsF
Wang, Gao[39]	**B**-form	Bpin	CuCl$_2$/DPEphos	LiO*t*-Bu
Ito[36]	**H**-form	Bpin	CuCl/Xantphos	NaO*t*-Bu
Shi[37]	**H**-form	Bpin, Bnep	CuTC/Xantphos	LiO*t*-Bu

図 16　銅触媒を用いた β–フッ素脱離を経由する脱フッ素ボリル化

Group	Si	cat. Cu
Ogoshi[38]	SiMe$_2$Ph	IPrCuF
Wang, Gao[39]	SiEt$_3$	CuCl/PCy$_3$

図 17　銅触媒を用いた β–フッ素脱離を経由するビニル位 C−F 結合シリル化

ロアルケンの基質適用範囲を拡張した[35]。伊藤は，①ボリル化の際にメタノールを加える，あるいは ②ジボロンの代わりにヒドロシランを用いることで脱フッ素水素化し，*Z* 体と *E* 体のモノフルオロアルケンをそれぞれ作り分けることに成功した[36]。Shi は，ボリル化の反応条件に水を加えることで，*Z* 体のモノフルオロアルケンを合成した[37]。

　フルオロアルケンの脱フッ素シリル化は，1 価銅触媒とボリルシランとの金属交換により生成するシリル銅（I）反応剤を用いて達成される（図 17）。生越は，（ジメチルフェニルシリル）ボロン酸ピナコールエステルを用いて，ペルフルオロアルケンを含むフルオロアルケンのビニル位およびアリル位での脱フッ素シリル化を報告している[38]。また同時期に Wang, Gao は，上で述べた 1,1-ジフルオロ-1-アルケンの脱フッ素ボリル化とともに，（トリエチルシリル）ボロン酸ピナコールエステルを用いた脱フッ素シリル化も報告している[39]。

　以上のように，金属交換−挿入の連続過程と β–フッ素脱離を組み合わせた C−F 結合活性化

84

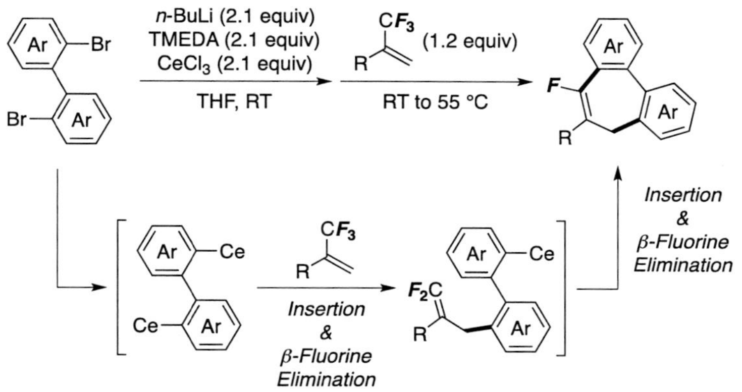

第 1 章 フッ素化合物の合成

図 18 セリウム錯体を用いた β-フッ素脱離を経由するドミノ脱フッ素アリール化

法では，ほとんどの場合に有機ホウ素あるいは有機ケイ素反応剤が用いられてきた。これに対し，我々は有機セリウム反応剤を用いて，2-トリフルオロメチル-1-アルケンの C–F 結合活性化を連続的に行うことに成功した（図18）[40]。塩化セリウム（Ⅲ）の存在下，2-トリフルオロメチル-1-アルケンに対して 2,2′-ジリチオビアリールを作用させると，β-フッ素脱離を伴う連続的 $S_N2′$ 型－S_NV 反応が進行し，フッ素化されたジベンゾ[7]アヌレンが得られる。

(2) C–H 結合活性化－挿入

2015 年に Loh，Feng は，遷移金属触媒による C–H 結合活性化とフッ素脱離による C–F 結合活性化との連続反応を初めて達成した[41]。3 価ロジウム触媒の存在下，1,1-ジフルオロ-1-アルケンに対して N-(2-ピリミジル)インドールまたは 2-アリールピリジンを作用させることで，ヘテロ環のフルオロビニル化が位置選択的に進行する（図19）。これらの反応は 3 価ロジウムによる C–H 結合切断に始まり，フルオロアルケン挿入と β-フッ素脱離へと続く。この報告以降，①キレート配向基による（ヘテロ）アレーンの C–H 結合活性化と，②フルオロアルケン挿入を経る C–F 結合活性化，とを組み合わせた類似の反応が相次いで報告されている（図20）。これらの反応では，フルオロアルケンとして 1,1-ジフルオロ-1-アルケンやペルフルオロアルキルエチレンが用いられ，触媒として 3 価ロジウム，3 価コバルト，あるいは 1 価（0 価）マンガンが利用される。Li，Wang は，3 価コバルト触媒による（ヘテロ）アレーンのフルオロビニル化[42]および 3 価ロジウム触媒による 8-メチルキノリンのベンジル位フルオロビニル化を行い，フルオロアリルキノリンを合成した[43]。Ackermann は，1 価マンガン[44]および 3 価コバルト触媒[45]と（ヘテロ）アレーンを用いて，1,1-ジフルオロ-1-アルケンによるフルオロビニル化およびペルフルオロアルキルエチレンによるフルオロアリル化をそれぞれ報告している。また Loh，Feng は，0 価マンガン触媒によるフルオロビニル化を行い，通常とは逆の立体構造となる E-アルケンを選択的に合成した[46]。加えて松永，吉野は，3 価コバルトを用いた 6-アリールプリンのフルオロビニル化およびフルオロアリル化を報告している[47]。

こうした C–H/C–F 結合活性化法では，生成物のフルオロアルケン部位近傍に残る配向基を

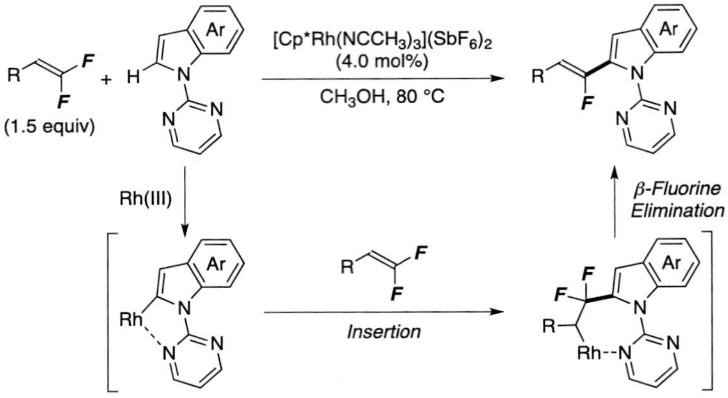

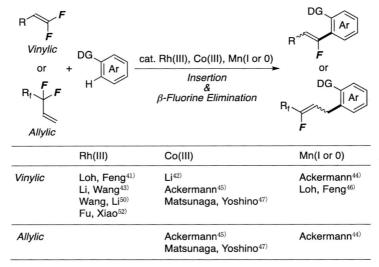

図 19　ロジウム触媒を用いた β-フッ素脱離を経由する C−H/C−F カップリング

	Rh(III)	Co(III)	Mn(I or 0)
Vinylic	Loh, Feng[41] Li, Wang[43] Wang, Li[50] Fu, Xiao[52]	Li[42] Ackermann[45] Matsunaga, Yoshino[47]	Ackermann[44] Loh, Feng[46]
Allylic		Ackermann[45] Matsunaga, Yoshino[47]	Ackermann[44]

図 20　ロジウム，コバルト，またはマンガン触媒を用いた β-フッ素脱離を経由する C−H/C−F カップリング

さらに利用し，ヘテロ環が構築されている。Loh，Feng は，3 価ロジウム触媒と *gem*-ジフルオロアルキンを用いたアレーンのジフルオロアレニル化を経由して，五員環ラクタムを合成した（図 21）[48]。また彼らは同様に，1,1-ジフルオロ-1-アルケンを用いたフルオロビニル化から，五員環ラクタムも合成している[49]。これらの反応では，アレニル化（ビニル化）と閉環のそれぞれの段階で β-フッ素脱離により C−F 結合が一本ずつ切断される。Wang，Li は，2,2-ジフルオロビニルトシラートを基質とする六員環[50]または五員環ラクタム[51]の作り分けに成功した（図 22 (a)）。3 価ロジウム錯体のみを触媒として用いた場合は，トシルオキシ基の脱離を伴う環構築により六員環ラクタムが生成する[50]。一方，3 価ロジウム錯体に加えて 1 価銀錯体を触媒として用いた場合は，求電子的アミノメタル化と続く β-フッ素脱離による環構築が進行し，五員環ラク

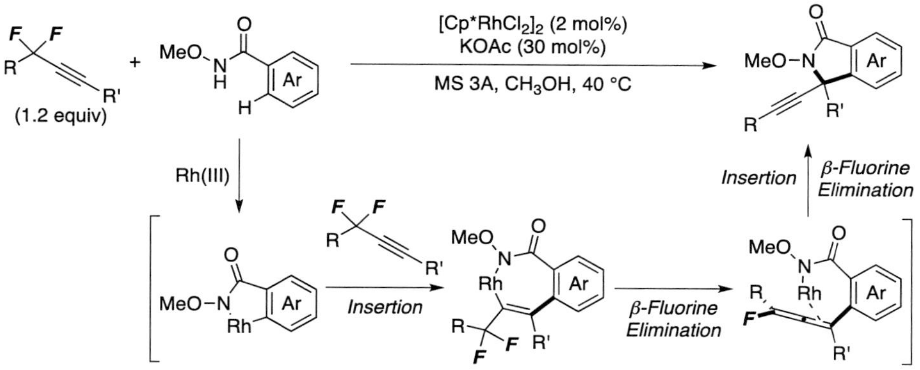

第1章　フッ素化合物の合成

[Cp*RhCl₂]₂ (2 mol%)
KOAc (30 mol%)
MS 3A, CH₃OH, 40 °C

(1.2 equiv)

Rh(III)

Insertion

β-Fluorine Elimination

Insertion

β-Fluorine Elimination

図21　ロジウム触媒を用いた β-フッ素脱離を経由する C−H/C−F カップリングと閉環(1)

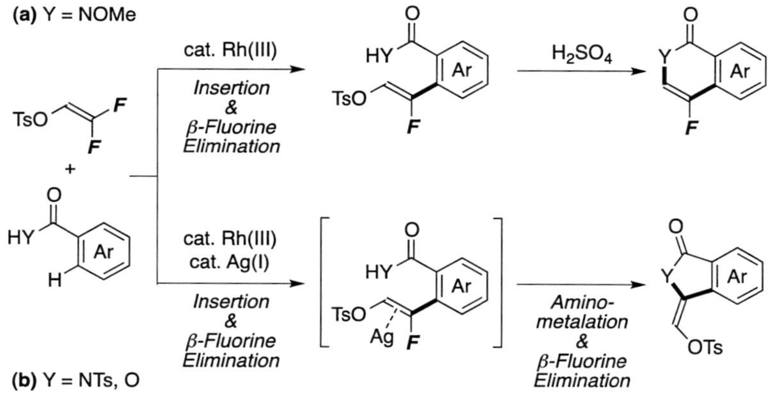

(a) Y = NOMe

cat. Rh(III)
Insertion & β-Fluorine Elimination

H₂SO₄

cat. Rh(III)
cat. Ag(I)
Insertion & β-Fluorine Elimination

Amino-metalation & β-Fluorine Elimination

(b) Y = NTs, O

図22　ロジウム触媒を用いた β-フッ素脱離を経由する C−H/C−F カップリングと閉環(2)

タムを与える[51]。Fu，Xiao は，3 価ロジウム触媒とトリフルオロアクリル酸エステルを用いて，ピロール環が縮環した多環式ヘテロ環を構築した[52]。

(3)　移動挿入

　広義の挿入に含まれる過程として，金属カルベン錯体における移動挿入が挙げられ，この過程もまた β-フッ素脱離とともに利用される。2013 年に Hu は，銅触媒とトリメチル(トリフルオロメチル)シランによるジアゾ化合物のジフルオロメチレン化を達成した（図23）[53]。この反応では，ジアゾ化合物とトリフルオロメチル銅（Ⅰ）から生成する銅カルベン錯体から移動挿入が進行し，金属の β 炭素に三つのフッ素が置換した中間体が生成する。続く β-フッ素脱離によりジフルオロアルケンが得られ，生成する銅（Ⅰ）フルオリド種からはトリメチル(トリフルオロメチル)シランとの反応によってトリフルオロメチル銅（Ⅰ）が再生する。

　Wang は，同じく移動挿入と続く β-フッ素脱離を経由して，（トリフルオロメチル)ケトンヒドラゾンとアルキンとの触媒的カップリングを報告した（図24）[54]。Hu の反応（図23）[53]では移動する置換基であったトリフルオロメチル基が，この反応ではカルベン炭素上に存在する。類

87

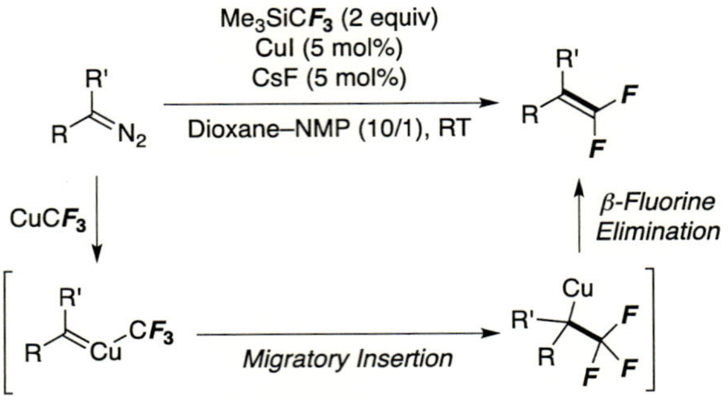

有機フッ素化合物の最新動向

図 23　銅触媒を用いた β-フッ素脱離を経由するジアゾ化合物のジフルオロメチレン化

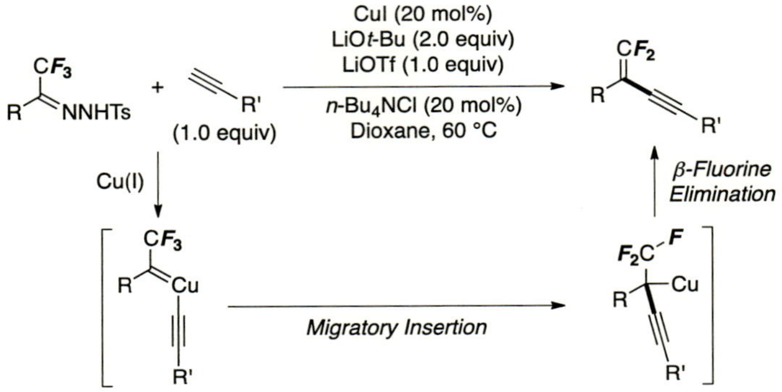

図 24　銅触媒を用いた β-フッ素脱離を経由するトリフルオロメチルケトンヒドラゾンと
アルキンとの脱フッ素カップリング

似の反応として Zhou は，金触媒によるジアゾ化合物と含フッ素シリルエノールエーテルの脱フッ素カップリングを報告している[55]。

7.3.5　ラジカル付加

ジフルオロアルケンに対するラジカル付加も，β-フッ素脱離可能な金属中間体を生成する。電子豊富な炭素ラジカルは，1,1-ジフルオロ-1-アルケンの電子不足な α 炭素に選択的に付加する。生成するラジカル中間体は一電子還元を受けると，β 位がフッ素化された金属中間体となる。こうしてフルオロアルケンの形式的な挿入が起こった後，β-フッ素脱離が進行する。

2017 年に Fu，Gong は，ニッケル触媒による β,β-ジフルオロスチレンと第二級または第三級ハロゲン化アルキルとの還元的カップリングを達成した（図 25）[56]。この反応では，還元剤としてビス（ピナコラト）ジボロンを添加している。彼らは，生成するアルキルラジカルがジフルオロアルケン部位に付加した後，反応系中に存在するボリルニッケル（Ⅱ）種による一電子還元が進行することで，β 炭素をフッ素置換したアルキルニッケル中間体が生じると考えている。続く β-フッ素脱離により，β-アルキル-β-フルオロスチレンが生成する。

Wang は，鉄触媒による β,β-ジフルオロスチレンとアルケンとの脱フッ素カップリングを報告している（図 26）[57]。この反応は水素原子移動（hydrogen atom transfer；HAT）を利用した

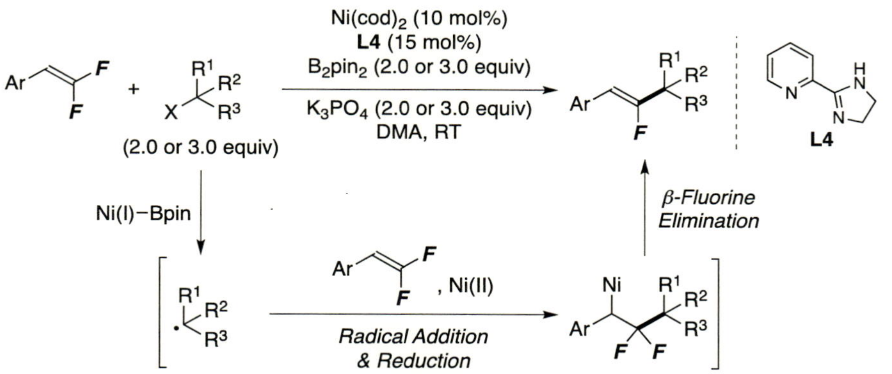

第1章　フッ素化合物の合成

図 25　ニッケル触媒を用いた β-フッ素脱離を経由する β,β-ジフルオロスチレンと
ハロゲン化アルキルとの還元的カップリング

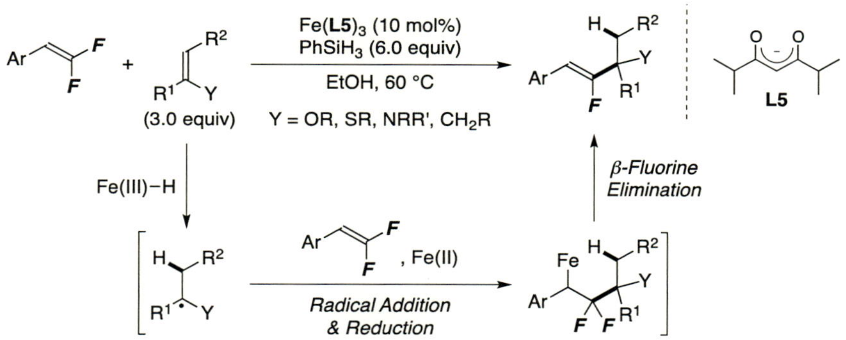

図 26　鉄触媒を用いた β-フッ素脱離を経由する β,β-ジフルオロスチレンとアルケンとの
脱フッ素カップリング

カップリングで，フェニルシランが水素源として用いられている。反応系中で生成する鉄(Ⅲ)ヒ
ドリド種と基質のアルケンとの HAT によってラジカル中間体が生成し，これが β,β-ジフル
オロスチレンに付加する。2 価鉄錯体による一電子還元と続く β-フッ素脱離により，β-アルキル-
β-フルオロスチレンが生成する。

7.4　α-フッ素脱離による C−F 結合活性化

　α-フッ素脱離は，錯体における化学量論反応が Hughes によって長らく研究されていた[58]。こ
れを利用した合成化学的な触媒反応となると，2010 年の茶谷によるニッケル触媒を用いた 1,1-
ジフルオロ-1,6 エンインの環化が初めての報告である（図 27）[59]。この反応ではまず，エンイン
のアルケンおよびアルキン部位が 0 価ニッケル触媒と酸化的環化し，α,α-ジフルオロニッケラ
シクロペンテン中間体が得られる。有機亜鉛反応剤がここからの α-フッ素脱離を促進し，ビシ
クロ[3.2.0]ヘプテン骨格が構築されると彼らは述べている。

　我々はニッケル触媒を用いて，α-フッ素脱離を経由する 1,1-ジフルオロエチレンとアルキン

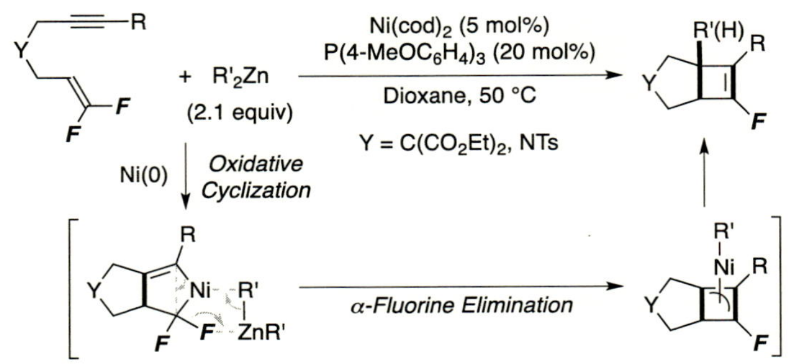

有機フッ素化合物の最新動向

図27 ニッケル触媒を用いた α-フッ素脱離を経由する1,1-ジフルオロ-1,6-エンインの環化

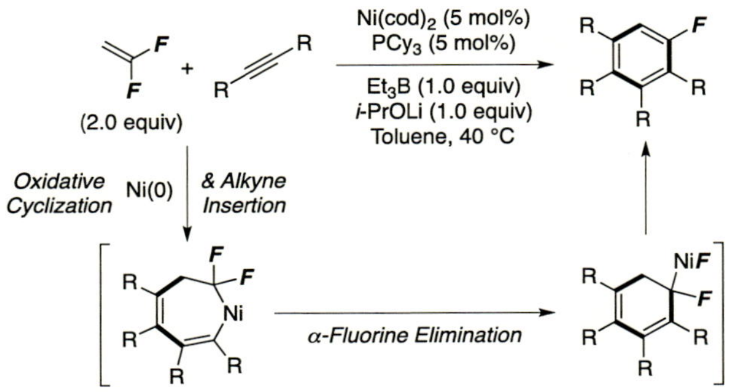

図28 ニッケル触媒を用いた α-フッ素脱離を経由する1,1-ジフルオロエチレンとアルキンの
[2＋2＋2]環化

の[2＋2＋2]環化に成功した（図28)[60]。0価ニッケル触媒およびトリエチルボランとリチウム
イソプロポキシドとから生成するボラートの存在下，1,1-ジフルオロエチレンに対してアルキン
を作用させると，フルオロアレーンが得られる。反応機構を検討したところ，0価ニッケル触媒，
1,1-ジフルオロエチレン，およびアルキンの酸化的環化と続くもう1分子のアルキンの挿入に
よって，α,α-ジフルオロニッケラシクロヘプタジエン中間体が生じ，ここからの α-フッ素脱離
によるC-F結合切断が示唆された。ボラートはヒドリド供与体として働き，反応で生成する不
活性なヒドロニッケル（Ⅱ）フルオリド種から，活性な0価ニッケルを再生する。ニッケル触媒に
よるアルキンとのカップリングで1,1-ジフルオロ-1-アルケンを基質に用いた場合，そのビニル
位の置換基によって酸化的環化におけるフルオロアルケンの位置選択性が逆転している（図8参
照)[17,60]。

　生越，大橋は，ニッケル錯体によるテトラフルオロエチレンとスチレンとのカップリングを報
告している（図29)[61]。まず，0価ニッケル，テトラフルオロエチレン，およびスチレンの酸化
的環化によって π-ベンジル部位を持つニッケラサイクルが生成する。このニッケラサイクルを
単離して三フッ化ホウ素ジエチルエーテル錯体を作用させると，α-フッ素脱離と β-フッ素脱離
が連続して進行し，対応する1,2-ジフルオロシクロブテンを与える。また，同じニッケラサイ

90

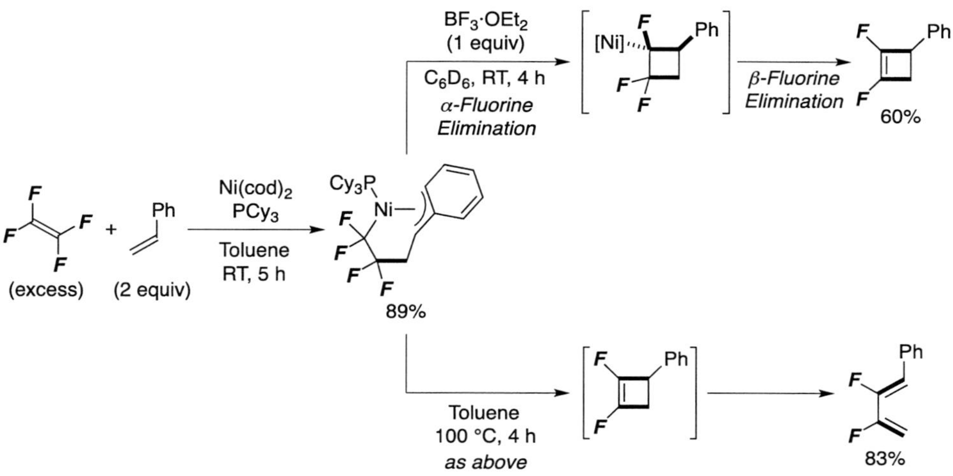

第1章　フッ素化合物の合成

図29　ニッケル錯体を用いた α-および β-フッ素脱離を経由するテトラフルオロエチレンと
　　　スチレンとの脱フッ素カップリング

クルをトルエン中で100℃に加熱すると，同じ1,2-ジフルオロシクロブテンから環状電子反応が
進行し，2,3-ジフルオロ-1,3-ブタジエンを与える。

7.5　総括

　この総説では，遷移金属錯体によるフッ素脱離を合成化学へ応用した例について，歴史的背景
から最新の動向までをまとめた。フルオロアルケンのC-F結合活性化は，有機金属特有の多様
な素反応過程（新たな結合生成）にβ-あるいはα-フッ素脱離（C-F結合切断）を合理的に組
み合わせることで広く達成できることが分かる。つまり，新たな結合を形成しながら，いかにし
てフッ素脱離可能な前駆体をセットアップするか，これこそがC-F結合活性化の鍵となる。
フッ素を含む入手容易な基質は，ほとんどが二つ以上のフッ素置換基を持つため，その選択的な
活性化により生成物にフッ素を残すことができる。したがって，これらの手法を用いることによ
り，機能性材料や医農薬としての応用が期待できる含フッ素化合物の高効率合成が可能となる。

文　　　献

1)　(a) J. Burdeniuc, B. Jedlicka, R. H. Crabtree, *Chem. Ber.*, **130**, 145（1997）；(b) H. Amii, K.
　　Uneyama, *Chem. Rev.*, **109**, 2119（2009）；(c) T. Stahl, H. F. T. Klare, M. Oestreich, *ACS
　　Catal.*, **3**, 1578（2013）；(d) T. Ahrens, J. Kohlmann, M. Ahrens, T. Braun, *Chem. Rev.*, **115**,
　　931（2015）；(e) T. A. Unzner, T. Magauer, *Tetrahedron Lett.*, **56**, 877（2015）；(f) Q. Shen, Y.

-G. Huang, C. Liu, J.-C. Xiao, Q.-Y. Chen, Y. Guo, *J. Fluorine Chem.*, **179**, 14 (2015)

2) (a) J. Ichikawa, *Chim. Oggi*, **25**(4), 54 (2007) ; (b) X. Zhang, S. Cao, *Tetrahedron Lett.*, **58**, 375 (2017)

3) (a) J. Ichikawa, *J. Synth. Org. Chem. Jpn.*, **68**, 1175 (2010) ; (b) G. Chelucci, *Chem. Rev.*, **112**, 1344 (2012)

4) (a) R. E. Banks, B. E. Smart, J. C. Tatlow, "Organofluorine Chemistry, Principles and Commercial Applications", Plenum Press (1994) ; (b) K. Uneyama, "Organofluorine Chemistry", Blackwell Publishing (2006) ; (c) J.-P. Bégué, D. Bonnet-Delpon, "Bioorganic and Medicinal Chemistry of Fluorine", John Wiley & Sons (2008)

5) W. Heitz, A. Knebelkamp, *Makromol. Chem. Rapid Commun.*, **12**, 69 (1991)

6) M. Fujiwara, J. Ichikawa, T. Okauchi, T. Minami, *Tetrahedron Lett.*, **40**, 7261 (1999)

7) K. Sakoda, J. Mihara, J. Ichikawa, *Chem. Commun.*, 4684 (2005)

8) J. Ichikawa, K. Sakoda, J. Mihara, N. Ito, *J. Fluorine Chem.*, **127**, 489 (2006)

9) J. Ichikawa, R. Nadano, N. Ito, *Chem. Commun.*, 4425 (2006)

10) Y.-R. Luo, "Comprehensive Handbook of Chemical Bond Energies", CRC Press (2007)

11) K. Adil, M. Leblanc, V. Maisonneuve, P. Lightfoot, *Dalton Trans.*, **39**, 5983 (2010)

12) T. Ichitsuka, T. Fujita, T. Arita, J. Ichikawa, *Angew. Chem. Int. Ed.*, **53**, 7564 (2014)

13) T. Fujita, T. Arita, T. Ichitsuka, J. Ichikawa, *Dalton Trans.*, **44**, 19460 (2015)

14) T. Ichitsuka, T. Fujita, J. Ichikawa, *ACS Catal.*, **5**, 5947 (2015)

15) X. Zhang, Y. Liu, G. Chen, G. Pei, S. Bi, *Organometallics*, **36**, 3739 (2017)

16) T. Fujita, K. Sugiyama, S. Sanada, T. Ichitsuka, J. Ichikawa, *Org. Lett.*, **18**, 248 (2016)

17) Y. Watabe, K. Kanazawa, T. Fujita, J. Ichikawa, *Synthesis*, **49**, 3569 (2017)

18) J. Xu, E.-A. Ahmed, B. Xiao, Q.-Q. Lu, Y.-L. Wang, C.-G. Yu, Y. Fu, *Angew. Chem. Int. Ed.*, **54**, 8231 (2015)

19) M. Yokota, D. Fujita, J. Ichikawa, *Org. Lett.*, **9**, 4639 (2007)

20) H. Tanabe, J. Ichikawa, *Chem. Lett.*, **39**, 248 (2010)

21) K. Fuchibe, T. Morikawa, K. Shigeno, T. Fujita, J. Ichikawa, *Org. Lett.*, **17**, 1126 (2015)

22) K. Fuchibe, T. Morikawa, R. Ueda, T. Okauchi, J. Ichikawa, *J. Fluorine Chem.*, **179**, 106 (2015)

23) K. Fuchibe, K. Shigeno, N. Zhao, H. Aihara, R. Akisaka, T. Morikawa, T. Fujita, K. Yamakawa, T. Shimada, J. Ichikawa, *J. Fluorine Chem.*, **203**, 173 (2017)

24) T. Fujita, Y. Watabe, S. Yamashita, H. Tanabe, T. Nojima, J. Ichikawa, *Chem. Lett.*, **45**, 964 (2016)

25) T. Miura, Y. Ito, M. Murakami, *Chem. Lett.*, **37**, 1006 (2008)

26) Y. Huang, T. Hayashi, *J. Am. Chem. Soc.*, **138**, 12340 (2016)

27) W. Dai, Y. Lin, Y. Wan, S. Cao, *Org. Chem. Front.*, **5**, 55 (2018)

28) K. Kikushima, H. Sakaguchi, H. Saijo, M. Ohashi, S. Ogoshi, *Chem. Lett.*, **44**, 1019 (2015)

29) R. T. Thornbury, F. D. Toste, *Angew. Chem. Int. Ed.*, **55**, 11629 (2016)

30) X. Zhang, W. Dai, W. Wu, S. Cao, *Org. Lett.*, **17**, 2708 (2015).

31) R. Corberán, N. W. Mszar, A. H. Hoveyda, *Angew. Chem. Int. Ed.*, **50**, 7079 (2011)

32) Y. Liu, Y. Zhou, Y. Zhao, J. Qu, *Org. Lett.*, **19**, 946 (2017)

第 1 章　フッ素化合物の合成

33) R. Kojima, S. Akiyama, H. Ito, *Angew. Chem. Int. Ed.*, **57**, 7196 (2018)

34) J. Zhang, W. Dai, Q. Liu, S. Cao, *Org. Lett.*, **19**, 3283 (2017)

35) H. Sakaguchi, Y. Uetake, M. Ohashi, T. Niwa, S. Ogoshi, T. Hosoya, *J. Am. Chem. Soc.*, **139**, 12855 (2017)

36) R. Kojima, K. Kubota, H. Ito, *Chem. Commun.*, **53**, 10688 (2017)

37) J. Hu, X. Han, Y. Yuan, Z. Shi, *Angew. Chem. Int. Ed.*, **56**, 13342 (2017)

38) H. Sakaguchi, M. Ohashi, S. Ogoshi, *Angew. Chem. Int. Ed.*, **57**, 328 (2018)

39) D.-H. Tan, E. Lin, W.-W. Ji, Y.-F. Zeng, W.-X. Fan, Q. Li, H. Gao, H. Wang, *Adv. Synth. Catal.*, **360**, 1032 (2018)

40) T. Fujita, M. Takazawa, K. Sugiyama, N. Suzuki, J. Ichikawa, *Org. Lett.*, **19**, 588 (2017)

41) P. Tian, C. Feng, T.-P. Loh, *Nat. Commun.*, **6**, 7472 (2015)

42) L. Kong, X. Zhou, X. Li, *Org. Lett.*, **18**, 6320 (2016)

43) L. Kong, B. Liu, X. Zhou, F. Wang, X. Li, *Chem. Commun.*, **53**, 10326 (2017)

44) D. Zell, U. Dhawa, V. Müller, M. Bursch, S. Grimme, L. Ackermann, *ACS Catal.*, **7**, 4209 (2017)

45) D. Zell, V. Müller, U. Dhawa, M. Bursch, R. R. Presa, S. Grimme, L. Ackermann, *Chem. Eur. J.*, **23**, 12145 (2017)

46) S.-H. Cai, L. Ye, D.-X. Wang, Y.-Q. Wang, L.-J. Lai, C. Zhu, C. Feng, T.-P. Loh, *Chem. Commun.*, **53**, 8731 (2017)

47) N. Murakami, M. Yoshida, T. Yoshino, S. Matsunaga, *Chem. Pharm. Bull.*, **66**, 51 (2018)

48) C.-Q. Wang, L. Ye, C. Feng, T.-P. Loh, *J. Am. Chem. Soc.*, **139**, 1762 (2017)

49) H. Liu, S. Song, C.-Q. Wang, C. Feng, T.-P. Loh, *ChemSusChem*, **10**, 58 (2017)

50) J.-Q. Wu, S.-S. Zhang, H. Gao, Z. Qi, C.-J. Zhou, W.-W. Ji, Y. Liu, Y. Chen, Q. Li, X. Li, H. Wang, *J. Am. Chem. Soc.*, **139**, 3537 (2017)

51) W.-W. Ji, E. Lin, Q. Li, H. Wang, *Chem. Commun.*, **53**, 5665 (2017)

52) T.-J. Gong, M.-Y. Xu, S.-H. Yu, C.-G. Yu, W. Su, X. Lu, B. Xiao, Y. Fu, *Org. Lett.*, **20**, 570 (2018)

53) M. Hu, Z. He, B. Gao, L. Li, C. Ni, J. Hu, *J. Am. Chem. Soc.*, **135**, 17302 (2013)

54) Z. Zhang, Q. Zhou, W. Yu, T. Li, G. Wu, Y. Zhang, J. Wang, *Org. Lett.*, **17**, 2474 (2015)

55) F.-M. Liao, Z.-Y. Cao, J.-S. Yu, J. Zhou, *Angew. Chem. Int. Ed.*, **56**, 2459 (2017)

56) X. Lu, Y. Wang, B. Zhang, J.-J. Pi, X.-X. Wang, T.-J. Gong, B. Xiao, Y. Fu, *J. Am. Chem. Soc.*, **139**, 12632 (2017)

57) L. Yang, W.-W. Ji, E. Lin, J.-L. Li, W.-X. Fan, Q. Li, H. Wang, *Org. Lett.*, **20**, 1924 (2018)

58) R. P. Hughes, *Eur. J. Inorg. Chem.*, 4591 (2009)

59) M. Takachi, Y. Kita, M. Tobisu, Y. Fukumoto, N. Chatani, *Angew. Chem. Int. Ed.*, **49**, 8717 (2010)

60) T. Fujita, Y. Watabe, T. Ichitsuka, J. Ichikawa, *Chem. Eur. J.*, **21**, 13225 (2015)

61) M. Ohashi, Y. Ueda, S. Ogoshi, *Angew. Chem. Int. Ed.*, **56**, 2435 (2017)

8 フッ素原子あるいは含フッ素アルキル基を有する不斉炭素の構築法

山崎 孝*

8.1 はじめに

　フッ素原子あるいは含フッ素アルキル基の有機分子への導入は，母核の生理活性の向上や作用の選択性の変化をもたらすことが古くから知られている[1]。こうした医薬品合成において，光学活性体をいかに調製するかは極めて重要な課題であることは言うまでもない。非フッ素系化合物に対して開発された不斉合成経路を基本として，フッ素化合物へと適宜応用する試みは広く行われているものの，フッ素の有する電子的性質などのために，望む結果へと繋がらないことも珍しいことではない。それゆえ，フッ素化合物に対して独自に反応を設計する必要が出てくるのである。本節では，題目に示されているように，フッ素原子[2]もしくはトリフルオロメチル基に代表される，含フッ素アルキル基を含む光学活性化合物の合成方法に焦点を当てる。なお，該当する反応は非常に多いため，2010 年以降に発表された論文を中心に紹介するとともに，関連論文を適宜紹介していくことにする。

8.2 触媒的アルドール反応

　触媒反応は，触媒となる化合物が基質や中間体と相互作用を形成することで，望む反応の活性化エネルギーを効果的に低下させる。その結果，反応が速やかに進行できるだけでなく，この化合物が反応終了時に再生されるために，原理的に 1 分子あれば反応が完結できるということが大きな特長である。この触媒がキラルである場合には，可能な複数の遷移状態がジアステレオマー的になるため，そのエネルギー差に対応した立体選択性が達成されることとなる。反応に使用する基質に不斉補助基を導入することでも不斉誘起は可能となるものの，どこかの段階でこの基を除去する必要性が生じることを考えると，面倒な手続きを経る必要のない触媒反応は，原子効率の観点からも非常に重要かつ魅力的な手法である。こうした事実を考慮に入れて，金属や有機分子[3]を触媒とした反応経路[4]を重点的に概観していくこととする。

　表 1 は，トリフルオロアセトフェノンとメチルケトン類とのアルドール反応をモデルとして，様々な有機触媒の効果の比較をまとめたものである。**2a** から **2c** の触媒は，天然型アミノ酸である L-プロリンを基本に設計されたもので[5]，**2b** と **3a** はチオ尿素を含む構造[6]，**4a** はアントラキノンに 2 つのジヒドロキニジン部位を導入したものである[7]。これらの触媒のうち **2a** から **2c** は，メチルケトン類と反応してエナミンを形成し，これがトリフルオロアセトフェノンへ求核攻撃する際に，触媒分子 **2a** の水酸基や **2b** のチオウレア部分，**2c** のイミド水素が Brønsted 酸として求電子剤を活性化するとともに，反応が起こるジアステレオ面を効果的に規定するために立体選択性が発現される。一方，**3a** のような Takemoto 触媒[8]型チオ尿素類は，求電子剤であるトリフルオロアセトフェノンのカルボニル酸素に配位してこれを活性化し，紙面上側に出ている **3a**

　＊　Takashi Yamazaki　東京農工大学　大学院工学研究院　応用化学部門　教授

第1章　フッ素化合物の合成

表1　有機触媒を用いたトリフルオロアセトフェノンの交差アルドール反応

Entry	R^1	cat.[a]	Solvent	Temp. (℃)	Time (h)	Yield (%)	ee (%)	ref.
1	CH$_3$	**2a** (10)	acetone	rt	3	99	80	10)
2	CH$_3$	**2b** (2)	toluene	0	44	quant	93	11)
3	CH$_3$	**2c** (10)	acetone[b]	−20	48	92	89	12)
4	2-HO-C$_6$H$_4$	**3a** (7)	toluene	0	144	84	94	13)
5[c]	C$_6$H$_5$	**4a** (20)	THF	−40	28	96	90	14)

a) In the parenthesis was shown the amount of the catalyst in mol%, b) 8 mol% of CF$_3$CO$_2$H was added, c) PhC(O)CH$_2$CO$_2$H was used instead of CH$_3$C(O)R^1 and the enantiomeric product, (**R**)-**1**, was preferentially obtained.

のジエチルアミノ基がメチルケトン類をエノラートへと変換するという機構によって，生成物の立体化学が高度に制御される。Entry 5の場合には，メチルケトン前駆体としてベンゾイル酢酸を利用しているが，そのエノール化を経由したトリフルオロアセトフェノンへの求核攻撃に続いて脱炭酸反応が進行する経路が，反応混合物の^{19}F NMRによる追跡から推定されている[9,14]。

ジフルオロメチル化合物の場合は，トリフルオロメチル体のように求電子剤として作用するだけでなく，求核剤として用いることも可能である。ジフルオロアセトフェノン由来のエノールシリルエーテルとN-メチルイサチンの反応をスキーム1に示したが，反応時間がやや長くかかるものの，10 mol%の**3b**によって極めて高い化学ならびに不斉収率が得られている[15]。この立体選択性は，**3b**のチオウレア部分がイサチン**5**に配位し，キヌクリジンの窒素がエノールシリルエーテルを活性化することで実現されている。

　一般にアルドール型反応では，エノラートの発生にリチウムジイソプロピルアミド（LDA）に代表されるような金属アミド系強塩基を使用することが多く，通常−78℃といった極低温が必要となることから，多量にかつ経済的に行うことはそれほど容易ではない。しかし，ジフルオロ

有機フッ素化合物の最新動向

3b (10 mol%),
THF, 0 ℃, 72 h

5

6 93% yield
94% ee

3b

スキーム1　有機触媒を利用したジフルオロ化合物の交差アルドール反応

LiBr, Et₃N

7

8

9a

Cu(OTf)₂ (5 mol%),
9a (6 mol%), Et₃N (2 equiv),
THF, 10 ℃, 2.5 h

10 97% yield,
83% ee

9b

Cu(OTf)₂ (20 mol%),
9b (25 mol%),
i-PrEt₂N (2.5 equiv)
THF, 0-20 ℃, 24 h

11

12 84% yield,
98% de, 98% ee

スキーム2　ジフルオロならびにモノフルオロエノラートを経由した触媒的交差アルドール反応

型のエノールシリルエーテルは非常に簡便な操作で合成できることが知られており[16]，有機触媒による効果的な活性化を利用して，0℃や室温で適当な基質との反応が実現可能であるため，極めて利便性が高い。

　一方，ジフルオロメチレン基を含む化合物の合成には，上記のような興味深い方法がある（スキーム2）。Colby らは，1,3-ジケトン **7** の水和物を LiBr と Et₃N で処理することで，室温なら3分，−78℃でも30分で対応するジフルオロエノラートが速やかに発生できることを見出した[17,18]。Wolf らはこの反応を更に展開し，触媒量の銅トリフラートと不斉リガンド **9a** 存在下にアルデヒドを反応させると，エナンチオ選択的なアルドール反応が良好な収率で進行することを明らかとした[19]。同様の反応でモノフルオロ体 **12** の構築も可能であり，ジフルオロ体の場合よりも反応性がやや低下しているようであるが，化学収率のみならずジアステレオならびにエナンチオ選択性といった観点からは，十分に実用レベルの結果が得られている[20]。この反応で，p 位

第 1 章　フッ素化合物の合成

に電子求引性のメトキシカルボニル（CO$_2$Me）基を有しているアルデヒドを用いた場合，エナンチオ選択性は 69% ee まで低下するが，一部の反応が無触媒で進行することが原因であることが判明している。

8.3　キラルなスルフィンアミドを用いた反応

　トリフルオロメチル基を不斉炭素上に有する 2,2,2-トリフルオロエチルアミン型化合物の合成[21]には，光学活性なスルフィンアミドとトリフルオロアセトアルデヒドの水和物（もしくはヘミアセタール）の縮合で簡便に合成できる化合物 (**S**)-**13** の利用例が散見される[22,23]。スキーム 3 に示した 3 例は，ホスファゼン型塩基を用いたマロン酸エステルの付加や[24]，DABCO を触媒とした aza-Baylis-Hilman 反応[25]，炭酸セシウムを塩基触媒としたグリシン誘導体との反応[26]など，いずれも塩基触媒を用いて高い化学収率ならびにジアステレオ選択性を実現しているのが特徴である。キラルなスルフィニル基は塩酸酸性条件下で容易に切断でき，得られた化合物 **14a** や **14b** は，対応する β-CF$_3$-β-アミノエステルへと速やかに変換可能であることが示されている。スキーム 3 に示した各反応は，一般的に非環状遷移状態を経由して進行すると考えられている。一方，マロン酸エステル由来のリチウム塩から **14a** を合成した場合には，六員環遷移状態を経由したと考えられる，CF$_3$ 基が結合した炭素が *S* 配置の生成物 (**S**)-**14a** が得られるものの，**13** とアルキルリチウム[22,27]や Grignard 試薬[22]，有機亜鉛試薬[27]を反応させた場合には，非環状遷移状態を経由した生成物が得られるなど，機構的な詳細については不明な点が残されている。

　化合物 **13** は，スキーム 3 に示したような触媒反応以外にも，アルキル金属種[22]やエノラート[28]，メチルホスホナート[29]など，金属を対カチオンとする様々な求核剤との反応が報告されている。なお，置換基の導入順序を変更する，すなわち非フッ素系スルフィンアミドに対して Ruppert-Parkash 試薬[30]（CF$_3$Si(CH$_3$)$_3$）を反応させても，同様の含 CF$_3$ アミンは調製でき，実

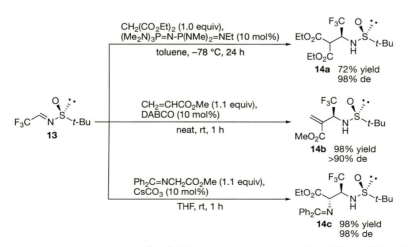

　　スキーム 3　トリフルオロメチル基を有するキラルなスルフィンアミドを用いた様々な反応

際に 90% de 以上の選択性を達成できることが明らかとなっている[31]。

CF$_3$ 基を持つケトンをスルフィンアミドと縮合させれば，化合物 **13** の類似化合物を合成できるが，これを Grignard 試薬[32]や Reformatsky 試薬[33]といった適当な求核剤と反応させることで，CF$_3$ 基を有する四級炭素の構築も実現されている。

8.4 直接的なトリフルオロメチル化ならびにフッ素化反応

キラルな含フッ素化合物の合成という観点から考えると，エノラートなどのアニオン種を求電子的な含フッ素試薬で捕捉するのは，最も直接的な方法の一つである。例えば，銅トリフラート触媒と不斉配位子 **9c** を超原子価ヨウ素試薬[34]である Togni 試薬[35] **15a** とともに作用させると，室温下で 1 日程度の反応時間で，求める化合物 **17** が極めて高い化学ならびに不斉収率で得られることが報告された（スキーム 4）[36,37]。この反応では，構造的に類似した **15b** は原料回収という結果を与え，Umemoto 試薬 **16**[38]の場合には 82% の収率で 95% ee という良好な結果が達成されているものの，48 時間を要することが欠点であった。また，一般によく知られたキラルなオキサゾリジノンを不斉素子として有するイミド由来のエノラートは，**15b** と処理することで **18** のような生成物を与えるが，この経路では **15a** は不適なようである[39]。

これと同様に，求電子的なフッ素化試薬を用いた反応もいくつか報告されている。β-ケトエステルに対して N-クロロコハク酸イミド（NCS）を作用させ，形成された塩素化体を含む反応混合物に，触媒量の銅トリフラートと **19**，ならびに（PhSO$_2$)$_2$NF（NFSI）を加えると，カルボニル基の α 位にフッ素と塩素の立体選択的な導入がワンポットで可能となる（スキーム 5）[40]。この塩素を手がかりに，アジドやアルキルチオ基を S$_N$2 型機構で導入したり，ケトンカルボニル基の立体選択的な還元を経由したエポキシエステルへの立体特異的変換が実現できる。また，類

スキーム 4 求電子的トリフルオロメチル化試薬を用いた反応

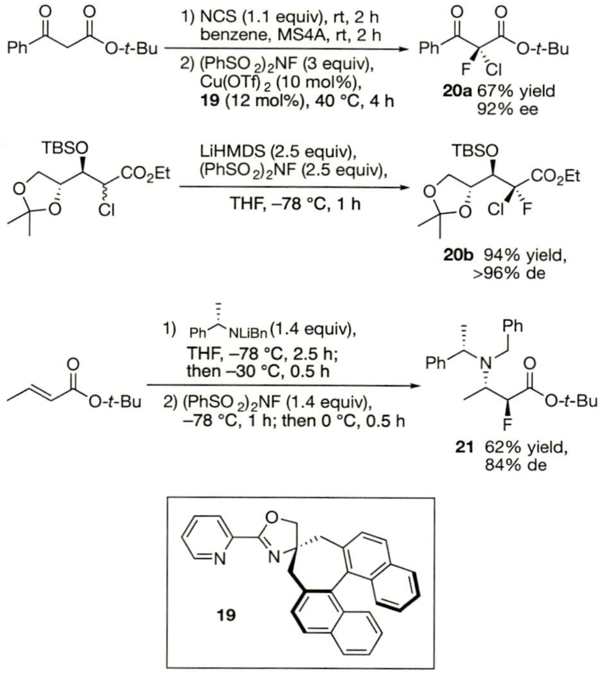

第1章　フッ素化合物の合成

スキーム5　求電子的フッ素化試薬を用いた反応

似の構造を有する化合物 **20b** は，β-シロキシエステル由来のエノラートのフッ素化で構築可能である。この反応では，エノラート上のリチウムが β 位酸素と分子内キレーションを形成することでコンホメーションが固定され，その結果として高い立体選択性が発現されたものと考えられている[41]。最後の例は，キラルなリチウムアミドの 1,4-付加反応で形成されたエノラートをNFSI で捕捉するものであり，引き続く水素添加で窒素上の置換基を容易に脱保護して，光学活性な α-フルオロ-β-アミノ酸誘導体の短段階での合成が可能となった[42,43]。

8.5　環化を伴うトリフルオロメチル化ならびにフッ素化反応

スキーム 4 ならびに 5 に示した CF_3^+ 種や F^+ 種を用いた反応は，基質の適切な設計によって，これらの基や原子を導入すると同時に立体選択的な環化を起こさせることも可能である（スキーム 6）。最初の例では，先述の Togni 試薬 **15b** に Cu(Ⅰ)を作用させることで CF_3 ラジカルが発生し，これが基質の二重結合末端を攻撃し，引き続く酸化でベンジルカチオンへと変換される。この中間体に対して，カルボキシル基の分子内求核攻撃が起こる際に不斉配位子 **9d** の作用でエナンチオ選択性が発現されるものと考えられている[44]。また，F^+ を発生できる Selectfluor **23** を**4b** と混合すると，F^+ が **4b** のキヌクリジン窒素に移動していることが ^{19}F NMR から確認されており，ここからエナンチオ選択的なフッ素化ならびに中間体であるイミニウムイオンに対する分子内環化が進行していると考えられている[45]。一方，$R-IF_2$ 型で C_2 対称性の超原子価ヨウ素化

99

スキーム6　環化を伴うフッ素化ならびにトリフルオロメチル化反応

合物 **25** を利用した方法が考案されている[46]。この試薬 **25** は，2-ヨウ化レゾルシノールとキラルな乳酸エステルを光延反応で立体選択的に縮合させ，その後 **23** によるフッ素化で調製されている。**26** の構築には窒素上に水素が必要であること，5-*exo-trig* 型の環化[47]が起きないことなどから，**25** と基質の NHTs 部分からの脱 HF を経由して R-NTs-IR' 型の中間体へ変換が起こり，ここに対する二重結合の分子内求核攻撃で，ヨウ素部分の脱離を伴ってアンモニウム塩型のアジリジン中間体が形成され，**25** によるフッ素化が最終的に進行しているものと考えられている[48]。

8.6　アルキン類と含フッ素カルボニル化合物との反応

アルキンの末端にある水素は，pK_a が 25 程度と比較的高い酸性を有していることから，求核剤として様々な反応に汎用されている。特に，トリフルオロアセチル基に代表されるような含フッ素アシル化合物は，その LUMO のエネルギー準位の低さのために，求核反応を受けやすくなっていることから，こうしたアルキン類の反応パートナーとしては好都合である。

第1章　フッ素化合物の合成

スキーム7　含フッ素ケトンならびにその誘導体とアルキン類との反応

　ジメチル亜鉛ならびにオルトチタン酸テトライソプロピル，更には触媒量のキニン **27a** とフッ化バリウム（BaF$_2$）存在下にトリフルオロアセトフェノンとフェニルアセチレンを反応させると，付加体であるプロパルギルアルコール **28a** が高収率かつ高立体選択性で合成できる（スキーム7）[49]。この反応では，まず Me$_2$Zn とアセチレンから亜鉛アセチリドが生成し，亜鉛とチタンの金属交換と，チタン上のイソプロポキシ基が **27a** の水酸基部分と配位子交換を起こした中間体が実際の求核剤となっていることが，反応混合物の質量分析（ESI-MS）から明らかとなっている。この求核剤は，BaF$_2$ が Lewis 酸として活性化したトリフルオロアセトフェノンのカルボニル炭素を速やかに攻撃するものと考えられている。また，C_1 対称性のロジウム錯体 **29** を用いたアルキンとトリフルオロピルビン酸エチルとの反応は，非常に温和な条件で顕著な成果を挙げることに成功している[50,51]。この方法は官能基選択性も高く，p 位にホルミル基を有するフェニルアセチレンを使用しても，この基はまったく反応に関与しないことがわかっている。

　トリフルオロピルビン酸エステルの有するケトン型のカルボニル基は，その両側に強い電子求引性基を有していることから求電子性が極めて高いため，適当なアミンとの縮合で安定なイミンに変換しても，なお適度な反応性を残している。こうしたイミンを，プロパルギルアルコール **28a** の合成と同様に調製した亜鉛アセチリドとビナフトール誘導体 **30a** 存在下に反応させると，

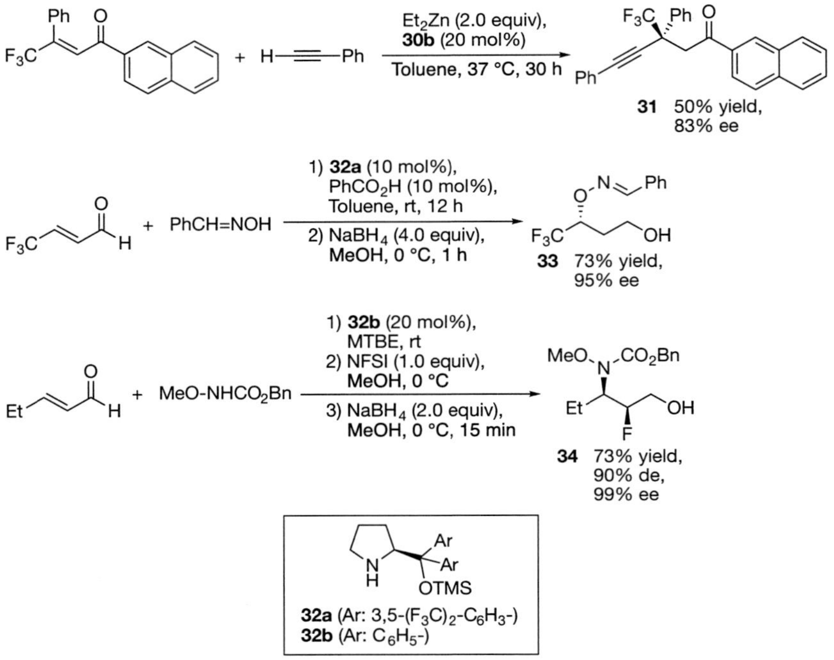

有機フッ素化合物の最新動向

スキーム 8　アルキン類の β-トリフルオロメチル-α, β-不飽和カルボニル化合物への共役付加反応

望む付加体 28c を 90%の収率かつ 97% ee で与えることが判明した[52]。この o 位のメトキシ基は p 位にあってもほぼ同様な結果を与えることから，あまり大きな役割を果たしていないようである。しかし，この基は硝酸セリウムアンモニウム（CAN）で容易に脱離可能であるという特長を有しているため，α-（トリフルオロメチル）-α-アミノ酸の調製を容易に達成できる。類似の反応は，触媒 29 やその誘導体を用いても実現可能であり[53]，この場合には 28b の合成と同様にジメチル亜鉛は不要となる。

8.7　含フッ素アルキン類と α, β-不飽和カルボニル化合物との反応

　様々な触媒は，α, β-不飽和カルボニル化合物への共役付加反応にも利用されている。例えば，β 位にフェニル基とトリフルオロメチル基を有する α, β-不飽和ケトンにジエチル亜鉛と触媒 30b を作用させると，フェニルアセチレンのエナンチオ選択的な Michael 付加反応が進行して，すべての置換基が炭素からなる四級炭素を有する生成物 31 が得られる（スキーム 8）[54,55]。また，プロリノール誘導体の触媒 32a を用いたオキシムの水酸基による共役付加も，高いエナンチオ選択性で進行することが明らかとなっている[56]。非フッ素型の α, β-不飽和アルデヒドに対するアミンの 1,4-付加に続くフッ素化も，類似の触媒 32b で実現できる[57]。機構的には，触媒である 32b がアルデヒドと反応してイミニウムイオンを形成し，アミンの共役付加で生成するエナミンに求電子的なフッ素化が起こるものと解釈されている。

102

第 1 章　フッ素化合物の合成

スキーム 9　トリフルオロメチル基を有する基質の立体選択的異性化反応

8.8　トリフルオロメチル基を有した化合物のプロトン移動反応

　CF$_3$ 基は，アルコキシカルボニル基に類似した電子求引性を示すため[1b]，近傍のプロトンの酸性度を高める能力がある。これをうまく利用した例を次のスキーム 9 に示した。CF$_3$ 基を含むキラルなアリルアルコールでは，触媒量のルテニウム[58] もしくはトリアザビシクロデセン[59]（TBD）の作用によって，基質の立体化学を保持したままでプロトンの転位が進行することが明らかとなっている。こうした反応が容易に生起するのは，CF$_3$ 基によってアリルプロトンが活性化されているためであり，計算化学的には水酸基のプロトンよりもわずかに酸性が高いと予想されている[60]。また，トリフルオロアセトフェノン由来のイミンは，**27b** の触媒作用で[1,3]-プロトンシフトを起こし，**37** を良好なエナンチオ選択性で与えることが報告されている。この反応のもととなった研究は，光学活性な α-フェネチルアミン由来のイミンを基質とした DBU の作用による立体選択的なプロトン転位であったが[61]，今回の有機触媒を用いる経路では，ほぼ同等のエナンチオ選択性が達成されている。

8.9　おわりに

　以上，2010 年から 2017 年まで，わずか 8 年間に発表された含フッ素化合物の不斉合成をまとめてみたが，紙面の都合上とは言え，掲載できなかった文献が相当数あった。この事実は，フッ素化合物に対する一般化学者の興味がそれだけ高まっていることを如実に示すものであり，今後の新たな研究者の参入が，フッ素化学の更なる発展を促すものと期待される。

103

文　　献

1) (a) T. Yamazaki, T. Taguchi, I. Ojima, In Fluorine in Medicinal Chemistry and Chemical Biology, I. Ojima, Ed., pp. 3, Wiley (2009) ; (b) J.-P. Bégué, D. Bonnet-Delpon, Bioorganic and Medicinal Chemistry of Fluorine, Wiley (2008) ; (c) K. Uneyama, Organofluorine Chemistry, Blackwell (2006) ; (d) P. Kirsch, Modern Fluoroorganic Chemistry: Synthesis, Reactivity, Applications, Wiley-VCH (2004)

2) J.-F. Paquin, *Science of Synthesis, 34, Compounds with One Carbon-Heteroatom Bond: Fluorine, Knowledge Updates 2017/2*; Thieme: Stuttgart (2017)

3) (a) T. Chanda, J. C.-G. Zhao, *Adv. Synth. Catal.*, **360**, 2 (2018) ; (b) M. M. Heravi, S. Asadi, *Tetrahedron: Asymmetry*, **23**, 1431 (2012) ; (c) P. Melchiorre, *Angew. Chem. Int. Ed.*, **51**, 9748 (2012) ; (d) S. J. Connon, *Chem. Commun.*, 2499 (2008)

4) X.-Y. Yang, T. Wu, R. J. Phipps, F. D. Toste, *Chem. Rev.*, **115**, 826 (2015)

5) S. Mukherjee, J.-W. Yang, S. Hoffmann, B. List, *Chem. Rev.,* **107**, 5471 (2007)

6) (a) Z.-G. Zhang, Z.-B. Bao, H.-B. Xing, *Org. Biomol. Chem.*, **12**, 3151 (2014) ; (b) T. P. Yoon, E. N. Jacobsen, *Angew. Chem. Int. Ed.*, **44**, 466 (2005)

7) H. Becker, K. B. Sharpless, *Angew. Chem. Int. Ed.*, **35**, 448 (1996)

8) T. Okino, Y. Hoashi, Y. Takemoto, *J. Am. Chem. Soc.*, **125**, 12672 (2003)

9) S. Nakamura, *Org. Biomol. Chem.*, **12**, 394 (2014)

10) N. Duangdee, W. Harnying, G. Rulli, J.-M. Neudörfl, H. Gröger, A. Berkessel, *J. Am. Chem. Soc.*, **134**, 11196 (2012)

11) C. G. Kokotos, *J. Org. Chem.*, **77**, 1131 (2012)

12) N. Hara, R. Tamura, Y. Funahashi, S. Nakamura, *Org. Lett.*, **13**, 1662 (2011)

13) P. Wang, H.-F. Li, J.-Z. Zhao, Z.-H. Du, C.-S. Da, *Org. Lett.*, **19**, 2634 (2017)

14) Y. Zheng, H.-Y. Xiong, J. Nie, M.-Q. Hua, J.-A. Ma, *Chem. Commun.*, **48**, 4308 (2012)

15) Y.-L. Liu, J. Zhou, *Chem. Commun.*, **48**, 1919 (2012)

16) H. Amii, T. Kobayashi, Y. Hatamoto, K. Uneyama, *J. Chem. Soc., Chem. Commun.*, 1323 (1999)

17) C.-H. Han, E.-H. Kim, D. A. Colby, *J. Am. Chem. Soc.*, **133**, 5802 (2011)

18) L.-J. Zhang, W.-Z. Zhang, Z.-X. Sha, H.-B. Mei, J.-L. Han, V. A. Soloshonok, *J. Fluorine Chem.*, **198**, 2 (2017)

19) P. Zhang, C. Wolf, *Angew. Chem. Int. Ed.*, **52**, 7869 (2013)

20) C. Xie, L.-M. Wu, J.-L. Han, V. A. Soloshonok, Y. Pan, *Angew. Chem. Int. Ed.*, **54**, 6019 (2015)

21) S. Fioravanti, *Tetrahedron*, **72**, 4449 (2016)

22) V. L. Truong, M. S. Ménard, I. Dion, *Org. Lett.*, **9**, 683 (2007)

23) (a) H.-B. Mei, C. Xie, J.-L. Han, V. A. Soloshonok, *Eur. J. Org. Chem.*, 5917 (2016) ; (b) F. Meyer, *Chem. Commun.*, **52**, 3077 (2016)

24) N. Shibata, T. Nishimine, N. Shibata, E. Tokunaga, K. Kawada, T. Kagawa, A. E. Sorochinsky, V. A. Soloshonok, *Chem. Commun.*, **48**, 4124 (2012)

第 1 章　フッ素化合物の合成

25) T. Milcent, J. Hao, K. Kawada, V. A. Soloshonok, S. Ongeri, B. Crousse, *Eur. J. Org. Chem.*, 3072 (2014)

26) C. Xie, H.-B. Mei, L.-M. Wu, V. A. Soloshonok, J.-L. Han, Y. Pan, *Eur. J. Org. Chem.*, 1445 (2014)

27) H. Mimura, K. Kawada, T. Yamashita, T. Sakamoto, Y. Kikugawa, *J. Fluorine Chem.*, **131**, 477 (2010)

28) C. Xie, Y.-L. Dai, H.-B. Mei, J.-L. Han, V. A. Soloshonok, Y. Pan, *Chem. Commun.*, **51**, 9149 (2015)

29) K. V. Turcheniuk, K. O. Poliashko, V. P. Kukhar, A. B. Rozhenko, V. A. Soloshonok, A. E. Sorochinsky, *Chem. Commun.*, **48**, 11519 (2012)

30) (a) X. Liu, C. Xu, M. Wang, Q. Liu, *Chem. Rev.*, **115**, 683 (2015)；(b) J.-A. Ma, D. Cahard, *Chem. Rev.,* **108**, PR1 (2008)；(c) G. K. Surya Prakash, A. K. Yudin, *Chem. Rev.*, **97**, 757 (1997)

31) (a) D. Chen, M.-H. Xu, *J. Org. Chem.*, **79**, 7746 (2014)；(b) I. Fernández, V. Valdivia, A. Alcudia, A. Chelouan, N. Khiar, *Eur. J. Org. Chem.*, 1502 (2010)

32) F. Grellepois, A. B. Jamaa, A. Gassama, *Eur. J. Org. Chem.*, 6694 (2013)

33) F. Grellepois, *J. Org. Chem.*, **78**, 1127 (2013)

34) J. P. Brand, D. F. González, S. Nicolai, J. Waser, *Chem. Commun.*, **47**, 102 (2011)

35) J. Charpentier, N. Früh, A. Togni, *Chem. Rev.*, **115**, 650 (2015)

36) Q.-H. Deng, H. Wadepohl, L. H. Gade, *J. Am. Chem. Soc.*, **134**, 10769 (2012)

37) A. Prieto, O. Baudoin, D. Bouyssi, N. Monteiro, *Chem. Commun.*, **52**, 869 (2016)

38) T. Umemoto, S. Ishihara, *J. Am. Chem. Soc.*, **115**, 2156 (1993)

39) V. Matoušek, A. Togni, V. Bizet, D. Cahard, *Org. Lett.*, **13**, 5762 (2011)

40) K. Shibatomi, A. Narayama, Y. Soga, T. Muto, S. Iwasa, *Org. Lett.*, **13**, 2944 (2011)

41) C. De Schutter, O. Sari, S. J. Coats, F. Amblard, R. F. Schinazi, *J. Org. Chem.*, **82**, 13171 (2017)

42) P. J. Duggan, M. Johnston, T. L. March, *J. Org. Chem.*, **75**, 7365 (2010)

43) 有機触媒を用いて **20b** や **21** のようにカルボニル基の α 位にフッ素を導入する報告もある。 (a) H.-R. Zhang, B.-M. Wang, L.-C. Cui, X.-Z. Bao, J.-P. Qu, Y.-M. Song, *Eur. J. Org. Chem.*, 2143 (2015)；(b) X.-S. Wang, Q. Lan, S. Shirakawa, K. Maruoka, *Chem. Commun.*, **46**, 321 (2010)

44) R. Zhu, S. L. Buchwald, *Angew. Chem. Int. Ed.*, **52**, 12655 (2013)

45) O. Lozano, G. Blessley, T. M. del Campo, A. L. Thompson, G. T. Giuffredi, M. Bettati, M. Walker, R. Borman, V. Gouverneur, *Angew. Chem. Int. Ed.*, **50**, 8105 (2011)

46) W.-Q. Kong, P. Feige, T. de Haro, C. Nevado, *Angew. Chem. Int. Ed.*, **52**, 2469 (2013)

47) (a) J. E. Baldwin, J. Cutting, W. Dupont, L. Kruse, L. Silberman, R. C. Thomas, *J. Chem. Soc., Chem. Commun.*, 736 (1976)；(b) J. E. Baldwin, *J. Chem. Soc., Chem. Commun.*, 734 (1976)

48) リン酸触媒を用いた同様の基質と Togni 試薬との反応が報告されている。J.-S. Lin, X.-Y. Dong, T.-T. Li, N.-C. Jiang, B. Tan, X.-Y. Liu, *J. Am. Chem. Soc.*, **138**, 9357 (2016)

49) G.-W. Zhang, W. Meng, H. Ma, J. Nie, W.-Q. Zhang, J.-A. Ma, *Angew. Chem. Int. Ed.*, **50**, 3538 (2011)

有機フッ素化合物の最新動向

50) T. Ohshima, T. Kawabata, Y. Takeuchi, T. Kakinuma, T. Iwasaki, T. Yonezawa, H. Murakami, H. Nishiyama, K. Mashima, *Angew. Chem. Int. Ed.*, **50**, 6296 (2011)

51) 類似の反応も報告されている。J. Ito, S. Ubukata, S. Muraoka, H. Nishiyama, *Chem. Eur. J.*, **22**, 16801 (2016)

52) G.-C. Huang, J. Yang, X.-G. Zhang, *Chem. Commun.*, **47**, 5587 (2011)

53) K. Morisaki, M. Sawa, J. Nomaguchi, H. Morimoto, Y. Takeuchi, K. Mashima, T. Ohshima, *Chem. Eur. J.*, **19**, 8417 (2013)

54) G. Blay, I. Fernández, M. C. Muñoz, J. R. Pedro, C. Vila, *Chem. Eur. J.*, **16**, 9117 (2010)

55) 他にも次のような例がある。(a) R. W. Foster, E. N. Lenz, N. S. Simpkins, D. Stead, *Chem. Eur. J.*, **23**, 8810 (2017) ; (b) X.-H. Hou, H.-L. Ma, Z.-H. Zhang, L. Xie, Z.-H. Qin, B. Fu, *Chem. Commun.*, **52**, 1470 (2016) ; (c) C.-H. Ma, T.-R. Kang, L. He, Q.-Z. Liu, *Eur. J. Org. Chem.*, 3981 (2014) ; (d) H. Kawai, Z. Yuan, T. Kitayama, E. Tokunaga, N. Shibata, *Angew. Chem. Int. Ed.*, **52**, 5575 (2013) ; (e) H. Kawai, S. Okusu, E. Tokunaga, H. Sato, M. Shiro, N. Shibata, *Angew. Chem. Int. Ed.*, **51**, 4959 (2012)

56) K. Shibatomi, A. Narayama, Y. Abe, S. Iwasa, *Chem. Commun.*, **48**, 7380 (2012)

57) C. Appayee, S. E. Brenner-Moyer, *Org. Lett.*, **12**, 3356 (2010)

58) V. Bizet, X. Pannecoucke, J.-L. Renaud, D. Cahard, *Angew. Chem. Int. Ed.*, **51**, 6467 (2012)

59) S. Martinez-Erro, A. Sanz-Marco, A. B. Gómez, A. Vázquez-Romero, M. S. G. Ahlquist, B. Martín-Matute, *J. Am. Chem. Soc.*, **138**, 13408 (2016)

60) Y. Hamada, T. Kawasaki-Takasuka, T. Yamazaki, *Beilstein J. Org. Chem.*, **13**, 1507 (2017)

61) V. A. Soloshonok, T. Ono, *J. Org. Chem.*, **62**, 3030 (1997)

9　TFE，HFP，CTFE などの安価な市販のフッ素原料を用いた合成

丹羽　節*

9.1　はじめに：ペルフルオロアルケン類を起点とする精密有機合成

テトラフルオロエチレン（TFE），ヘキサフルオロプロペン（HFP）やクロロトリフルオロエチレン（CTFE）などのペルフルオロアルケン類（図1）は，フッ化水素酸などから段階的に合成される化成品である。工業スケールで生産されることから安価であり，従来フッ素ポリマーの原料として利用されてきた。一方で，ペルフルオロアルケン類は複数のフッ素を持つ部位を導入するためのビルディングブロックとしての活用も期待されることから，その反応性に関する研究が古くから行われてきた。これらのアルケン部位はフッ素原子の高い電気陰性度のために電子不足であり，アミンやアルコールなどの求核剤が付加することが知られているが，遷移金属錯体などの活用により，その変換の多様性が大きく向上している。本節では，近年報告されたペルフルオロアルケン類を原料として用いる変換例を概観する。

9.2　脱フッ素を経る置換反応

TFE などのフッ素を他の置換基に変換することで，多彩なペルフルオロアルケン類を取得できる。しかし，炭素－フッ素結合の強固さのため，ペルフルオロアルケン類を用いた付加反応に比べ，脱フッ素を伴う置換型の反応は例が少なかった。

9.2.1　10 族遷移金属触媒を用いた交差カップリング反応

2011 年，大橋，生越らは，TFE とアリール亜鉛反応剤との交差カップリング反応が，パラジウム触媒とリチウム塩存在下に進行し，トリフルオロスチレン誘導体を与えることを報告した（図2A）[1]。この報告は，TFE の脱フッ素を伴う初の触媒反応である。本発見を契機とし，生越らは TFE と有機ホウ素化合物[2]や有機ケイ素化合物[3]との触媒的交差カップリング反応も開発した。

TFE は非常に電子不足なアルケンであり，低原子価の電子豊富なパラジウム(0)錯体と反応して安定な η^2-TFE 錯体を与える。生越らはこれにヨウ化リチウムを加えたところ，室温下速やかに炭素－フッ素結合の切断が起こり，トリフルオロビニルパラジウム(II)錯体が生じることを明らかにした（図2B）[1]。ここで副生するフッ化リチウムが持つリチウム－フッ素結合が強固であ

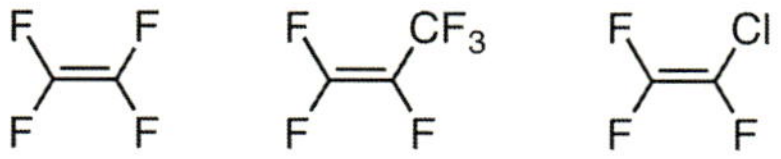

図1　代表的なペルフルオロアルケンの化学構造

---

*　Takashi Niwa　（国研）理化学研究所　生命機能科学研究センター
　　　　　　　　分子標的化学研究チーム　副チームリーダー

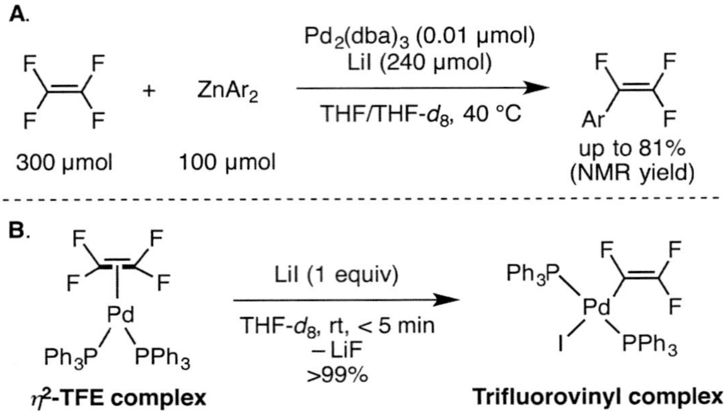

有機フッ素化合物の最新動向

A.

Pd$_2$(dba)$_3$ (0.01 µmol)
LiI (240 µmol)

300 µmol   100 µmol

THF/THF-d_8, 40 °C

up to 81%
(NMR yield)

B.

η^2-TFE complex

LiI (1 equiv)

THF-d_8, rt, < 5 min
−LiF
>99%

Trifluorovinyl complex

図2　パラジウム触媒を用いる TFE の脱フッ素アリール化

ることから，リチウム塩がルイス酸として作用することで炭素−フッ素結合の切断を促したと考察された。類似の変換として，1973 年に，η^2-TFE プラチナ(0)錯体にヨウ化リチウムを作用させることで，炭素−フッ素結合の切断を経て（トリフルオロビニル）プラチナ(II)錯体が生じることが報告されているが，この場合は反応の完結に 95℃で 1 日加熱する必要があり，η^2-TFE パラジウム(0)錯体との反応性の差が見て取れる[4]。この過程は η^2-TFE ニッケル(0)錯体でも同様に進行することが，生越ら[5]や Li ら[6]から報告されている。また，TFE にかえて η^2-HFP パラジウム錯体で同様の変換を試みたところ，配位子とルイス酸の組み合わせによって，アリル位の炭素−フッ素結合の活性化が起こり，カチオン性のペルフルオロアリルパラジウム(II)錯体が生じることも報告されている[7]。以上の変換例は，遷移金属錯体を用いた炭素−フッ素結合の切断過程を，ルイス酸の添加が促進することを示している。なお，ジアルキル亜鉛やマグネシウム反応剤などの高い求核性を持つ反応剤を TFE などに作用させた場合にも，リチウム塩の添加が生成物の収率向上に有効であることが報告されている[8]。これらの場合，ペルフルオロアルケンへの付加が速やかに起こるためか，遷移金属触媒などの添加は不要である。

9.2.2　銅触媒を用いた交差カップリング反応

　ペルフルオロアルケン類が様々な求核剤と反応することは知られていたが，遷移金属錯体から調製される求核剤との反応例はほぼ知られていなかった。2014 年に生越らは，アリールボロン酸エステルと銅塩から生じるアリール銅試薬が TFE に付加することを報告した（図3A）[9]。この反応によって生じるテトラフルオロエチル銅錯体は窒素雰囲気下であれば安定であり，X 線結晶構造解析によりその構造を明らかにしている。この錯体にルイス酸として臭化マグネシウムを作用させると，炭素−フッ素結合の切断が起こり，もともとの TFE のフッ素原子がアリール基に置換されたトリフルオロスチレン誘導体が得られることを見出した。この結果は，銅錯体を用いた反応においてもルイス酸の添加が炭素−フッ素結合の切断に有効であることを示すものである。生越らはこの脱フッ素アリール化反応のワンポット化にも成功している[10]。

　近年，ジボロン誘導体と銅塩から簡便に調製されるボリル銅錯体が，様々なホウ素化反応に利

108

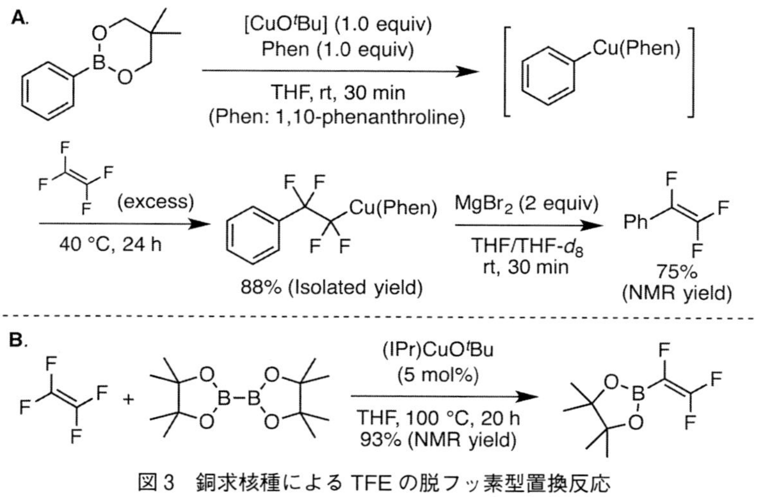

第1章　フッ素化合物の合成

図3　銅求核種による TFE の脱フッ素型置換反応

用されている[11]。近年になって，このホウ素求核剤が TFE などのペルフルオロアルケンとも反応し，脱フッ素ホウ素化体を与えることがわかった（図3B）[12]。TFE のほか，トリフルオロビニルスチレン類やペルフルオロビニルエーテル，また2つのフッ素原子を同一炭素に持つ *gem*-ジフルオロアルケンなどにも適用でき，いずれの場合にもフッ素を1つだけ位置選択的にホウ素化された生成物が得られる。さらに，ジボロンの代わりにシリルボロンを用いることで，脱フッ素シリル化が進行することも報告された[13]。これらの反応で得られるホウ素やケイ素が含まれる生成物は，含フッ素化合物の合成中間体として有用であると期待される。

9.2.3　*N*-ヘテロサイクリックカルベン（NHC）類の付加

　NHC 類は強い σ ドナー性と π アクセプター性を併せ持つカルベンであり，遷移金属触媒の配位子や低原子価典型金属種の安定化に用いられるほか，それ自身の求核性を活かして有機触媒としても利用されている。2013年に生越らは，NHC を求核剤とするペルフルオロアルケンとの反応により，フッ素の転位を伴いながら，ペルフルオロメチリデン部位を持つ化合物が生じることを報告した（図4）[2]。その後，2016年に Baker らによって，この変換の詳細な報告がなされて

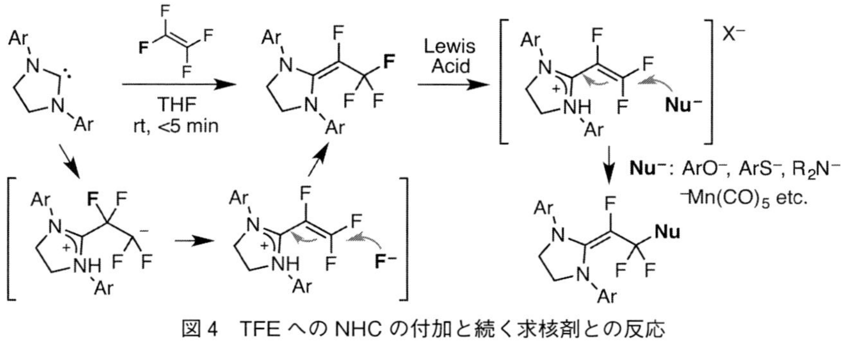

図4　TFE への NHC の付加と続く求核剤との反応

いる[14]。すなわち，TFEにカルベンが付加脱離することでイミダゾリニウムカチオン部位を有するアルケンが生じ，これに脱離したフッ化物イオンが再度付加することで，CF$_3$基を持つ生成物を与える。この生成物にルイス酸を作用させると，脱フッ素を伴いながら再度イミダゾリニウムカチオン部位を有するイオン性の化合物が生じる[15]。この化合物は様々な求核剤と反応し，結果として複数のフッ素を持つ様々な化合物へ変換できる。

9.3　炭素－炭素二重結合への付加反応

ペルフルオロアルケンは高い求電子性を持つことから，様々な求核剤が付加し，ペルフルオロアルキル部位を有する化合物を与える。従来，付加重合反応や単純な求核剤の付加反応が報告されていたが，近年の遷移金属触媒反応の発展により，その多様性が大きく向上している。

9.3.1　銅を用いた付加反応

前述したように，生越らはアリール銅錯体がTFEに付加し，ペルフルオロアルキル銅錯体を与えることを報告した（図5A）[9]。この錯体にルイス酸を添加すると脱フッ素が起こるが，銅錯体自体も求核性を有しており，様々な求電子剤を作用させることで，テトラフルオロエチレン部位で架橋された構造を構築できる。例えば，ヨウ化アリールを求電子剤として用いることで，段階的に2つのアリール基がTFEに付加した生成物が得られる。本手法は高い官能基許容性を有し，生越らは本論文中でテトラフルオロエチレン部位を有する液晶性分子の合成に応用している。

さらに，フェノール誘導体と銅錯体から調製されるアリールオキシ銅錯体がTFEに付加することも見出した（図5B）[16]。このようにして得られた銅錯体もヨウ化アリールやハロゲン化剤などの求電子剤と反応することを見出しており，本手法によりユニークな構造であるテトラフルオロアルキルエーテル部位を構築できる。なお，中間体として得られる銅錯体は，DMFと重べ

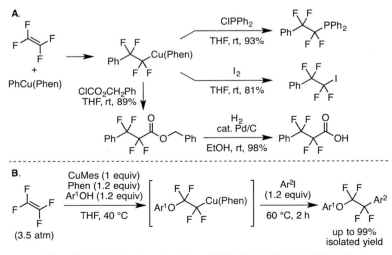

図5　銅錯体を用いたTFEのカルボ銅化反応及びオキシ銅化反応

第1章　フッ素化合物の合成

ンゼンの混合溶媒中で臭化マグネシウムを作用させると，炭素−フッ素結合の切断を経てトリフルオロビニルエーテルを与える。

9.3.2　金属フッ化物の付加を起点とする変換

ペルフルオロアルケン類に金属フッ化物が付加すると，ペルフルオロアルキル金属種が生じるが，これらはペルフルオロアルキル化剤として有用であると期待される。最も単純なトリフルオロメチル（CF$_3$）基は，その導入法が盛んに開発され創薬や材料開発に利用されていることから，入手容易なペルフルオロアルケン類を起点とするペルフルオロアルキル化の開発は重要な課題である。

Wu らは，ペルフルオロアルケン類へのフッ化銀（I）の付加を起点とする変換の開発を精力的に進めている。2016 年，HFP にフッ化銀を作用させることで，ヘプタフルオロイソプロピル銀（I）錯体（i-C$_3$F$_7$Ag）を調製したあと，銅錯体を用いてアリールボロン酸の i-C$_3$F$_7$ 化に成功している（図6A，6B）[17]。また，アリールジアゾニウム類の i-C$_3$F$_7$ 化も達成した[18]。さらに，過酸化ベンゾイルの共存下，i-C$_3$F$_7$ Ag 錯体をアリルアレーン誘導体に作用させると，炭素−炭素二重結合の異性化を伴いながら，アリル基の末端に i-C$_3$F$_7$ 基が導入される変換も報告している[19]。

これらの反応の鍵となる i-C$_3$F$_7$Ag 錯体は，2018 年に Baker らによって 2,2,6,6-テトラメチルピペリジンが配位した錯体として単離され，X 線結晶構造解析により構造決定されている[20]。この銀錯体からニッケル（II）錯体への金属交換が進行することも明らかにした。これにより，フッ化銀の付加を起点とする i-C$_3$F$_7$ 化のさらなる応用が可能になると期待される。また Baker らはこの報告の中で，三分子のトリフェニルホスフィンを配位子として有するフッ化銅（I）もHFP に付加し，i-C$_3$F$_7$Cu 錯体を与えることも明らかにしている（図6A）。この錯体は配位子を一部交換することで，酸塩化物やアルデヒドと反応する i-C$_3$F$_7$ 化剤として機能する（図6C）。一方でごく最近，生越らはフェナントロリン配位子を有するフッ化銅（I）錯体が TFE に付加することでペンタフルオロエチル銅（I）錯体が生じ，これがヨウ化アリール類のペンタフルオロエチル化に有効であることを報告した[21]。この変換は触媒量の銅錯体を用いても進行し，その有用性を明らかにしている。

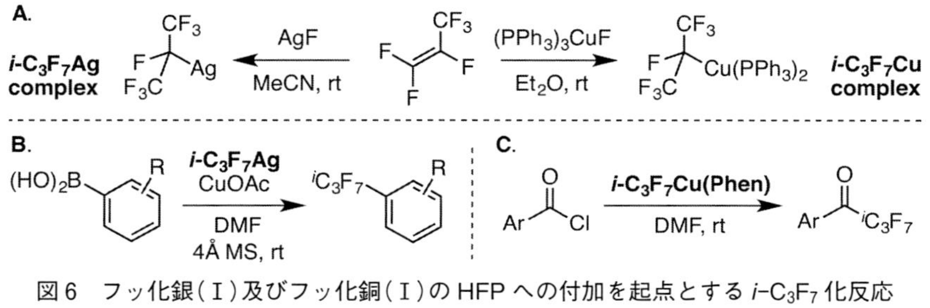

図6　フッ化銀（I）及びフッ化銅（I）の HFP への付加を起点とする i-C$_3$F$_7$ 化反応

9.3.3 ニッケル(0)錯体への環化付加を経る変換

ペルフルオロアルケン類に低原子価遷移金属錯体を作用させると η^2-金属錯体が生じることは前述したが,さらに別種のアルケンが混在している場合,環化付加が進行しメタラサイクル中間体が生じることがある。生越らは独自に進めていたニッケル(0)錯体を用いる環化付加反応にTFEを利用することで,テトラフルオロエチレン部位を有する様々な化合物の合成法を創出してきた。

まず,TFEとエチレンの高圧条件下,ニッケル(0)錯体とトリシクロヘキシルホスフィンの混合物を加熱すると,TFEと二分子のエチレンからなる三量体が得られた(図7A)[22]。反応はTFEのニッケル錯体への配位による速やかな η^2-TFEニッケル錯体の生成から開始し,続けて高圧条件下,二分子のエチレンが段階的に炭素-ニッケル結合に挿入することで三量化すると考察されている。エチレンの代わりに,同一分子内に2つのアルケン部位を持つ化合物を用いた場合でも,まずTFEとアルケンがニッケラサイクルを形成することをNMRで明らかにしており,η^2-TFEニッケル錯体の生成の速さが伺える。

続いて,この反応系にアルデヒドを添加し,TFE,エチレン,アルデヒドの異種三量化反応を開発した(図7B)[23]。このとき,配位子として σ ドナー性の高いNHCの利用が有効であった。本反応も触媒的に進行し,様々な官能基を有する含フッ素ケトンの合成に成功している。また,2017年には配位子としてトリシクロヘキシルホスフィンを選択し,TFE,アセチレンと二分子のエチレンからなる四成分連結体を高選択的に得る反応の開発にも成功した(図7C)[24]。この場合,TFEの代わりにHFPも利用でき,かなり複雑な構造を持つ含フッ素ジエン類を合成できる。

さらに,TFEとエチレンの混合物にニッケル(0)錯体を作用させて得られるニッケラサイクル

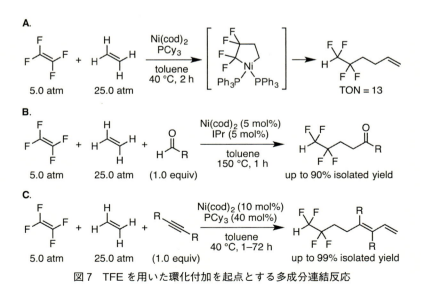

図7 TFEを用いた環化付加を起点とする多成分連結反応

第1章　フッ素化合物の合成

からの α-フッ素脱離を経由する, ポリフルオロシクロブテン類の合成法も報告している[25]。興味深いことに, ジベンジルアミンの添加が α-フッ素脱離を加速することを見出しており, 今後この α-フッ素脱離を鍵とする新たな変換反応の開発が期待される。

9.4　ペルフルオロアルケン類の交差オレフィンメタセシス反応への利用

　異種のアルケンの二重結合同士を交換する交差オレフィンメタセシス反応は, 空気中安定に取り扱えるアルキリデンルテニウム触媒の登場により, 基礎研究から応用まで広く使われるようになった。これをペルフルオロアルケン類に適用できれば, ジフルオロメチレン部位などの効率的な導入法になると期待される。

　しかし, 実際には既存のメタセシス触媒を用いても, ほとんど反応が進行しない。その主な原因は, 反応の途中で生じるフルオロ基を有するビニリデン錯体が安定すぎることにある（図8A）[26]。この安定性はフルオロ基の π ドナー性に由来する共鳴安定化によるものであり, いわゆる Fischer 型カルベン錯体の安定化効果と同様である。このため, ペルフルオロアルケン類と反応させる異種のアルケンが接近しても, 熱力学的に不利な過程となるためこれ以上の結合交換が進行しない。この反応性の低下は, 2つのフッ素を持つジフルオロビニリデン部位を持つ錯体で顕著となるが, フッ素以外のハロゲンを有するビニリデン部位を持つ錯体についても見られる現象であり, ハロゲンを有するアルケンを用いたオレフィンメタセシス反応は一般に容易ではない。

　この背景の中, 2015年に高平らは, ペルフルオロアルケン類とビニルエーテル類の交差メタセシス反応が触媒量のルテニウム錯体存在下進行することを報告した（図8B）[27]。ビニルエーテルは π ドナー性の高い酸素原子を有し, 炭素−炭素二重結合の交換の後に生じるアルコキシビニリデン錯体も大きく安定化を受ける。このため, 二種のビニリデン錯体間でのエネルギー差が小さくなり, ジフルオロビニリデン錯体で反応停止することがなくなったものと理解できる。ビニルエーテル類は TFE のほか HFP や CTFE, トリフルオロエチレンなどとも反応し, 様々

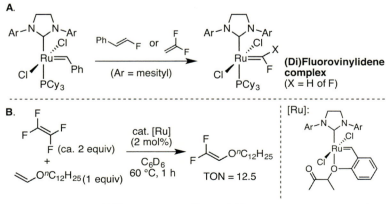

図8　ルテニウム触媒による TFE を用いた交差オレフィンメタセシス反応

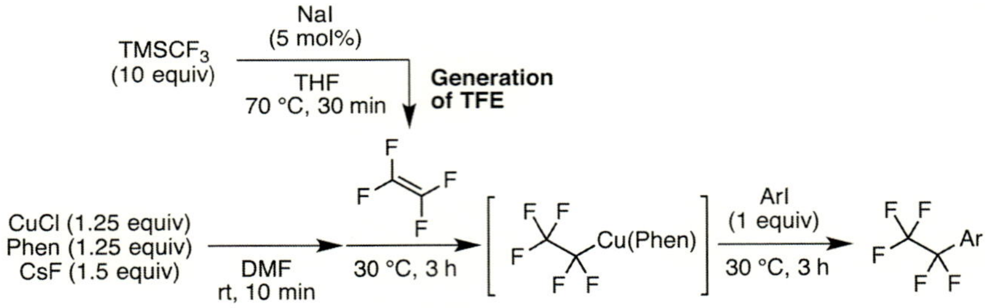

有機フッ素化合物の最新動向

図9　TMSCF₃ からの TFE の発生とその利用

な含フッ素ビニルエーテルに変換できる。触媒効率は一般的なメタセシス反応と比べ十分ではないが，ペルフルオロアルケン類を用いた先駆的な例に位置づけられる。

　なおこの後，フッ素を含むハロゲンや CF₃ 基を持つアルケン類を用いたオレフィンメタセシスを高効率で進行させるモリブデン触媒が，Hoveyda らによって立て続けに報告されている[28~30]。さらに 2018 年には Hall, Baker らによって，ペルフルオロアルケン類を用いたオレフィンメタセシス反応に利用可能な，ホスファイト配位子を有するペルフルオロエチリデンニッケル(0)錯体が報告された[31]。このような新規触媒の開発とその反応機構の知見を蓄積することで，ペルフルオロアルケン類を原料として利用できる高活性な触媒の設計指針が創出されるものと期待される。

9.5　TFE の実験室レベルでの新規発生法

　ペルフルオロアルケン類はいずれも安価なガスであるが，その取扱いには注意を要する。例えば，TFE は国際がん研究機関（IRAC）によって，「おそらくヒトに対する発がん性を有する」グループ 2A に分類されている[32]。さらに大きな重合熱に由来する爆発性があるため，TFE の使用には安全を確保できる設備の導入が望ましい[33]。これに対し，最近 Hu らは CF₃ 化剤として一般的な（トリフルオロメチル）トリメチルシラン（TMSCF₃）から TFE を調製する手法を開発した（図9）[34]。すなわち，密閉容器内で TMSCF₃ と触媒量のヨウ化ナトリウムを加熱することで TFE を発生させることに成功し，これをフェノール類の付加反応や，銅塩とフッ化セシウムを用いたヨウ化アリール類のペンタフルオロエチル化反応に利用している。十分な量の TFE を発生させるために TMSCF₃ を過剰量使用する必要があるが，本手法は，一般的な実験室で実施可能な初の TFE 簡便調製法であり，TFE を原料として用いる変換手法の開発が今後活発になるものと期待される。

9.6　最後に

　以上，本節ではペルフルオロアルケン類を原料として用いる変換の中で，最近の報告例を概観した。従来の単純な付加反応から，特に遷移金属錯体を駆使することで反応形式が多様化し，ペルフルオロアルケン類の有機合成における応用可能性が拡大した。まだ高い触媒回転数を示す触

114

第 1 章　フッ素化合物の合成

媒の数は少なく，当量以上の金属錯体の使用が必要な例も少なくないが，今後これらの基礎的な反応機構解析を通じ，高機能触媒の設計指針と産業レベルで有用な変換が創出されることが期待される。

文　　献

1)　M. Ohashi, S. Ogoshi *et al.*, *J. Am. Chem. Soc.*, **133**, 3256 (2011)
2)　S. Ogoshi *et al.*, *Eur. J. Org. Chem.*, 443 (2013)
3)　S. Ogoshi *et al.*, *Organometallics*, **33**, 3669 (2014)
4)　M. J. Hacker, G. W. Littlecott, R. D. W. Kemmitt, *J. Organomet. Chem.*, **47**, 189 (1973)
5)　M. Ohashi, S. Ogoshi *et al.*, *Organometallics*, **32**, 3631 (2013)
6)　X. Li *et al.*, *Organometallics*, **32**, 7122 (2013)
7)　M. Ohashi, M. Shibata, S. Ogoshi, *Angew. Chem., Int. Ed.*, **53**, 13578 (2014)
8)　M. Ohashi, S. Ogoshi *et al.*, *Chem. Lett.*, **42**, 933 (2013)
9)　S. Ogoshi *et al.*, *J. Am. Chem. Soc.*, **136**, 15158 (2014)
10)　M. Ohashi, S. Ogoshi *et al.*, *Chem. Lett.*, **44**, 1019 (2015)
11)　Y. Tsuji *et al.*, *Tetrahedron*, **71**, 2183 (2015)
12)　T. Niwa, S. Ogoshi, T. Hosoya *et al.*, *J. Am. Chem. Soc.*, **139**, 12855 (2017)
13)　S. Ogoshi *et al.*, *Angew. Chem., Int. Ed.*, **57**, 328 (2018)
14)　T. Baker *et al.*, *Chem. Eur. J.*, **22**, 8063 (2016)
15)　T. Baker *et al.*, *Organometallics*, **36**, 849 (2017)
16)　S. Ogoshi *et al.*, *Angew. Chem., Int. Ed.*, **56**, 11911 (2017)
17)　Y. Wu, Y. Gong *et al.*, *Chem. Commun.*, **52**, 796 (2016)
18)　Y. Wu, W. Cao *et al.*, *Org. Chem. Front.*, **3**, 304 (2016)
19)　X. Wang, Y. Wu, *Chem. Commun.*, **54**, 1877 (2018)
20)　T. Baker *et al.*, *Organometallics*, **37**, 422 (2018)
21)　M. Ohashi, S. Ogoshi *et al.*, *Chem. Eur. J.*, DOI: 10.1002/chem.201802415 (2018)
22)　M. Ohashi, S. Ogoshi *et al.*, *Organometallics*, **34**, 1604 (2015)
23)　M. Ohashi, S. Ogoshi *et al.*, *J. Am. Chem. Soc.*, **137**, 6496 (2015)
24)　T. Kawashima, M. Ohashi, S. Ogoshi, *J. Am. Chem. Soc.*, **139**, 17795 (2017)
25)　M. Ohashi, Y. Ueda, S. Ogoshi, *Angew. Chem., Int. Ed.*, **56**, 2435 (2017)
26)　M. J. A. Johnson *et al.*, *Organometallics*, **28**, 2880 (2009)
27)　Y. Takahira, Y. Morizawa, *J. Am. Chem. Soc.*, **137**, 7031 (2015)
28)　A. H. Hoveyda *et al.*, *Nature*, **531**, 459 (2016)
29)　A. H. Hoveyda *et al.*, *Science*, **352**, 569 (2016)
30)　A. H. Hoveyda *et al.*, *Nature*, **542**, 80 (2017)
31)　M. B. Hall, R. T. Baker *et al.*, *Angew. Chem., Int. Ed.*, **57**, 5772 (2018)

有機フッ素化合物の最新動向

32) International Agency for Research on Cancer（IRAC），Agents Classified by the IRAC Monographs, Volume 1-121, http://monographs.iarc.fr/ENG/Classification/List_of_Classifications.pdf
33) 米谷穣，高分子，**15**(8)，676（1966）
34) J. Hu *et al.*, *Angew. Chem., Int. Ed.*, **56**, 9971（2017）

10 可視光レドックス触媒を用いた有機フッ素化合物の合成

矢島知子[*]

10.1 はじめに

ラジカルパーフロロアルキル化反応は古くから，紫外光照射によるホモリシスを利用した方法，トリエチルボランを開始剤とする方法，銅を用いる方法などが知られており，有効な手法であった。一方近年，可視光で駆動するレドックス触媒を用いたラジカル反応に関する研究が，環境にやさしい，簡便でクリーンな手法として多く報告されている。ラジカルパーフルオロアルキル化においても，可視光レドックス触媒を用いた芳香環への置換反応，多重結合への付加反応の優れた例が報告されている。本稿ではこの可視光反応を，ルテニウム，イリジウム錯体をレドックス触媒とする手法と有機色素を触媒とする手法に分け，また，電荷移動錯体やハロゲン結合を利用したその他の手法についても概説する。

10.2 ルテニウム，イリジウム錯体を用いた可視光ペルフルオロアルキル化

ルテニウム，イリジウム錯体を可視光レドックス触媒とするラジカル反応は，MacMillan，Stephensonらにより盛んに研究が行われてきた。この反応では金属配位子を適宜デザインすることにより，錯体の酸化還元電位をコントロールできることから，様々な反応に応用されている。パーフロロアルキル化についても，用いるフッ素源と触媒の組み合わせにより，酸化的消光サイクル，還元的消光サイクルを切り分けて速やかに反応を進行させることができる。

2009年，MacMillanはキラルなアミンを用いたエナミンを経由するルテニウム，イリジウム

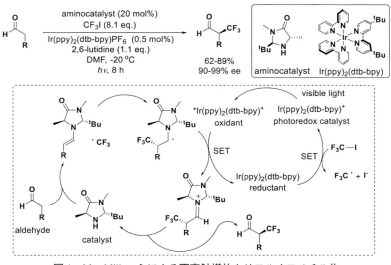

図1 MacMillanらによる不斉触媒的トリフルオロメチル化

---

* Tomoko Yajima　お茶の水女子大学　基幹研究院　自然科学系　准教授

錯体を用いたアルデヒドα位の不斉トリフルオロメチル化について報告をしている（図1）[1]。

　この反応は26 W 蛍光ランプによる光照射下，0.5 mol%の金属触媒，20 mol%のキラルアミンを用いることにより，高い立体選択性でアルデヒドα位にトリフルオロメチル基を導入することができる優れた反応である。反応は Ir(ppy)₂(dtb-bpy)による還元的消光サイクルで進行する。アルデヒドとキラルアミンとから生成したエナミンに，トリフルオロメチルラジカルが立体選択的に付加し，生じた中間体ラジカルが触媒によりイミニウム塩となることで触媒サイクルが成立する。また，ラジカル前駆体としてヨウ化パーフルオロアルキルを用いることから，様々なパーフルオロアルキル基が導入できることも特徴である。この反応に引き続き，MacMillan らはシリルエーテルへの反応[2]，アレーン類への反応[3] についても報告している。シリルエノールエーテルへの反応では，エステル，アミド由来のシリルエーテルについては無触媒でも反応が進行することも報告している。アレーン類への反応では Ru(phen)₃Cl₂ を触媒とし，CF₃SO₂Cl をフッ素源とする様々な5員環，6員環アレーン，ヘテロアレーンへのトリフルオロメチル化が良好な収率で進行することを報告している。

　次いで 2011 年，Stephenson らはイリジウム触媒をレドックス触媒とし電子不足な置換基を有するハロゲン化物をラジカル前駆体とするオレフィンへの原子移動型反応を報告している。この中で，ヨウ化パーフルオロアルキル，臭化フルオロアセテートを用いたフルオロアルキル基の導入についても，速やかに進行することを報告している（図2）[4,5]。この反応は様々な置換基を有する末端アルケン，アルキン類に有効である。この反応では Ir(dF(CF₃)ppy)₂(dtbbpy)をレドックス触媒として用いることにより，反応を酸化的還元サイクルで進行させ，副反応を抑制し，還元的消光剤のいらない系を実現している。

　さらに，2012 年には青色 LED による光照射条件でのイリジウム触媒を用いたスチレン類へのトリフルオロメチル化が稙田，小池らにより報告されている（図3）[6]。この反応では梅本試薬をトリフルオロメチル源として用いて，fac-[Ir(ppy)₃]による酸化的消光サイクルでトリフルオロメチルラジカルを生成している。また，トリフルオロメチルラジカルがスチレンへ付加した後，安定なベンジルラジカル中間体を生成し，これがイリジウム触媒により一電子移動を伴いベンジルカチオンとなり，系中のアルコールと反応することにより，アルコキシートリフルオロメチル化反応が進行する。

　同じく 2012 年，Cho らは Ru(bpy)₃Cl₂ を用いたベンゼン環へのヨウ化トリフルオロメチルに

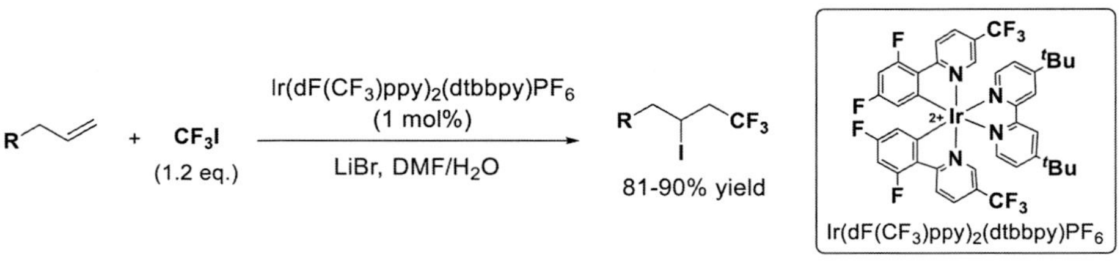

図2　Stephenson らによる末端オレフィン類へのパーフロロアルキル化

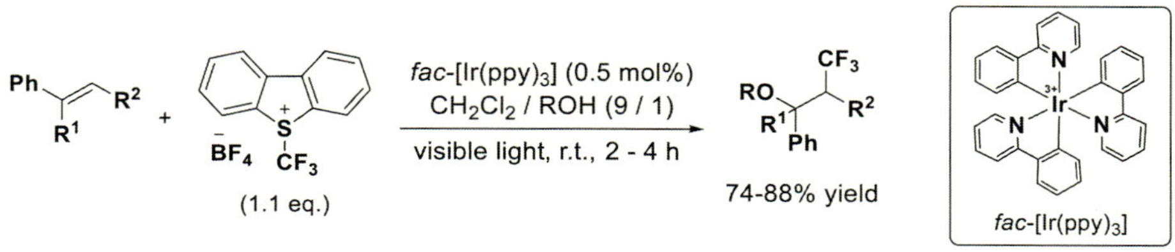

第1章　フッ素化合物の合成

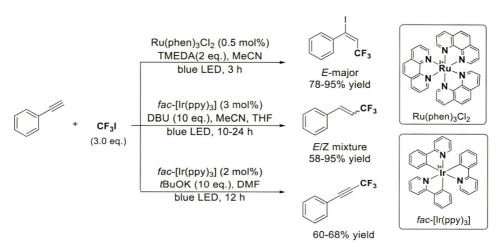

図3　穐田らによるスチレン類へのヒドロキシ－トリフルオロメチル化反応

図4　Cho らによるアルキン類へのトリフルオロメチル化反応

よるトリフルオロメチル化を報告している[7]。この反応は，前出の MacMillan らの報告では酸化的消光サイクルで反応が進行していたのに対し，塩基として TMEDA を添加することにより，還元的消光サイクルで反応が進行している。さらに Cho らは末端アルケン[8]，アルキン[9]への還元的消光サイクルでのトリフルオロメチル化を報告している。特に，アルキンへの反応では，用いる触媒と塩基を適宜選択することにより，ヨウ化－トリフルオロメチル化，水素化－トリフルオロメチル化，付加－脱離反応を切り替えられることを報告している（図4）。

最近，金属レドックス触媒を用いた反応は，分子内環化反応にも適用されている。

2017 年に Dolbier らはオレフィンを有する芳香環へのヨウ化ペルフルオロアルキル化－環化反応について報告している（図5上）[10]。この反応では，CF_3SO_2Cl をフッ素源として，fac-[Ir(ppy)$_3$]による酸化的消光サイクルでトリフルオロメチルラジカルを発生させている。このトリフルオロメチルラジカルがオレフィンに付加し，生成したラジカルが芳香環を攻撃し，さらに触媒によりカチオンへと変換され，脱プロトンすることにより芳香族に戻る。

また，Han らはカチオンを経由するトリフルオロメチル化－環化反応を報告している（図5下）[11]。fac-[Ir(ppy)$_3$]と梅本試薬から生じたトリフルオロメチルラジカルがアルキンに付加し，中間体ラジカルを生じる。このラジカルが一電子移動を受けベンジルカチオンとなる。このカチオンが分子内のアルコールと反応し，環状エノールエーテルが生成する。

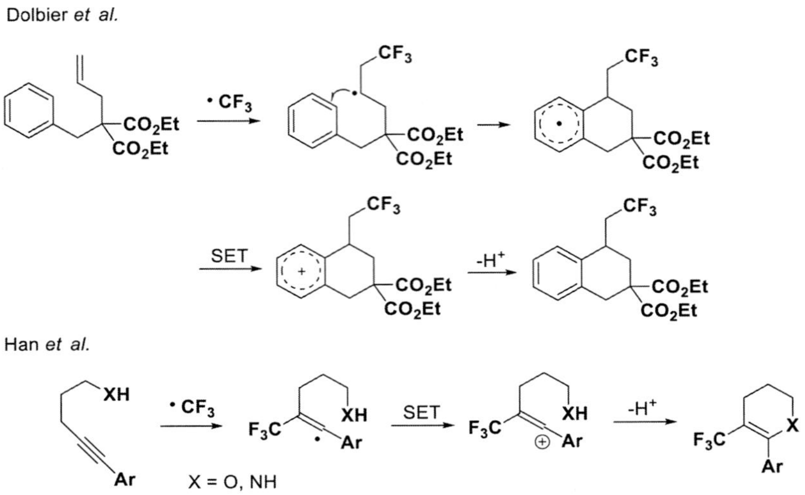

図5 Dolbier ら，Han による環化を伴う反応

宮部らは電子不足なオレフィンと電子豊富なオレフィンを有するジエンに対して，ルテニウム触媒を用いたフルオロアルキル化－環化反応を報告している[12]。宮部らは，この反応については有機色素を用いた反応についても報告している（図8）。

10.3 有機色素を用いた可視光ペルフルオロアルキル化

有機色素を用いた光レドックス反応は，前項の金属触媒を用いた反応と比較して希少で有害な金属を用いないことから，より環境適応型の反応として注目されている。近年，これを用いたパーフルオロアルキル化についても報告がなされている。

2013 年 Nicewicz らはメシチルアクリジニウム塩を触媒とし，Langlois 試薬をフッ素源とするアルキンへの水素化－トリフルオロメチル化を報告している（図6）[13]。この反応では，450 nmLED 照射下，5 mol%のメシチルアクリジニウム塩を用いて，20 mol%のチオサリチル酸エステルとトリフロロエタノールを添加することにより反応が進行している。メシチルアクリジニウムにより，Langlois 試薬が酸化的に脱 SO_2 することにより，トリフルオロメチルラジカルを生成し，このラジカルがオレフィンを攻撃し，中間体ラジカルを生成する。このラジカルはトリ

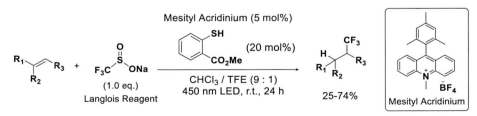

図6 Nicewicz らによるアルケンへの水素化－トリフルオロメチル化反応

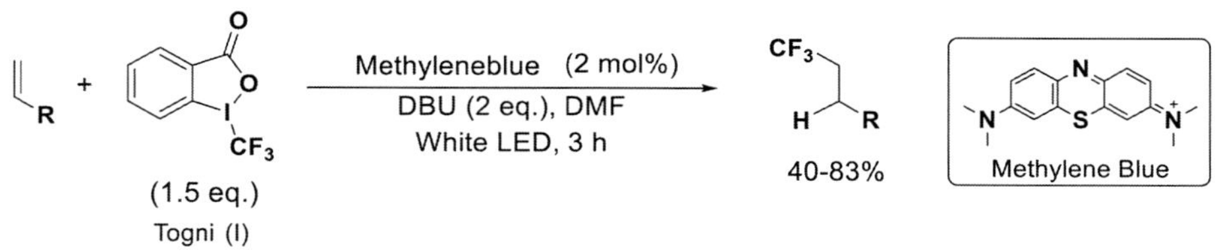

第 1 章　フッ素化合物の合成

Methyleneblue　(2 mol%)
DBU (2 eq.), DMF
White LED, 3 h

40-83%

(1.5 eq.)
Togni (I)

Methylene Blue

図 7　Scaiano らによるアルケンへの水素化－トリフルオロメチル化反応

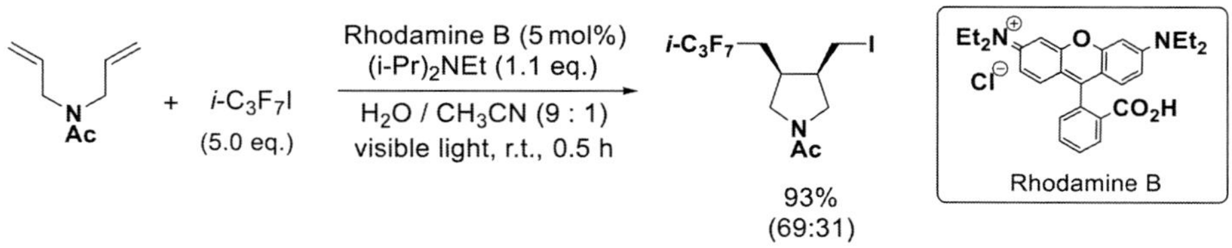

Rhodamine B (5 mol%)
(i-Pr)₂NEt (1.1 eq.)
H₂O / CH₃CN (9 : 1)
visible light, r.t., 0.5 h

i-C₃F₇I
(5.0 eq.)

93%
(69:31)

Rhodamine B

図 8　宮部らによる環化を伴う反応

フロロエタノールから水素移動を受け，生成物となり，トリフロロエタノールはラジカルとなる。
このラジカルが，チオサリチル酸エステルから水素移動を受けることにより触媒サイクルが成立
する。

　同年伊藤らは，CFL ランプでの光照射による 2-カルボン酸アントラキノンを触媒とし，
Langlois 試薬をフッ素源とする芳香族トリフルオロメチル化についての報告をしている[14]。この
反応では，電子豊富なベンゼン環に対して良好な収率でトリフルオロメチル化が進行している。

　さらに 2014 年には，Scaiano らによってメチレンブルーを触媒とし，Togni 試薬をトリフルオ
ロメチル源とするトリフルオロメチル化が報告されている（図 7）[15]。この反応は，電子豊富な
芳香環への置換反応，末端アルケン，アルキンに対して水素化－パーフルオロアルキル化反応が
進行する。また，2 mol%のメチレンブルーに対して過剰量の DBU，TMEDA などの塩基を添
加することで還元的消光サイクルで反応を進行させている。

　宮部らは，ローダミン B を用いたパーフロロアルキル化－環化反応についての報告をしてい
る（図 8）[16,17]。LED 照射下，5 mol%のローダミンを用いて分子内にオレフィンを二つ有する
アミン基質に対して反応を行うと，パーフロロアルキル化後，ラジカル環化が進行し，次いでヨ
ウ素によるラジカルトラップにより生成物が得られる。電子不足オレフィンと電子豊富なオレ
フィンを有する基質についても検討を行っており，このときには電子不足側からへのラジカル付
加が優先することも報告している。

　2017 年，矢島らはエオシン Y を用いた末端アルケン，アルキン類へのヨウ化－パーフルオロ
アルキル化反応について報告している（図 9）[18]。この反応では，白色 LED 照射下，エオシン Y
のナトリウム塩を 1 mol%用い，チオ硫酸ナトリウム水溶液を添加することにより，種々のヨウ
化パーフルオロアルキルをフッ素源として用いた末端アルケン，アルキンへのヨウ化－ペルフル
オロアルキル化が可能である。末端アルキンを用いた場合には，オレフィン体が E 体メジャー
で得られる。この反応は酸化的消光サイクルで進行し，ヨウ化パーフルオロアルキルから生じた

121

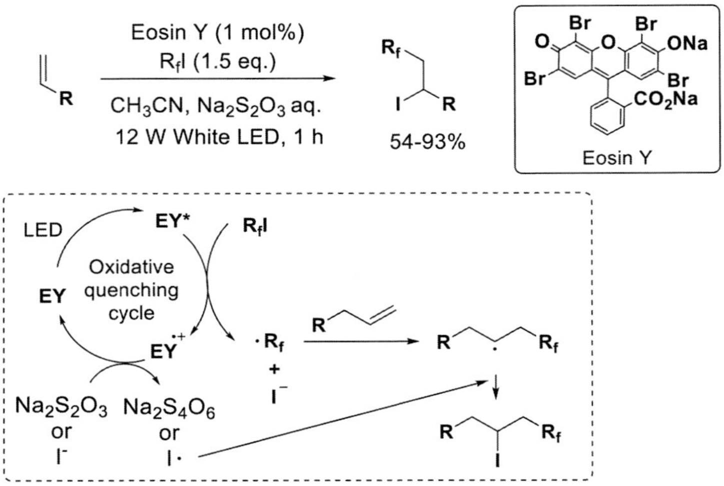

有機フッ素化合物の最新動向

図9 矢島らによるヨウ化−パーフルオロアルキル化反応

ヨードニウムイオンがエオシンによってヨウ素ラジカルへと変換されることによりヨウ化物が得られるとしている。

　エオシン Y を用いた反応については Kappe らによるフロー合成手法を用いた手法[19]，Bolm らによる付加−脱離型反応の例も[20]報告されている。Kappe らの手法では，フローリアクターを用いて系中でシリルエノラートを生成し，CF_3SO_2Cl をフッ素源とすることによりフェニルメチルケトンの α 位のトリフルオロメチル化を達成している。Bolm らの反応では，末端アルケンへの反応において，塩基を系中に共存させることにより，オレフィン体を得ている。

10.4　錯形成などを利用した可視光ペルフルオロアルキル化

　これまでに，金属触媒，有機色素を用いた反応を紹介してきた。近年，新たなパーフロロラジカルの生成手法として電荷移動錯体形成や，ハロゲン結合を利用した例が報告されているので紹介する。

　2014 年，Melchiorre らは電荷移動錯体形成を利用したヨウ化パーフルオロアルキルをフッ素源とする芳香環のパーフルオロアルキル化について報告している（図10）[21]。α−シアノフェニルアセテートを有機塩基で脱プロトン化し，生成したアニオンとヨウ化ペルフルオロアルキルとが電荷移動錯体を形成する。この錯体は，蛍光ランプによる光照射によりパーフルオロアルキルラジカルを生成する。生成したラジカルは α−シアノフェニルアセテートのアニオンと反応し，芳香環がトリフルオロメチル化される。この反応は，錯形成した基質に反応が進行することから，外部触媒を添加することなく反応が進行する効率的な反応ということができる。また，フェノールへの芳香環への直接パーフロロアルキル化[22]についても，フェノールから生じたフェノキシドイオンとヨウ化ペルフルオロアルキルとの錯形成により蛍光ランプによる光照射で反応が進行することを報告している。

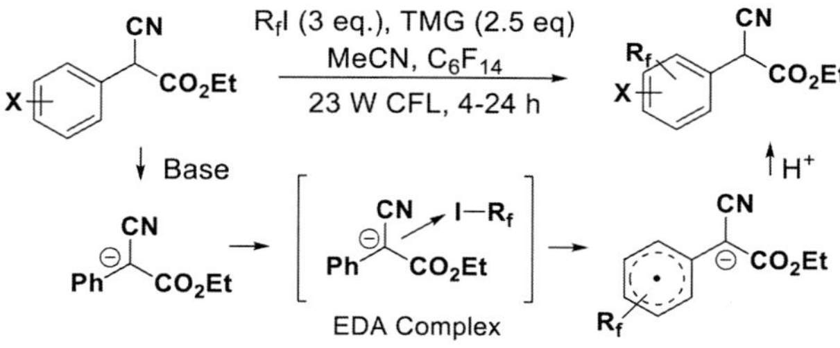

第1章　フッ素化合物の合成

図10　Melchiorre らによる芳香族へのパーフルオロアルキル化反応

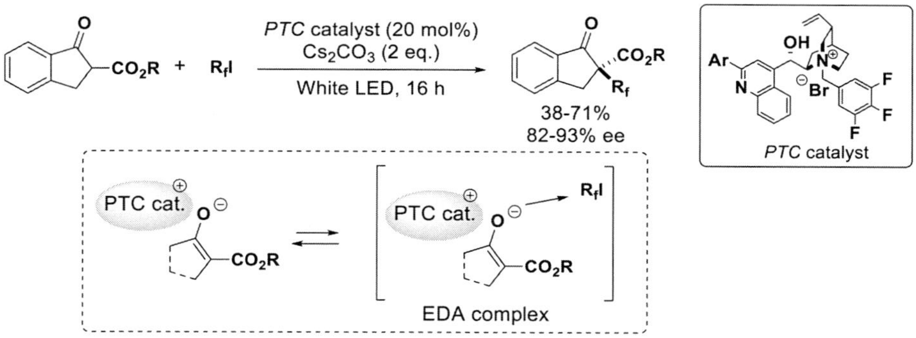

図11　Melchiorre らによる不斉触媒的へのパーフルオロアルキル化反応

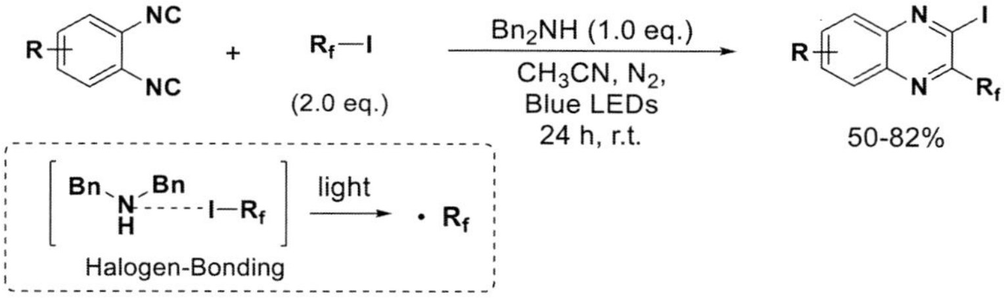

図12　Yu らによるパーフルオロアルキル化反応

　さらに Melchiorre らは不斉触媒的な β-ケトエステルへのパーフロロアルキル化についても研究を行っている（図 11）[23]。20 mol％のシンコナアルカロイド由来の相間移動触媒を共存させることにより基質となるインダノン誘導体 α 位への立体選択的パーフロロアルキル化に成功している。反応はインダノン誘導体由来のエノラートと，ヨウ化パーフルオロアルキルとの電荷移動錯体形成が鍵となり白色 LED 照射により反応が進行し，また，エノラートと不斉触媒との集合体形成により選択性が発現する。

　2016 年，Yu らはアミン存在下，青色 LED 照射による o-ジイソシアノアレーン類へのヨウ化－パーフロロアルキル化について報告している（図 12）[24]。

　この反応ではアミンとヨウ化パーフルオロアルキルがハロゲン結合を形成することにより，可視光照射によりパーフルオロアルキルラジカルが生成している。生成したパーフルオロアルキル

123

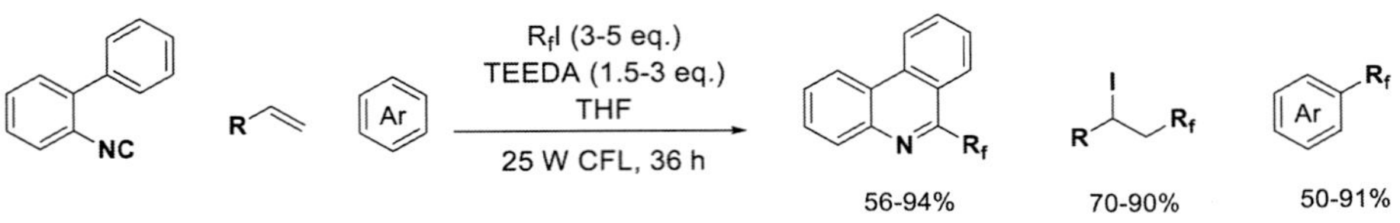

有機フッ素化合物の最新動向

図13　Chen らによる単純アミンを用いたパーフルオロアルキル化反応

ラジカルはニトリルを攻撃し，生成した中間体ラジカルが o 位のニトリルを攻撃することにより環化する。このラジカルがもう一分子のヨウ化パーフルオロアルキルからヨウ素をもらうことにより生成物が生成するとされている。

　また，Yu らは類似の反応として，熱的にアミンと Togni 試薬からトリフルオロメチルを生成する反応についても報告している[25]。N-メチルモルホリンと Togni 試薬が電荷移動錯体を形成することが鍵となり，室温で光照射を行うことなく，末端オレフィンへの水素化－トリフルオロメチル化体を良好な収率で得ている。

　2017 年には Chen らによって，蛍光ランプによる光照射下での単純アミンによるパーフロロアルキル化反応が報告されている（図13）[26]。テトラエチルジアミン過剰量存在下，25 W 蛍光ランプによる光照射でニトリル，末端オレフィン，芳香環への反応を報告している。アミンとヨウ化パーフルオロアルキルとのハロゲン結合体への光照射により生じたパーフロロラジカルが基質に付加することにより，2-イソシアノビフェニルへの反応ではニトリルへの付加の後環化が進行してフェニルアンスリジンが，末端オレフィンへのハロゲン移動がおこりヨウ化－パーフロロアルキル化体が，ベンゼン環に対しては付加体が得られることを明らかとしている。

　これらの反応は，当量以上のアミンが必要ではあるが，安価なアミンを用いることで温和な条件でパーフロロアルキル化ができる優れた手法といえる。

10.5　おわりに

　以上，本稿では可視光照射によるペルフルオロアルキル化について述べてきた。これらの反応はこれまでのパーフロロアルキル化と比較して，温和で環境適応性の高い反応であり，簡便な操作で様々な有用なパーフロロアルキル化生成物を得ることができる優れた手法である。出始めてからまだ 10 年たたない新しい手法であり，今後更なる発展を遂げると考えられる。

第 1 章　フッ素化合物の合成

文　　　献

1) D. A. Nagib *et al.*, *J. Am. Chem. Soc.*, **131**, 10875 (2009)
2) P. V. Pham *et al.*, *Angew. Chem. Int. Ed.*, **50**, 6119 (2011)
3) D. A. Nagib *et al.*, *Nature*, **480**, 224 (2011)
4) J. D. Nguyen *et al.*, *J. Am. Chem. Soc.*, **133**, 4160 (2011)
5) C.-J. Wallentin *et al.*, *J. Am. Chem. Soc.*, **134**, 8875 (2012)
6) Y. Yasu *et al.*, *Angew. Chem. Int. Ed.*, **51**, 9567 (2012)
7) N. Iqbal *et al.*, *Tetrahedron Lett.*, **53**, 2005 (2012)
8) N. Iqbal *et al.*, *J. Org. Chem.*, **77**, 11383 (2012)
9) N. Iqbal *et al.*, *Angew. Chem. Int. Ed.*, **53**, 539 (2014)
10) Z. Zhang *et al.*, *J. Org. Chem.*, **82**, 2589 (2017)
11) H. S. Hong *et al.*, *Org. Lett.*, **20**, 1698 (2018)
12) E. Yoshioka *et al.*, *Tetrahedron*, **71**, 773 (2015)
13) D. J. Wilger *et al.*, *Chem. Sci.*, **4**, 3160 (2013)
14) L. Cui *et al.*, *Adv. Synth. Catal.*, **355**, 2203 (2013)
15) S. P. Pitre *et al.*, *ACS Catal.*, **4**, 2530 (2014)
16) E. Yoshioka *et al.*, *Synlett*, **26**, 265 (2015)
17) E. Yoshioka *et al.*, *J. Org. Chem.*, **81**, 7217 (2016)
18) T. Yajima *et al.*, *Eur. J. Org. Chem.*, **15**, 2126 (2017)
19) D. Cantillo *et al.*, *Org. Lett.*, **16**, 896 (2014)
20) D. P. Tiwari *et al.*, *Org. Lett.*, **19**, 4295 (2017)
21) M. Nappi *et al.*, *Angew. Chem. Int. Ed.*, **53**, 4921 (2014)
22) G. Filippini *et al.*, *Tetrahedron Lett.*, **71**, 4535 (2015)
23) Ł. Woźniak *et al.*, *J. Am. Chem. Soc.*, **137**, 5678 (2015)
24) X. Sun *et al.*, *Org. Lett.*, **18**, 4638 (2016)
25) Y. Cheng *et al.*, *Org. Lett.*, **18**, 2962 (2016)
26) Y. Wang *et al.*, *Org. Lett.*, **19**, 1442 (2017)

第2章　医農薬分野への応用

1　フッ素系医薬の動向

井上宗宣*

1.1　はじめに

　フッ素系医薬は1950年代に抗炎症薬であるfludrocortisone，吸入麻酔薬であるhalothane，抗悪性腫瘍薬であるfluorouracil及び統合失調症治療薬であるhaloperidolの4種が販売されて以降，精力的に開発されてきた。医薬品中へのフッ素導入は，①ミミック効果：フッ素原子のvan der Waals半径（1.47Å）は水素（1.20Å）と近いため，従来の医薬品やリード化合物中の水素をフッ素に置換しても同じく生体内で認識される，②極性効果：フッ素は全原子中最も大きい電気陰性度を持ち，導入することで分子内の電子密度の変化を引き起こす。近傍官能基の酸性度・塩基性度が変化し，標的タンパク質との親和性の向上や体内での安定性向上が起こる。③ブロック効果：C-F結合は高い結合エネルギーを有するために酸化的な代謝をうけにくく，薬効持続時間を長くできる。④疎水性効果：フッ素の導入により分子の疎水性が変化して薬物吸収や輸送の促進が起こる。⑤水素結合等による標的酵素との親和性増大の効果。を期待して行われている。これらのフッ素の特性を利用してこれまでに約300種のフッ素系医薬が上市された。世界中の医薬品の約15%にフッ素原子が含まれていることになる。本稿では2000年から2017年までの18年間に承認・上市された111種のフッ素系医薬を疾患領域ごとに概説する。2000年以前のフッ素系医薬については成書[1~3]を参照していただきたい。

1.2　フッ素系医薬

1.2.1　消化器官用薬

　フッ素系消化器官用薬として，抗潰瘍薬や制吐薬が開発されている。プロトンポンプ阻害（PPI）活性を示す抗潰瘍薬lansoprazoleの(R)-体成分であるdexlansoprazole[4]が，抗潰瘍薬に加えて逆流性食道炎治療薬として2009年に上市された（図1）。また，胃プロトンポンプH^+，K^+-ATPaseを競合的に阻害するvonoprazan[5]が酸に安定で迅速に胃酸の分泌を抑制する制酸剤として開発された。制酸剤であるrevaprazan[6]は韓国で承認されている。

　抗がん剤治療の副作用である悪心・嘔吐の抑制薬としてaprepitant[7]が開発された。選択的NK_1（human neurokinin-1）受容体拮抗剤として知覚ニューロン伝達物質サブスタンスPの作用を阻害して嘔吐抑制作用を発現する。3,5-ビス（トリフルオロメチル）フェニル基は膜透過性を高

---

*　Munenori Inoue　（公財）相模中央化学研究所　副所長，
　　　　　　　　　　精密有機化学グループリーダー

めるために必要であり，フルオロフェニル基のフッ素は代謝安定性に寄与している。Aprepitant の水溶性を向上させた fosaprepitant[8]，類似構造を有する netupitant[9]，rolapitant[10] も制吐薬として用いられている。

1.2.2 糖尿病治療薬

糖尿病患者の多くを占めるインスリン非依存型（II型）糖尿病の治療薬として，インスリン分泌を促す消化管ホルモンであるインクレチンの分解酵素 DPP-IV（dipeptidyl peptidase IV）の阻害剤が注目されている。DPP-IV 阻害剤はインクレチンの血中濃度を上昇させることでインスリン分泌を促進させ，血糖値を低下させる。DPP-IV 阻害活性を有する糖尿病治療薬として sitagliptin[11] が 2006 年に上市された（図1）。Sitagliptin と DPP-IV との X 線結晶構造解析から，トリフルオロフェニル基が疎水性ポケットにはまり，トリフルオロメチル基が DPP-IV の Arg358 と Ser209 と相互作用して親和性が向上していることが示唆された。Gemigliptin[12]，alogliptin のフッ素化体である trelagliptin[13]，omarigliptin[14] も DPP-IV 阻害剤である。また，

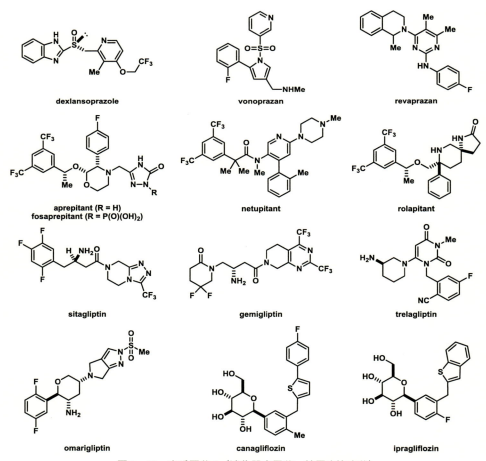

図1　フッ素系医薬1（消化器官用薬，糖尿病治療薬）

第2章 医農薬分野への応用

腎臓近位尿細管で尿中の糖を再吸収するナトリウム・グルコース共役輸送体SGLT-2 (subtype 2 sodium-glucose cotransporter) の阻害剤は糖の再吸収を抑制して血糖値を下げる薬剤であり，canagliflozin[15]及びipragliflozin[16]が知られている。

1.2.3 循環器官用薬

コレステロールの生合成酵素であるHMG-CoA (hydroxymethylglutaryl-CoA) 還元酵素の阻害剤として発見されたmevastatinを高脂血症治療薬のリード化合物として，atorvastatin等の種々のスタチン類が開発されてブロックバスターとなった。今世紀に入ってから，pitavastatin[17]及びrosuvastatin[18a]が新たにスタチン類に加わった（図2）。スタチン類の共通構造であるp-フルオロフェニル基のフッ素原子は，HMG-CoA還元酵素のArg590のグアニジン構造と相互作用して活性を高めている[18b]。コレステロール吸収阻害剤であるezetimibe[19]が新しい高脂血症治療薬として2002年に上市された。p-フルオロフェニル基のフッ素原子はフェニル基の酸化代謝を抑制し，水酸基の酸性度を向上させて標的タンパク質との親和性を向上させている。また，ミクロソームトリグリセリド輸送タンパク質（MTP）阻害活性を有するlomitapide[20]も高脂血症治療薬として用いられている。可溶性グアニルシクラーゼ（sGC）刺激薬であるriociguat[21]は，一酸化窒素非依存的にsGCを活性化して血管拡張を行う血圧降下剤である。

1.2.4 血液用薬

抗血栓薬は心筋梗塞や脳梗塞等の血栓性疾患の治療に用いられ，血小板凝集効果を示すアデノシン二リン酸（ADP）の受容体（P2Y12）阻害薬であるチエノピリジン系薬剤が知られている。その含フッ素品としてprasugrel[22]が上市された（図3）。非チエノピリジン系P2Y12阻害剤であるcangrelor[23]，ticagrelor[24]も用いられている。天然物であるhimbacineをリード化合物として開発されたvorapaxar[25]はトロンビン受容体（PAR-1）阻害薬として働き抗血栓活性を示す。含フッ素ポリマーであるpatiromer[26]は，高カリウム血症患者のカリウム吸着薬として用いられ

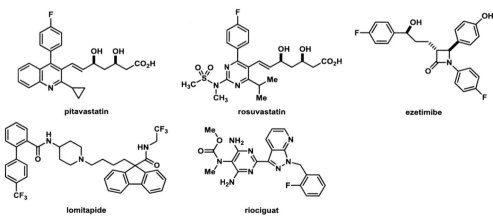

図2 フッ素系医薬2（循環器官用薬）

有機フッ素化合物の最新動向

ている。

1.2.5 鎮痛・抗炎症薬

　これまでに，fludrocortisone の発見後に約 40 種類が開発されてきた含フッ素ステロイド系抗炎症薬は，2000 年以降 1 剤（fluticasone furoate[27]）が上市された（図 3）。一方，非ステロイド系抗炎症薬である diclofenac の塩素をフッ素で置換した lumiracoxib[28] が，選択的シクロオキシゲナーゼ（COX-2）阻害活性を有する抗炎症剤として上市された。しかし，市場からはほぼ撤退した。同じく選択的 COX-2 阻害剤である polmacoxib[29] が韓国で認可された。その他，免疫抑制作用に基づくリウマチ性関節炎治療薬である leflunomide の代謝活性体である teriflunomide[30] は多発性硬化症治療薬として，ataluren[31] は筋ジストロフィー治療薬として用いられている。

1.2.6 内分泌系用薬

　Cinacalcet[32] は副甲状腺に存在するカルシウム受容体作動薬であり，副甲状腺ホルモン及びカ

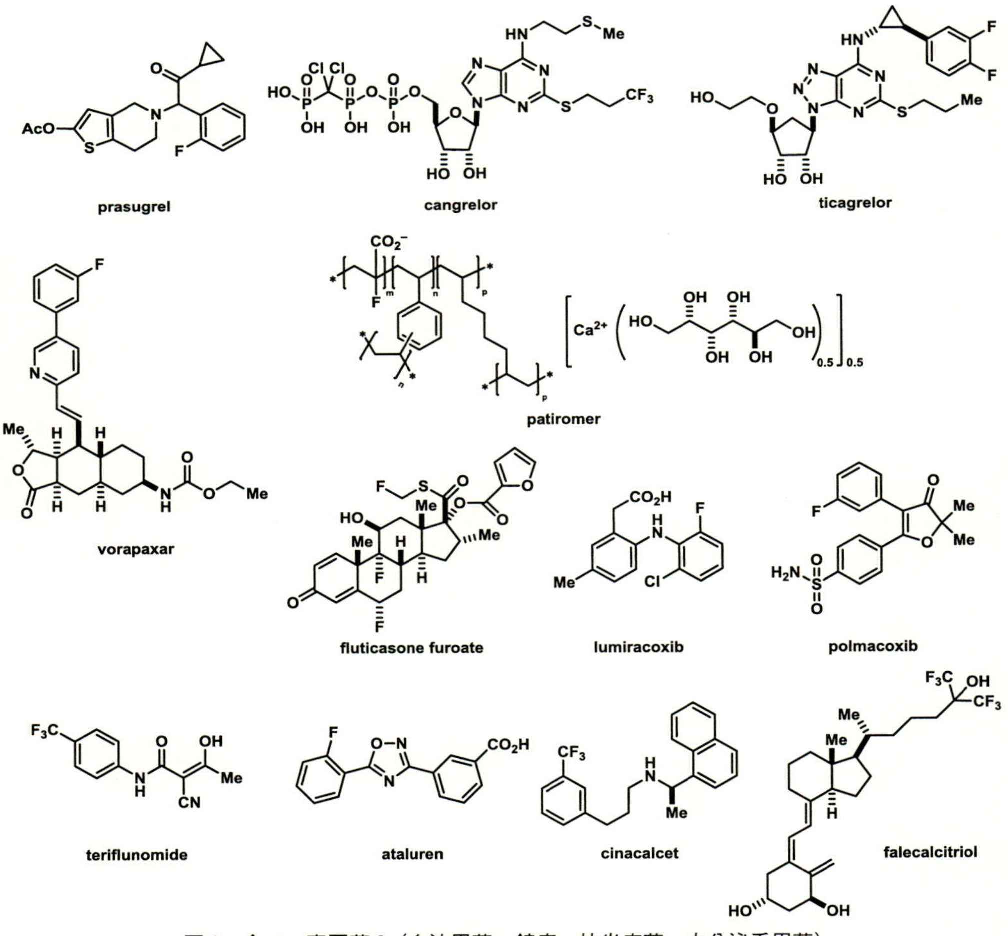

図 3　含フッ素医薬 3（血液用薬，鎮痛・抗炎症薬，内分泌系用薬）

第 2 章　医農薬分野への応用

ルシウムの量を低下させる副甲状腺機能亢進症治療薬である（図 3）。Falecalcitriol[33] は活性型ビタミン D_3（カルシトリオール）の 26, 27 位のメチル基をトリフルオロメチル基に置換した化合物であり，フッ素の導入により末端アルコールの β 酸化（カルシトロン酸への代謝）を抑制し，活性型ビタミン D_3 の生理活性を持続的に行えるようにしたカルシウム代謝異常症の治療薬である。

1.2.7　抗菌薬

ナリジクス酸をリード化合物として，6 位にフッ素原子，7 位にピペラジン環を導入した norfloxacin が幅広い抗菌スペクトルと代謝安定性を示したことから，フルオロキノロン系抗菌薬の研究が活発に行われてきた。2000 年以降も，抗菌スペクトルの拡大，活性の向上及び耐性菌克服のため多くのフルオロキノロン系抗菌薬（besifloxacin[34]，finafloxacin[35]，garenoxacin[36]，gemifloxacin[37]，pazufloxacin[38]，prulifloxacin[39]，sitafloxacin[40]，delafloxacin[41]）が開発された（図4）。構造的特徴としては，6 位のフッ素原子が必須であることはほぼ変わりないが，7 位のアミノ置換基及び 1 位の窒素原子上の置換基が種々工夫されている。

また，細菌のタンパク質合成を阻害し，幅広い抗菌活性を示すオキサゾリジノン系抗菌薬として linezolid[42] 及び tedizolid[43] が上市された。特に linezolid はメチシリン耐性菌（MRSA）やバ

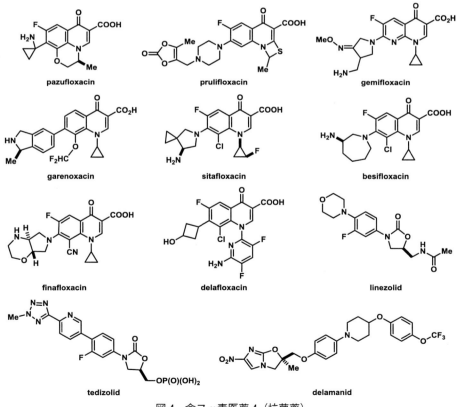

図 4　含フッ素医薬 4（抗菌薬）

ンコマイシン耐性菌（VRSA）に対する抗菌薬とし利用されている。Delamanid[44]はニトロイミダゾール系抗結核菌薬であり，多剤耐性肺結核の治療に用いられている。

1.2.8 抗真菌薬

細胞膜構成成分であるエルゴステロールの生合成を阻害する含フッ素アゾール系抗真菌薬 fluconazole をリード化合物として，5種（voriconazole[45]，fosfluconazole[46]，posaconazole[47]，efinaconazole[48]，isavuconazonium sulfate[49]）の抗真菌薬が上市された（図5）。また，近年，アミノアシル t-RNA 合成酵素阻害活性を有する tavaborole[50] が新種の抗真菌薬として開発された。ボロン酸部位が RNA の 2,3-ジオール部位とボレートを形成して阻害活性を発現する。

1.2.9 抗ウィルス薬

新たな抗インフルエンザ治療薬として RNA 依存性 RNA ポリメラーゼ阻害活性を示す favipiravir[51] が 2014 年に承認された（図6）。エボラ出血熱ウィルスやノロウィルスへの適用も検討されている。

抗エイズ（HIV）薬として 2000 年以降 6 種のフッ素系医薬が上市された。逆転写酵素阻害剤である emtricitabine[52] 及び clevudine[53] は，塩基部または糖部にフッ素を導入した薬剤である。フッ素は β 位のカチオンを不安定化する効果があるため，clevudine においてはチミンの加水分解を抑制して薬効の持続性を狙って導入された。また，新たな酵素を標的とした抗 HIV 薬の開発も行われ，ヒト DNA を切断するインテグラーゼの阻害剤である raltegravir[54]，elvitegravir[55]，dolutegravir[56]，プロテアーゼ阻害剤（PI）である tipranavir[57]，膜たんぱく質 CCR5（C-C chemokine receptor type 5）阻害剤である maraviroc[58] が上市された。

高額な薬価で話題となった C 型肝炎ウィルス（HCV）感染症治療薬にもフッ素が含まれている。Sofosbuvir[59] は肝細胞内で三リン酸へと代謝された後，HCV の NS5B ポリメラーゼを阻害

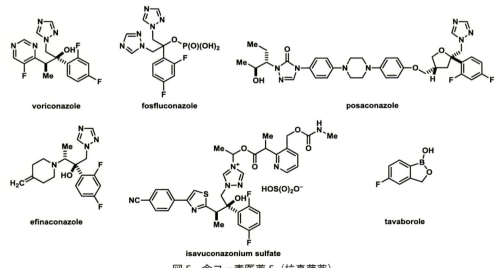

図5　含フッ素医薬5（抗真菌薬）

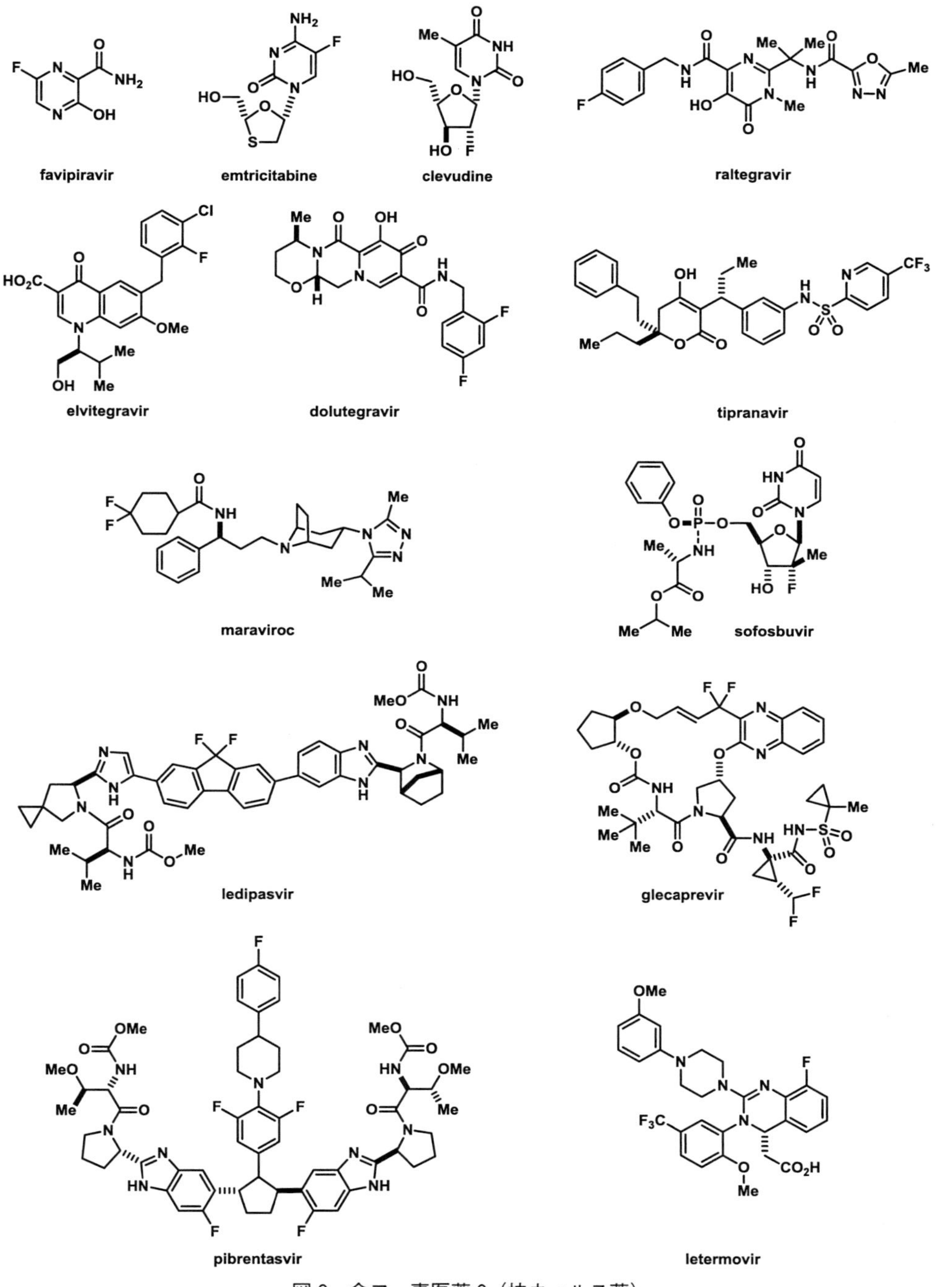

第 2 章　医農薬分野への応用

favipiravir　　　emtricitabine　　　clevudine　　　　　　　raltegravir

elvitegravir　　　dolutegravir　　　　　　　　tipranavir

maraviroc　　　　　　　　sofosbuvir

ledipasvir　　　　　　　　glecaprevir

pibrentasvir　　　　　　　letermovir

図 6　含フッ素医薬 6（抗ウィルス薬）

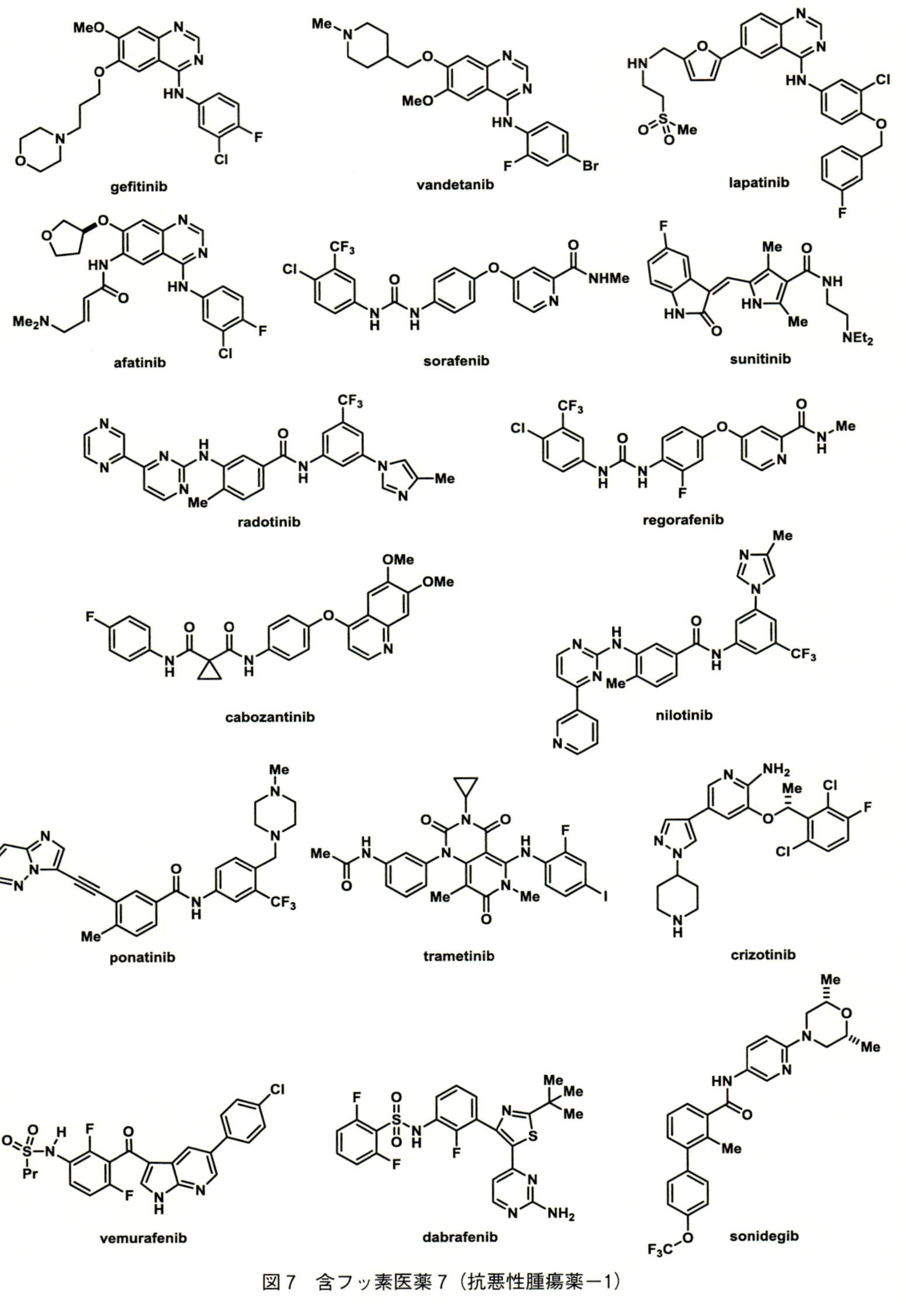

有機フッ素化合物の最新動向

gefitinib

vandetanib

lapatinib

afatinib

sorafenib

sunitinib

radotinib

regorafenib

cabozantinib

nilotinib

ponatinib

trametinib

crizotinib

vemurafenib

dabrafenib

sonidegib

図7　含フッ素医薬7（抗悪性腫瘍薬－1）

134

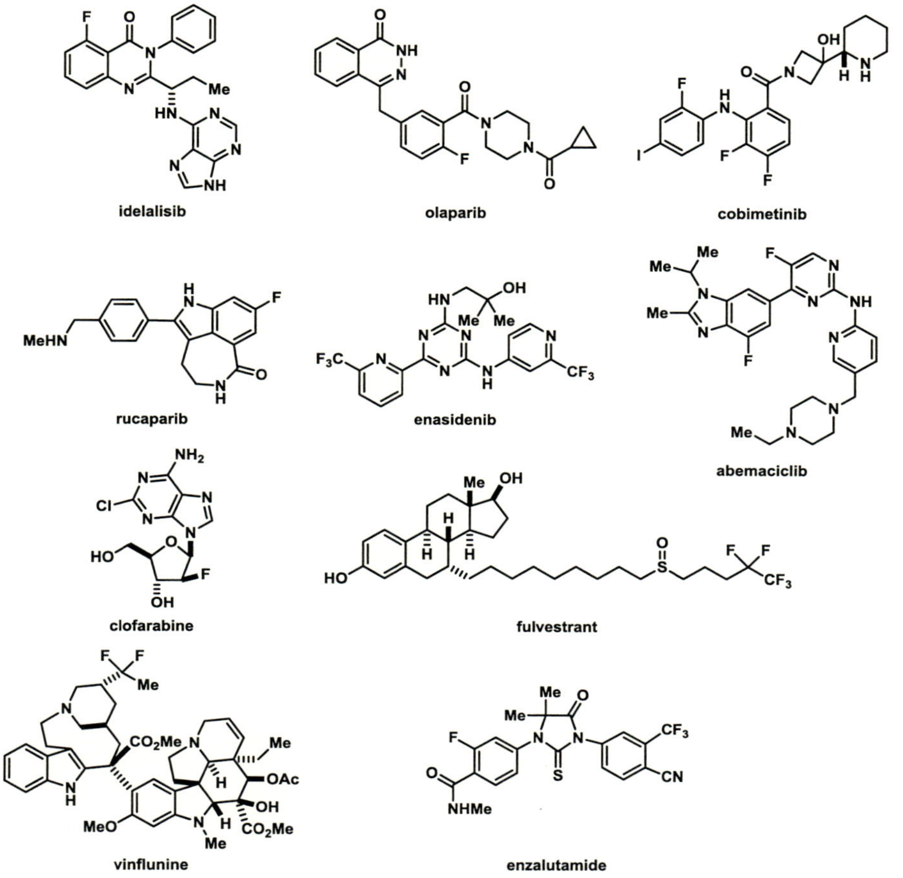

第 2 章　医農薬分野への応用

図 8　含フッ素医薬 8 （抗悪性腫瘍薬－2）

する。NS5A 阻害活性を有する ledipasvir[60] との合剤として使用されている。また，glecaprevir[61] と pibrentasvir[62] の合剤も HCV 治療薬として認可された。また，letermovir[63] は抗サイトメガロウィルス（CMV）薬として用いられている。

1.2.10　抗悪性腫瘍薬

　2000 年以降で最も多くの種類のフッ素系医薬が上市された疾患領域はがんである。特に分子標的治療薬の研究が活発に行われ，上皮成長因子受容体（EGFR）チロシンキナーゼ阻害剤である gefitinib[64] が 2002 年に肺がん治療薬として発売された以降，21 種（vandetanib[65]，lapatinib[66]，afatinib[67]，sorafenib[68]，sunitinib[69]，radotinib[70]，regorafenib[71]，cabozantinib[72]，nilotinib[73]，ponatinib[74]，trametinib[75]，crizotinib[76]，vemurafenib[77]，dabrafenib[78]，sonidegib[79]，idelalisib[80]，olaparib[81]，cobimetinib[82]，rucaparib[83]，enasidenib[84]，abemaciclib[85]）の抗悪性腫瘍薬が上市された（図 7，8）。分子標的治療薬以外にも，核酸系抗悪性腫瘍薬 clofarabine[86]，エストロゲン受容体（ER）拮抗作用を示す乳がん治療薬 fulvestrant[87]，アルカロイド系抗悪性

135

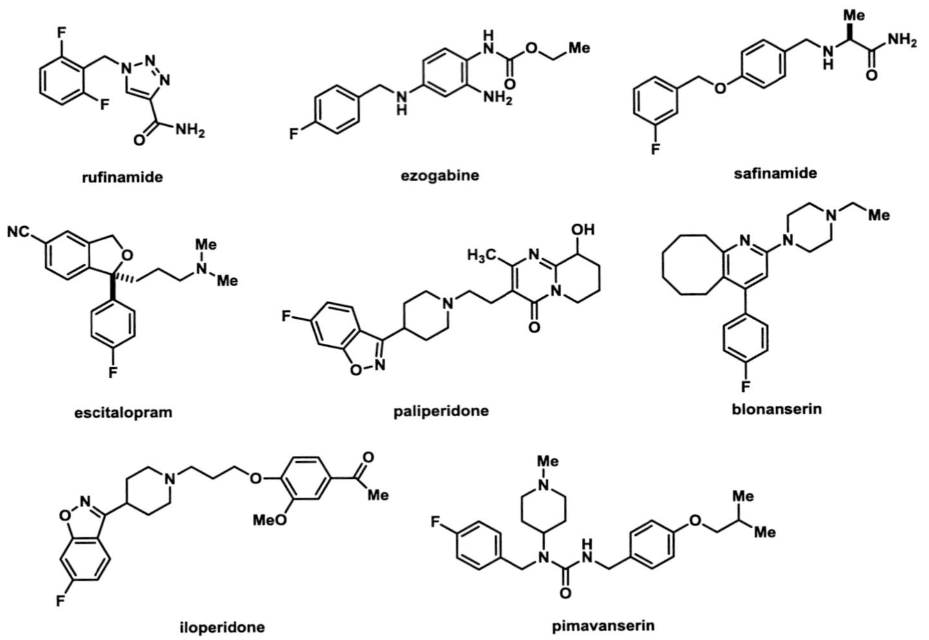

有機フッ素化合物の最新動向

rufinamide

ezogabine

safinamide

escitalopram

paliperidone

blonanserin

iloperidone

pimavanserin

図 9　含フッ素医薬 9（中枢神経用薬）

腫瘍薬 vinflunine[88]，アンドロゲン受容体拮抗作用を有する前立腺がん治療薬 enzalutamide[89] が上市された。

1.2.11　中枢神経系用薬

2000 年以降種々の中枢神経系用薬が上市された。抗てんかん薬として rufinamide[90] 及び ezogabine[91] が，パーキンソン病治療薬として safinamide[92] が上市された（図 9）。また，抗うつ薬として，選択的セロトニン再取り込み阻害薬（SSRI）citalopram の (S)-体である escitalopram[93] が用いられるようになった。(R)-citalopram は SSRI を阻害する作用があるため，citalopram の活性本体である escitalopram は選択性の高い SSRI である。非定型抗精神病薬としては，セロトニン・ドパミン拮抗薬（SDA）risperidone の代謝産物である paliperidone[94] が利用されるようになった。同じく SDA である blonanserin[95]，iloperidone[96]，セロトニン 2A 受容体逆作動薬である pimavanserin[97] も抗精神病薬として用いられるようになった。

1.2.12　泌尿器官用薬

Dutasteride[98] は男性ホルモンの 1 つであるジヒドロテストステロンの生成を阻害する前立腺肥大治療薬である（図 10）。服用患者に円形脱毛症の改善が見られたことから同薬としても認可された。Silodosin[99] は α1A 受容体サブタイプに選択的に結合して交感神経系の伝達を遮断し，尿道内圧の上昇を抑制して前立腺肥大に伴う排尿障害を改善する薬である。また，慢性便秘治療薬として lubiprostone[100] が，女性性欲低下障害治療薬として flibanserin[101] が，カルチノイド症候群成人患者に対する下痢症治療薬として telotristat ethyl[102] が上市された。

136

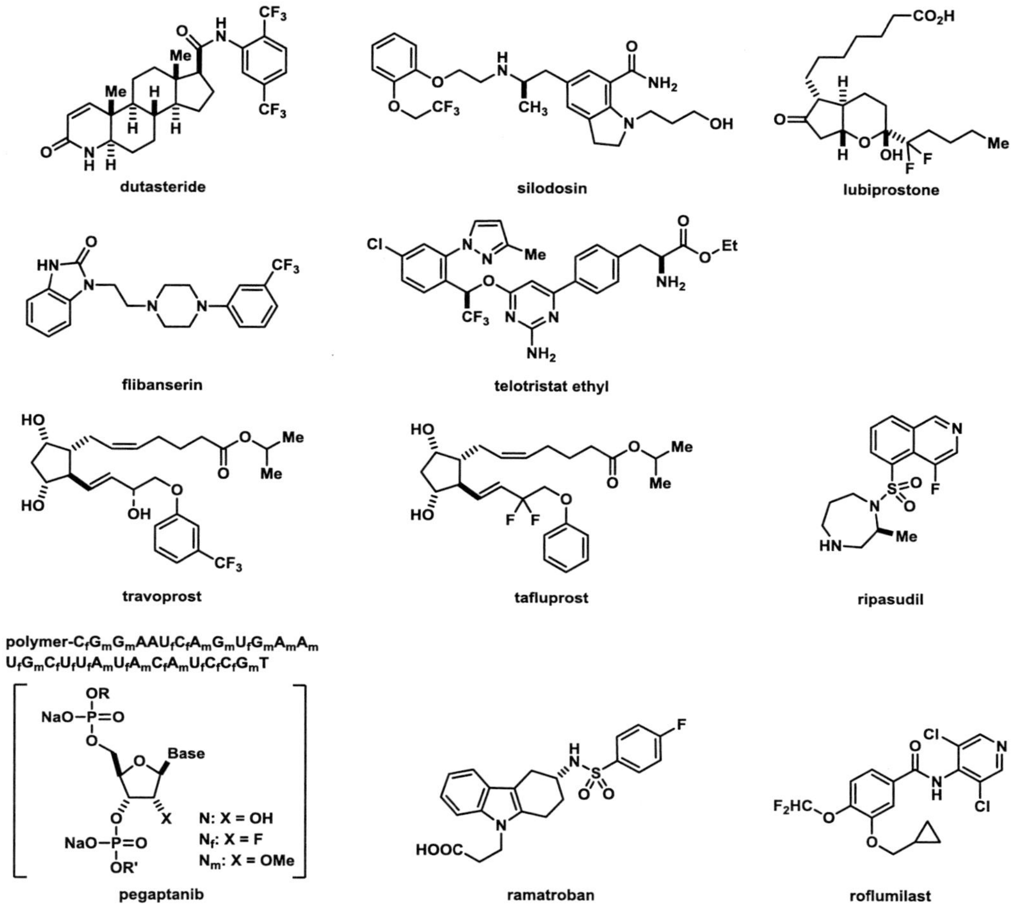

dutasteride

silodosin

lubiprostone

flibanserin

telotristat ethyl

travoprost

tafluprost

ripasudil

polymer-C$_f$G$_m$G$_m$AAU$_f$C$_f$A$_m$G$_m$U$_f$G$_m$A$_m$A$_m$
U$_f$G$_m$C$_f$U$_f$U$_f$A$_m$U$_f$A$_m$C$_f$A$_m$U$_f$C$_f$C$_f$G$_m$T

N: X = OH
N$_f$: X = F
N$_m$: X = OMe

pegaptanib

ramatroban

roflumilast

図 10　含フッ素医薬 10（泌尿器官用薬，感覚器官用薬，呼吸器官用薬）

1.2.13　感覚器官用薬

　プロスタグランジン（PG）F$_{2\alpha}$ が眼圧効果作用を示すことから，PGF 受容体作動薬である travoprost[103] 及び tafluprost[104] が緑内障治療薬として開発された（図 10）。また，Rho キナーゼ阻害薬で，線維柱帯を弛緩させ眼圧調節をする ripasudil[105] も緑内障治療薬として用いられている。含フッ素核酸医薬 pegaptanib[106] は加齢性黄斑変性症治療薬である。

1.2.14　呼吸器官用薬

　トロンボキサン A2 受容体拮抗剤である ramatroban[107] は抗アレルギー薬として花粉症治療に，選択的ホスホジエステラーゼ 4（PDE4）阻害剤である roflumilast[108] は慢性閉塞性肺疾患や喘息の治療に用いられている（図 10）。

1.2.15　遺伝性疾患治療薬

　2000 年以降 2 種のフッ素系遺伝性疾患治療薬が上市された。塩素イオンチャンネル（CFTR）の先天的遺伝子異常により全身の分泌液／粘液の粘度が高くなり，気管支炎等を発症する嚢胞性

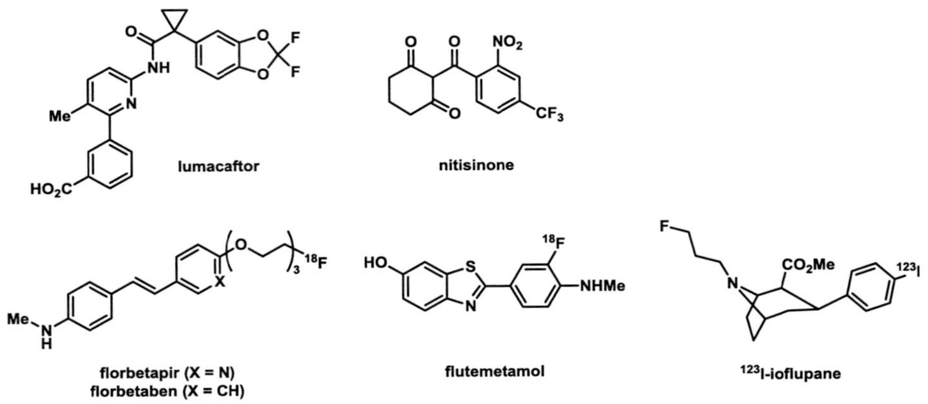

有機フッ素化合物の最新動向

図11　含フッ素医薬11（遺伝性疾患治療薬，放射線診断用薬）

線維症の治療薬として lumacaftor[109] が用いられるようになった（図11）。また，チロシン異化作用の先天異常により肝機能障害等の発症リスクが高い遺伝性高チロシン血症Ⅰ型の治療薬として，4-ヒドロキシフェニルピルビン酸ジオキシゲナーゼ（HPPD）の可逆的阻害活性を示すnitisinone[110] が開発された。

1.2.16　放射線診断用薬

がんやアルツハイマーの早期発見の検査手段として陽電子放射断層撮像法（PET：positron emission tomography）が用いられている。陽電子放出核である ^{18}F を有するfluorodeoxyglucose はがん診断用 PET 薬剤として広く利用されている。最近，アルツハイマー病の病理学的特徴である老人斑の主要構成成分アミロイドβに選択的に結合する3種（florbetapir[111]，florbetaben[112]，flutemetamol[113]）の ^{18}F 標識診断薬が認可された（図11）。

γ線を検出してその分布を可視化する単一光子放射断層撮影法（SPECT：single photon emission computed tomography）も画像診断法として利用されている。γ線を放出する ^{123}I で標識化された ioflupan[114] はドパミントランスポーターに親和性を有するために黒質線条体ドパミン神経の可視化ができ，ドパミン量低下の有無からパーキンソン病やレビー小体型認知症の診断が行える。

以上，2000 年以降に承認・上市されたフッ素系医薬を疾患別に概説した。従来のフッ素系医薬に比べてより構造が複雑になり，多彩な含フッ素官能基が利用されていることを理解していただけたと思う。なお，これら医薬の製造方法は総説[115] にまとめられているので参考にしていただきたい。

第 2 章　医農薬分野への応用

文　　　献

1) 田口武夫監修，フッ素系生理活性物質の合成と応用，シーエムシー出版（2000）
2) ㈳日本学術振興会・フッ素化学第 155 委員会編，フッ素化学入門，三共出版（2004）
3) J.-P. Bégué *et al.*, Bioorganic and Medicinal Chemistry of Fluorine, John Wiley & Sons （2008）
4) N. Aslam *et al.*, *Expert Opin. Pharmacother.*, **10**, 2329（2009）
5) Y. Arikawa *et al.*, *J. Med. Chem.*, **55**, 4446（2012）
6) K.-S. Yu *et al.*, *J. Clin. Pharmacol.*, **44**, 73（2004）
7) J. J. Hale *et al.*, *J. Med. Chem.*, **41**, 4607（1998）
8) R. M. Navari, *Expert Opin. Inv. Drugs*, **16**, 1977（2007）
9) R. M. Navari, *Drug Des., Dev. Ther.*, **9**, 155（2015）
10) T. J. Gan *et al.*, *Anesth. Analg.*, **112**, 804（2011）
11) D. Kim *et al.*, *J. Med. Chem.*, **48**, 141（2005）
12) S.-H. Kim *et al.*, *Arch. Pharmacal Res.*, **36**, 1185（2013）
13) Z. Zhang *et al.*, *J. Med. Chem.*, **54**, 510（2011）
14) T. Biftu *et al.*, *J. Med. Chem.*, **57**, 3205（2014）
15) D. Polidori *et al.*, *Diabetologia*, **57**, 891（2014）
16) M. Imamura *et al.*, *Bioorg. Med. Chem.*, **20**, 3263（2012）
17) T. Aoki *et al.*, *Arzneimittelforschung*, **47**, 904（1997）
18) (a) M. Watanabe *et al.*, *Bioorg. Med. Chem.*, **5**, 437（1997）; (b) E. S. Istvan *et al.*, *Science*, **292**, 1160（2001）
19) S. B. Rosenblum *et al.*, *J. Med. Chem.*, **41**, 973（1998）
20) M. D. Panno *et al.*, *Clin. Lipidol.*, **9**, 19（2014）
21) J. Mittendorf *et al.*, *ChemMedChem*, **4**, 853（2009）
22) V. Serebruany *et al.*, *Haemostasis*, **101**, 14（2009）
23) D. Erlinge *et al.*, *Am. Heart J.*, **175**, 36（2016）
24) K. Huber *et al.*, *Nat. Rev. Drug Discovery*, **10**, 255（2011）
25) D. A. Morrow *et al.*, *Am. Heart J.*, **158**, 335（2009）
26) A. Henneman *et al.*, *Am. J. Health-Syst. Pharm.*, **73**, 33（2016）
27) K. Biggadike *et al.*, *J. Med. Chem.*, **51**, 3349（2008）
28) L. A. Sorbera *et al.*, *Drugs Future*, **27**, 740（2002）
29) S. S. Shin *et al.*, *J. Med. Chem.*, **47**, 792（2004）
30) C. Warnke *et al.*, *Neuropsychiatr. Dis. Treat.*, **5**, 333（2009）
31) E. M. Welch *et al.*, *Nature*, **447**, 87（2007）
32) N. Franceschini *et al.*, *Expert Opin. Invest. Drugs*, **12**, 1413（2003）
33) Y. Tanaka *et al.*, *Arch. Biochem. Biophys.*, **229**, 348（1984）
34) T. L. Comstock *et al.*, *Clin. Ophthalmol.*, **4**, 215（2010）
35) K. McKeage, *Drugs*, **75**, 687（2015）
36) Y. Todo *et al.*, WO1997029102

37) L. D. Saravolatz *et al.*, *Clin. Infect. Dis.*, **37**, 1210 (2003)

38) N. Nomura *et al.*, *Jpn. J. Antib.*, **55**, 412 (2002)

39) J. Segawa *et al.*, *J. Med. Chem.*, **35**, 4727 (1992)

40) Y. Kimura *et al.*, *J. Med. Chem.*, **37**, 3344 (1994)

41) F. J. Candel *et al.*, *Drug Des., Dev. Ther.*, **11**, 881 (2017)

42) S. J. Brickner *et al.*, *J. Med. Chem.*, **39**, 673 (1996)

43) Z. A. Kanafani *et al.*, *Expert Opin. Invest. Drugs*, **21**, 515 (2012)

44) O. Y. Saliu *et al.*, *J. Antimicrob. Chemother.*, **60**, 994 (2007)

45) A. Tasaka *et al.*, *Chem. Pharm. Bull.*, **41**, 1035 (1993)

46) A. Bentley *et al.*, *Org. Proc. Res. Dev.*, **6**, 109 (2002)

47) F. Bennett *et al.*, *Bioorg. Med. Chem. Lett.*, **16**, 186 (2006)

48) T. Patel *et al.*, *Drugs*, **73**, 1977 (2013)

49) P. L. McCormack *et al.*, *Drugs*, **75**, 817 (2015)

50) F. L. Rock *et al.*, *Science*, **316**, 1759 (2007)

51) Y. Furuta *et al.*, *Antiviral Res.*, **82**, 95 (2009)

52) J. E. Frampton *et al.*, *Drugs*, **65**, 1427 (2005)

53) C. K. Chu *et al.*, *Antimicrob. Agents Chemother.*, **39**, 979 (1995)

54) T. Schacker, *Nat. Med.*, **16**, 373 (2010)

55) M. Sato *et al.*, *J. Med. Chem.*, **49**, 1506 (2006)

56) T. Kawasuji *et al.*, *J. Med. Chem.*, **55**, 8735 (2012)

57) A. Wroblewski *et al.*, *Drugs Future*, **23**, 146 (1998)

58) D. Kuritzkes *et al.*, *Nat. Rev. Drug Discovery*, **7**, 15 (2008)

59) M. J. Sofia *et al.*, *J. Med. Chem.*, **53**, 7202 (2010)

60) J. O. Link *et al.*, *J. Med. Chem.*, **57**, 2033 (2014)

61) E. J. Lawitz *et al.*, *Antimicrob. Agents Chemother.*, **60**, 1546 (2015)

62) T. I. Ng *et al.*, *Antimicrob. Agents Chemother.*, **61**, e02558-16 (2017)

63) P. S. Verghese *et al.*, *Drugs Future*, **38**, 291 (2013)

64) A. J. Barker *et al.*, *Bioorg. Med. Chem. Lett.*, **11**, 1911 (2001)

65) S. Sathornsumetee *et al.*, *Drugs Today (Barc)*, **42**, 657 (2006)

66) S. P. Langdon *et al.*, *Drugs Future*, **33**, 123 (2008)

67) T. Singer *et al.*, WO2003094921

68) S. Wilhelm *et al.*, *Nat. Rev. Drug Discovery*, **5**, 835 (2006)

69) S. Faivre *et al.*, *Nat. Rev. Drug Discovery*, **6**, 734 (2007)

70) S.-H. Kim *et al.*, *Haematologica*, **99**, 1191 (2014)

71) S. M. Wilhelm *et al.*, *Int. J. Cancer*, **129**, 245 (2011)

72) L. C. Bannen *et al.*, WO2005030140

73) E. Weisberg *et al.*, *Cancer Cell*, **7**, 129 (2005)

74) J. E. Cortes *et al.*, *N. Engl. J. Med.*, **367**, 2075 (2012)

75) C. J. Wright *et al.*, *Drugs*, **73**, 1245 (2013)

76) W. Z. Zhong *et al.*, *Curr. Drug. Metab.*, **11**, 296 (2010)

77) J. Tsai *et al.*, *Proc. Natl. Acad. Sci. USA.*, **105**, 3041 (2008)

78) T. R. Rheault *et al.*, *ACS Med. Chem. Lett.*, **4**, 358 (2013)

79) C. B. Burness *et al.*, *Drugs*, **75**, 1559 (2015)

80) K. Traynor *et al.*, *Am. J. Health-Syst. Pharm.*, **71**, 1430 (2014)

81) P. C. Fong *et al.*, *N. Engl. J. Med.*, **361**, 123 (2009)

82) K. P. Hoeflich *et al.*, *Cancer Res.*, **72**, 210 (2012)

83) A. W. White *et al.*, *J. Med. Chem.*, **43**, 4084 (2000)

84) E. S. Kim, *Drugs*, **77**, 1705 (2017)

85) A. Patnaik *et al.*, *Cancer Discov.*, **6**, 740 (2016)

86) J. A. Montgomery *et al.*, *J. Med. Chem.*, **35**, 397 (1992)

87) A. E. Wakeling *et al.*, *Cancer Res.*, **51**, 3867 (1991)

88) J.-C. Jacquesy *et al.*, US5620985

89) C. Tran *et al.*, *Science*, **324**, 787 (2009)

90) D. S. Patel *et al.*, *Res. J. Pharm. Biol. Chem. Sci.*, **2**, 855 (2011)

91) E. Faught, *Epilepsy Curr.*, **11**, 75 (2011)

92) F. Von Raison *et al.*, WO 2011098456

93) J. Hyttel *et al.*, *J. Neural Transm. Gen. Sect.*, **88**, 157 (1992)

94) M. Vermeir *et al.*, *Drug Metab. Dispos.*, **36**, 769 (2008)

95) E. D. Deeks *et al.*, *CNS Drugs*, **24**, 65 (2010)

96) S. Caccia *et al.*, *Drug Des. Devel. Ther.*, **4**, 33 (2010)

97) J. H. Friedman, *Expert Opin. Pharmacother.*, **14**, 1969 (2013)

98) S. V. Frye *et al.*, *J. Med. Chem.*, **38**, 2621 (1995)

99) K. Shibata *et al.*, *Mol. Pharmacol.*, **48**, 250 (1995)

100) K. McKeage *et al.*, *Drugs*, **66**, 873 (2006)

101) A. Mullard, *Nat. Rev. Drug Discovery*, **14**, 669 (2015)

102) Q. Li *et al.*, WO2012061576

103) P. A. Netland *et al.*, *Am. J. Ophthalmol.*, **132**, 472 (2001)

104) T. Nakajima *et al.*, *Biol. Pharm. Bull.*, **26**, 1691 (2003)

105) K. Yamamoto *et al.*, *Ophthalmol. Vis. Sci.*, **55**, 7126 (2014)

106) S. A. Vinores, *Int. J. Nanomed.*, **1**, 263 (2006)

107) H. Sugimoto *et al.*, *J. Pharmacol. Exp. Ther.*, **305**, 347 (2003)

108) H. Amschler *et al.*, WO1995001338

109) K. Kuk *et al.*, *Ther. Adv. Respir. Dis.*, **9**, 313 (2015)

110) P. J. McKiernan, *Drugs*, **66**, 743 (2006)

111) D. F. Wong *et al.*, *J. Nucl. Med.*, **51**, 913 (2010)

112) W. Zhang *et al.*, *Nucl. Med. Biol.*, **32**, 799 (2005)

113) R. Vandenberghe *et al.*, *Ann. Neurol.*, **68**, 319 (2010)

114) J. L. Neumeyer *et al.*, *J. Med. Chem.*, **37**, 1558 (1994)

115) (a) J. Wang *et al.*, *Chem. Rev.*, **114**, 2432 (2014)；(b) Y. Zhou *et al.*, *Chem. Rev.*, **116**, 422 (2016)；(c) A. C. Flick *et al.*, *J. Med. Chem.*, **60**, 6480 (2015)

2 PET 用診断薬の合成ならびにその応用

山口博司[*]

2.1 PET 検査について

一般的に怖い，危険といった印象を受ける放射能や放射線だが，各分野において技術利用されている。医療の分野においても，広く知られているレントゲンや Computed Tomography（CT）に用いられている他，生体内機能の画像を得る方法として Positron Emission computed Tomography（PET）や Single Photon Emission Computed Tomography（SPECT）が用いられる核医学検査がある。この核医学検査に用いられる薬剤が，放射性同位元素を導入した薬剤（放射性薬剤）である。

陽電子（ポジトロン）を放出する放射性薬剤を人体に投与して体内分布を測定する試みは1950 年代に始まり，断層像として再構成するための技術開発が 1960 年代から取り組まれてきた。一方，核医学検査に伴う複雑さのために画像再構成法の進歩には時間を要してきた経緯がある。1972 年には X 線 CT 装置として臨床に利用され，X 線 CT の技術から生み出された画像再構成法を取り入れて，1975 年に PET 装置が初めて開発され，核医学検査に使用されるようになった。海外のみならず本邦においてもがん診断，検診を中心に急激に普及してきたが，臨床で広く使われるようになったのは 1990 年代後半であり，それまでに 30 年以上の年月を要している。当初の研究開発は米国を中心に実施されてきたが，日本でも 1979 年ごろから精力的な研究が開始されたのである[1]。

これら放射性薬剤の合成は，通常の薬剤調製とは異なり，半減期を有するため直前に製造準備，調製しなければならないという大変さがある。特に PET 検査に用いられる薬剤の多くは院内で製造の院内製剤であり，検査の直前に放射性核種の製造から標識合成反応，その後の品質検査までおこなわなくてはならないが，それらの課題があることを踏まえてもなお，薬剤の種類の多さや検出感度の高さなどの利点から幅広く利用されている[2]。

2.2 サイクロトロンと標識合成装置

PET 用診断薬の合成にはサイクロトロンと標識合成装置が必要である（図1）。

サイクロトロンは加速器の一種であり核反応により放射性元素を生産する装置である。水素ガス／重水素ガスを真空中でアーク放電させてプロトン（Proton）／デュートロン（Deuteron）を発生させ，磁場中での高周波電場を利用し，イオンを加速させ，最終的にターゲットに衝突させて核反応を起こしてイオン溶液やガス状の放射性元素を生産することができる。

一方，標識合成装置はサイクロトロンで生産したイオン溶液やガス状の放射性元素を化学形に変換した後，原料への標識反応，脱保護反応，不純物の除去など一連の精製段階を経て，最終的

---

*　Hiroshi Yamaguchi　名古屋大学　脳とこころの研究センター，大学院医学系研究科
　　特任講師

第2章　医農薬分野への応用

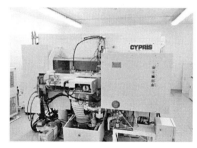

図1　当院における装置の例
小型サイクロトロン（左），^{18}F-FDG 標識合成装置（中），^{18}F-薬剤標識合成装置（右）

にPET診断薬に変換する装置である．当院では^{18}Fの合成には主に^{18}F-FDG専用標識合成装置と^{18}F-薬剤標識合成装置などを用いて^{18}F-PET診断薬の合成に取り組んでいる．

2.3　PET核種について

PET診断薬の合成においては短半減期のポジトロン核種を用いて標識した薬剤を使用するためサイクロトロンが必要であることは上述した．汎用的に使用されている核種がPET主要4核種と呼ばれる^{11}C，^{13}N，^{15}O，^{18}Fである．いずれの核種もターゲットに対して高速で加速したイオンを衝突させ，核反応によってPET核種を産生するが，この核反応にはターゲット物質の種類や加速するイオンの種類，またエネルギー条件の綿密な設定が必要となる．核反応の例について表1に示す[3]．

PET主要4核種の他にジェネレータを用いてポジトロン核種を含んだ溶液を用事調製することも可能であるが，いずれの方法においても大半が，原料のポジトロン核種を化学変換によって化合物化，化合物に導入して様々なPET用診断薬を合成する．これらポジトロン核種の特徴はいずれの核種もポジトロンを放出し，周囲に多数ある電子と結合して消滅し，一対のガンマ線

表1　PET主要4核種の核反応条件

核種	核反応	自然界での含有率(%)	ターゲット物質	最大エネルギー(MeV)	反応断面積(mb)
^{11}C	^{10}B(d,n)^{11}C	19.6	B_2O_3	5.3	175
	^{11}B(p,n)^{11}C	80.4	B_2O_3	9.8	338
	^{14}M(p,α)^{11}C	99.6	N_2ガス	7.6	253
^{13}N	^{12}C(d,n)^{13}N	98.9	グラファイト,CO_2	2.3	200
	^{13}C(p,n)^{13}N	1.1	グラファイト,CO_2	6.7	275
^{15}O	^{16}O(p,α)^{15}O	99.8	H_2O,CO_2	8	139
	^{14}N(d,n)^{15}O	99.6	N_2+O_2,CO_2	4.3	210
	^{15}N(d,n)^{15}O	0.366	N_2+O_2,CO_2	6.6	230
^{18}F	^{16}O(^{3}He,p)^{18}F	99.8	H_2O	6.3	436
	^{16}O(α,pn)^{18}F	99.7	H_2O	>40	250
	^{18}O(p,n)^{18}F	0.204	$H_2^{18}O$	5.2	630
	^{20}Ne(d,α)^{18}F	90.5	Ne + F_2	5.7	230

有機フッ素化合物の最新動向

表2 PET 検査に用いられる主なポジトロン核種と半減期

ポジトロン核種	半減期（分）	製造方法
^{11}C 炭素-11	20.39	サイクロトロン
^{13}N 窒素-13	9.997	サイクロトロン
^{15}O 酸素-15	2.037	サイクロトロン
^{18}F フッ素-18	109.8	サイクロトロン
^{62}Cu 銅-62	9.74	ジェネレータ
^{68}Ga ガリウム-68	68.1	ジェネレータ
^{82}Rb ルビジウム-82	1.273	ジェネレータ

（消滅ガンマ線，annihilation γ ray）が正反対の方向に放射されることである。この時放出される消滅ガンマ線のエネルギーが 511 keV であり，PET 検査における最大のメリットは同じ PET カメラで消滅ガンマ線の検出が可能な点である。一方，これら4核種の最大の違いは半減期である。サイクロトロンで生産する主要4核種および一般的に用いられるジェネレータでの核種の半減期について表2に示した[4]。

2.4 PET 核種 ^{18}F について

PET に用いられる核種は様々であるが，歴史の深い ^{18}F-FDG のみならず，近年では ^{18}F-PET 用診断薬が多く開発されてきている。^{18}F 核種を用いる最大の長所は半減期の長さであると考える。表2に示したように ^{18}F は2時間近い半減期を有しているため，化学形への変換や化合物骨格への導入に時間を要する反応に適しているとも言える。一方，短所としては，これまた半減期の長さゆえに ^{18}F が生体内に長くとどまるため，同一患者において連続して別の薬剤を用いた PET 検査ができないことなどが挙げられる。

サイクロトロンでの ^{18}F 製造法は表1でも触れたが，多くの施設では ^{18}O(p, n)^{18}F 反応を利用しており，また一部の施設では ^{20}Ne(d, α)^{18}F を利用している。^{18}O(p, n)^{18}F 反応と ^{20}Ne(d, α)^{18}F 反応はターゲット物質，加速イオンも異なるが生産される ^{18}F の形も異なってくる。

2.4.1 ^{18}O(p, n)^{18}F 反応について

^{18}O(p, n)^{18}F で生産されるのは [^{18}F]F$^-$ イオンである。[^{18}F]F$^-$ イオンを用いた代表的な PET 診断薬の一つが ^{18}F-FDG である。^{18}F-FDG の標識合成例を図2に示す。

サイクロトロンで生産される [^{18}F]F$^-$ の原料は ^{18}O 水である。ターゲットに充填された ^{18}O 水にサイクロトロンで加速したプロトンビームを照射し，生産された ^{18}F を標識合成装置へと移送する。この時，移送される ^{18}F は [^{18}F]F$^-$ イオン/^{18}O 水である。^{18}O 水は非常に高価であるため，QMA のような固相抽出製品を用い回収する。また ^{18}F$^-$ はそのままでは反応性が低いため一旦 [^{18}F]フッ化カリウム（[^{18}F]KF）の形にしたうえで，包摂化合物の一種であるクリプトフィックス 222 により錯体形成させ，[^{18}F]F$^-$ イオンの反応性を向上させたうえで標識反応に用いるといった一連の流れが必要である。

144

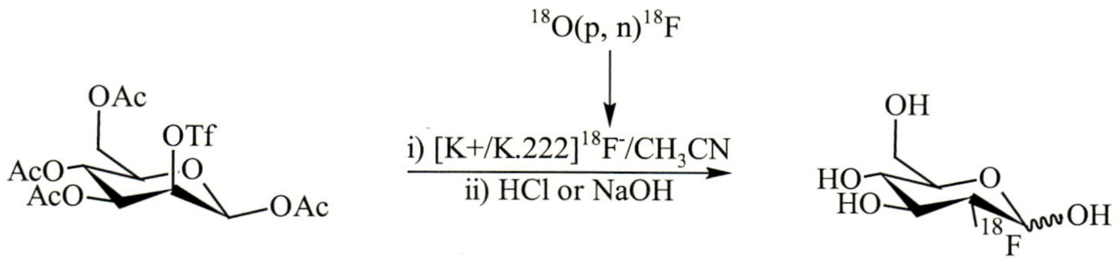

第 2 章　医農薬分野への応用

$$^{18}O(p, n)^{18}F$$

i) $[K+/K.222]^{18}F^-/CH_3CN$
ii) HCl or NaOH

図 2　^{18}F-FDG の合成例

2.4.2　^{20}Ne(d, α)^{18}F 反応について

　^{20}Ne(d, α)^{18}F で生産されるのは$[^{18}F]F_2$ ガスである。$[^{18}F]F_2$ ガスを用いた代表的な PET 診断薬が ^{18}F-FDOPA である。^{18}F-FDOPA の標識合成例を図 3 に示す。

　^{20}Ne(d, α)^{18}F 反応による$[^{18}F]F_2$ については$[^{18}F]F^-$ 以上に生産量が少ないため，長時間のサイクロトロンの稼働が必要となる。また$[^{18}F]F_2$ はターゲット内壁面や配管内面への吸着があるため，ターゲットガスに$[^{19}F]F_2$ ガスの添加が必要であり，最終的な ^{18}F-PET 診断薬の比放射能が著しく低くなってしまう。^{18}F-FDOPA の本合成に入る前にあらかじめ配管やターゲットに$[^{19}F]F_2$/Ne ガスを通気させる方法や，一旦，サイクロトロンのみを稼働して$[^{18}F]F_2$ のみを生産して配管に流すプレ照射法といった表面の不動態化（Passivation）処理の方法も実施しているが，全ての施設や装置において飛躍的な改善は見られないのが現状である。

2.4.3　その他の ^{18}F 製造法について

　近年では$[^{18}F]F^-$ から一旦 CH_3F を標識合成し，アーク放電によって F_2 ガスを生産する方法や ^{18}O 水ではなく $^{18}O[O_2]$ ガスをターゲットとして，$[^{18}F]F_2$ ガスを生産するといった方法も開発されてきている（図 4）。

　これまで臨床に用いられている ^{18}F-PET 診断薬の大半は，$[^{18}F]F^-$ もしくは$[^{18}F]F_2$ が用いられてきた。化学反応的に F_2 や F^+ の利用が優れていることは明白であるものの ^{20}Ne(d, α)^{18}F 反応で生産される$[^{18}F]F_2$ は物質量としては非常に濃度が低いためあまり多用されていなかった。また，サイクロトロンで直接$[^{18}F]F^+$ を生産できる方法は確立されていなかった。もちろん我々のような日々の検査用 PET 診断薬合成に追われている病院，臨床施設において，サイクロトロンに放電ユニットを取り付けることは簡単にできないため，他の研究機関や機械メーカーとの共同研究が必須となる。今後，新しい反応や効率的な ^{18}F 元素の生産法や装置の開発と応用利用が

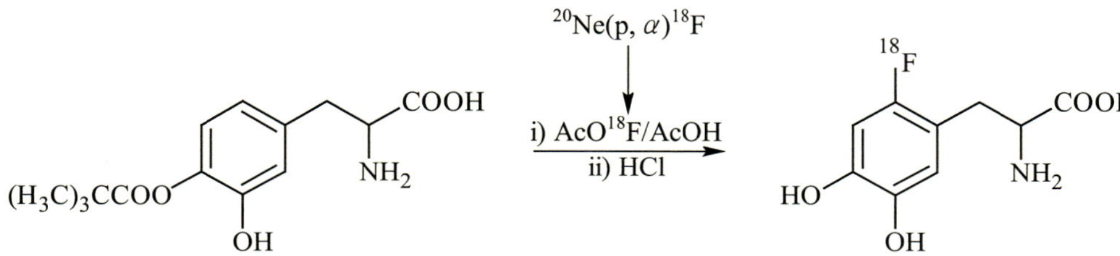

$$^{20}Ne(p, \alpha)^{18}F$$

i) $AcO^{18}F$/AcOH
ii) HCl

図 3　^{18}F-FDOPA の合成例

有機フッ素化合物の最新動向

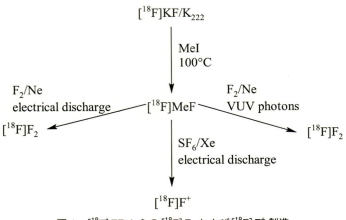

図4　[^{18}F]F$^-$ からの [^{18}F]F$_2$ および [^{18}F]F$^+$ 製造

進むことが望まれる[5]。

2.5　当院における ^{18}F-PET 用診断薬について

　当院では，現在7種類の ^{18}F-PET 用診断薬の合成が可能である（表3）。

　表に示したように各薬剤はそれぞれの検査目的に使用される。各薬剤ともに検査箇所や対象疾患に応じて得手不得手があるが，汎用性が高く様々な診断に用いられるのが ^{18}F-FDG である。例えば腫瘍における糖代謝亢進，疾患脳における糖代謝低下など幅広い用途がある ^{18}F-PET 用診断薬である。^{18}F-FDG の合成スキームについては ^{18}O(p, n)^{18}F 反応についての項で述べたが，さらに下記に集積メカニズムを示す（図5）。

　^{18}F-FDG は，グルコース（Glucose）と同様にグルコーストランスポーター（GLUT）により細胞に取り込まれ，ヘキソキナーゼ（Hexokinase）によりリン酸化を受けるが，グルコースと異なり解糖系の酵素であるホスホグルコースイソメラーゼによるフルクトース（Fructose）への異性化反応を受けないことから，リン酸化体として細胞内に滞留する。この滞留した ^{18}F 由来の

表3　当院において標識合成可能な ^{18}F-PET 診断薬

^{18}F-PET 診断薬の種類	検査用途
^{18}F-FDG	脳糖代謝，腫瘍/炎症
^{18}F-NaF	骨シンチグラフィ
^{18}F-FLT	細胞増殖能マーカー
^{18}F-FDOPA	腫瘍，ドパミン系機能
^{18}F-THK5351	脳内変性タウ
^{18}F-FMISO※	低酸素細胞
^{18}F-FAZA※	低酸素細胞

※ 倫理委員会申請中

第 2 章　医農薬分野への応用

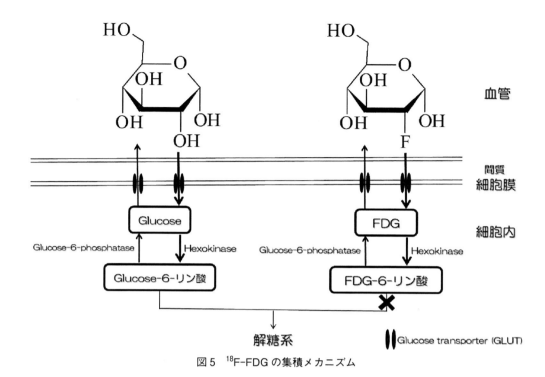

図 5　^{18}F-FDG の集積メカニズム

　ポジトロンを PET 装置で追跡することにより，腫瘍細胞の診断，虚血性心疾患における心筋バイアビリティの診断，およびてんかん焦点の診断などが可能となる[6,7]。こうして得られた ^{18}F-FDG による PET 画像の例を下記に示す（図 6）。

　左が ^{18}F-FDG を用いた脳の画像である。ベッドに顔を上にして仰向けに寝て，足を紙面手前とした画像であるが，左脳中央部あたりに黒く見える部分が脳内に形成されたアストロサイトーマである。

　右は前立腺癌多発骨転移の全身像である。脳や心臓全体が黒くなっているのは転移ではなく，心筋の動作，脳自身の糖代謝によるものである。骨の黒い部分の一部は生体内における代謝により ^{18}F-FDG から脱フッ素化で生成した [^{18}F]F$^-$ イオンなどであり，この一枚の画像で診断をおこなうことは非常に難しく，他の PET 診断薬を用いた検査や，他のモダリティ（SPECT，MRI，CT など）での検査法を組み合わせて精査する必要がある。

　検査にあたっては ^{18}F-FDG は筋肉の動きで消費される糖代謝も描出されることから，投与後の安静が必須であり，一方，血糖値の高値は検査に大きな影響を与えるため検査直前までの絶食が必須である。

有機フッ素化合物の最新動向

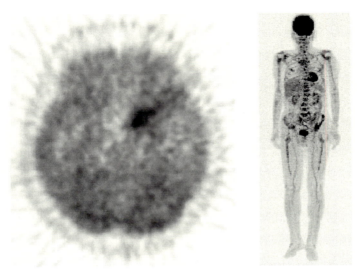

図6　^{18}F-FDG PET 画像の例
神経膠腫の一種である星細胞腫（アストロサイトーマ）（左），前立腺癌多発骨転移（右）
※画像はいずれも本学大学院医学系研究科医療技術学専攻医用量子科学講座　加藤克彦教授による御提供

2.6　その他の臨床研究 ^{18}F-PET 診断薬

　当院では上述の通り ^{18}F-FDG 以外に複数の ^{18}F-PET 診断薬を有している。倫理委員会審査中のものを除くと，最も新しい薬剤は臨床研究用に立ち上げた ^{18}F-PET 診断薬が脳変性疾患に関与する異常リン酸化タウ蛋白質検出に用いられる ^{18}F-THK5351 である。当院では本薬剤を用いて 200 例近くの臨床研究撮像を実施してきた。^{18}F-THK5351 は東北大学のグループが開発した薬剤であり，十分な安全性試験が実施されており，多くの施設での臨床検査がおこなわれている。しかしながら，こうした臨床研究に用いる薬剤の立上げにあたっては各施設でも様々な，物理・化学的安全性試験，生化学的安全性試験が必須である。当時の試験データの一部を表4に示す。
　PET 薬剤の施設への臨床研究導入は，既存薬剤であっても施設の装置や配管の違いなど十分に注意しなければならず，最終的にこうした各種安全性試験があることを念頭に検討する必要がある[8]。

表4　当院での ^{18}F-THK5351 立上げにおける安全性試験の例

総放射能量 (GBq)	比放射能 (GBq/μmol)	放射化学的純度 (%)	スペクトル	エンドトキシン検査	菌検査	残留溶媒試験 (ppm)	
2.6	56	100	Clear	N.D.	N.D.	MeOH	20
						EtOH	48
						CH$_3$CN	1.1

N.D.: not detected

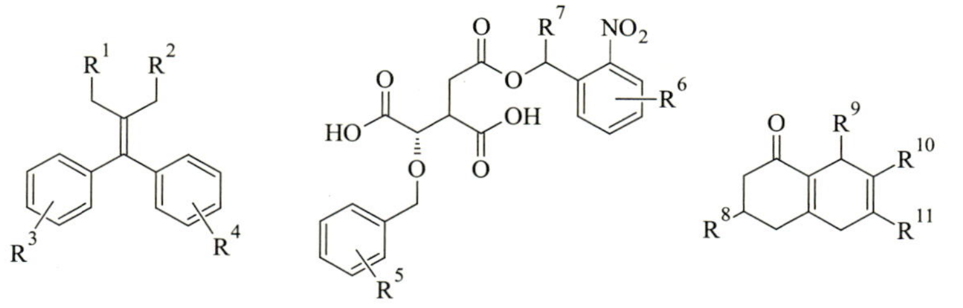

第 2 章　医農薬分野への応用

Tamoxifen Deriv.　　(Benzyloxy)aspartic acid Deriv.　　Tetrahydrobenzopyran Deriv.

図 7　^{18}F 導入検討を進めているグルタミン酸トランスポーター阻害剤の例

2.7　新規 ^{18}F-PET 診断薬の開発に向けて

　筆者は現在，脳神経変性疾患に用いることが可能なグルタミン酸トランスポーター（GLT）PET イメージング剤の開発に取り組んでいる。既存の治療薬の一種 GLT 阻害剤として，タモキシフェン誘導体や β-ベンジルオキシアスパラギン酸誘導体，テトラヒドロベンゾピラン誘導体といった薬剤が知られており，これらに対する構造改変と PET 核種導入を目指している。これらの GLT 阻害剤には元々フッ素基がないため，どの部分にフッ素基を導入したらよいか，フッ素基を入れることによってどのような薬剤性質変化が起きるかを計算化学的手法で検討するとともに，実際の前駆体合成と標識検討を進めてきている（図 7）。

　治療薬の中には元々フッ素基が導入されている構造もあるが，こうした薬剤の改変も一筋縄にはいかないのが現状である。最近では国内外で，芳香環上にある ^{19}F フッ素基の脱フッ素ホウ素化，さらに ^{18}F フッ素化の技術が開発されてきており，こうした新規技術を参考にしながら，新しい ^{18}F-PET 薬剤の開発に取り組んでいきたいと考えている。

　また，非常に感度の高い放射線核種を用いた PET 検査ではあるが，この画像化に寄与する要因の一つが対象蛋白質の生体内発現量である。いくら対象蛋白質に特異的に結合する PET 薬剤であっても，蛋白質自身の発現量が低くては鮮明に画像化することは困難である。現時点においては構想段階であるが，例えば一分子中に多数のポジトロン核種を効率的に導入する方法が確立できれば，こうした問題を解決できると考え検討を開始している[9]。

謝辞

　本稿執筆にあたり，^{18}F-FDG の臨床画像提供をして下さった加藤克彦教授に厚く御礼申し上げます。また ^{18}F-THK5351 を用いた臨床研究にあたり，様々な御助言，御指導いただきました祖父江元教授，渡辺宏久教授，横井孝政先生に深く感謝いたします。本稿に登場した全ての薬剤の標識合成を共にして下さった山城敬一先生に心より感謝いたします。

　本稿執筆にあたり，得られたデータの一部は JSPS 科研費 17K10357 の助成を受けたものです。

149

文　　献

1) PET/サイクロトロン―医用画像電子博物館，（一社）日本画像医療システム工業会
（http://www.jira-net.or.jp/vm/chronology_pet-ct_top.html）
2) 山口博司，Fluorine（日本フッ素化学会会誌），**8**(1)，p. 15（2015）
3) 鈴木和年，短寿命ラジオアイソトープの製造とその医学利用，**30**，p. 49，JCAC（2009）
4) 井戸達雄，遠藤啓吾，窪田和雄，小西淳二，玉木長良，福田寛，PET 検査 Q&A，p. 3，日本核医学会・PET 核医学ワーキンググループ／日本核医学会・日本アイソトープ協会（2000）
5) (a) A. Krzyczmonik *et al., Journal of Labelled compounds and Pharmaceuticals (ISRS2017)*, O020（2017）；(b)山口博司，Fluorine（日本フッ素化学会会誌），**10**(1)，p. 12（2017）
6) FDG スキャン注 添付文書（改訂 4 版）（2010）
7) 西村恒彦ほか，クリニカル PET 一望千里，p. 68，メジカルビュー社（2004）
8) 山口博司，Fluorine（日本フッ素化学会会誌），**9**(1)，p. 15（2016）
9) (a) H. Yamaguchi *et al., Journal of Labelled compounds and Pharmaceuticals (ISRS2017)*, P360（2017）；(b) H. Yamaguchi *et al.,* International Meeting on Halogen Chemistry（HALCHEM2017），P-4（2017）；(c) H. Yamaguchi *et al.,* World Federation of Nuclear Medicine and Biology（WFNMB2018），P-104（2018）

3 MRIなどへの機能性含フッ素プローブ応用

水上 進[*]

3.1 はじめに

近年，生体や生細胞内の分子を非侵襲的に観察する分子イメージングが医学・生物学分野で盛んに研究されている。とりわけ，磁気共鳴イメージング（MRI：Magnetic Resonance Imaging）は生体組織深部を放射線被ばく無しに非侵襲的に画像化できる技術であるため，臨床で汎用的に使用されている。また，この優れた特性は蛍光イメージング，陽電子断層撮像法（PET：Positron Emission Tomography）などの他の分子イメージング技術にはないことから，基礎研究における利用も注目されている。通常 MRI と言えば ^{1}H MRI であり，生体組織に含まれる水や脂肪の水素原子（^{1}H）の核磁気共鳴（NMR）シグナルを，コンピュータによって三次元的に再構成する。環境に影響される緩和時間などのパラメータの値の違いから，NMR シグナルのコントラストが生じ，解剖学的形態を示す三次元画像となる。一方，特定の生体分子やイオンの動態，あるいは酵素活性のような「生体機能」の可視化は，細胞レベルでは蛍光イメージング技術によって行われているが，個体レベルではまだまだ高い技術障壁を有する難題である。こうした個体レベルの分子イメージング研究に対して，MRI を用いるアプローチは大きな注目を集めている[1]が，上述の組織コントラストが内在性バックグラウンドとなり，特定分子由来の微弱シグナル検出の妨げとなる。そこで，その問題点を克服する方法の一つとして ^{19}F MRI が注目されている[2]。

^{19}F は天然存在比率100%の安定同位体であり，^{1}H に次ぐ NMR 感度を持つ。また生体内にはほとんど存在しないため，内在性バックグラウンドは実質上無いと言える。それゆえ，外部から投与した ^{19}F を含む化合物だけが観察される。また ^{19}F MRI 測定は ^{1}H MRI と同一の測定コイルの共用が可能であるため，同一の装置で連続的に ^{1}H MRI と ^{19}F MRI 画像を撮像できる。そこで，^{1}H MRI で解剖学的画像を，^{19}F MRI で目的シグナルの画像をそれぞれ撮像し，重ね合わせることで目的シグナルが体内のどこにどのくらい存在するかを調べることができる（図1）。細胞や体表面に近い部位では強力な技術である蛍光イメージングであっても，哺乳類のような比較的大きな動物の生体内の深部の観察は極めて困難であるため，^{19}F MRI の特長は分子イメージングにおいて大きな将来性を期待させるものと言える。そこで，我々は ^{19}F MRI を用いて「生きた動物体内の動的生体シグナルの可視化技術」の開発に着手した。本稿では，フッ素の医学・生物学応用の研究例としてこの数年間の我々の取り組みを紹介したい。

---

[*] Shin Mizukami 東北大学 多元物質科学研究所 教授

有機フッ素化合物の最新動向

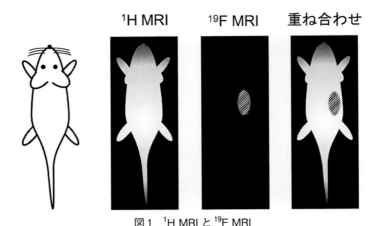

図1 ¹H MRI と ¹⁹F MRI

3.2 分子イメージングプローブの開発（その1）：OFF/ON 型低分子 ¹⁹F MRI プローブ

　酵素活性を見るためのプローブは蛍光イメージングにおいて数多く報告されている。例えば，水酸基やアミノ基などの置換基が色素の蛍光強度に大きく影響する場合，その置換基を酵素の基質で修飾することで，酵素反応による基質の化学変換（例えば加水分解反応）によって蛍光強度変化を引き起こすことができる。このように設計した蛍光プローブを用いて，生きた細胞内のいつ，どこで標的酵素活性が上昇するかを調べることができる。同様に生体深部の酵素活性を ¹⁹F MRI を用いて見るためには，どのような分子プローブを設計すればよいだろうか。我々がこの研究を開始した 2006 年当時，酵素反応を ¹⁹F NMR によって測定できる分子プローブとして知られていたのは，ケミカルシフト変化を用いるものであった[3]。原理上，NMR スペクトルにおいてケミカルシフトが変化すれば，それを MRI シグナル強度に変換することは可能であり，実際に化学シフトイメージング（CSI）などの幾つかの方法を用いることができる。しかしながら，MRI 測定は測定データをコンピュータによって三次元画像に変換する複雑な手法であり，化学シフトを考慮に入れるとさらにもう一次元の情報が追加されることになるため，測定時間も大幅に増加する。MRI はもともと感度の低い測定法であるため，水など生体に多量に含まれる分子のシグナルを可視化する ¹H MRI であっても蛍光イメージングに比べ，ずっと長い測定時間を必要とする。それゆえ，外部から投与したフッ素含有化合物を測定する ¹⁹F MRI においては，測定時間は極めて重要な問題であった。すなわち，実用的な使用を考えた時には，ケミカルシフトに依存しない MRI 測定によって酵素反応を観測できる新しい分子プローブの開発が必須であった。

　そこで筆者らが着目したのが，MRI シグナルのコントラストを変化させるパラメーターの一つ，横緩和時間（T_2）である。NMR においては共鳴周波数を持つラジオ波を照射すると，核スピンの歳差運動が共鳴により同期する（位相が揃う）ことで，静磁場と垂直な方向に回転磁化（横磁化）が生じる。ラジオ波の照射を切ると，それぞれの核スピンの局所磁場のわずかな差によっ

第 2 章　医農薬分野への応用

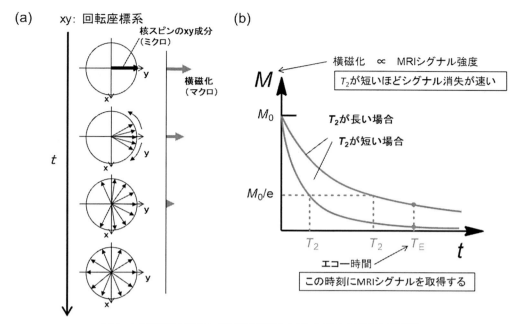

図 2　(a) 横緩和の概要，(b) 緩和時間と MRI シグナル強度との関係

て徐々に位相がずれはじめ，横磁化は減衰していく（図 2）。T_2 は横磁化が最初の 37 %（= 1/e）まで減衰する時間と定義される。適切な測定時刻（エコー時間など）で測定すれば，T_2 が短くなる場合は MRI シグナル強度は減弱し，T_2 が長くなると MRI シグナル強度は増大する。よって，酵素活性などの生体機能に応答して T_2 が変化する分子プローブを開発すれば，化学シフトイメージングを用いることなく，標的生体機能の ^{19}F MRI 検出が可能になる。個々の観測核種の周辺の局所磁場の大きさに差があると，T_2 はより速やかに減衰する。よって，プロトンの核スピンの約 660 倍の大きさを持つ電子スピンは，大きな T_2（横）緩和能を有する。それゆえ，常磁性金属イオンなど不対電子を含む物質は，近傍に存在する NMR 核種の T_2 を著しく短縮させる常磁性緩和促進（PRE：Paramagnetic Relaxation Enhancement）効果と呼ばれる現象が知られている。NMR の測定サンプル中に例えば Fe^{3+} イオンなどの常磁性種が含まれると，その NMR スペクトル中のピークはブロード化する。これは T_2 が短縮したときに NMR スペクトルに現れる変化であるが，MRI 画像においては T_2 短縮はシグナルの減少として現れる。そこで，もし化合物の T_2 をあらかじめ PRE 効果によって短縮させておき，酵素反応によって PRE 効果を解消することができれば，酵素活性を MRI シグナルの増大として観測できることになる（図 3(a)）。

この設計戦略に基づいて，まず最初に設計した分子が Gd-DOTA-DEVD-Tfb（図 3(b)）である[4]。このプローブは，アポトーシスの実行過程で働くシステインプロテアーゼ Caspase-3 の活性を検出するように設計されている。Caspase-3 によって加水分解される基質ペプチド配列

153

有機フッ素化合物の最新動向

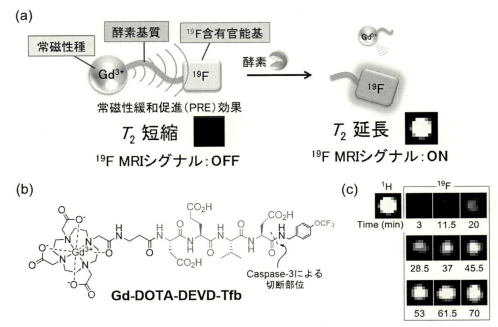

図3 (a) 常磁性緩和促進効果に基づく加水分解酵素活性の ^{19}F MRI 検出プローブの原理,
(b) Caspase-3 活性検出プローブ Gd-DOTA-DEVD-Tfb の構造,
(c) Caspase-3 活性により経時的にシグナル強度が増加する ^{19}F MRI ファントム画像

DEVD を含むペプチドの N および C 末端の両側にそれぞれ,常磁性の Gd^{3+} 錯体および MRI 観測核である ^{19}F を含む官能基が連結されている。ちなみに Gd^{3+} は 4f 軌道に不対電子を 7 つ持つことから,非常に大きな PRE 効果を示すことがよく知られている。

実際に上記の設計戦略を確かめるために,Gd-DOTA-DEVD-Tfb を中性緩衝液に溶かし,^{19}F NMR スペクトルを測定したところ,そのピークは大幅にブロード化しており,これは T_2 が大幅に短縮していることを意味する。そこで,溶液をキャピラリーに詰めて MRI 測定を行ったところ,シグナルは観測されなかった。次に,Gd-DOTA-DEVD-Tfb 溶液に Caspase-3 を添加し,素早くキャピラリーに詰めて,経時的に ^{19}F MRI 測定を行ったところ,時間の経過とともにキャピラリー内の ^{19}F MRI シグナルが増大していくのが観測された（図3(c)）。この実験結果は,観測核種（^{19}F）と常磁性種（Gd^{3+}）間の距離に依存して ^{19}F MRI シグナルの強度が変化することを意味し,この原理を用いて様々な酵素活性を ^{19}F MRI 検出できることを示唆していた。

そこで,実際に β-ガラクトシダーゼ（β-gal）および β-ラクタマーゼ（β-lac）の活性を検出する ^{19}F MRI プローブ Gd-DFP-Gal[5] および Gd-FC-lac[6] を開発した（図4）。いずれも,試験管内の実験において標的酵素活性を ^{19}F MRI で可視化することができた。Gd-FC-lac に関しては,細胞表面に標的酵素をレポーター蛋白質として発現させることで,生細胞に導入した遺伝子の発現の有無を ^{19}F MRI によって検出することが可能であった。続いていよいよ,動物個体内

第 2 章　医農薬分野への応用

(a) β−ガラクトシダーゼ活性検出　　　**(b)** β−ラクタマーゼ活性検出

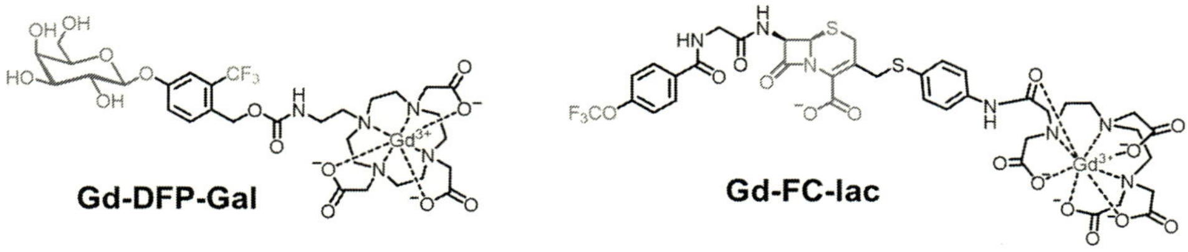

図 4　β−ガラクトシダーゼ活性検出プローブ Gd-DFP-Gal (a)，および
β−ラクタマーゼ活性検出プローブ Gd-FC-lac (b) の構造

の酵素活性の可視化に取り組んだ。マウス胎児の脳に遺伝子を導入する技術を持つ研究者の協力の下，脳内に β-lac を発現させると同時に Gd-FC-lac を注射し，レポーター蛋白質の発現を ^{19}F MRI で観察したが，シグナルの上昇は全く確認できなかった。*in vivo* 実験では投与したプローブが拡散してしまった可能性が考えられたため，摘出後に固定した脳スライスを用いる *ex vivo* 実験を行うことにした。今回はレポーター蛋白質として β-gal を用い，あらかじめ発色試薬 X-gal を用いて脳内で β-gal 活性が見られるのを確認した上で，^{19}F MRI プローブ Gd-DFP-Gal を脳スライスに浸み込ませ，^{19}F MRI 測定を行った。しかしながら結果は，脳スライス内部からは全く ^{19}F MRI シグナルが観測されなかったのに対し，周りの緩衝液からは組織内から浸出したと思われる活性化した ^{19}F MRI プローブシグナルが観察された。活性化させた ^{19}F MRI プローブを脳ホモジネートを混合させただけでも同様のシグナル強度の大幅な低下が確認されたことから，脳内では何らかの機構によりプローブの ^{19}F MRI シグナル強度が抑制されていると考えられた。この理由は，脂溶性の高いプローブが脳内の蛋白質などの高分子と相互作用し，運動性が低下することで T_2 が短縮し，その結果 MRI シグナルの低下につながったためと考察された。以上の結果は，*in vivo* あるいは *ex vivo* における酵素活性を ^{19}F MRI で検出するには，分子プローブの高感度化とともに，生体内で分子プローブの運動性が低下しない工夫が必要であることを意味していた。

3.3　^{19}F MRI プローブの高感度化

　Gd-DFP-Gal を用いた *ex vivo* 実験の結果は，プローブの水溶性が高感度 MRI 測定には非常に重要であることを意味していた。しかし，都合の悪いことにフッ素原子は疎水性が高く，^{19}F MRI シグナル強度を増大させるために多数の ^{19}F 原子をプローブ内に組み込むと，疎水性が高くなるために分子の運動性が低下し，かえってシグナル強度が低下することになりかねない。そこで，フッ素原子の数を増やすと同時に，疎水性による運動性低下を抑制した，これまでにない特性を持ったプローブの創製に取り組む必要があった。そこで設計したのが，コアにパーフルオロ-15-クラウン-5 エーテル（PFCE），シェルがシリカゲルからなるコア-シェルナノ粒子 FLAME（図 5(a)）であった[7]。

155

有機フッ素化合物の最新動向

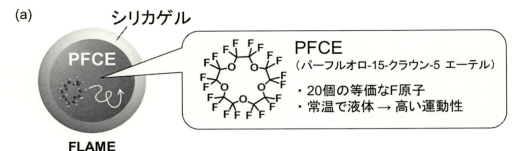

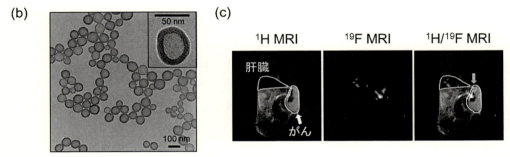

図5　(a) ナノ粒子 ^{19}F MRI プローブ FLAME の概要，
(b) FLAME の等価型電子顕微鏡像，
(c) FLAME-PEG を静脈内投与した担がんマウスの ^{1}H MRI および ^{19}F MRI 画像

　この特異な構造を有するナノ粒子の設計に至ったのには二つのポイントがある。一つ目はコアの PFCE の物性に関するものである。PFCE は 1 分子中に等価な 20 個のフッ素原子を有するために ^{19}F NMR においては強いシングルピークを示すが，「実験温度で液体であるためにナノ粒子内部に封じ込めた場合でも速い分子運動が保たれて長い T_2 が期待できること」である。二つ目はシェルのシリカゲルの特性に関するもので，これまで PFCE をリン脂質でミセルにしたものは知られていたが，「ミセルをシリカゲルで被覆すれば水溶液中だけでなく様々な有機溶媒中でも安定であるために，有機合成化学的にナノ粒子表面を自在に修飾できること」である。シリカゲル表面の修飾法は非常にたくさんの報告があり，薬物送達キャリアの研究も行われているため，シリカナノ粒子は分子イメージング研究においても有望な素材の一つと言える。

　FLAME は，PFCE をリン脂質でナノサイズのエマルションとし，脂質表面に局在する触媒を用いてシリカゲル重合反応をナノエマルション表面上で進行させる方法を開発した。また，ローダミン B をシリカゲルに共有結合させ，粒子の蛍光検出を可能にした。透過型電子顕微鏡（TEM）により，FLAME は平均粒径 76 nm のコア−シェル構造を持つナノ粒子であることが確かめられた（図5(b)）。動的光散乱（DLS）測定より，FLAME の平均流体力学直径は 131 nm であり，ζ電位は −4.5 mV とわずかに負に帯電していた。

　さらに，生体適合性を高めるためにシリカゲル表面をポリエチレングリコール（PEG）で修飾

156

第 2 章　医農薬分野への応用

した FLAME-PEG を合成し，固形がんを移植したマウスに静脈内投与した。腫瘍組織は急速に新生した血管が多いために血管壁から物質が漏出しやすく，さらにリンパ管が未発達であることから，EPR（Enhanced Permeability and Retention）効果と呼ばれるナノ粒子が集積しやすい特徴を持っている。投与 2 時間後にマウスを麻酔で眠らせ，連続して ^{1}H MRI および ^{19}F MRI 測定を行った結果，FLAME-PEG の強い ^{19}F MRI シグナルは腫瘍と肝臓からのみ観察された（図 5 (c)）。また，実際に臓器を摘出，切片化してローダミン B の蛍光を観察したところ，腫瘍および肝臓の組織切片において FLAME-PEG の集積が確認された。これらの結果は，FLAME の ^{19}F MRI シグナルが *in vivo* 検出可能なほど十分に強く，そのシグナルの位置が実際に体内で FLAME が蓄積している位置情報を反映していることを示している。また，生体適合性を高めた FLAME-PEG 自身は，EPR 効果を利用した腫瘍の可視化技術として用いることも可能である。

3.4　分子イメージングプローブの開発（その 2）：OFF/ON 型ナノ粒子 ^{19}F MRI プローブ

　コアーシェルナノ粒子構造を持つ ^{19}F MRI プローブを用いて，生体内の酵素反応などを可視化するには，標的酵素反応に応答してその ^{19}F MRI シグナル強度が変化するような機能が必要である。本稿の 3.2 項で述べたように，酵素反応を検出する低分子 ^{19}F MRI プローブの分子設計においては，常磁性緩和促進（PRE）効果を利用したが，同様の戦略が低分子と比較して数桁もサイズが大きく，100 nm 近い直径を持つナノ粒子において有効である保証はなかった。当初，我々は PRE 効果に基づくナノ粒子型の酵素活性検出プローブの実現には懐疑的であった。なぜなら，T_2 を短縮させる PRE 効果は距離の 6 乗に反比例するため，直径 100 nm の中心部付近については ナノ粒子表面からの距離が遠すぎて PRE 効果が有効でないと考えていたからである。しかしながら，実際に FLAME の表面に Gd^{3+} 錯体を修飾してみると，その心配は杞憂であった。

　配位子である DTPA（diethylenetriamine-pentaacetate）を粒子表面に修飾した FLAME-DTPA の ^{19}F NMR スペクトルは，鋭いシングルピーク（$T_2 = 420$ ms）を示したのに対し，DTPA に Gd^{3+} を配位させた FLAME-DTPA-Gd の ^{19}F NMR スペクトルはブロードなシングルピークを示し，T_2 も 40 ms へと大幅に短縮していた。キャピラリーを用いた ^{19}F MRI のファントム測定では，FLAME-DTPA は十分な MRI シグナル強度を示した一方で，FLAME-DTPA-Gd の MRI シグナルは消失していた。これらの予想外の結果は，ナノ粒子内部の全ての PFCE 分子は表面上に修飾された Gd^{3+} からの PRE 効果の影響を十分に受けていることを意味している。これは，PFCE が液体であるために，全 PFCE 分子が NMR（あるいは MRI）の測定時間内に表面の Gd^{3+} 錯体から影響を受ける距離を拡散によって通過したために T_2 が短縮したためと考察した。また，一つの Gd^{3+} では十分な PRE 効果はないものの，多数の Gd^{3+} による協働的な効果によって，コアに含まれる全 ^{19}F 原子の T_2 が MRI シグナルが消失するのに十分な値まで短縮することも分かった。

　そこで，次に低分子プローブの戦略と同様に，リンカーの切断によって PRE 効果を解消させ

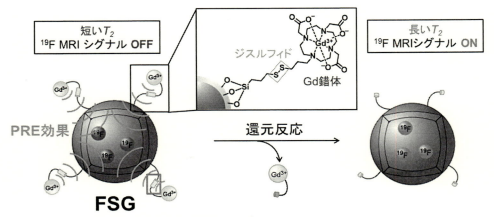

図6 還元環境を可視化する ^{19}F MRI プローブ FSG の概要

ることで OFF/ON 型のナノ粒子プローブを開発できるのではないかと考えた。合成したナノ粒子プローブ FSG (FLAME-SS-Gd^{3+})[8] は，Gd^{3+} 錯体とナノ粒子をつなぐリンカーにジスルフィド結合を含んでおり，還元反応により表面修飾した Gd^{3+} 錯体がナノ粒子から遊離する構造を持つ（図6）。FSG はコアの ^{19}F 原子数と表面の Gd の原子数の比（n_{19F}/n_{Gd}）をそれぞれ 1.8×10^3，7.7×10^2，および 5.3×10^2 と変えた三種類の FSG1～3 を合成した。還元剤を含まない FSG の ^{19}F NMR スペクトルは，Gd^{3+} による PRE 効果のためにいずれもブロード化していた。FSG1 の ^{19}F NMR スペクトルはシャープなピークを示し，その T_2 は 120 ms であった。FSG2 の T_2 は 66 ms であったが，最も多くの Gd^{3+} 錯体が修飾された FSG3 の T_2 は 27 ms まで短縮されていた。したがって，PRE 効果は全ての FSG において有効であったが，表面に修飾する Gd^{3+} の量を増加させるほど PRE 効果がより有効に働くことも示された。

次に，還元剤 tris(2-carboxyethyl)phosphine (TCEP) を用いて，リンカー中のジスルフィド結合を還元したところ，全ての FSG の ^{19}F NMR ピークが，添加前よりシャープになった（図7）。また，グルタチオン，システイン，およびジチオスレイトールなどその他の還元剤の添加によっても同様の変化が見られた。続いて，TCEP の添加によって ^{19}F MRI シグナルに変化が見られるかを調べた。適切なエコー時間（T_E）を選択することで，FSG1～3 の全てにおいて還元反応の前後で 40～60 倍もの ^{19}F MRI シグナルの増大が見られた（図7）。以上から，ナノ粒子表面に切断可能なリンカーを介して Gd 錯体を修飾することで，還元環境を認識してスイッチが ON になるナノ粒子 ^{19}F MRI プローブ FSG の開発に成功した。FSG の利点の一つは，シグナルの OFF/ON スイッチングを制御する Gd^{3+} の数がコアに含まれる ^{19}F 原子の数と比較して 1,000 倍以上も少ないことである。よって，低分子プローブの場合と比較してわずかな反応で高いシグナル強度の増大すなわち高いシグナル増幅率を有していることである。この高いシグナル増幅率は，生体中の微量な活性を高感度で検出するためには非常に有効な特性と言える。

第 2 章　医農薬分野への応用

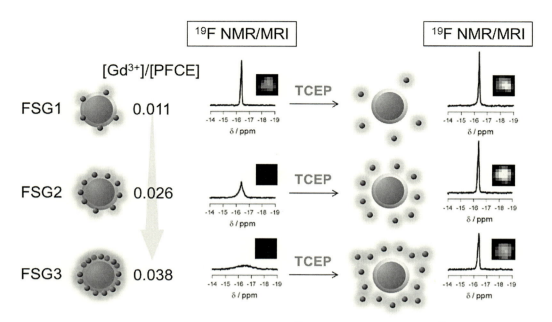

図7　FSG1〜3の概要と還元反応の前後における ^{19}F NMR スペクトルならびに ^{19}F MRI 画像

3.5　まとめ

　以上，本稿では筆者らが開発してきた「生体解析用 ^{19}F MRI プローブの開発研究」について紹介した。^{19}F MRI は「内在性バックグラウンドが無く，生体深部を可視化できる」という非常に優れた長所を有している。研究初期に開発した PRE 効果に基づく酵素活性プローブは *in vitro* ではうまく機能したことから，蛍光イメージングのような生体機能のイメージングが生きた動物を用いて達成できるのではないかとの期待が膨らんだ。しかしながら，その後の研究を進める中で ^{19}F MRI の最大の問題点である検出感度に関しては，蛍光イメージングなどの光イメージング技術はもちろんのこと，観測核種の存在量の差から ^{1}H MRI に対しても著しく劣っていることを実感することになった。それゆえ，^{19}F MRI を実用的な *in vivo* イメージング法として確立するのは絶望的とすら感じた。しかしながら，ふとした思いつきから開発に成功したコアーシェル型ナノ粒子 FLAME によって感度が劇的に改善され，*in vivo* 応用も可能になった。さらに，低分子とナノ粒子では同様の OFF/ON プローブ設計が困難であるのが一般的であるが，本研究においては低分子プローブで有効な PRE 効果がナノ粒子プローブでも有効であったことは幸運であった。これにより，還元環境を検出する FSG の開発に至った。この原理は一般性を有しているため，ジスルフィド結合を加水分解酵素の基質配列に置き換えれば，様々な酵素反応の ^{19}F MRI 検出が可能になる。さらに，本稿では触れなかったが，ごく最近 caspase-3 活性を検出するナノ粒子プローブを開発し，生きたマウス体内で誘導したアポトーシス時に活性化する caspase-3 様活性の ^{19}F MRI による可視化に初めて成功した[9]。すでに他の酵素にも展開してお

り，様々な酵素活性の *in vivo* イメージングが可能になると予想される。しかしながら，今後本手法が汎用技術となるために解決すべき課題は，第一にはやはり感度であろう。ナノ粒子型プローブ FLAME の開発によって，低分子プローブとは比較にならないほどの感度上昇は達成できたが，まだまだ感度が不足していると言わざるを得ず，この問題は長時間の積算や測定ボクセル体積の拡大などで対応している。しかしながら，近年では高磁場化やクライオプローブなど装置の進歩だけでなく，超偏極やパラ水素などの劇的な感度上昇をもたらす技術開発の研究もますます進展している。こうしたハード・ソフトの両面の技術革新は ^{19}F MRI のバイオイメージングへの応用をさらに後押しすることになるだろう。そうなれば，臨床における ^{19}F MRI が実現する日もそう遠くないだろう。

謝辞

　本研究は大阪大学大学院工学研究科生命先端工学専攻の菊地和也教授の研究室で，約 10 年にわたって菊地教授および多くの大学院生達とともに遂行してきた研究の一部です。また，研究の立案から考察，さらには ^{19}F MRI 測定に関して，共同研究者である京都大学・白川昌宏教授，栩尾豪人教授，大阪大学・吉岡芳親教授，杉原文徳博士に大変お世話になりました。ここに深く感謝を申し上げます。

文　　献

1)　A. Y. Louie *et al.*, *Nat. Biotechnol.*, **18**, 321 (2000)
2)　J. Yu *et al.*, *Curr. Med. Chem.*, **12**, 819 (2005)
3)　J. Yu *et al.*, *Magn. Reson. Med.*, **51**, 616 (2004)
4)　S. Mizukami *et al.*, *J. Am. Chem. Soc.*, **130**, 794 (2008)
5)　S. Mizukami *et al.*, *Chem. Sci.*, **2**, 1151 (2011)
6)　H. Matsushita *et al.*, *ChemBioChem*, **13**, 1579 (2012)
7)　H. Matsushita *et al.*, *Angew. Chem. Int. Ed.*, **53**, 1008 (2014)
8)　T. Nakamura *et al.*, *Angew. Chem. Int. Ed.*, **54**, 1007 (2015)
9)　K. Akazawa *et al.*, *Bioconjugate Chem.*, **29**, 1720 (2018)

4 フッ素系農薬の開発動向

平井憲次[*1], 小林　修[*2]

4.1 はじめに

　分子内にフッ素原子やフッ素官能基が導入されたフッ素系農薬は，フッ素原子の特異な性質などに起因して，生物活性や安全性の向上など従来の化学農薬にない優れた性能を発揮する場合が多いことから，特に近年，盛んに開発研究が進められている。世界最初のフッ素系農薬は1960年に登場したトリフルラリンであり，以後50余年の間に240種類を越えるフッ素系農薬が開発されている。剤別では，フッ素系除草剤の割合が一番高く，334剤中89剤（26.6％）がフッ素系であり，殺虫剤及び殺菌剤では，それぞれ556剤中93剤（16.7％），361剤中59剤（16.3％）がフッ素系農薬である。

　フッ素系農薬は，現在では，全化学農薬の約20％を占めるに至っており，さらに，2001年以降に"ISO common name"を取得した化学農薬（167剤）の中で，95剤（56.9％）がフッ素系農薬であることからも，フッ素系農薬開発の盛況振りが伺える。特に，フッ素系殺虫剤の開発が

図1　フッ素系農薬の剤別割合[1a〜d]

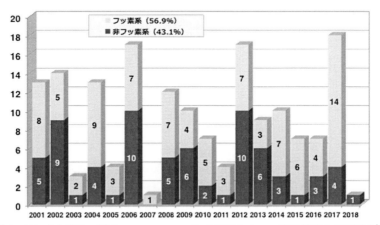

図2　2001年以降に"ISO common name"を取得したフッ素系農薬の年別割合[1a]

---

* 1　Kenji Hirai　（公財）相模中央化学研究所　所長
* 2　Osamu Kobayashi　（公財）相模中央化学研究所　生物制御化学グループ　副主任研究員

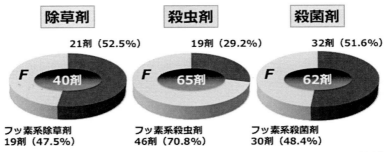

図3 2001年以降に"ISO common name"を取得したフッ素系農薬の剤別割合[1a]

活発に進められ，実に65剤中46剤（70.8%）がフッ素系である。また，除草剤や殺菌剤においても，約半数をフッ素系農薬が占めている。本書では，今世紀に入って"ISO common name"を取得した化学農薬の中から，主なフッ素系農薬を取り上げ，構造式を挙げて紹介する。

4.2 フッ素系除草剤

フッ素系除草剤としては，作用機構別に，アセト乳酸合成酵素（ALS）阻害剤，プロトポルフィリノーゲン酸化酵素（PPO）阻害剤，フィトエン脱飽和酵素（PDS）阻害剤，4-ヒドロキシフェニルピルビン酸ジオキシゲナーゼ（4-HPPD）阻害剤及び細胞分裂阻害剤に属する微小管重合阻害剤の割合が高く，全フッ素系除草剤（89剤）の7割以上を占めている。2001年以降にISO nameを取得したフッ素系除草剤は19剤であり，これらの阻害剤を中心に新しいフッ素系除草剤を紹介する。

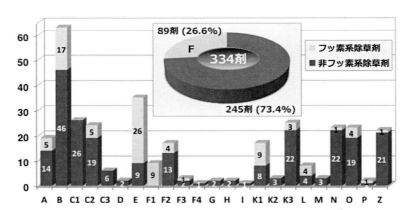

図4 HRACによる作用機構別フッ素系除草剤の割合[1a,b]

HRAC Group：**A**：ACCase 阻害剤，**B**：ALS 阻害剤，**C1-3**：電子伝達系 PSII 阻害剤，**D**：電子伝達系 PSI 阻害剤，**E**：PPO 阻害剤，**F**：カロテノイド生合成阻害剤（**F1**：PDS 阻害剤，**F2**：4-HPPD 阻害剤，**F3**：標的酵素未確認，**F4**：DOXP synthase 阻害），**G**：EPSP 阻害剤，**H**：GMS 阻害剤，**I**：DHP 阻害剤，**K**：細胞分裂阻害剤（**K1**：微小管重合阻害剤，**K2**：有糸分裂阻害剤・微小管形成阻害剤，**K3**：VLCFAs 阻害剤），**L**：セルロース生合成阻害剤，**M**：アンカプラー，**N**：脂肪酸伸長阻害（非 ACCase 阻害），**O**：オーキシン様作用，**P**：オーキシン転流阻害剤，**Z**：作用機構未確認

162

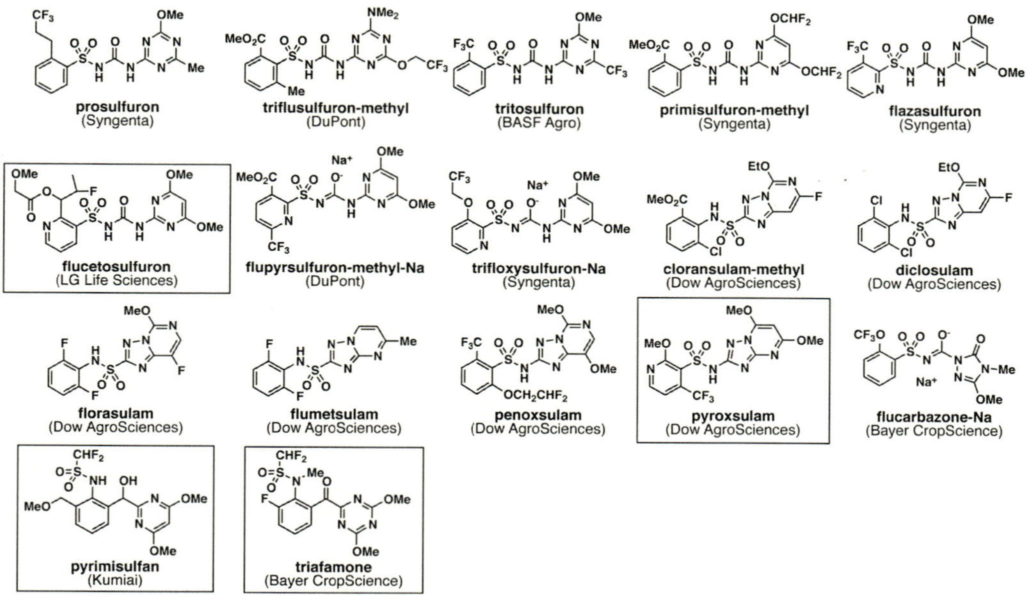

第2章　医農薬分野への応用

図5　アセト乳酸合成酵素（ALS）阻害剤

4.2.1　アセト乳酸合成酵素（ALS）阻害剤

　除草剤の中では，分岐アミノ酸の生合成を阻害するアセト乳酸合成酵素（ALS）阻害剤（63剤）が最も開発剤の種類が多く，その内17剤（図5）がフッ素系である。2001年以降にISO nameを取得した新剤（図中，四角枠で囲った化合物）は，flucetosulfuron[2]，pyroxsulam[3]，pyrimisulfan[4] 及び triafamone[5] の4剤である。Flucetosulfuron はピリジルスルホニルウレア系のALS阻害剤で，ピリジン環2位に2-フルオロ-1-（メトキシアセチルオキシ）プロピル基を有する点が特徴である。Pyroxsulam はトリアゾロピリミジン系ALS阻害剤で，トリアゾール環3位にこれまでにない4-（トリフルオロメチル）ピリジルスルホニルアミノ基を有する点が特徴である。Pyrimisulfan と triafamone は，bispyribac や pyriminobac に代表されるピリミジニルオキシ安息香酸エステル系ALS阻害剤から派生した化合物で，前者はピリミジン環とベンゼン環がヒドロキシメチレン基で，後者はカルボニル基で架橋している点が斬新な構造展開の化合物である。さらに，これらのベンゼン環2位に導入されたジフルオロメチルスルホニルアミノ基も特徴的な置換基である。両剤とも ALS 抵抗性雑草にも効果を示す点で注目されている。

4.2.2　プロトポルフィリノーゲン酸化酵素（PPO）阻害剤

　クロロフィルの生合成過程におけるプロトポルフィリノーゲンIXからプロトポルフィリンIXの合成を触媒するプロトポルフィリノーゲン酸化酵素（PPO）の阻害剤は，ALS阻害剤に次いで開発剤の種類が多い除草剤群である。PPO阻害剤の中でも，いわゆる環状イミド型除草剤は，ベンゼン環2位へのフッ素原子の導入や複素環（イミド環）上へのフッ素官能基の導入により性能が向上することから，数多くのフッ素系PPO阻害剤（図6）が開発され，ジフェニルエーテ

163

有機フッ素化合物の最新動向

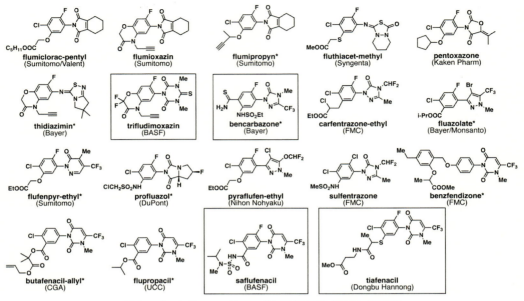

図6　プロトポルフィリノーゲン酸化酵素（PPO）阻害剤

ル型PPO阻害剤（7剤）を合わせると26種類の除草剤が知られているが，開発中止になった剤も少なくない。2001年以降の新剤は，trifludimoxazin[6]，bencarbazone[7]，saflufenacil[8]及びtiafenacil[9]の4剤であるが，bencarbazoneの開発は中止されている。

　Trifludimoxazin[6]は，6-チオキソ-1,3,5-トリアジン-2,4-ジオン環3位にflumioxazinと同じベンゾオキサジノン環を有するが，オキサジノン環2位炭素原子上に2個のフッ素原子を導入し，活性の向上を図っている。BASFは，trifludimoxazinを用いてPPO除草剤抵抗性作物の創出に取り組んでいる。Bencarbazone[7]は，carfentrazone-ethylやsulfentrazone同様にトリアゾリノン環を母核とするPPO阻害剤であるが，フッ素官能基（5位トリフルオロメチル基）の導入位置が異なる。また，ベンゼン環4位のチオカルバモイル基もユニークである。環状イミド型PPO阻害剤の中でも特に強力な除草活性を示すトリフルオロメチル基置換ウラシル誘導体であるsaflufenacil[8]は，2010年に上市され，既に多くの場面で使用されている。本化合物は，ベンゼン環5位の置換アミノスルホニルカルバモイル基が特徴的である。同じくウラシル誘導体であるtiafenacilもベンゼン環5位の置換基に特徴があり，末端のエステル残基は，PPOのArg98のアミノ基とイオン性相互作用を持つプロトポルフィリノーゲンIXのC環から伸びるカルボン酸のミミックと考えられる。Tiafenacil[9]は高い非選択的な除草活性を有するが，商品化に向けての最近の開発状況は不明である。

　フッ素系のジフェニルエーテル型PPO阻害剤は8剤（acifluorfen-Na, bifenox, chlomethoxyfen, fluoroglycofen-ethyl, fomesafen, halosafen, lactofen, oxyfluorfen）あるが，2001年以降の新剤はない。

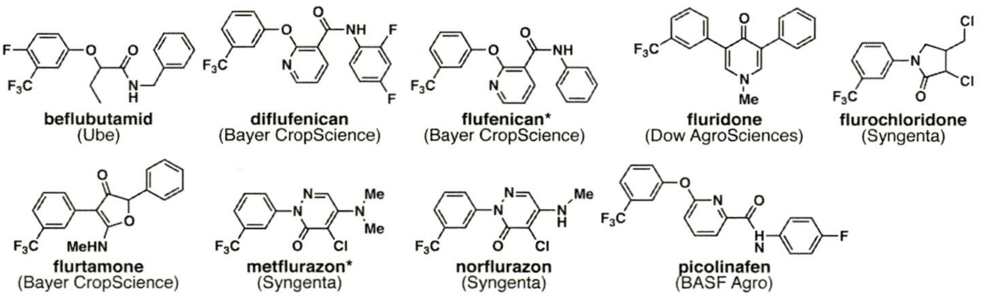

第2章　医農薬分野への応用

図7　フィトエン脱飽和酵素（PDS）阻害剤

4.2.3　カロテノイド生合成阻害剤

　カロテノイド生合成阻害剤は，その阻害様式により，カロテノイドの生合成過程のフィトエン以降の脱水素反応を触媒する不飽和化酵素（脱水素酵素），特に，phytoene desaturase（PDS）を阻害する PDS 阻害剤と，フィトエンからフィトフルエンへの不飽和化反応で発生する電子の受容体であるプラストキノンの生合成を触媒する 4-hydroxyphenylpyruvate dioxygenase（4-HPPD）を阻害して，間接的にカロテノイドの生合成を阻害する 4-HPPD 阻害剤に分けられる。

（1）　フィトエン脱飽和酵素（PDS）阻害剤

　既存のフィトエン脱飽和酵素（PDS）阻害剤は，その構造要求性から 3-（トリフルオロメチル）フェニル基が必須であるため，全てがフッ素系除草剤（図7）である。近年は活発な開発研究は行われておらず，2001 年以降の新剤はない。

（2）　4-ヒドロキシフェニルピルビン酸ジオキシゲナーゼ（4-HPPD）阻害剤

　4-HPPD 阻害剤には，古くから使用されているピラゾール系の他，トリケトン系とイソキサゾール系合わせて 17 剤が知られている。フッ素系 4-HPPD 阻害剤は意外と少なく4剤（図8）であり，tembotrione[10] と pyrasulfotole[11] が 2001 年以降の新しい剤である。4-HPPD 阻害剤は，2位と4位に電子吸引性の置換基を導入したベンゼン環を有する点が共通の構造的特徴であるが，1995 年以降の開発研究で，ベンゼン環3位にやや嵩高い置換基を導入した様々な化合物が提案され，トリフルオロエチルオキシメチル基が導入された tembotrione[10] や，フッ素系ではないものの，イソキサゾリン環が導入された topramezone などが商品化されている。Pyrasulfotole[11] は，日本の水田で長年使用されてきた pyrazolynate（pyrazolate）のベンゼン環上2個の塩素原子をメチルスルホニル基とトリフルオロメチル基に変換したピラゾール系4-HPPD 阻害剤で，ピラゾール環5位の水酸基がプロドラッグ化されていないことも特徴である。

4.2.4　細胞分裂阻害剤

（1）　微小管重合阻害剤

　このグループに属する除草剤の中には新しいフッ素系除草剤はないものの，17 剤中9剤がフッ

165

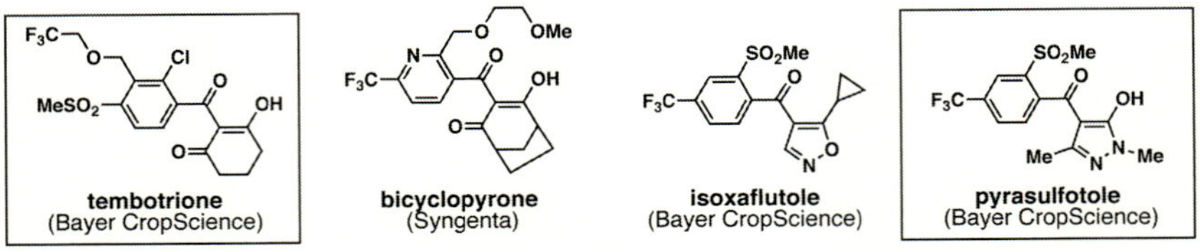

有機フッ素化合物の最新動向

図8 4-ヒドロキシフェニルピルビン酸ジオキシゲナーゼ（4-HPPD）阻害剤

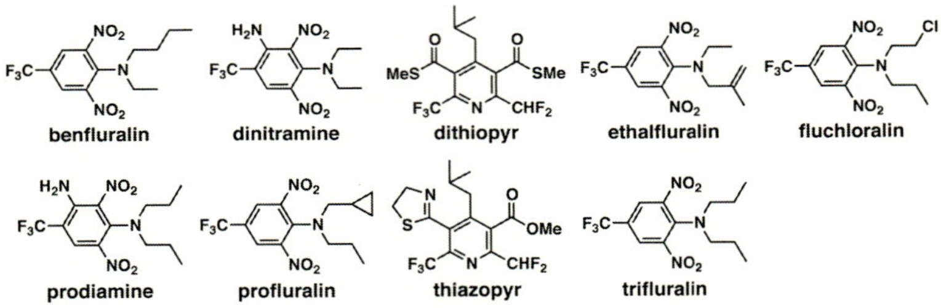

図9 微小管重合阻害剤

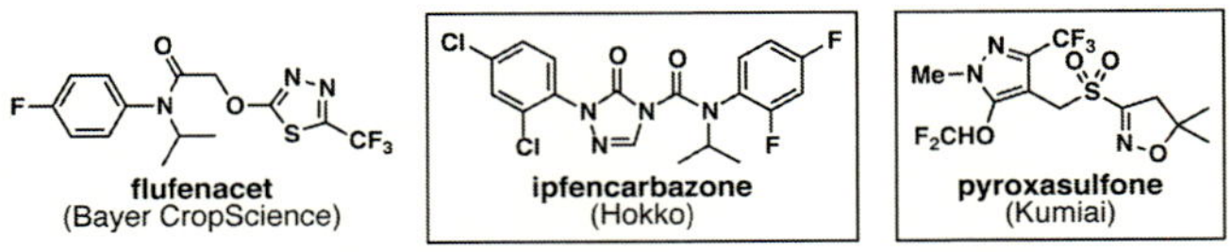

図10 超長鎖脂肪酸（VLCFAs）生合成阻害剤

素系であり，世界初のフッ素系除草剤 trifluralin を含め，構造式を図9にまとめた。

(2) 超長鎖脂肪酸（VLCFAs）生合成阻害剤

クロロアセタミド系 VLCFAs 生合成阻害剤は古くから使用されているが，フッ素系阻害剤としてはオキシアセタミド系の flufenacet が唯一の開発剤である。その後，トリアゾール環を母核とする cafenstrole が上市され，複素環上に置換カルバモイル基を有する fentrazamide や，フッ素系の ipfencarbazone[12] の創出へと繋がっている。一方，クミアイ化学が開発した pyroxasulfone[13] は，類縁の fenoxasulfone とともに，イソキサゾリン-3-イルスルホニルメチル基を有する斬新な構造の VLCFAs 生合成阻害剤である。

4.2.5 その他のフッ素系阻害剤

(1) アセチル CoA カルボキシラーゼ（ACCase）阻害剤

既存のフェノキシプロピオン酸系 ACCase 阻害剤（FOPs）は，全てが光学活性体であり，半数の5剤（図11）がフッ素系であるが，新しい剤は metamifop[14] の1剤である。他の ACCase 阻害剤として，シクロヘキサンジオン系（DIMs）や，近年開発されたフェニルピラゾリノン系（DEN）の pinoxaden が知られているが，いずれもフッ素系除草剤ではない。

(2) 光合成（PSII）阻害剤

フッ素系 PSII 阻害剤として，5剤（fluometuron, fluothiuron, parafluron, tetrafluron, thiazafluron）知られているが，2001年以降の新剤はない。

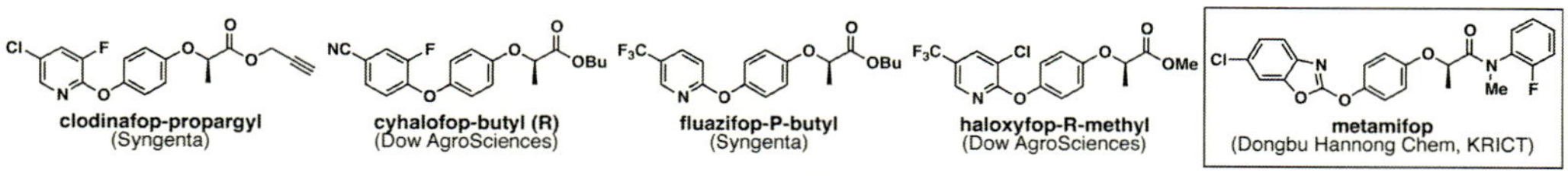

第 2 章　医農薬分野への応用

図 11　アセチル CoA カルボキシラーゼ（ACCase）阻害剤

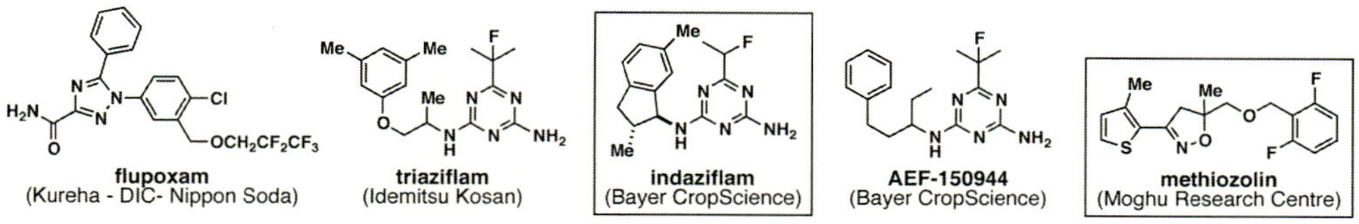

図 12　細胞壁（セルロース）合成阻害剤

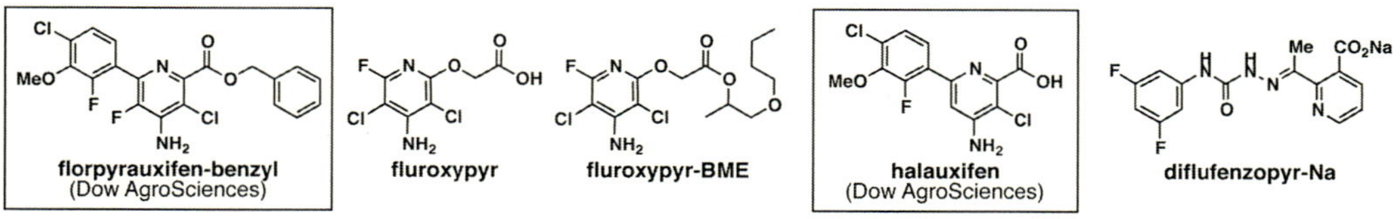

図 13　オーキシン様除草剤（インドール酢酸様活性・オーキシン転流阻害）

（3）　カロテノイド生合成阻害剤（ターゲットサイト不明）

　PDS 阻害剤や 4-HPPD 阻害剤とともに白化剤に分類されているカロテノイド生合成阻害剤（ターゲットサイト不明）に，フッ素系の fluometuron が知られているが，古い剤である。本剤は PSII 阻害剤としても分類されている。

（4）　細胞壁（セルロース）合成阻害剤

　セルロース合成阻害剤には多種多様な化合物が提案されており，共通の構造を持つ化合物群はないが，2008 年に ISO name を取得した indaziflam[15] は，同じくトリアジン環を母核とする triaziflam のフェノキシイソプロピリ基を環化させたミミックと考えられる。最近では類似の AEF-150944 などの開発も進められている。また，イソキサゾリン環を有する methiozolin[16] からは，3-メチルチエニル基を 2-メチルフェニル基に変換した誘導体の開発も進められている。

（5）　オーキシン様除草剤（インドール酢酸様活性・オーキシン転流阻害）

　2,4-D や dicamba に代表されるオーキシン様除草剤において，最近では，フッ素系の 4-アミノピコリン酸系除草剤の開発研究が盛んである。2017 年に上市された florpyrauxifen-benzyl[17] は，先に開発された halauxifen[18] のベンジルエステルである。

4.3　フッ素系殺虫剤

　フッ素系殺虫剤としては，作用機構別に，GABA 作動性塩化物イオン（塩素イオン）チャネルブロッカー，ナトリウムチャネルモジュレーター，ニコチン性アセチルコリン受容体（nAChR）競合的モジュレーター，プロトン勾配を撹乱する酸化的リン酸化脱共役剤，キチン生合成阻害剤，ミトコンドリア電子伝達系複合体 III 阻害剤及びリアノジン受容体モジュレーターの

167

有機フッ素化合物の最新動向

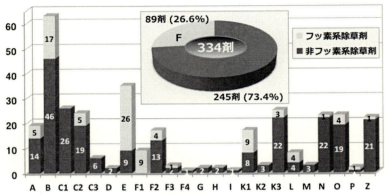

図 14　IRAC による作用機構別フッ素系殺虫剤の割合[1a,c]

IRAC Code：Code 1：アセチルコリンエステラーゼ（AChE）阻害剤，Code 2：GABA 作動性塩化物イオン（塩素イオン）チャネルブロッカー，Code 3：ナトリウムチャネルモジュレーター，Code 4：ニコチン性アセチルコリン受容体（nAChR）競合的モジュレーター，Code 5：ニコチン性アセチルコリン受容体（nAChR）アロステリックモジュレーター，Code 6：グルタミン酸作動性塩化物イオン（塩素イオン）チャネル（GluCl）アロステリックモジュレーター，Code 7：幼若ホルモン類似剤，Code 8：その他の非特異的（マルチサイト）阻害剤，Code 9：弦音器官 TRPV チャネルモジュレーター，Code 10：ダニ類成長阻害剤，Code 11：微生物由来昆虫中腸内膜破壊剤，Code 12：ミトコンドリア ATP 合成酵素阻害剤，Code 13：プロトン勾配を攪乱する酸化的リン酸化脱共役剤，Code 14：ニコチン性アセチルコリン受容体（nAChR）チャネルブロッカー，Code 15：キチン生合成阻害剤（タイプ 0），Code 16：キチン生合成阻害剤（タイプ 1），Code 17：脱皮阻害剤（ハエ目昆虫），Code 18：脱皮ホルモン（エクダイソン）受容体アゴニスト，Code 19：オクトパミン受容体アゴニスト，Code 20：ミトコンドリア電子伝達系複合体Ⅲ阻害剤，Code 21：ミトコンドリア電子伝達系複合体Ⅰ阻害剤（METI），Code 22：電位依存性ナトリウムチャネルブロッカー，Code 23：アセチル CoA カルボキシラーゼ阻害剤，Code 24：ミトコンドリア電子伝達系複合体Ⅳ阻害剤，Code 25：ミトコンドリア電子伝達系複合体Ⅱ阻害剤，Code 28：リアノジン受容体モジュレーター，Code 29：弦音器官モジュレーター（標的部位未特定），Code UN：作用機構が不明あるいは不明確な剤

割合が高く，全フッ素系殺虫剤（93 剤）の 70％弱を占めている。2001 年以降に ISO name を取得したフッ素系殺虫剤は 46 剤であり，これらの阻害剤を中心に新しいフッ素系殺虫剤を紹介する。

4.3.1　GABA 作動性塩化物イオン（塩素イオン）チャネルブロッカー

　動物薬として，5 位にトリフルオロメチル基と 3,5-ジクロロフェニル基の 2 つの置換基を導入したイソキサゾリン環を共通構造とする GABA 作動性塩素イオンチャネルブロッカー（afoxolaner, fluralaner, lotilaner, sarolaner）が知られているが，殺虫剤として日産化学により開発された化合物が fluxametamide[19] である。

　一方，GABA 作動性塩素イオンチャネルブロッカーとして最も代表的な殺虫剤は fipronil であり，このグループに属する殺虫剤群は「Fiproles」と呼称されている。いずれも 2,6-ジクロロ-4-(トリフルオロメチル)フェニル基が置換したピラゾール誘導体であり，ピラゾール環上の置換基によって差別化されている。近年は，ピラゾール環 5 位アミノ基上に保護基を導入したプロドラッグ体の開発が盛んである。Flufiprole[20] はイソブテン-3-イル基がアミノ基上に導入された

第2章 医農薬分野への応用

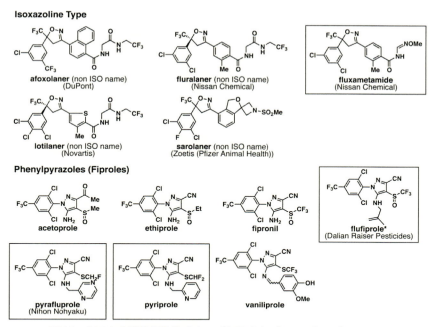

図15　GABA作動性塩化物イオン（塩素イオン）チャネルブロッカー

fipronil誘導体であり，pyrafluprole[21]とpyriprole[22]は，それぞれ，ピラジン-2-イル基及びピリジン-2-イル基が導入されている。

4.3.2　ナトリウムチャネルモジュレーター

神経系に作用するピレスロイド系殺虫剤（ナトリウムチャネルモジュレーター）は古くから使用され，リン剤（アセチルコリンエステラーゼ阻害剤）に次いで開発剤の種類が多い。フッ素系ピレスロイドも数多く商品化されており，全フッ素系殺虫剤の25％を占めている。新しい剤では，κ-bifenthrin[23]やγ-cyhalothrin[24]が開発されているが，両者ともbifenthrin及びcyhalothrinの光学活性体である。一方最近では，ビニルシクロプロパンカルボン酸の2,3,5,6-テトラフルオロベンジルエステルであるtransfluthrinをリードとして，4位にメチル基やメトキシメチル基を導入した化合物が盛んに開発されている。ビニル基上の置換基が異なるdimefluthrin[25]やheptafluthrin[26]，meperfluthrin[27]，metofluthrin[28]，ε-metofluthrin[29]，momfluorothrin[30]，ε-momfluorothrin[31]，profluthrin[32]，tefluthrin（κ-tefluthrin）[33]が2001年以降の新しい殺虫剤である。また，tetramethylfluthrin[34]は，テトラメチルシクロプロパンカルボン酸エステルである。

4.3.3　ニコチン性アセチルコリン受容体（nAChR）競合的モジュレーター

Imidachloprid に代表されるニコチン性アセチルコリン受容体（nAChR）競合的モジュレーターは，ネオニコチノイドと称され，世界的に最も汎用されている殺虫剤であるが，このグループに属するフッ素系殺虫剤は必ずしも多くはなく，従来のネオニコチノイドとは大きく構造改変

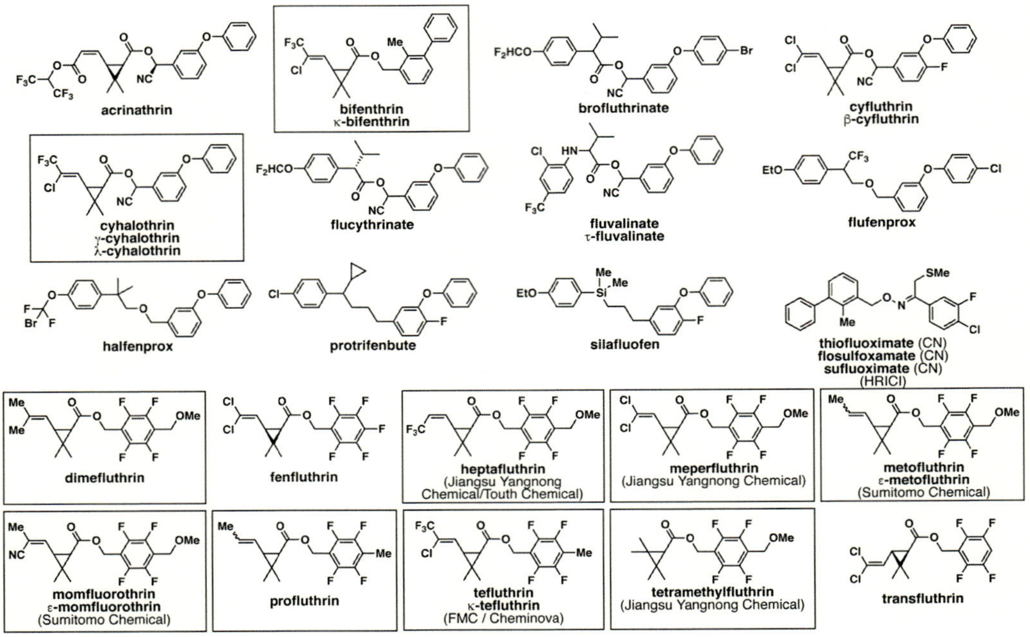

有機フッ素化合物の最新動向

図16　ナトリウムチャネルモジュレーター

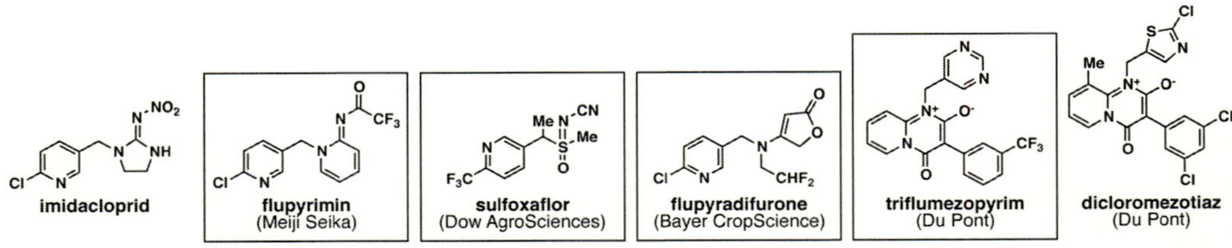

図17　ニコチン性アセチルコリン受容体（nAChR）競合的モジュレーター

された flupyrimin[35]，sulfoxaflor[36] 及び flupyradifurone[37] の 3 剤しかない。最近開発された triflumezopyrim[38] は dicloromezotiaz とともに，新しいタイプの双性イオン性殺虫剤で，その作用性は，nAChR を阻害するものの活性化はしないと報告されている。

4.3.4　プロトン勾配を撹乱する酸化的リン酸化脱共役剤

　窒素原子上がエトキシメチル基やクロロエチルオキシメチル基でプロドラッグ化されたピロール誘導体の chlorfenapyr[39] や bromchlorfenapyr[40] は，生体内でエトキシメチル基が脱離してアンカプラー活性が発現する殺虫・殺ダニ剤である。活性本体の tralopyril[41] は，最近，カタツムリなどの軟体動物の駆除剤として開発されている。また，殺虫・殺ダニ剤としてペルフルオロオクチル基を有するスルホンアミドの sulfluramid やその類縁の flursulamid が知られている。

4.3.5　キチン生合成阻害剤

　ベンゾイルウレア系キチン生合成阻害剤は，尿素の窒素原子上に 2,6-ジフルオロベンゾイル

170

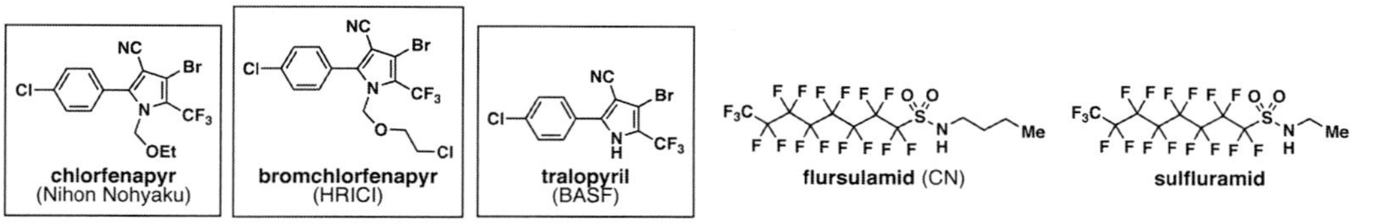

第 2 章　医農薬分野への応用

chlorfenapyr
(Nihon Nohyaku)

bromchlorfenapyr
(HRICI)

tralopyril
(BASF)

flursulamid (CN)

sulfluramid

図 18　プロトン勾配を撹乱する酸化的リン酸化脱共役剤

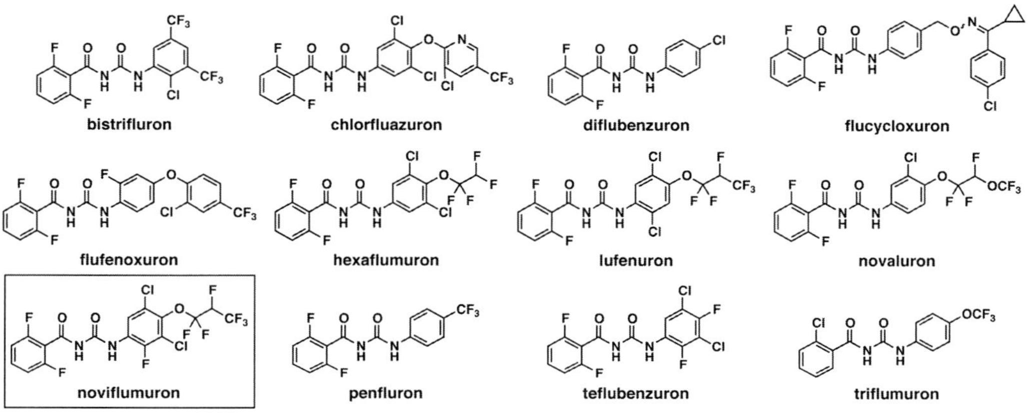

bistrifluron

chlorfluazuron

diflubenzuron

flucycloxuron

flufenoxuron

hexaflumuron

lufenuron

novaluron

noviflumuron

penfluron

teflubenzuron

triflumuron

図 19　キチン生合成阻害剤

基を共通の構造として有することから，既存剤 14 剤中 12 剤がフッ素系殺虫剤である。ペット用の動物薬として使用されている剤も多く，noviflumuron[42) が 2001 年以降の新剤である。尿素のもう一方の窒素原子上に導入されたベンゼン環上の置換基によって差別化されている。

4.3.6　ミトコンドリア電子伝達系複合体Ⅲ及び複合体Ⅱ阻害剤

　ミトコンドリア電子伝達系複合体Ⅲの阻害を作用機序とする，所謂，ストロビルリン系殺菌剤は数多く知られており，4.4 項ではその中からフッ素系の殺菌剤を紹介するが，殺ダニ活性を示す幾つかの化合物も開発されている。新しいフッ素系殺ダニ剤としては pyriminostrobin[43) が知られている。これらの殺ダニ剤とは全く構造が異なる cyflumetofen[44) は，日産化学が開発した cyenopyrafen をリードとして開発された殺ダニ剤であり，cyenopyrafen のピラゾール環をトリフルオロメチルフェニル基に，またプロドラッグ化のためのピバロイル基をメトキシエチルオキシカルボニル基で置き換えている。

　斬新な pyflubumide[45) は，その基本骨格がミトコンドリア電子伝達系複合体Ⅱ阻害剤のコハク酸脱水素酵素（SDH）阻害剤（殺菌剤）と類似しているが，ベンゼン環 4 位のメトキシ基が置換したヘキサフルオロイソプロピル基や 3 位のイソブチル基が高活性発現に重要である。

4.3.7　リアノジン受容体モジュレーター

　日本農薬が世界に先駆けて開発した flubendiamide[46) は，その作用機構が全く新しいリアノジン受容体モジュレーターであることから，その後，この分野の開発研究が爆発的に進み，現在も

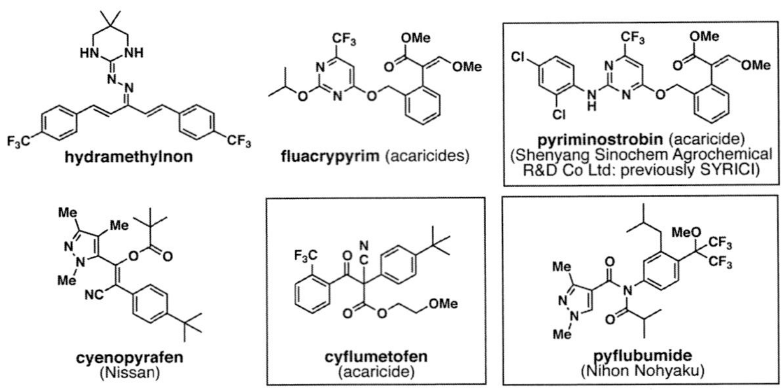

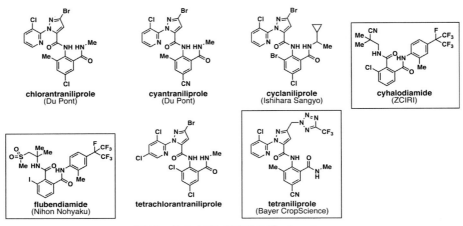

図20 ミトコンドリア電子伝達系複合体Ⅲ及び複合体Ⅱ阻害剤

図21 リアノジン受容体モジュレーター

活発に研究がなされている。既に7剤（図21）が商品化され，うち3剤がフッ素系である。これらは，flubendiamide[46]やcyhalodiamide[47]に代表されるフタル酸ジアミド（フタラミド）と，新しいtetraniliprole[48]のようなアントラニル酸アミドのグループに大別される。前者は，アミド窒素原子上に2-メチル-4-(ペルフルオロイソプロピル)フェニル基を共通の置換基として有するものが多く，後者は，1-(3-クロロピリジン-2-イル)-3-ブロモピラゾール-5-イル基が共通構造である。

4.3.8 その他の作用機構に属するフッ素系殺虫剤

弦音器官とは，昆虫の体表などにある微小な感覚器である感覚子が集まった器官であり，昆虫特有の聴覚器官である鼓膜器官や膝下（しつか）器官，ジョンストン器官がある。弦音器官のTRPVイオンチャンネル（TRPスーパーファミリーに属するバニロイド受容体関連チャネル）モジュレーターとして，セミカルバジド骨格を有するpyrifluquinazon[49]が開発されている。ベンゼン環上には，同じく日本農薬が開発したflubendiamideやcyhalodiamideなどのリアノジン

第2章　医農薬分野への応用

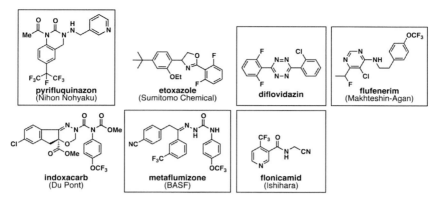

図22　その他の作用機構に属するフッ素系殺虫剤

受容体モジュレーターと同じペルフルオロイソプロピル基が導入されている。

ダニ類成長阻害剤のdiflovidazin[50]は，clofentezine（構造無記載）の類縁体であり，同グループに属するetoxazoleと同じ2,6-ジフルオロフェニル基を有する。

ミトコンドリア電子伝達系複合体Ⅰ阻害型の殺虫・殺ダニ剤は8剤が知られているが，ユニークな構造の化合物が多く，共通する構造や置換基はない。フッ素系は新しいflufenerim[51]だけである。

日本で2001年に農薬登録されたindoxacarbは，オキサジアジン環を母骨格とする複雑な構造の殺虫剤である。不斉炭素が1つあり，S体が殺虫活性を示し，R体は活性を示さない。作用機構は電位依存性ナトリウムチャネルブロッカーに分類され，新しいmetaflumizone[52]も同じグループに属する。両剤はセミカルバジド骨格が共通構造である。

石原産業が開発したflonicamid[53]は，4位にトリフルオロメチル基が置換したニコチン酸アミドであり，簡単な化合物であるものの，強力な殺虫活性を示す。シアノメチル基は保護基であり，無置換アミドが活性本体である。上述のpyrifluquinazonと同じ弦音器官モジュレーターであるが，標的部位は未特定である。

4.3.9　作用機構が不明あるいは不明確なフッ素系殺虫剤

図23には，作用機構が不明あるいは不明確なフッ素系殺虫・殺ダニ剤をまとめて示した。ビシクロ骨格のacynonapyr[54]やamidoflumet[55]は殺ダニ剤として，benzpyrimoxan[56]は昆虫成長制御剤（IGR）として開発された。Broflanilide[57]は，GABA受容体RDLサブユニットにおける新規の作用性を有する殺虫剤である。本剤は，flubendiamideやcyhalodiamide，pyrifluquinazonと同じペルフルオロイソプロピル基が導入されている。近年，キノリン骨格を有する化学農薬の開発研究が盛んであり，flometoquin[58]もその1つである。除草剤としては古くはquinclorac や quinmerac が，殺菌剤としては，後述する ipflufenoquin や tebufloquin が開発されている。殺線虫剤として，fluazaindolizine[59]やfluensulfone[60]が，殺虫剤として，fluhexafon[61]やoxazosulfy[62]，tyclopyrazoflor[63]が知られている。住友化学が開発した

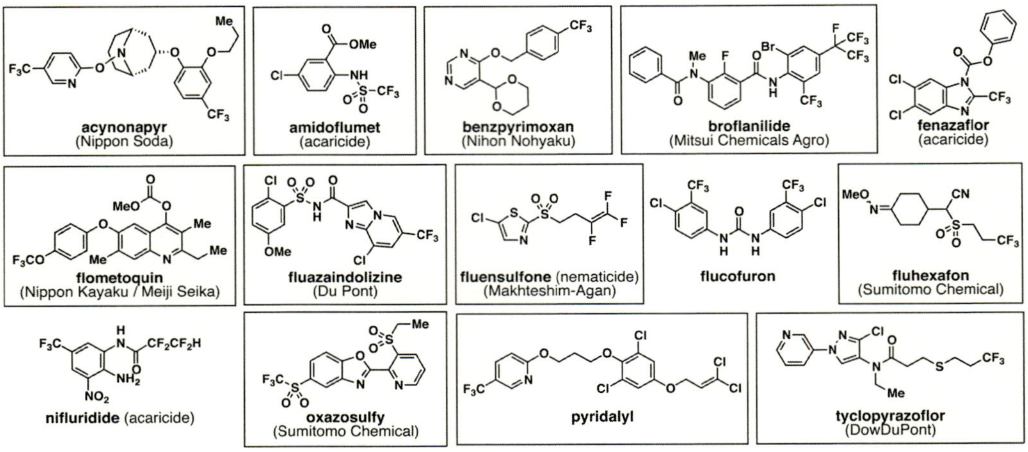

有機フッ素化合物の最新動向

図23 作用機構が不明あるいは不明確なフッ素系殺虫剤

pyridalyl[64] は，昆虫の細胞における蛋白質の合成阻害に起因する細胞増殖抑制作用を有することが報告されている。

4.4 フッ素系殺菌剤

　フッ素系殺菌剤の中では，呼吸阻害剤（ミトコンドリア呼吸鎖電子伝達系複合体Ⅱにおけるコハク酸脱水素酵素阻害）と細胞膜のステロール生合成阻害剤（ステロール生合成のC14位のデメチラーゼ（erg11/cyp51）阻害）に属する剤（37剤）の割合が高く，全フッ素系殺菌剤（59剤）の63%余りを占めている。2001年以降にISO nameを取得したフッ素系殺虫剤は30剤であり，これら2つのグループに属する阻害剤を中心に新しいフッ素系殺菌剤を紹介する。

4.4.1　ミトコンドリア呼吸鎖電子伝達系複合体Ⅱ阻害剤

　ミトコンドリア呼吸鎖電子伝達系阻害剤の中では，複合体ⅠのNADH酸化還元酵素阻害剤として diflumetorim が，酸化的リン酸化の脱共役剤として fluazinam が古くから知られているフッ素系殺菌剤である。ここでは，複合体Ⅱ阻害剤（コハク酸脱水素酵素（SDH）阻害剤）と複合体Ⅲ阻害剤（チトクローム bc1（ユビキノール酸化酵素）Qo部位（cyt b 遺伝子）阻害剤），及び複合体Ⅲ阻害剤（ユビキノン還元酵素 Qi 部位阻害剤）を中心に紹介する。

(1)　複合体Ⅱ阻害剤：コハク酸脱水素酵素（SDH）阻害剤

　SDH 阻害剤は，現在，最も精力的に開発が進められている領域であり，2001年以降に14剤がISO nameを取得し，既に10剤以上が商品化されている。1,4-オキサチイン-3-カルボキサニリド誘導体の carboxin に端を発し，オキサチイン環がベンゼン環に変換されたベンズアニリド誘導体へと展開し，さらにオルト位メチル基がトリフルオロメチル基へと変換された flutolanil などのフッ素系殺菌剤へと進化した。アミド窒素原子上はベンゼン環が直結している化合物が多い中で，最近開発された fluopyram[65] は，エチレン鎖を介して窒素原子とピリジン環が結合して

174

第 2 章　医農薬分野への応用

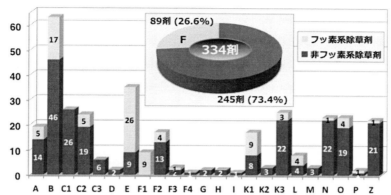

図 24　FRAC による作用機構別フッ素系殺菌剤の割合[1a,d]

Target site：Code A：核酸合成代謝，Code B：有糸核分裂と細胞分裂，Code C：呼吸（C2：複合体Ⅱ：コハク酸脱水素酵素，C3：複合体Ⅲ：チトクローム bc1（ユビキノール酸化酵素）Qo 部位（cyt b 遺伝子）），Code D：アミノ酸及び蛋白質合成，Code E：シグナル伝達，Code F：脂質生合成または輸送／細胞膜の構造または機能，Code G：細胞膜のステロール生合成（G1：ステロール生合成の C14 位のデメチラーゼ（erg11/cyp51）），Code H：細胞壁生成，Code I：細胞壁のメラニン合成，Code P：宿主植物の抵抗性誘導，Code UN：作用機構不明，Code M：多作用点接触活性，Others：未分類殺菌剤

いる化合物である。アミド窒素原子上のベンゼン環をピリジン環に置換したニコチン酸アミドの boscalid は，アミド窒素原子上のビフェニリル基が特徴である。このビフェニリル基の構築に，ノーベル賞を受賞された鈴木章先生が見出された「鈴木カップリング」が利用されていることでも知られている。さらにピリジン環をピラジン環へと構造展開が進み，pyraziflumid[66] が開発されている。

一方，carboxin のオキサチイン環を，フラン環やチオフェン環，チアゾール環などの複素五員環に変換したカルボキサミド誘導体への構造展開も進み，フッ素系殺菌剤 thifluzamide の創出に至っている。また，2000 年以降，ピラゾール環を母核とするピラゾール-4-カルボキサミド誘導体の開発が飛躍的に進展し，benzovindiflupyr[67]，bixafen[68]，fluindapyr[69]，fluxapyroxad[70]，inpyrfluxam[71]，isoflucypram[72]，isopyrazam[73]，penflufen[74]，penthiopyrad[75]，pydiflumetofen[76]，pyrapropoyne[77]，sedaxane[78] などのフッ素系殺菌剤が 2010 年以降，商品化または商品化間近である。

これらのピラゾール-4-カルボキサミド誘導体は，penflufen を除いて，ピラゾール環 3 位にジフルオロメチル基かトリフルオロメチル基を有しており，これらの置換基は高活性発現に重要な役割を果たしていると考えられる。ピラゾール環 3 位がメチル基の penflufen は，5 位にフッ素原子が導入されているが，3 位にジフルオロメチル基，5 位にフッ素原子が導入された isoflucypram は，昨年に ISO name を取得した最新の化合物である。また，三井化学が開発した penthiopyrad はアミド窒素原子上のチオフェン環が特徴である。ピラゾール系 SDH 阻害剤は，現在なお，数多くの候補化合物が開示されており，今後も活発な開発研究が進められると予想される。

有機フッ素化合物の最新動向

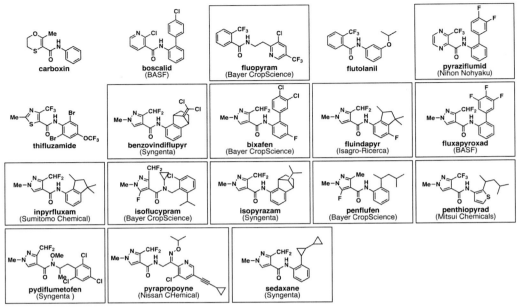

図25 複合体Ⅱ阻害剤：コハク酸脱水素酵素（SDH）阻害剤

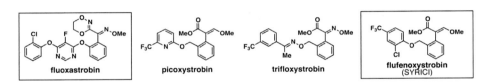

図26 複合体Ⅲ阻害剤：チトクローム bc1（ユビキノール酸化酵素）Qo 部位（cyt b 遺伝子）阻害剤

(2) 複合体Ⅲ阻害剤：チトクローム bc1（ユビキノール酸化酵素）Qo 部位（cyt b 遺伝子）阻害剤

複合体Ⅲ阻害型殺菌剤，所謂，ストロビルリン系殺菌剤は，世界中で最も多用されている殺菌剤である。次項で紹介する DMI 剤に次いで開発剤（27剤）が多いものの，フッ素系は図26に示した4剤だけである。一方で，多用されたがためにストロビルリン系殺菌剤に抵抗性を獲得した病害菌の発生が大きな問題となっている。ストロビルリン系殺菌剤の構造的特徴は，分子内のベンゼン環オルト位にメトキシアクリル酸メチルやメトキシイミノ酢酸メチルユニットまたはそのミミックとなる置換基を有する点であり，新しい fluoxastrobin[79] は，カルボン酸エステルと等価の 1,4,2-ジオキサジン環を有する化合物である。ストロビルリン系殺菌剤は優れた性能を有することから，現在も盛んに開発研究が進められており，特に中国における探索研究が活発である。2010年以降数剤が商品化されており，数多く提案されている開発候補剤の中の1つが flufenoxystrobin[80] である。

(3) 複合体Ⅲ阻害剤：ユビキノン還元酵素 Qi 部位阻害剤

日産化学の amisulbrom[81] は，dimefluazole や cyazofamid（構造無記載）同様にトリアゾール環やイミダゾール環窒素原子上にジメチルスルファモイル基を有する複合体Ⅲ阻害剤である。一

176

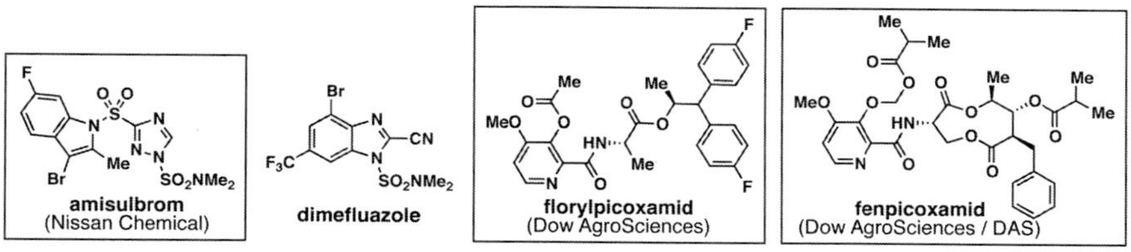

第 2 章　医農薬分野への応用

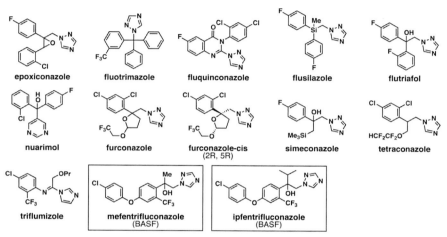

図 27　複合体Ⅲ阻害剤：ユビキノン還元酵素 Qi 部位阻害剤

図 28　ステロール生合成の C14 位のデメチラーゼ阻害剤（DMI 剤）

方，ピコリナミド誘導体の florylpicoxamid[82] は，amisulbrom などとは化学構造が全く異なるものの，同じ作用機構に属する殺菌剤である。本剤は，昨年に上市された fenpicoxamid[83] の類縁体である。

4.4.2　ステロール生合成の C14 位のデメチラーゼ阻害剤（DMI 剤）

アゾール系殺菌剤の DMI 剤は，ラノステロールなどのステロール生合成における 14 位炭素原子上の脱メチル化反応に関与するチトクローム P450 と結合してその作用を阻害し，エルゴステロール合成を阻害することにより抗菌作用を示す。また，DMI 剤は農薬以外にも，フルコナゾールなどのアゾール系抗真菌薬（医薬）としても数多く使用されている。

現在，60 剤を越える DMI 剤が知られており，12 剤がフッ素系殺菌剤である。殆どの化合物がトリアゾール環またはイミダゾール環を有しており，これらがチトクローム P450 の活性中心である鉄原子に配位することによって酵素活性を阻害する。昨年に ISO name を取得した mefentrifluconazole[84] と ipfentrifluconazole[85] は，ベンジル位の置換基が異なるだけであるが，数少ないフェノキシフェニル基が導入された化合物である。

4.4.3　その他の作用機構に属するフッ素系殺菌剤

有糸核分裂と細胞分裂を標的とする阻害剤には，アミドや尿素，カーバメートなどの官能基を有する多種多様な殺菌剤 25 剤が開発されている。フッ素系殺菌剤は 2 剤しかなく，

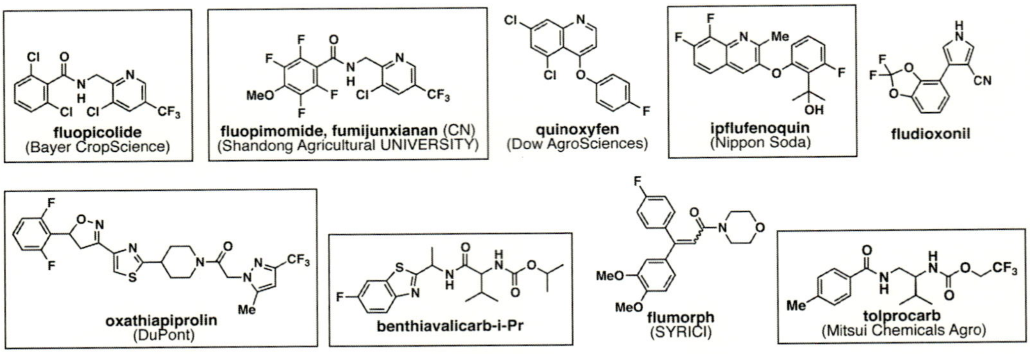

有機フッ素化合物の最新動向

fluopicolide
(Bayer CropScience)

fluopimomide, fumijunxianan (CN)
(Shandong Agricultural UNIVERSITY)

quinoxyfen
(Dow AgroSciences)

ipflufenoquin
(Nippon Soda)

fludioxonil

oxathiapiprolin
(DuPont)

benthiavalicarb-i-Pr

flumorph
(SYRICI)

tolprocarb
(Mitsui Chemicals Agro)

図29 その他の作用機構に属するフッ素系殺菌剤

fluopicolide[86]はトリフルオロメチル基が置換したピリジン環を有するベンズアミド誘導体である。最近，中国で開発された fluopimomide[87]は，fluopicolide の 2,6-ジクロロフェニル基を 2,3,5,6-テトラフルオロ-4-メトキシフェニル基に変換した化合物である。両剤ともに，スペクトリン様蛋白質の非局在化を阻害することによって活性が発現する。

　シグナル伝達系阻害剤として 3 剤が開発されている。新しい ipflufenoquin[88]は，既存の quinoxyfen と同じキノリン誘導体であるが，フェノキシ基の置換位置が異なる。非フッ素系の fludioxonil は fenpiclonil（構造無記載）の 2 個の塩素原子をジフルオロメチレンジオキシ基に置き換えた類縁体であるが，前 2 剤と作用点が異なり，浸透圧シグナル伝達における MAP/ヒスチジンキナーゼを阻害する。

　脂質恒常性及び輸送／貯蔵阻害剤として oxathiapiprolin[89]が開発されている。ベンゼン環と 4 種類の複素環から構成された極めてユニークな構造の化合物である。オキシステロール結合タンパクを介して作用するとされている。

　セルロース合成酵素阻害剤の benthiavalicarb-i-Pr[90]は，同じくバリンアミド誘導体の iprovalicarb や valifenalate と類縁構造の殺菌剤であり，フッ素が置換したベンゾチアゾール環の導入により差別化されている。一昨年に商品化された tolprocarb[91]は，一見すると benthiavalicarb と構造はよく似ているが，カルバミン酸のトリフルオロエチルエステルである。作用機構は異なり，メラニン生合成のポリケタイド合成酵素の阻害剤である。

4.4.4　作用機構未分類のフッ素系殺菌剤

　作用機構が不明あるいは不明確なフッ素系殺菌剤を図 30 に纏めて示した。2001 年以降に ISO name を取得した新しい剤は，cyflufenamid[92]，flutianil[93]，pyridachlometyl[94]，quinofumelin[95]及び tebufloquin[96]の 5 化合物であり，多くはフッ素原子やトリフルオロメチル基が導入されベンゼン環を有するが，quinofumelin はベンジル位に 2 個のフッ素原子が導入されたユニークな構造である。ピリダジン環 4 位に嵩高い 2,6-ジフルオロフェニル基を有する pyridachlometyl は，平面性を欠いた構造であり，最近の研究から，作用性は微小管ダイナミクス阻害と報告されている。

178

第 2 章　医農薬分野への応用

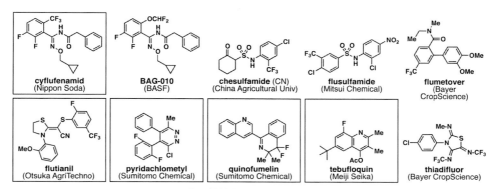

図 30　作用機構未分類のフッ素系殺菌剤

4.5　最後に

本節では，今世紀に入って ISO common name を取得したフッ素系農薬を合成屋の視点で紹介したが，各図には，周辺化合物や構造展開の経緯が理解し易いようにほぼ全てのフッ素系農薬の構造式を記載した。各剤の作用機構の詳細や，防除対象とする雑草や病害虫，対象作物などの生物学的特徴については他の成書をご覧いただきたい。

世界人口は増加の一途を辿り，耕地面積の大幅な拡大が見込めない社会情勢の中で，農作物の生産性の向上と安定供給は喫緊の課題である。また，高い安全性を問われる化学農薬は，様々な安全性評価試験や環境への影響試験の実施が要求され，最近では，新剤が発見されてから10年以上の長い年月と 250〜300 億円の費用がかかるといわれている。このような社会状況の中で，より優れた性能の発揮が期待できるフッ素系農薬は，現代農業における課題を解決するための有効な農業資材の1つといえる。本節が新しいフッ素系農薬の開発研究に少しでもお役に立てれば幸いである。

文　　献

1) a) Alan Wood "Compendium of Pesticide Common Names" (Home: "http://www.alanwood.net/pesticides/");
   b) Herbicide Resistance Action Committee (HRAC) (Home: "http://www.hracglobal.com/", Classification of Herbicide Mode of Action: "https://ja.scribd.com/document/13722788/Classification-of-Herbicide-Mode-of-Action-HRAC");
   c) Insecticide Resistance Action Committee (IRAC) (Home: "http://www.irac-online.org/", The IRAC Mode of Action Classification: "http://www.irac-online.org/modes-of-action/");
   d) Fungicide Resistance Action Committee (FRAC) (Home: "http://www.frac.info/

home", FRAC Code List: "http: //www. frac. info/docs/default-source/publications/ frac-code-list/frac_code_list_2018-final.pdf?sfvrsn=6144b9a_2")

2) WO2002/030921 (to LG Life Sciences)

3) WO2002/036595, US2005/0215570 (to Dow AgroSciences)

4) JP1999060562, JP2000044546 (to Kumiai/Ihara), JP2002145705 (to Nihon Nohyaku)

5) WO2007/031208, JP2007106745 (to Bayer CropScience)

6) WO2010/145992, WO2012/080975 (trifludimoxazin-resistant plant genes) (to BASF)

7) US6077813, WO1995/9530661, US2003/654667 (to Bayer CropScience - > Arysta LifeScience)

8) WO2001/083459 (to BASF)

9) US2011/0224083, KR20110110420 (to KRICT/Dongbu Hannong)

10) WO2003/017766, WO2003/020033 (to Bayer CropScience)

11) WO2001/074785, US2002/6420317 (to Aventis), WO2003/043423, US2005/6872691 (to Bayer CropScience)

12) JP2002332202, US2000/6077814, JP2001072517 (to Hokko Chemical)

13) WO2002/062770, US2004/110749 (to Kumiai)

14) WO2001/008479 (to Dongbu Hannong Chemical)

15) WO2004/069814, US2004/0157739 (to Bayer CropScience)

16) WO2002/019825 (to KRICT), I. T. Hwang *et al., J. Agric. Food Chem.*, **53**, 8639-8643 (2005)

17) US7314849 (US2007/0179060), US2015/0181872 (to Dow AgroSciences)

18) WO2007/082098, US20120190551 (to Dow AgroSciences)

19) JP2008239611 (to Nissan Chemical)

20) CN2003/398515

21) WO2001/000614 (to Mitsubishi Chemical -> Nihon Nohyaku)

22) JP2002121191, WO2002/066423 (to Mitsubishi Chemical), US2004053969 (to Nihon Nohyaku)

23) BE893535 (1982) (to FMC -> Cheminova)

24) EP107296 (1984), EP132392 (1985) (to ICI)

25) US6294576 (1999/418606), EP1004569 (1999) (to Sumitomo Chemical)

26) CN101381306 (2009), CN101367730 (2009) (to Jiangsu Yangnong Chemical)

27) CN101306997 (2008), CN101508647 (2009) (to Jiangsu Yangnong Chemical), J. Chen *et al., Nongyao*, **44**(9), 405-406 (2005)

28) JP2002212138 (to Sumitomo Chemical), K. Ujihara *et al., Biosci., Biotechnol., Biochem.*, **68** (1), 170-174 (2004)

29) JP2002212138 (to Sumitomo Chemical), K. Ujihara *et al., Biosci., Biotechnol., Biochem.*, **68** (1), 170-174 (2004)

30) US2003/0195119 (to Sumitomo Chemical)

31) US2003/0195119 (to Sumitomo Chemical)

32) EP939073 (1999) (to Sumitomo Chemical)

33) WO2002/006202 (to Syngenta -> Cheminova)

34) EP0060617 (1982) (to ICI -> Jiangsu Yangnong Chemical)

第 2 章　医農薬分野への応用

35)　EP2633756（to Meiji Seika）

36)　US2007/0203191, WO2007/149134, WO2007/095229（to Dow AgroSciences）

37)　WO2010078899, US2011/0152534（to Bayer CropScience）

38)　WO2012/092115（to Du Pont）

39)　EP491136（1992）, US5359090（1994）（to American Cyanamid -> Nihon Nohyaku）

40)　CN103004769（to HRICI）

41)　US4929634（1989）, US5359090（1994）（to American Cyanamid -> BASF）

42)　DE3827133（1989）, WO9819542（to Dow AgroSciences）

43)　WO2010/139271, US2012/0035190（to SYRICI）

44)　US2003/208086, WO2004007433, WO2004080180（to Otsuka Chemical）

45)　WO2002/096882, WO2007/020986（to Nihon Nohyaku）

46)　EP1006107（2004）（to Nihon Nohyaku）, DE10310906, DE10248257（2004）（to Bayer CropScience）

47)　CN102613183, CN103039450（to ZCIRI）

48)　EP2484676, US2010/256195, WO2010069502（to Bayer CropScience）

49)　EP1097932（2000）, JP2004359673（to Nihon Nohyaku）

50)　EP635499（1995）

51)　EP665225（1995）, JP10251105（1998）（to Ube Industries）

52)　EP462456（1991）（to Nihon Nohyaku）, WO2001/001781（to American Cyanamid -> BASF）

53)　EP580374（1994）, JP09323973（to Ishihara Sangyo Kaisha）

54)　WO2011105506（to Nippon Soda）

55)　JP57156407（1982）, JP08319202（1996）（to Sumitomo Chemical）

56)　US2015/005257, JP2016222720（to Nihon Nohyaku）

57)　US2011/0201687, WO2010/018714, EP2319830（to Mitsui Chemicals Agro）

58)　WO2006/013896, WO2011/105349（to Nippon Kayaku）

59)　WO2010/129500, WO2013/055584（to Du Pont）

60)　US2006/183914（to Bayer CropScience -> Makteshim-Agan）

61)　JP2009256302, US2010/160422（to Sumitomo Chemical）

62)　WO2014/104407（to Sumitomo Chemical）

63)　WO2015/058022, WO2013/162715（to DowDupont^{TM} Agriculture Division, Corteva AgriScience^{TM}）

64)　WO9611909（1995）（to Sumiomo Chemical -> Valent）

65)　EP1389614（2004）（to Bayer CropScience）

66)　WO2007/072999, JP2009/023994（to Nihon Nohyaku）

67)　WO2007/048556（to Syngenta）

68)　WO2003/070705（to Bayer CropScience）

69)　WO2012/084812（to Isagro-Ricerca）

70)　WO2006/087343（to BASF）

71)　US5093347（1992）（to Monsanto -> Sumitomo Chemical）

72)　WO2015/157005（to Du Pont）

73)　WO2004/035589（to Syngenta）

有機フッ素化合物の最新動向

74) WO2006/092291, WO2008/107397 (to Bayer CropScience)

75) EP737682, EP1036793 (to Mitsui Chemical)

76) WO2013/127764 (to Syngenta)

77) WO2015/119246, JP2016011286 (to Nissan Chemical)

78) WO2003/074491, WO2008/110274 (to Syngenta)

79) DE19602095 (1997), WO9727189 (1997), US6103717 (2000) (to Bayer CropScience)

80) US2008/188468 (to SYRICI)

81) WO2003/082860 (to Nissan Chemical)

82) WO2016122802, WO2016109257 (to DowDupont™ Agriculture Division, Corteva AgriScience™)

83) WO2003/035617, WO2011/103240, WO2015/005355 (to Dow AgroSciences)

84) WO2013/007767 (to BASF)

85) WO2013/007767 (to BASF)

86) WO1999/42447, WO2002/016322 (to Bayer CropScience)

87) CN102086173 (2011) (to Shandong Agricultural University)

88) WO2011/081174, WO2015/157005 (to Nippon Soda)

89) WO2008/013925, WO2010/123791(to Du Pont)

90) US5789428 (to Kumiai)

91) WO2007/111024, US2009/0281352 (to Mitsui Chemicals Agro)

92) WO9619442 (1996) (to Nippon Soda)

93) WO2001/47902 (to Otsuka Chemical)

94) EP1767529 (2007) (to Sumitomo Chemical), C. Lamberth *et al., Bioorg. Med. Chem.,* **20**(9), 2803-2810 (2012)

95) EP1736471, US2014/0235862 (to Mitsui Chemicals Agro)

96) US2003/0119863, US2004/0152728, JP2007077156 (to Meiji Seika)

182

5　含フッ素家庭防疫用殺虫剤の探索研究

森　達哉[*1]，氏原一哉[*2]，庄野美徳[*3]

5.1　はじめに

　分子中に1個以上のフッ素原子を有する含フッ素農薬の割合は，フッ素化学の進歩，発展に伴って年々増加しており，殺虫剤においては，開発された化合物の半数以上を占めている[1]。そして，これらの中には，図1に示すフィプロニル，シハロトリンのような大型製品も含まれている。これら含フッ素農薬においては，フッ素原子の持つ様々な効果により特筆すべき生物活性や物理化学性が付与されており，フッ素原子の性質を生かした分子設計は，今や新しい農薬の研究開発に欠くことのできない重要なツールの1つとなっている。

　筆者らもこのフッ素原子の有用性に着目し，新規な家庭防疫用殺虫剤を見出すべく，種々の含フッ素化合物の合成研究を行ってきた。本稿では，筆者らが見出したトリフルオロメタンスルホンアニリド系化合物アミドフルメト，ピレスロイド系化合物ジメフルトリン，メトフルトリン，プロフルトリン，モンフルオロトリンおよび興味ある活性を有する α-ピロン化合物について紹介する。

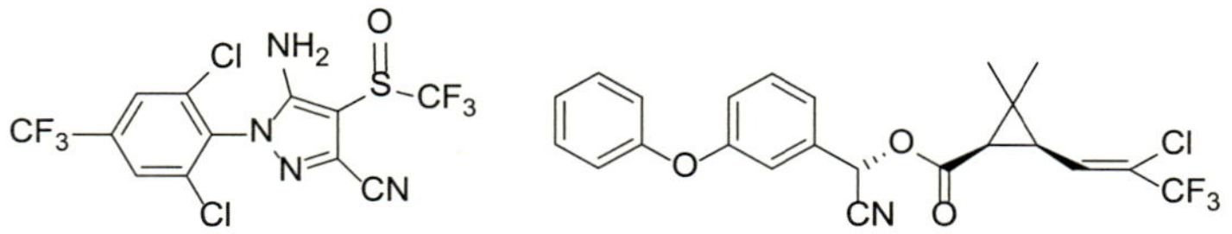

Fipronil　　　　　Lambda-cyhalothrin

図1　フィプロニル，シハロトリンの構造

5.2　アミドフルメト

　屋内塵性ダニおよびその死骸，排泄物は，子供や老人の喘息，皮膚炎等を引き起こす主要なアレルゲンであると考えられている。そして，これらの発症を避けるために家庭内でのアレルゲンの除去が強く望まれており，屋内塵性ダニ防除剤として，図2に示されるサリチル酸フェニル，安息香酸ベンジル等のエステル系化合物が使用されてきた。

　しかしながら，これらの薬剤は，主要な塵性ダニであるヒョウヒダニ，コナダニ類に対する効力が不十分であるばかりでなく，人体を噛むことでより大きなダメージを与えるツメダニ類に対してはほとんど効力を示さないという問題点を抱えていた。また，このツメダニ類は難防除害虫

＊1　Tatsuya Mori　住友化学㈱　健康・農業関連事業研究所　フェロー

＊2　Kazuya Ujihara　住友化学㈱　健康・農業関連事業研究所　探索化学グループ
　　　主席研究員

＊3　Yoshinori Shono　住友化学㈱　生活環境事業部　開発部

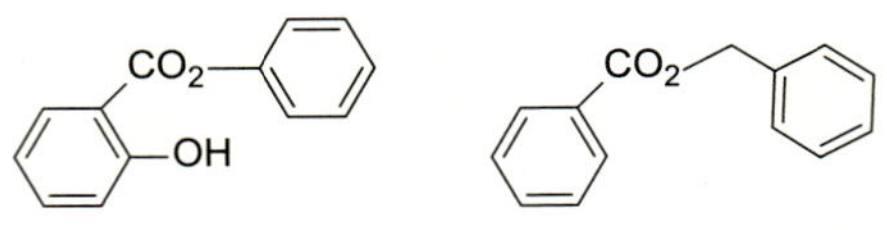

有機フッ素化合物の最新動向

図2　サリチル酸フェニル，安息香酸ベンジルの構造

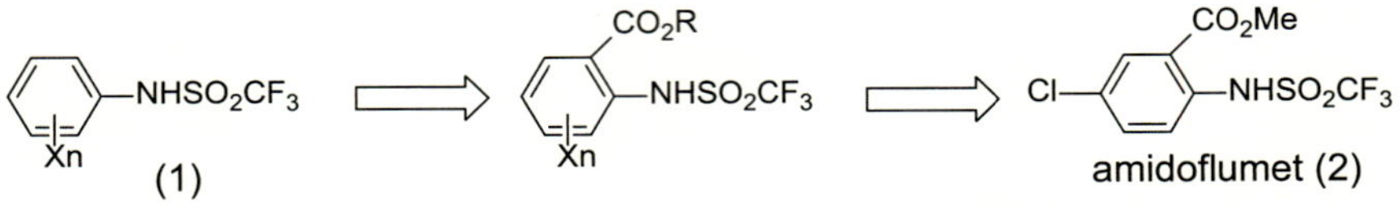

図3　トリフルオロメタンスルホンアニリド化合物の構造改変

であり，他の殺ダニ剤を用いても十分に防除できないことが知られていた。筆者らは，ツメダニ類にも高活性を示す屋内塵性ダニ剤を見出すべく，探索研究を開始した。そこで，イエバエ，ゴキブリ等に高い致死活性を示すことが知られていたトリフルオロメタンスルホンアニリド化合物1[2]に着目し，サリチル酸フェニル，安息香酸ベンジルとの構造類似性から，2位にアルコキシカルボニル基を有する一連の化合物を合成し，屋内塵性ダニ類に対する活性を評価した。

　その結果，ベンゼン環上4位がハロゲン原子で置換された化合物が，コナヒョウヒダニ，ケナガコナダニいずれに対しても高い致死活性を示すことが明らかとなった。次に，ベンゼン環上2位のアルコキシカルボニル基では，RがC_1～C_3程度の低級アルキル基である化合物では，コナヒョウヒダニ，ケナガコナダニいずれに対しても高い致死活性を示した。さらに，これら化合物は，ミナミツメダニに対しても同様に高活性を示した。

　以上の各種塵性ダニに対する基礎活性，および更なる詳細な効力試験より，化合物2（アミドフルメト）が代表化合物として選抜され，新規屋内塵性ダニ防除剤として実用化された（図3）[3]。

5.3　ジメフルトリン

　シロバナムシヨケギク（除虫菊）の殺虫成分である天然ピレトリンは，昆虫に対する優れた殺虫活性と速効的に麻痺を引き起こすノックダウン活性を有し，かつ哺乳動物に対する高い安全性を有することから，古くから蚊取線香の有効成分として使用されてきた。しかし，天然ピレトリンは，光や熱に対する安定性が十分ではなく，農産物を原料とするために供給量が天候に左右される等の問題を有しており，これらを解決すべく，天然ピレトリンの構造変換研究が半世紀以上に渡って行われ，様々な特性を有する類縁化合物（ピレスロイド）が数多く上市されてきた。

　蚊は多くの感染症を媒介するが，特にハマダラカが媒介するマラリアは，アフリカ諸国を中心に大きな脅威であり，2015年12月に公表されたWHOの統計では，2015年の年間感染者数は世界で約2.1億人，年間死者数は約44万人と報告されている。また，地球温暖化の影響によりマラリア，デング熱等の感染症が，熱帯，亜熱帯地域から温帯地域へ拡大することも懸念されて

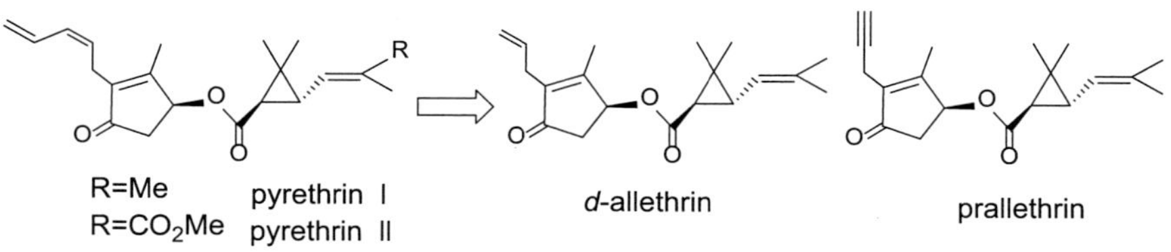

第 2 章　医農薬分野への応用

R=Me　　pyrethrin I
R=CO₂Me　pyrethrin II

d-allethrin

prallethrin

図 4　*d*-アレスリン，プラレトリンの構造

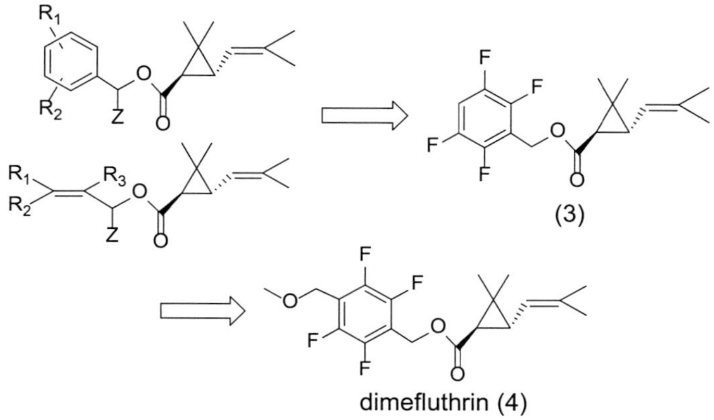

(3)

dimefluthrin (4)

図 5　(1*R*, 3*R*)-菊酸エステルの構造改変

　いる。これまで，蚊の防除には，ピレスロイドが主に使用されてきており，住友化学でも蚊防除用の代表的なピレスロイドである *d*-アレスリン，プラレトリンを開発，上市してきた（図 4 ）。

　我々は，これら既存の蚊防除剤のさらなる性能アップを目指し，酸部分を *d*-アレスリン，プラレトリンの共通の製造中間体である（1*R*, 3*R*）-菊酸に固定して，アルコール部分を種々変換したエステル化合物を数多く合成し，アカイエカに対する局所施用（殺虫）試験を行った。その結果，2,3,5,6-テトラフルオロベンジルアルコールとのエステル化合物 3 に優れた殺虫活性が認められた。さらに，周辺化合物について詳細な検討を行った結果，4 位にメトキシメチル基を導入した 4-メトキシメチル-2,3,5,6-テトラフルオロベンジル（1*R*, 3*R*）-菊酸エステル 4 （ジメフルトリン）が，極めて高い殺虫活性を示すことを見出した（図 5 ）[4]。

　また，本薬剤は，*d*-アレスリン，プラレトリンに比べて熱に対する安定性も高く，蚊取線香を用いた加熱蒸散試験において，アジアの温帯地域に広く分布するアカイエカ（*Culex pipiens pallens*），全世界の熱帯，亜熱帯地域に分布するネッタイイエカ（*Culex quinquefasciatus*）に対して，*d*-アレスリンを凌駕する優れたノックダウン活性を示した。さらに，ジメフルトリンは，蚊取線香ばかりでなく，蚊取マット，蚊取リキッド等の加熱蒸散型デバイス全般に適用可能であり，一大市場である中国，東南アジアを中心に上市されている。

185

5.4　メトフルトリン

　一方，蚊取線香の熱源は線香の燃焼であり，火事等のリスクのため使用場面が限られていた。また，熱源（電熱器）の温度が蚊取線香に比べて大幅に低い蚊取マット，蚊取リキッド等でも，依然として火傷等のリスクが懸念され，さらに，電源ケーブルが必須であることから，屋外での使用や携帯を考えると大変不便であった。我々は，これらの課題を一挙に解決すべく，熱源，電源ケーブルともに使用しない全く新しいタイプのデバイスをイメージした。ところが，従来の加熱蒸散型デバイスに使用されてきた薬剤では，常温での蒸散性が低く，このようなデバイスには適用できないことが判明し，新たな薬剤の創製が必要となった。ここで，1つの分子中に，①蚊に対する優れた殺虫活性，②新しいデバイスにも適用可能な常温蒸散性を無駄なく凝縮させることは，大変ハードルの高い目標であった。そこで，このような薬剤を設計するにあたり，過去の関連文献を詳細に検討し，ノル菊酸に注目した[5]。ノル菊酸は，菊酸の側鎖から1つのメチル基を取り去った酸であり，1920年代にその合成が報告されているものの，合成の困難さに見合うだけの特徴を見出すことができず，ほとんど注目されていなかった（図6）。

　しかし，物化性の観点から見直すと，その分子量は対応する菊酸よりも小さく，常温蒸散性を示すには有利であると考えられた。そこで，ジメフルトリンの酸部分を，$(1R, 3R)$-ノル菊酸に変換したエステル5（メトフルトリン）を合成，評価したところ，所望の性能を有することを見出した（図7）[6]。

　また，本薬剤の蒸気圧は，d-アレスリン，プラレトリンの2～3倍であり，薬剤の蒸散性を自在にコントロール（オンオフ）することが可能である適度な常温蒸散性を有しており，我々がイ

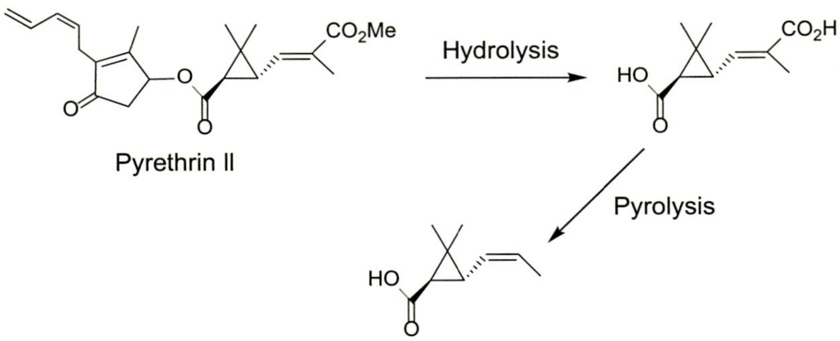

図6　ノル菊酸の合成

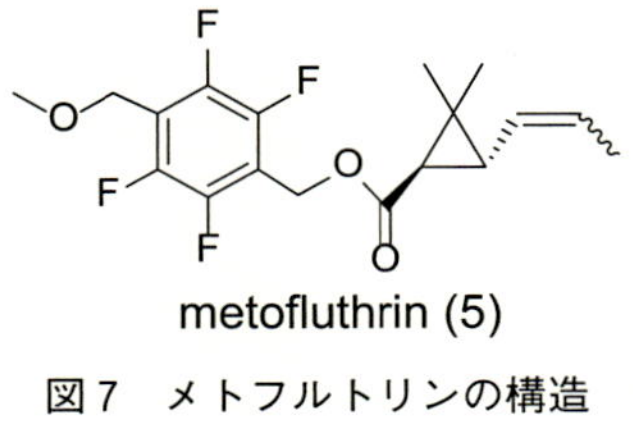

metofluthrin (5)

図7　メトフルトリンの構造

第2章　医農薬分野への応用

メージした新しいタイプのデバイス（例えば，小型電池等でファンを回すことにより薬剤を揮散させる方法，さらに，全く熱源，動力なしで薬剤を揮散させる方法等）に最適であることが明らかとなり，様々な使用場面，用途を想定した商品開発が進められている。ところで，通常，蚊に対する効力は，ノックダウン活性を指標としている。一方，実用場面では，蚊が近寄らない（空間忌避活性）や蚊がランディング，吸血しない（吸血阻害活性）ことも，薬剤の実力を測る1つの指標になるものと考えられる。そこで，新たな試験法を確立し，薬剤の吸血阻害活性を評価したところ，メトフルトリンの吸血阻害活性は，ノックダウン活性に先立って発現し，*d*-アレスリンの30倍を大きく上回ることが明らかとなった[7]。この比率はノックダウン活性を指標にした効力比よりも大きく，このような特性がメトフルトリンの実用場面での優れた効果に反映されていると考えている。

5.5　プロフルトリン

　さて，家庭用殺虫剤の1つのカテゴリーとして，衣類用防虫剤がある。タンス等の中に設置して，繊維製品の被害を防止する製品群を総称するが，従来，それらの有効成分としては，ショウノウ等の天然製油や，ナフタレン，パラジクロロベンゼン等，非常に蒸散性が高い化合物が用いられてきた。また，ピレスロイドとしては，高い蒸散性を有するエンペントリンが，本用途に使用されている。これらの高蒸散性化合物が衣類用防虫剤の有効成分として用いられる理由は，タンス内の数ヶ所に設置した製剤から何ら人工的エネルギー（電気，熱等）を加えることなく，タンス全体に有効成分を拡散させる必要があるからである。一方，エンペントリン以外の既存のピレスロイドは，イガ，コイガ，ヒメカツオブシムシ等の衣料の虫食いの原因となる虫（衣料害虫）に対して高い殺虫活性を持っているものの，その蒸散性は不十分であり，衣料用防虫剤へ適用しても実用的な活性を示さない。

　そこで，高性能の新規衣料防虫用ピレスロイドを創製すべく，高い殺虫活性と常温蒸散性を併せ持つメトフルトリンの周辺化合物を評価することにした。その結果，メトフルトリンのアルコール部分を，4-メチル-2,3,5,6-テトラフルオロベンジルアルコールに変換したエステル6（プロフルトリン）が，所望の性能を有することを見出した（図8）[8]。

profluthrin (6)

図8　プロフルトリンの構造

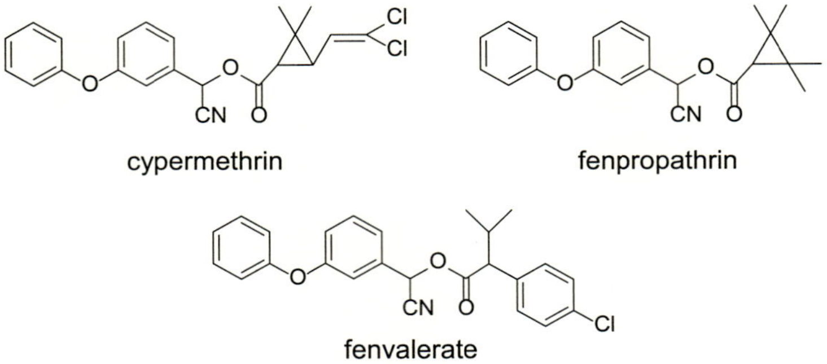

有機フッ素化合物の最新動向

cypermethrin

fenpropathrin

fenvalerate

図9　アルコール部分へシアノ基が導入されたピレスロイドの例

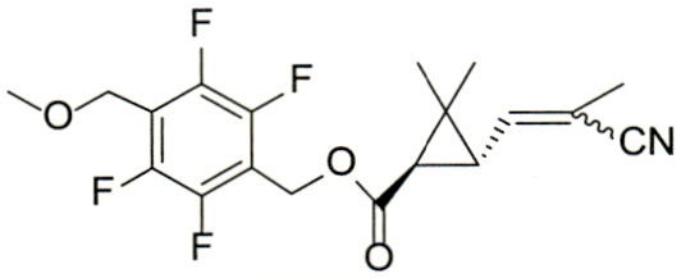

momfluorothrin (7)

図10　モンフルオロトリンの構造

5.6　モンフルオロトリン

　我々は，蚊に対して優れたノックダウン活性を有するジメフルトリン，メトフルトリンの基本構造を活かして，"イエバエ，ゴキブリに対して優れたノックダウン活性を有する新しいピレスロイド"の創製に着手した。そこで，このような薬剤を設計するにあたり，過去の関連文献を詳細に検討し，シアノ基（-CN）に注目した。これまでに，図9に示すように，ピレスロイドのアルコール部分へシアノ基の導入された例は数多く報告されていたが，ピレスロイドの酸部分へシアノ基を導入した例は，ほとんど報告されていなかった。

　そこで，ジメフルトリンの酸部分のイソブテニル基の1つのメチル基をシアノ基に変換した化合物7（モンフルオロトリン）を合成，評価したところ，所望の性能を有することを見出した（図10）[9]。

　本薬剤は，エアゾール製剤において，イエバエ（*Musca domestica*）およびチャバネゴキブリ（*Blattella germanica*）に対して，汎用的なエアゾール用ノックダウン剤であるテトラメトリンの約20倍（KT_{50}(min)）の高いノックダウン活性を示した。また，この試験の際，モンフルオロトリンに暴露した供試虫は，ノックダウンした後，翅をバタつかせたり脚を激しく動かしたりする時間が非常に短かく，速やかに静止するという，これまでのピレスロイドには見られない優れた特性（フリージング効果）が確認された[10]。

5.7　α-ピロン化合物

　α-ピロン化合物は，自然界に数多く存在し，例えば，図11に示される薬用植物 *Piper*

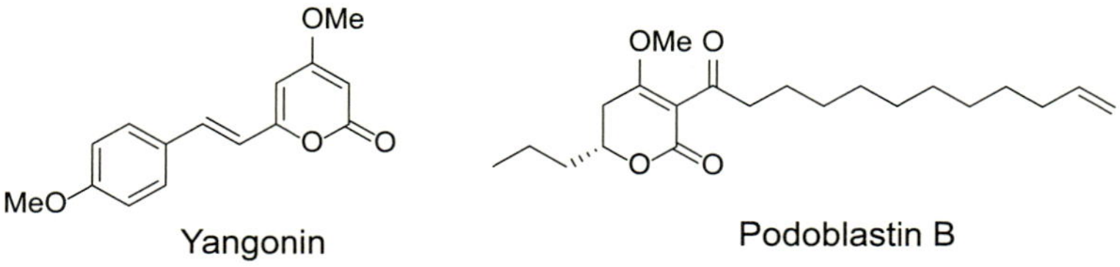

第2章　医農薬分野への応用

図11　自然界に存在する α-ピロン化合物（一例）

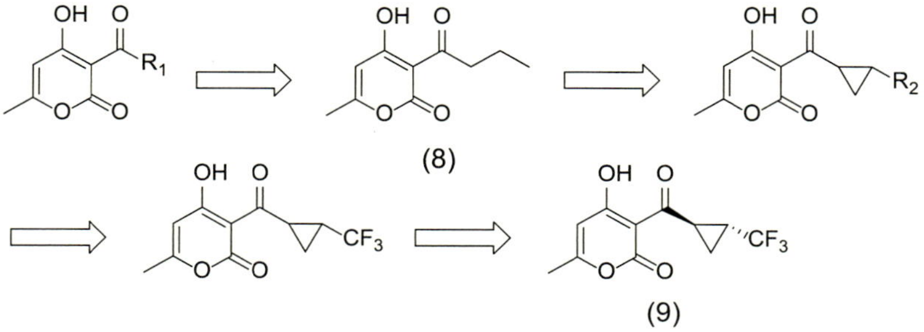

図12　α-ピロン化合物の構造改変

methysticum G. Forst から単離された Yangonin[11]，薬用植物 *Podophyllum peltatum* L. から単離され，稲いもち病菌に活性を示す Podoblastin B[12] 等の広範な化学構造，生物活性を示す化合物が知られている。

　筆者らは，このα-ピロン化合物の特異な構造および広範な生物活性に興味を持ち，先ずは，3位がアシル基で置換されたα-ピロン化合物を合成し，チャバネゴキブリに対する局所施用法によりその殺虫活性を評価した。

　その結果，$R_1 = C_3$（プロピル基）である化合物8が，チャバネゴキブリに対して高い致死活性を示した。そこで，アシル基の長さを C_3 程度に保ちながら，環状構造にすることにより立体配置を固定することを考え，トランス-2-置換シクロプロピル基へと変換した化合物を合成し，殺虫活性を評価した。

　その結果，シクロプロパン環上2位の置換基としては，C_1 程度の長さが必要であり，かつ電子求引性基のトリフルオロメチルが最も適していることが明らかとなった。

　さらに，光学活性カラムを用いた液体クロマトグラフィーで光学異性体を分離し，各々チャバネゴキブリに対する殺虫活性を試験した結果，シクロプロパン環上置換基の絶対配置が *SS* である化合物9が，ピレスロイド系殺虫剤であるペルメトリンの5倍以上の致死活性を示すことが明らかとなった（図12）[13]。

　本α-ピロン化合物の作用性は未知であるが，化合物9の絶対構造と結晶状態でのコンホメーションを解析することにより，さらに活性が向上した化合物をデザインできるものと考えている。

189

5.8 おわりに

本稿は，新規な家庭防疫用殺虫剤の創製を目指し，フッ素原子の特異な性質を生かした合成展開を行い，新規な屋内塵性ダニ防除剤アミドフルメト，加熱蒸散型デバイス全般に適用可能な蚊防除剤ジメフルトリン，高い殺虫活性と常温蒸散性を併せ持つ蚊防除剤メトフルトリン，高性能の衣料防虫剤プロフルトリン，エアゾール用のイエバエ，ゴキブリ防除剤モンフルオロトリンおよびゴキブリに対して高い致死活性を示す α-ピロン化合物の創出に至る経緯を，探索化学者である筆者らの視点から述べたものである。

本稿が，新たな新規農薬，家庭防疫用殺虫剤の探索研究に携わる研究者にとって，少しでも参考になるならば，望外の喜びである。

謝辞

本研究は，住友化学㈱健康・農業関連事業研究所で行われたものであり，共同研究者として探索合成に携わった上川徹博士，大下純博士，岩崎智則氏，松本修氏，藤浪道彦氏，共同研究者として生物活性試験に携わった波多腰信博士，高田容司博士，久保田俊一博士，石渡多賀男氏，菅野雅代氏，田中嘉人氏，岡本央氏および多くのメンバーに感謝致します。

文　　献

1) P. Maienfisch *et al.*, *Chimia*, **58**, 93 (2004)
2) M. Hatakoshi *et al.*, Japan Kokai Tokkyo Koho, JP-57-156407 (1982)
3) T. Mori *et al.*, *Biosci. Biotechnol. Biochem.*, **68**(2), 425 (2004)
4) T. Mori *et al.*, *Jpn J. Environ. Entomol. Zool.*, **25**(2), 81 (2014)
5) H. Staudinger *et al.*, *Helv. Chem. Acta.*, **7**, 201 (1924)
6) K. Ujihara *et al.*, *Biosci. Biotechnol. Biochem.*, **68**(1), 170 (2004)
7) T. Mori *et al.*, 29th Noyori Forum (2010)
8) K. Ujihara *et al.*, Sumitomo Kagaku, 2010-ll, 13 (2010)
9) T. Mori *et al.*, *Jpn J. Environ. Entomol. Zool.*, **28**(2), 87 (2017)
10) H.Okamoto *et al.*, 68th The Annual Meeting of the Japan Society of Medical entomology (2016)
11) J. Weiss *et al.*, *Drug Metabolism and Disposition*, **33**, 1580 (2005)
12) M. Miyakado *et al.*, *Chem. Lett.*, **10**, 1539 (1982)
13) T. Mori *et al.*, *J. Fluorine Chem.*, **128**(10), 1174 (2007)

第3章　低分子機能性材料

1　フッ素化ジエーテル化合物の物性および電気化学特性

南部典稔[*]

1.1　はじめに

　自然環境保護，省エネルギーに基づく低負荷型社会の実現に向け，携帯電子機器，体内埋め込み型医療機器，電動工具，電気自動車，電力貯蔵などの電源に用いられるエネルギー貯蔵デバイスの開発・高性能化が進められている。リチウム二次電池および電気二重層キャパシタは，代表的なエネルギー貯蔵デバイスである。電解質および溶媒から構成される「電解質溶液」あるいは「電解液」と呼ばれる溶液の設計がエネルギー貯蔵デバイスの特性向上の鍵を握る。

　リチウム二次電池の溶媒には，高誘電率溶媒と低粘性溶媒との混合物が一般に使用される。これは，高誘電率と低粘性の相乗効果により電解質溶液の導電率を高めるためである[1]。高誘電率成分として環状炭酸エステルであるエチレンカーボネート（EC），低粘性成分としてジメチルカーボネート（DMC），エチルメチルカーボネート（EMC），ジエチルカーボネート（DEC）などの鎖状炭酸エステルが使われる[2~8]。リチウム二次電池の電解質にはヘキサフルオロリン酸リチウム（$LiPF_6$）などのリチウム塩が通常使用される。黒鉛を負極とするリチウムイオン二次電池においては，環状炭酸エステルであるプロピレンカーボネート（PC）を溶媒に使用すると，黒鉛層が剥離し，充放電が進行しないことが知られている[6,7]。PC を溶媒とする電解質溶液中で黒鉛負極を使用するとき，充放電特性を向上させるため，ビニレンカーボネート（VC），エチレンサルファイト（ES），フルオロエチレンカーボネート（FEC）などの添加剤，リチウム塩の濃厚溶液，ビス(オキサラト)ホウ酸リチウム（LiBOB）などの利用が検討されている[5,6]。

　PC は，電気二重層キャパシタ（EDLC）用溶媒として使われる[9,10]。EDLC の電解質にはテトラフルオロホウ酸テトラエチルアンモニウム（$TEABF_4$），テトラフルオロホウ酸トリエチルメチルアンモニウム（$TEMABF_4$）などの第4級アンモニウム化合物が通常使用される。

　われわれの研究グループでは，溶媒分子の設計方法の一つとして既存の溶媒分子にフッ素原子を部分的に導入し，溶液内部の特性およびエネルギー貯蔵デバイスの特性の改善，向上を試みている[11~34]。フッ素は，以下に示す特異的な性質を有する[35~37]。

(1)　電気陰性度が最大

　　ポーリングの電気陰性度 F：4.0 > Cl：3.0 > Br：2.8 > I：2.5 > H：2.1

(2)　水素に次いで立体的に小さい

　　C−X 間の結合距離 $r(C-H)$（=0.1091 nm）< $r(C-F)$（=0.1317 nm）< $r(C-Cl)$（=

＊　Noritoshi Nambu　東京工芸大学　工学部　生命環境化学科　教授

有機フッ素化合物の最新動向

0.1766 nm)$< r(C-Br)$（$=0.194$ nm)$< r(C-I)$（$=0.213$ nm)

(3) イオン化エネルギー（E_{ion}）が高い

$E_{ion}(F)$（$=1680$ kJ mol^{-1}）$> E_{ion}(H)$（$=1312$ kJ mol^{-1}）$> E_{ion}(Cl)$（$=1255$ kJ mol^{-1}）$> E_{ion}$(Br)（$=1142$ kJ mol^{-1}）$> E_{ion}(I)$（$=1007$ kJ mol^{-1}）

(4) C-F 間の結合エンタルピー（$\Delta H°(C-F)$）が高い

$\Delta H°(C-F)$（$=484$ kJ mol^{-1}）$> \Delta H°(C-H)$（$=411$ kJ mol^{-1}）$> \Delta H°(C-Cl)$（$=323$ kJ mol^{-1}）$> \Delta H°(C-Br)$（$=269$ kJ mol^{-1}）$> \Delta H°(C-I)$（$=212$ kJ mol^{-1}）

(5) C-F 結合の分極率（$\alpha(C-F)$）が比較的小さい

$\alpha(C-H)$（$=0.66\times10^{-30}$ m^3）$< \alpha(C-F)$（$=0.68\times10^{-30}$ m^3）$<< \alpha(C-Cl)$（$=2.58\times10^{-30}$ m^3）$< \alpha(C-Br)$（$=3.72\times10^{-30}$ m^3）$< \alpha(C-I)$（$=5.77\times10^{-30}$ m^3）

部分的にフッ素化された有機化合物の分子間には強い相互作用が働き，これらの有機フッ素化合物は種々の特性に対して強い「極性効果」を及ぼす。一方，パーフルオロ化やポリフルオロ化された有機化合物の特性は，分子間や分子内での相互作用が弱いことに基づく。われわれの研究グループでは，フッ素原子の導入位置および導入個数を変化させた一連の有機フッ素化合物を合成してきた。フッ素原子の導入対象とした有機化合物は，汎用的で，かつ比較的単純な構造を有する炭酸エステル，カルボン酸エステル，エーテル，アミド，カルバメート，カルバミド，ニトリルである。これらはいずれも非プロトン性溶媒である。これらの有機化合物のうち，鎖状エーテルは耐還元性に優れている。特に，鎖長の短いエーテルは低粘性であり，電解質溶液のイオン伝導性が高い。分子内に 2 個以上の酸素原子を有する鎖状エーテルは，配位構造を取りやすく，金属イオンや気体の溶解性にも優れている。

本稿では，ジエーテル化合物のエチル基末端（メチル基部分）にフッ素原子を 1～3 個導入したときの種々の特性に及ぼす影響について述べる。1-エトキシ-2-メトキシエタン（EME）および 1,2-ジエトキシエタン（DEE）を基本構造とした。それらのエチル基の片末端にフッ素原子を 1 個導入したモノフルオロ体（1-(2-フルオロエトキシ)-2-メトキシエタン（FEME）と 1-エトキシ-2-(2-フルオロエトキシ)エタン（EFEE）），2 個導入したジフルオロ体（1-(2,2-ジフルオロエトキシ)-2-メトキシエタン（DFEME）と 1-エトキシ-2-(2,2-ジフルオロエトキシ)エタン（EDFEE））および 3 個導入したトリフルオロ体（1-(2,2,2-トリフルオロエトキシ)-2-メトキシエタン（TFEME）と 1-エトキシ-2-(2,2,2-トリフルオロエトキシ)エタン（ETFEE））を使用した（図 1）。EME，DEE はそれぞれ非対称型，対称型のジエーテル化合物である。

1.2 物理的，化学的および電気化学的性質

フッ素化ジエーテル化合物の物理的性質として，比誘電率（ε_r），粘性率（η），質量密度（密度）（d），屈折率（n）の温度（θ）変化を検討した。液体内部におけるこれらの物理定数は，エネルギー貯蔵デバイスの特性と密接に関係する。比誘電率は，誘電分極（界面分極，配向分極，原子分極，電子分極）の起こりやすさを表し，電解質溶液中での電解質の電離度や溶解度に影響する。

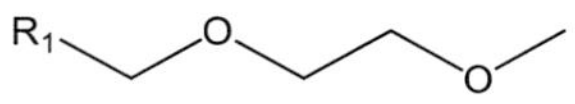

第3章　低分子機能性材料

R₁ 構造式

R_1	CH₃-	CH₂F-	CHF₂-	CF₃-
略　号	EME	FEME	DFEME	TFEME

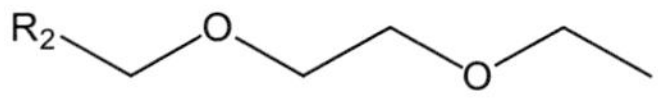

R₂ 構造式

R_2	CH₃-	CH₂F-	CHF₂-	CF₃-
略　号	DEE	EFEE	EDFEE	ETFEE

図1　本研究で使用したジエーテル化合物の構造

屈折率は，比誘電率における電子分極の寄与を考慮するときに重要な役割を果たす。粘性率は分子間力に基づく内部摩擦を表し，電解質のイオン移動度を左右する。粘性率はそのモル質量にも大きく依存する。質量密度はモル質量と物質量濃度（モル濃度）との積で与えられる：質量密度＝モル質量×物質量濃度。したがって，液体の動粘性率（ν）（＝粘性率／質量密度）に対するモル質量の影響は小さくなりうる。これらの物理定数の温度変化には物質量濃度が密接に関係する。質量密度の測定結果より，次式を用いて物質量濃度を算出した。

$$c = \frac{d}{M} \tag{1}$$

ここで，c, d, Mは，それぞれ物質量濃度，質量密度，モル質量である。電解質の溶解性を高めるために要求される溶媒の性質は，一般に，①双極子モーメントが大きい，②比誘電率が高い，③電子対供与性（ドナー数）が大きい，④電子対受容性（アクセプター数）が大きい，⑤物質量濃度が高い，である[38]。

　無置換体間あるいは導入したフッ素原子数が同じジエーテル化合物間というように，単に炭素数の異なるジエーテル化合物間の物理定数の大小は，分子サイズやモル質量の順序により支配されていた。EME系列よりも炭素数の1個多いDEE系列では質量密度，物質量濃度，比誘電率が低かったが，屈折率，粘性率，動粘性率は高くなる傾向が見られた。一方，炭素数が同じジエーテル化合物間では，フッ素原子の導入個数による特性の違いが見られた（表1）。

　モノフルオロ体では，水素原子2個とフッ素原子1個が同一の炭素原子に結合している。モノフルオロ体の物質量濃度，質量密度，比誘電率，屈折率，粘性率，動粘性率は，対応する無置換体のものよりも高かった。これらの特性には，電気双極子モーメントの増加に基づく極性効果が現れていること以外に，CF－H…O＝CやC－F…H－Cで表される弱い水素結合の形成が影響していると考えている。ジエーテル化合物にフッ素原子を1個導入すると，分子サイズの増加よりも分子間の引力による液体の体積収縮のほうが大きく寄与するため，物質量濃度が増加すると思われる。モル質量と物質量濃度の増加が相乗的に働く結果，質量密度や粘性率が高くなるといえる。

モル質量の高いトリフルオロ体の粘性率および質量密度は，無置換体のものよりも高かった。ところが，これらの動粘性率は，特に高温側において無置換体のものに近かった。EME と DEE のどちらの系列においても順序が逆転することはなかったが，モル質量の影響の小さい動粘性率における差のほうが，粘性率における差よりも小さかった。比誘電率に関しては，導入したフッ素原子数による差があまり見られなかった。片側のエチル基末端のみにフッ素原子が導入されているジエーテル化合物では，アルキル基の回転障壁が比較的小さいと思われる。このため，1 MHz の測定周波数では，フッ素原子の導入個数による協同的配向効果の違いが顕著に現れなかったと推測される。

ある媒質の屈折率（n）は，真空中に比べてその媒質中で光の速さ（それぞれ c_0，c_1 とする）がどの程度遅くなるのかを表す：$n = c_0 / c_1$。ある媒質中で光の伝播が起こるのは，入射光が振動双極子モーメントを誘起し，これが同じ振動数の光を放射するためである。屈折率の高低は電子分極率（α_e）と物質量濃度とのバランスで決まる。無置換体間あるいはフッ素原子の導入個数が同じジエーテル化合物間というように，単に炭素数の異なる鎖状エーテル間の比較では，EME 系列の屈折率よりも DEE 系列の屈折率のほうが高かった。ローレンツ－ローレンスの式から求めた電子分極率についても DEE 系列のほうが大きかった。物質量濃度に関しては，分子サイズの大きい DEE 系列のほうが低かった。このため，単に炭素鎖長の異なるエーテル間の比較では，物質量濃度よりも電子分極率のほうが屈折率の高低を支配しているといえる。一方，基本構造が同じ鎖状エーテル間の比較では，屈折率，物質量濃度ともに，モノフルオロ体＞無置換体＞ジフルオロ体＞トリフルオロ体の順に低下した。電子分極率の大小は逆の傾向があった。したがって，フッ素原子の導入個数を変化させたときの屈折率の順序は，電子分極率よりも物質量濃度に支配されているといえる。

フッ素原子の強い電子求引性誘起効果により，ジエーテル化合物分子内に電荷の偏りが生じる。この電荷の偏りは分子間引力を強める働きをする。同一炭素原子におけるフッ素原子の導入個数の増加とともに，フルオロメチル基の電子求引性誘起効果が強くなり，誘起置換基定数 σ_I の値は正側に大きくなる：CF_3-（$\sigma_I = 0.38$）＞CHF_2-（$\sigma_I = 0.29$）＞CH_2F-（$\sigma_I = 0.15$）＞CH_3-（$\sigma_I = 0.01$）[39]。一方，フッ素原子の導入により嵩高さが増し，立体置換基定数 E_S の値は負側に大きくなる：CF_3-（$E_S = -1.16$）＞CHF_2-（$E_S = -0.67$）＞CH_2F-（$E_S = -0.24$）＞CH_3-（$E_S = 0.00$）[39]。トリフルオロメチル基の嵩高さは，tert-ブチル基（$(CH_3)_3C$-，$E_S = -1.54$）よりも小さいが，sec-ブチル基（$CH_3CH_2(CH_3)CH$-，$E_S = -1.13$）と同程度である[39]。トリフルオロ体（TFEME，ETFEE）の分子サイズが，対応する無置換体（それぞれ EME，DEE）のものよりも大きいことは，トリフルオロ体の物質量濃度が無置換体の物質量濃度より低いことからもわかる。トリフルオロメチル基の立体障害，隣接する分子の非共有電子対間の反発，C－F 結合の比較的小さな分極率，トリフルオロメチル基の低い水素結合形成能は，分子間引力を弱める方向に働く。トリフルオロ体の物理的，化学的，電気化学的性質は，正味の結果として生じる分子間引力の弱さに基づくことが多いと思われる。

第3章 低分子機能性材料

表1 ジエーテル化合物の物理的性質および化学的性質

溶媒	M_r	$d(25℃)/$ 10^3 kg m^{-3}	$c(25℃)/$ mol dm^{-3}	$\varepsilon_r(25℃)$	$n(25℃)$	$\eta(25℃)/$ mPa s	$\nu(25℃)/$ 10^{-6} m^2 s^{-1}	DN
EME	104.15	0.847	8.13	5.72	1.383	0.523	0.617	19.0
FEME	122.14	1.009	8.26	16.6	1.388	1.01	1.00	17.1
DFEME	140.13	1.096	7.82	16.6	1.367	1.06	0.967	15.0
TFEME	158.12	1.151	7.28	16.9	1.340	0.785	0.682	14.4
DEE	118.17	0.836	7.07	4.95	1.389	0.606	0.725	13.2
EFEE	136.16	0.974	7.15	13.7	1.394	1.12	1.15	12.3
EDFEE	154.16	1.053	6.83	14.0	1.373	1.14	1.08	9.9
ETFEE	172.15	1.099	6.38	14.0 (27℃)	1.351 (25.2℃)	0.847	0.771	9.6

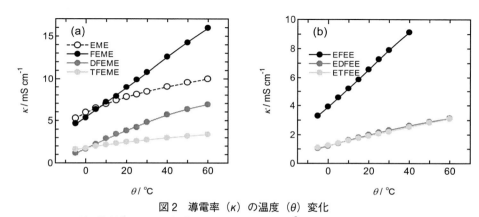

図2 導電率（κ）の温度（θ）変化
電解質溶液：LiPF$_6$（25℃において 1 mol dm^{-3}）を電解質，ジエーテル化合物を単一溶媒とする溶液。(a) EME 系列，(b) DEE 系列。

　エチル基末端へのフッ素原子の導入個数が増加するとともに，エーテル結合（C–O–C）における酸素原子の電子対供与性が低くなり，耐酸化性が向上した。トリフルオロ体では，酸素原子の電子対供与性が最も低いことから，カチオンに対する溶媒和も弱いと考えられる。その結果，トリフルオロ体を溶媒とする電解質溶液の導電率は，ほとんどの温度において最も低かった（図2）。溶媒のドナー数（DN）は，電子対供与性（ルイス塩基性）を表し，電解質カチオン（本研究では，リチウムイオン）に対する溶媒和の強さの尺度となる。立体障害の大きい DEE 系列のドナー数は，EME 系列のものよりも小さかった。

　電解質溶液の導電率は，エネルギー貯蔵デバイスの内部抵抗や充放電時の電流負荷特性に大きく影響する。導電率は，イオン移動度，イオン電荷数，電解質濃度，電解質の電離度などによって支配される。モノフルオロ体（FEME，EFEE）を単一溶媒とする電解質溶液の導電率は，高温側において無置換体（それぞれ EME，DEE）の場合よりも高かった（図2）。粘性率が高いにもかかわらず，これらのモノフルオロ体はイオン伝導に適した立体配座（コンホメーション）

や適度な電子対供与性を有していると思われる。

1.3 リチウム二次電池への応用

3電極式セルを用いてリチウムの還元析出（充電）と酸化溶解（放電）とを繰り返したときのクーロン効率（サイクル効率）を検討した。ニッケル板を作用電極，リチウム箔を基準電極および補助電極とし，電流密度を±1 mA cm^{-2}とした。リチウムの還元析出・酸化溶解を繰り返した後のニッケル基板表面を高分解能走査型電子顕微鏡（SEM）により分析し，サイクル効率との相関性も検討した。さらに，実用に向けてコバルト酸リチウム（LiCoO$_2$）を正極，リチウム金属を負極とする2025型コインセルを作製し，定電流－定電圧（CC-CV）充電，定電流（CC）放電を行うことによりこれらの性能も評価した。これらの評価では，ジエーテル化合物を低粘性溶媒，ECを高誘電率溶媒とし，これらを等モル含む混合物を使用した。電解質にはLiPF$_6$（1 mol dm^{-3}）を使用した。

EC-DFEME系およびEC-TFEME系では，30サイクルにおいて60％以上の効率を示した（図3）。サイクル効率は，還元析出したリチウム上に形成される表面被膜（不動態皮膜，SEI）の形態，膜厚，密度，化学組成などに依存する。SEMによる表面観察の結果，リチウム酸化溶解後の表面被膜の形態が均一で，粒径のそろった析出物が残存するときにリチウムの還元析出と酸化溶解の可逆性が向上する傾向が見られた。

2025型コインセルの充放電サイクルに伴う放電容量，容量効率（クーロン効率）の変化をそれぞれ図4，5に示す。この評価においてもサイクル効率の結果と同様に，導電率などの溶液バルク特性と無関係であった。EC-TFEME系の放電容量は，50サイクルにおいて約110 mAh g^{-1}であり，他の混合溶媒系における値よりも高かった。サイクル効率の順序と異なり，

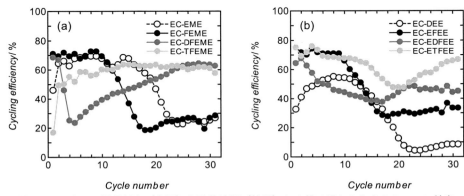

図3　リチウムの還元析出（充電）と酸化溶解（放電）とを繰り返したときのクーロン効率（サイクル効率）のサイクル数による変化（25℃）

電解質溶液：LiPF$_6$（1 mol dm^{-3}）を電解質，EC－ジエーテル化合物等モル混合物を溶媒とする溶液。ニッケル板を作用電極，リチウム箔を基準電極および補助電極とした。電流密度：±1 mA cm^{-2}。混合溶媒：(a) EC-EME誘導体，(b) EC-DEE誘導体。

第3章　低分子機能性材料

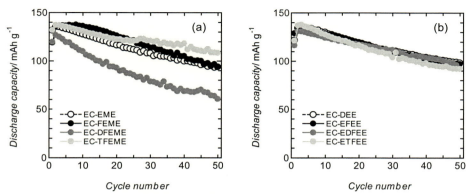

図4　LiCoO$_2$ を正極，リチウム金属を負極とする2025型コインセルの放電容量のサイクル数による変化（25℃）

電解質溶液：LiPF$_6$（1 mol dm^{-3}）を電解質，EC−ジエーテル化合物等モル混合物を溶媒とする溶液。定電流（0.2 C）−定電圧（充電終止電圧4.2 V）で合計5時間充電した後，定電流（0.2 C）で3.0 V まで放電した。混合溶媒：(a) EC-EME 誘導体，(b) EC-DEE 誘導体。

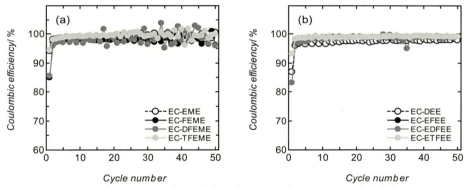

図5　LiCoO$_2$ を正極，リチウム金属を負極とする2025型コインセルの容量効率のサイクル数による変化（25℃）

電解質溶液：LiPF$_6$（1 mol dm^{-3}）を電解質，EC−ジエーテル化合物等モル混合物を溶媒とする溶液。定電流（0.2 C）−定電圧（充電終止電圧4.2 V）で合計5時間充電した後，定電流（0.2 C）で3.0 V まで放電した。混合溶媒：(a) EC-EME 誘導体，(b) EC-DEE 誘導体。

EC-DFEME 系の放電容量は最も低かった。一方，含フッ素 DEE をベースとする系（EC-EFEE，EC-EDFEE，EC-ETFEE）の放電容量は，導入したフッ素原子数（1〜3）にかかわらず，無置換体をベースとする系（EC-DEE）のものと同程度であった。いずれの系の容量効率も100％に近かった。リチウム負極上には，含フッ素ジエーテル化合物の還元により表面被膜が生成する。導入フッ素原子数，フッ素原子の結合位置，炭素鎖長による成分の違いはあるが，この表面被膜はリチウムデンドライトの成長を抑制し，リチウムイオンの高い透過性を有する場合が多いと考えている。

文　　献

1) L. A. Dominey, Lithium Batteries (Ed. G. Pistoia), Chap. 4, Elsevier, Amsterdam (1994)

2) M. Morita, M. Ishikawa, and Y. Matsuda, Lithium Ion Batteries (Eds. M. Wakihara and O. Yamamoto), Chap. 7, Kodansya and Wiley-VCH, Tokyo (1998)

3) J. Yamaki, Advances in Lithium-Ion Batteries (Eds. W. A. van Schalkwijk and B. Scrosati), Chap. 5, Kluwer Academic / Plenum Publishers, New York (2002)

4) D. Aurbach and A. Schechter, Lithium Batteries, Science and Technology (Eds. G.-A. Nazri and G. Pistoia), Chap. 18, Kluwer Academic Publishers, Boston (2004)

5) M. Ue, Lithium-Ion Batteries, Science and Technologies (Eds. M. Yoshio, R. J. Brodd, and A. Kozawa), Chap. 4, Springer, New York (2009)

6) 電気化学会 電池技術委員会編, 電池ハンドブック, オーム社 (2010)

7) Linden's Handbook of Batteries, Fourth Edition (Ed. T. B. Reddy), McGraw-Hill, New York (2011)

8) H. J. Gores, J. Barthel, S. Zugmann, D. Moosbauer, M. Amereller, R. Hartl, and A. Maurer, Hand Book of Battery Materials, Second, completely revised and enlarged edition, Vol. 2 (Eds. C. Daniel and J. O. Besenhard), Chap. 17, Wiley-VCH, Weinheim (2011)

9) B. E. Conway, Electrochemical Supercapacitors, Kluwer Academic / Plenum Publishers, New York (1999)

10) 松田好晴, 逢坂哲彌, 佐藤祐一編, キャパシタ便覧, 丸善 (2009)

11) Y. Sasaki, R. Ebara, N. Nanbu, M. Takehara, and M. Ue, *J. Fluorine Chem.*, **108**, 117-120 (2001)

12) M. Takehara, R. Ebara, N. Nanbu, M. Ue, and Y. Sasaki, *Electrochemistry*, **71**(12), 1172-1176 (2003)

13) M. Takehara, N. Tsukimori, N. Nanbu, M. Ue, Y. Sasaki, *Electrochemistry*, **71**(12), 1201-1204 (2003)

14) M. Takehara, S. Watanabe, N. Nanbu, M. Ue, and Y. Sasaki, *Synth. Commun.*, **34**(8), 1367-1375 (2004)

15) M. Takehara, S. Watanabe, N. Nanbu, M. Ue, and Y. Sasaki, *Chem. Lett.*, **33**(3), 338-339 (2004)

16) Y. Sasaki, M. Takehara, S. Watanabe, N. Nanbu, M. Ue, *J. Fluorine Chem.*, **125**, 1205-1209 (2004)

17) Y. Sasaki, M. Takehara, S. Watanabe, M. Oshima, N. Nanbu, and M. Ue, *Solid State Ionics*, **177**, 299-303 (2006)

18) N. Nanbu, M. Takehara, S. Watanabe, M. Ue, and Y. Sasaki, *Bull. Chem. Soc. Jpn.*, **80**(7), 1302-1306 (2007)

19) N. Nanbu, K. Suzuki, N. Yagi, M. Sugahara, M. Takehara, M. Ue, and Y. Sasaki, *Electrochemistry*, **75**(8), 607-610 (2007)

20) K. Suzuki, M. Shin-ya, Y. Ono, T. Matsumoto, N. Nanbu, M. Takehara, M. Ue, and Y. Sasaki, *Electrochemistry*, **75**(8), 611-614 (2007)

第3章　低分子機能性材料

21) K. Hagiyama, K. Suzuki, M. Ohtake, M. Shimada, N. Nanbu, M. Takehara, M. Ue, and Y. Sasaki, *Chem. Lett.*, **37**(2), 210-211 (2008)

22) N. Tsukimori, N. Nanbu, M. Takehara, M. Ue, and Y. Sasaki, *Chem. Lett.*, **37**(3), 368-369 (2008)

23) N. Nanbu, K. Takimoto, K. Suzuki, M. Ohtake, K. Hagiyama, M. Takehara, M. Ue, and Y. Sasaki, *Chem. Lett.*, **37**(4), 476-477 (2008)

24) N. Nanbu, K. Takimoto, M. Takehara, M. Ue, and Y. Sasaki, *Electrochem. Commun.*, **10**(5), 783-786 (2008)

25) N. Nanbu, S. Watanabe, M. Takehara, M. Ue, and Y. Sasaki, *J. Electroanal. Chem.*, **625**(1), 7-15 (2009)

26) Y. Sasaki, G. Shimazaki, N. Nanbu, M. Takehara, and M. Ue, *ECS Transactions*, **16**(35), 23-31 (2009)

27) N. Nanbu, Y. Suzuki, K. Ohtsuki, T. Meguro, M. Takehara, M. Ue, and Y. Sasaki, *Electrochemistry*, **78**(5), 446-449 (2010)

28) N. Nanbu, K. Hagiyama, M. Takehara, M. Ue, and Y. Sasaki, *Electrochemistry*, **78**(5), 450-453 (2010)

29) Y. Sasaki, H. Satake, N. Tsukimori, N. Nanbu, M. Takehara, and M. Ue, *Electrochemistry*, **78**(5), 467-470 (2010)

30) N. Nambu, K. Ohtsuki, H. Mutsuga, Y. Suzuki, M. Takehara, M. Ue, and Y. Sasaki, *Electrochemistry*, **80**(10), 746-748 (2012)

31) T. Satoh, K. Kurihara, N. Nambu, M. Takehara, M. Ue, and Y. Sasaki, *Electrochemistry*, **80**(10), 768-770 (2012)

32) N. Nambu, T. Nachi, M. Takehara, M. Ue, and Y. Sasaki, *Electrochemistry*, **80**(10), 771-773 (2012)

33) T. Satoh, N. Nambu, M. Takehara, M. Ue, and Y. Sasaki, *ECS Transactions*, **50**(48), 127-142 (2013)

34) N. Nambu, R. Takahashi, M. Takehara, M. Ue, and Y. Sasaki, *Electrochemistry*, **81**(10), 817-819 (2013)

35) 日本学術振興会・フッ素化学第155委員会編，フッ素化学入門―基礎と実験法―，日刊工業新聞社（1997）

36) 日本学術振興会・フッ素化学第155委員会編，フッ素化学入門―先端テクノロジーに果すフッ素化学の役割，三共出版（2004）

37) 日本学術振興会・フッ素化学第155委員会編，フッ素化学入門2010―基礎と応用の最前線，三共出版（2010）

38) 日本化学会編，大滝仁志著，新化学ライブラリー，溶液の化学，pp. 52-53，大日本図書（1987）

39) K. Uneyama, Organofluorine Chemistry, Blackwell Publishing, Ltd, Oxford, (2006)

2　フッ素系発光材料

山田重之[*1]，久保田俊夫[*2]

2.1　はじめに

　発光材料は外部からのエネルギーによって励起したのち，励起状態から基底状態に戻る遷移過程で光を放出する材料であり，私たちの身のまわりで広く活用され，生活の上で必要不可欠な材料である。2008年のノーベル化学賞"緑色蛍光タンパク質の発見と応用"に代表されるように，発光性を有する有機化合物が注目を集めている。そのような有機発光材料は，最近では有機電界発光（EL）ディスプレイや有機発光ダイオード（OLED）などエレクトロニクス分野をはじめ，細胞内の蛍光バイオイメージングや細胞内物質の蛍光センサーとしてバイオ・医療分野での利用・応用に期待がもたれている。

　有機発光材料の重要な特徴の一つとして，分子構造や凝集構造の設計によって自在に発光挙動をコントロールできる点にあり，これまでにさまざまな分子設計指針に基づいて有機発光分子が合成開発されている。筆者らは数ある分子設計指針のなかでも"フッ素原子"の特異な性質[1]に起因する分子構造制御ならびに電子密度制御を活用したフッ素系発光分子に着目した。そこで本稿では，代表的なフッ素系発光材料について，発光様式（フッ素系蛍光材料およびりん光材料）[2]に分類して紹介する。また最近，希薄溶液だけでなく，固体状態・液晶状態で発光するフッ素系蛍光分子が開発されているので，次項ではそれぞれの発光環境に分けて概説する。

2.2　フッ素系蛍光材料

2.2.1　希薄溶液で利用できる含フッ素蛍光分子

　ボロンジフルオロジピロメテン誘導体（BODIPYs，図1）は，ポルフィリンの部分骨格であるジピロメテンをジフルオロホウ素に配位させた錯体であり，広範な用途に利用できる蛍光色素として認識されている。それらは大きなモル吸光係数，高い蛍光量子収率，溶媒極性やpHに依存せず，発光波長の精密制御が可能となるなど大変魅力的な蛍光分子である。BODIPY骨格は，1968年にTriebsとKreuzerによって初めて開発され[3]，以後数十年にわたって多様な誘導体ならびに類縁体が合成・開発されている。本稿では主にBODIPYの基本物性およびフォトクロミックによる刺激応答性蛍光スイッチング分子を紹介し，その合成法に関しては総説など[4]を参考にされたい。

(1)　BODIPYの基本物性─分子構造と光学特性

　典型的なBODIPY分子の光学特性を表1にまとめる。一般に，BODIPY骨格のメソ位（8位）の置換基（R^1）は，その種類に依存せず，吸収波長ならびに蛍光波長には影響しない。しかし，1,7位の置換基（R^2）および3,5位の置換基（R^3）の誘導体はそれぞれ蛍光量子収率（Φ_{FL}）と

　＊1　Shigeyuki Yamada　京都工芸繊維大学　分子化学系　助教
　＊2　Toshio Kubota　茨城大学　大学院理工学研究科　量子線科学専攻　教授

200

第3章　低分子機能性材料

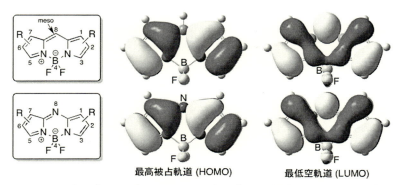

図1　BODIPY（上列）およびaza-BODIPY（下列）の一般構造と分子軌道図（R=H）
分子軌道図はGaussian 09W（B3LYP/6-31G+(d)基底関数系）を用いて計算した。

蛍光波長（λ_{FL}）に影響を与える。すなわち，1,7位に置換基がない場合（R^2=H），メソ位の置換基R^1の自由回転などの分子運動により無輻射失活過程が促進され，Φ_{FL}が低下する。一方，1,7位に置換基を導入することでR^1の分子運動が制限され，無輻射過程が抑制されるためにΦ_{FL}が向上する。BODIPY **1c**に見られるように，R^3として芳香環を導入すると，その吸収ならびに蛍光波長は約55 nmも長波長側にシフトする[5a]。それはBODIPYの3,5位は最高被占軌道（HOMO）の軌道係数が大きく（図1），そこに電子豊富な芳香環を導入することでHOMOが不安定化することに起因している。同様に，フェニルエチニル基やスチリル基を導入した**1d～f**でも同様の長波長シフトが起こる[5b]。強力な電子供与基である*N,N*-ジメチルアミノ（NMe₂）基を有するスチリル部位を導入した**1f**では，753 nmに発光極大波長を示し，近赤外領域までシフトしていることがわかる。これは電子供与性のNMe₂部位と電子欠損部位であるBODIPY核間で電荷分離遷移状態を形成し，そこからの電荷移動発光にも起因している。

メソ位のCH構造を窒素（N）原子で置き換えた化合物（**2**，aza-BODIPYとよぶ）の場合，λ_{ABS}およびλ_{FL}はいずれも著しく長波長側にシフトする[6]。BODIPYのメソ位は，最低空軌道（LUMO）の軌道係数が大きく，そこに電気陰性なN原子を導入することによるLUMOエネルギー準位の安定化（低下）に起因している。aza-BODIPY **2c**，**2d**では，電子供与なメトキシ（OMe）基やNMe₂基の誘起効果がはたらき，分子のHOMOが不安定化され，さらにHOMO-LUMO間のエネルギーギャップが狭くなったことにより，それらのλ_{ABS}およびλ_{FL}は**2a**に比べて長波長側にシフトする傾向にある。

ホウ素上にアルキル基，アリール基，アルキニル基を導入した誘導体（*C*-/*E*-BODIPY，図2）は，フッ素置換BODIPY（*F*-BODIPY）に比べて，光学特性よりはむしろ酸化還元特性が大きく変化することが報告されている[7]。特にエチニル置換*E*-BODIPY誘導体において，一電子酸化が促進されることから，容易に酸化還元特性をチューニングすることができるだけでなく，分子軌道に摂動を加えることができる。つまり，ホウ素上の置換基を適切に選択することでストークスシフトをコントロールした蛍光色素の創製が可能となる[8]。

201

有機フッ素化合物の最新動向

表1　各種 BODIPY（**1**）および aza-BODIPY 誘導体（**2**）の光学特性

Compound		R^1	R^2	R^3	Solvent	λ_{ABS} [nm]	λ_{FL} [nm] (Φ_{FL})
	1a	Ph	H	Me	MeOH	508	521 (0.19)
	1b	Ph	Me	Me	THF	500	510 (0.56)
	1c	C_6H_4I-p	H	Ph	CHCl$_3$	555	588 (0.20)
	1d	C_6H_4Me-p	H	C≡CPh	CHCl$_3$	614	628 (1.00)
	1e	Ph	Me	(E)-CH=CHPh	Toluene	629	641 (0.59)
	1f	Ph	Me	(E)-CH=CHC$_6$H$_4$NMe$_2$-p	CHCl$_3$	700	753 (――)
	2a		Ph	Ph	CHCl$_3$	650	672 (0.34)
	2b		C_6H_4OMe-p	Ph	CHCl$_3$	664	695 (0.23)
	2c		Ph	C_6H_4OMe-p	CHCl$_3$	688	715 (0.36)
	2d		Ph	$C_6H_4NM_2$-p	CHCl$_3$	799	823 (――)

図2　ホウ素原子中心に種々の置換基を有する BODIPY 誘導体

（2）　ジアリールエテンによる Turn-off 型発光スイッチング

　蛍光色素にフォトクロミック特性を付与した機能材料は，効率的な光駆動分子スイッチング材料として機能し，エレクトロニクスや光学記憶デバイス分野で関心が寄せられている[9]。蛍光発光特性を利用した材料は容易な検出，かつ安価な素子作製が可能となるため最も魅力的な材料の一つである。ただ蛍光スイッチング材料の分子設計において，"光異性化を起こす光のエネルギーによって分子構造を変化させない特性"，つまり非破壊読み出し特性が必要不可欠となる[10]。そのような分子設計を可能にするフォトクロミック分子としてジアリールエテンが挙げられる[9,11]。

　入江らは 9,10-ビス（2-フェニルエチニル）アントラセン（**3-o**）が紫外光照射とともに閉環体 **3-c** に異性化し，蛍光強度の著しい減衰（Φ_{FL} = 0.001）を確認している。一方，引き続く可視光照射によって，**3-o** に由来する蛍光強度（Φ_{FL} = 0.83）が回復することも報告している（図3 (a)）[12]。この報告はヘキサフルオロシクロペンテン骨格で連結したジアリールエテンが高感度かつ記録の破壊を最小限に抑えた読み出しを可能とする蛍光スイッチング用のフォトクロミック分子であることを示唆している。

　Neckers らは，ジアリールエテン型フォトクロミック分子の閉環体の吸収波長が一般的な BODIPY 色素の蛍光波長と一致している点に着目し，"BODIPY＋ジアリールエテン"が閉環体

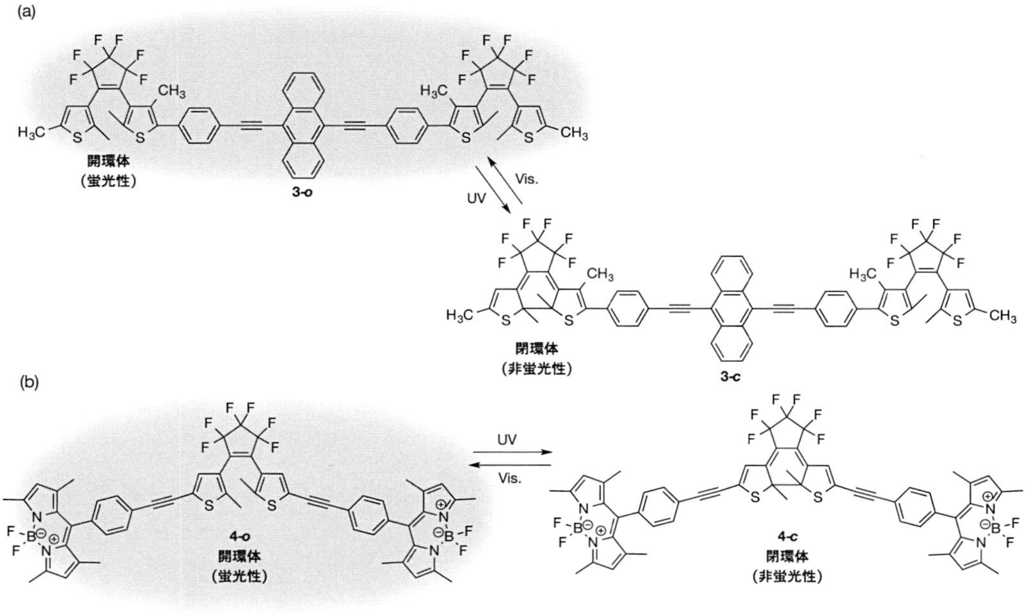

第3章　低分子機能性材料

図3　ジアリールエテンを用いた蛍光スイッチング分子

形成時に円滑なエネルギー移動が起こり，著しく消光すると考えた（図3(b)）[13]。BODIPY を蛍光部位とした開環体 **4-o** はヘキサン溶媒中，503 nm に吸収極大をもち，一方閉環体 **4-c** では610 nm に対応する吸収バンドが現れる。UV 照射前（開環体 **4-o**）は503 nm に発光極大をもつ蛍光を放出するが，UV 照射に伴う閉環体 **4-c** への異性化によって，その発光強度が10%以下まで低下した。再び可視光照射によって開環体へ異性化させると，発光強度が100%まで回復する結果となった。この開環体⇄閉環体による発光スイッチングは少なくとも20サイクルまで遜色ない発光感度で実行できることも明らかとなっている。

　このようにジアリールエテンのフォトクロミック特性は蛍光の ON-OFF を制御することができ，優れた蛍光スイッチング材料となる。このような蛍光スイッチング分子は他にも多数報告されているので総説[9]や原著論文を参考にされたい[14]。また，最近では非発光性のジアリールエテンの開環体（**5-o**）が，UV 照射による閉環体（**5-c**）形成に伴い，蛍光性を発現する Turn-on 型蛍光スイッチング分子も開発され（図4），蛍光スイッチング材料のさらなる発展に期待がもてる[15]。

2.2.2　固体状態で発光可能な含フッ素蛍光分子

　固体状態で強く発光する有機分子は実用的な有機電子デバイス，たとえば，有機発光ダイオード（OLEDs）[16]，有機電界効果トランジスタ（OFETs）[17]，そして有機蛍光センサー[18]の開発には必要不可欠である。しかし有機固体の場合，励起状態においてエキシマー形成やエネルギー移動といった分子間相互作用によって励起エネルギーを円滑に失活し，発光を放射できない（凝集

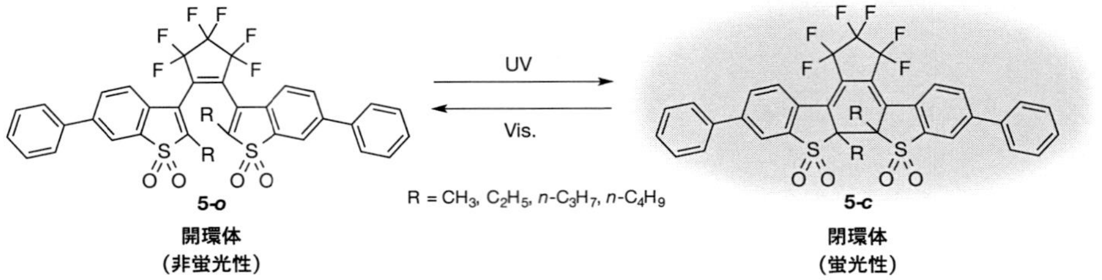

図4 Turn-on 型蛍光スイッチング分子

起因消光）ため，一般に有機固体における高効率な発光は極めて困難とされている（図5）。それゆえ，固体状態で効率的に発光する新規発光分子の開発は挑戦的な研究課題とされ，現在活発な研究が展開されている[19]。固体発光材料の研究は，2001 年に Tang らがヘキサフルオロシロールの興味深い発光特性，つまり希薄溶液では発光しないものの，濃厚溶液あるいは固体状態でその発光強度が劇的に増大する現象（凝集誘起発光増強，AIE，aggregation-induced emission enhancement）を報告したのち，急激に加速している（図5）[20,21]。本項では，凝集構造の制御だけでなく，フッ素原子またはフルオロアルキル基による電子密度制御を組み合わせた新規な固体発光材料について紹介する。

(1) ドナー・アクセプター型含フッ素発光分子

芳香環は電子遷移には必要不可欠であり，可視光発光を実現するには一般に複数の芳香環が必要不可欠である。しかし，芳香環を多数組み込むと分子間で π-π スタッキングを形成し，安定構造の形成を誘起する。上述のとおり，π-π スタッキングの形成は無輻射失活を加速させるため，固体発光材料には適していない[19]。そこで清水らは，電子ドナー（**D**）およびアクセプター（**A**）部位を組み込んだ π 共役分子が単一芳香環によるコンパクトな固体発光分子となり得ると着想した。

一般に，**D**-π-**A** 分子は HOMO-LUMO 間の光学遷移において分子内電荷移動を誘起することができ，**D** および **A** の適切な組み合わせによってさまざまな CT 遷移を引き起こし，それによっ

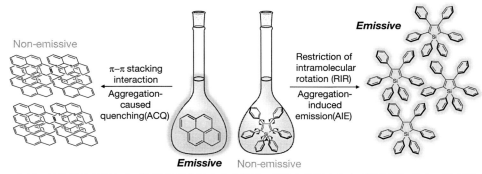

図5 溶液発光分子および固体発光分子の発光挙動：凝集起因消光および凝集誘起発光の概念図

第3章　低分子機能性材料

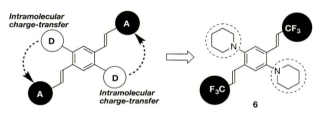

図6　単一芳香環による新規かつコンパクトな固体発光分子の分子設計

表2　含フッ素ドナー・アクセプター分子 6 の光学特性

Compound	λ_{ABS} [nm][a] (ε)[b]	λ_{FL} [nm][c] (Φ_{FL})		
		in solution	in crystal	in thin film
(構造 6)	380 (3,500)	523 (0.49) in cyclohexane 563 (0.57) in CH$_2$Cl$_2$ 567 (0.57) in CH$_3$CN	523 (0.98)	526 (1.00)

[a] In cyclohexane (1×10^{-5} mol L^{-1})
[b] ε: L mol^{-1} cm^{-1}
[c] Excited by irradiation with UV light ($\lambda_{ex} = 360$ nm)

て精密な発光色の制御が可能となる（図6）。そのような分子設計に基づいて，清水らは2009年に D および A を芳香環に導入した四置換ベンゼン，1,4-ビス(3,3,3-トリフルオロプロペン-1-イル)-2,5-ジピペリジノベンゼン（6），を合成し，その発光特性を精査した。

ドナー・アクセプター型含フッ素π共役分子 6 は希薄溶液だけでなく，固体状態でも高効率で発光することが明らかになった（表2）[22]。詳細な光学特性の評価の結果，6 は結晶ならびに薄膜状態でも紫外光（$\lambda_{ex} = 360$ nm）を照射により強い緑色発光（$\lambda_{FL} = 523$ および 526 nm）を示し，その発光量子収率（Φ_{FL}）はそれぞれ 0.98 および 1.00 と非常に高い値となった。

シクロヘキサン溶液中，380 nm に吸収極大をもち，523 nm に発光極大が観察され，大きなストークスシフト（143 nm）を与えることが明らかとなった。また希釈溶媒の極性を種々変化させたところ，極性の増大とともに，発光波長の長波長シフトも観察された。これらの結果は，化合物 6 の発光特性は溶媒の極性に依存して変化するソルバトクロミズム蛍光を示すことを示唆している。これは基底状態と励起状態間で大きく構造が変化し，電荷移動（CT）励起状態による溶媒安定化を受けるためだと推察している。化合物 6 が固体状態でも強く発光する原因を解明するために，単結晶構造解析により結晶中における凝集構造が明らかにされた（図7）。その結果，ピペリジルおよびトリフルオロプロペニル部位が芳香環平面に対してわずかにねじれた構造を形成しており，そのねじれによって結晶状態で分子間π-πスタッキングを形成できなくなり，無輻射失活過程が抑制されたことによって固体状態で強く発光したと考えられている。

清水らはまた同様の単一芳香環で構成されるコンパクトな固体発光分子 7，8 の開発にも成功

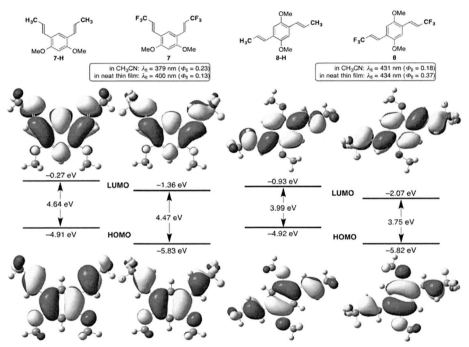

図7 含フッ素ドナー・アクセプター分子6のX線結晶構造解析

図8 ドナー・アクセプター型発光分子7および8の分子構造およびHOMO/LUMO準位における分子軌道図とエネルギーレベル
量子計算はGaussian 09W（B3LYP/6-31G＋(d)基底関数）を用いて行った．

している（図8）[23,24]．単結晶構造解析とDFT計算に基づく詳細な検討の結果，トリフルオロメチル基の導入によってC-F結合のσ*軌道とビニル構造のπ軌道間の共役によってHOMO準位が低下し，それとともにσ*軌道とπ*軌道が混合され，LUMO準位が低下したことで，総じて分子全体のHOMO-LUMOギャップが狭くなり高効率発光を実現できたと結論づけている．

2.2.3 液晶状態で発光可能な含フッ素蛍光分子

前項までに，バイオイメージングや発光センサーとして利用できる溶液発光性蛍光分子および

第3章 低分子機能性材料

有機 EL などに応用可能な固体発光性蛍光分子を紹介してきた。ディスプレイ分野では、有機 EL の市場拡大が目覚ましいが、今なお液晶ディスプレイの市場の方が大きいのが現状である。いずれのディスプレイデバイスにおいても解決すべき課題が残されているが、有機 EL および液晶ディスプレイはそれぞれ相補的なメリットおよびデメリットが知られている（表3）。この事実は有機 EL と液晶ディスプレイの両方の特性を兼ね備えた材料が開発できれば、それぞれのディスプレイに課せられている課題を解決できる次世代ディスプレイ材料となり得る。そのような背景から、近年、液晶特性と発光特性を兼ね備えた液晶性発光分子の開発が注目を集めている。

最近、山田らは拡張したπ共役構造を有するビストラン誘導体 **9～11** の液晶特性と光学特性を精査し、興味深い知見を得た（図9）[25]。すなわち、分子末端にメトキシ基を導入したビストラン **9** は、偏光顕微鏡観察から加熱－冷却両過程で流動性の明視野を示すエナチオトロピック液晶性を示し、特徴的なシュリーレン様の光学組織からネマチック（N）液晶性を示すことを明らかにした（Cr 171 N 181 Iso）。また、拡張π共役構造に起因する発光特性も保有しており、特に希薄溶液だけでなく結晶状態でも強く青色に発光する利用環境を選ばない蛍光分子となることを報告している。

ビストラン **9** の逆末端芳香環の水素をフッ素で置換した含フッ素ビストラン **10** を合成し、種々の特性を評価したところ、**9** と同様の N 液晶性を示したが、その液晶温度範囲が 76℃（Cr 149 N 225 Iso）まで拡大していることが明らかになった（図9）。この液晶温度範囲の拡大は、

① フェニル（C_6H_5）基からペンタフルオロフェニル（C_6F_5）基への変化により、H と F のファンデルワールス径の差に基づいて分子幅が大きくなり、結晶⇄液晶相転移温度（融点）が低下したため

表3 有機 EL ディスプレイと液晶ディスプレイの比較

	有機 EL ディスプレイ	液晶ディスプレイ
メリット	・高速応答 ・軽量・薄型 ・高コントラスト	・長寿命 ・低コスト
デメリット	・短寿命 ・高コスト	・液晶の配向に依存した応答速度 ・重量・大型 ・低コントラスト

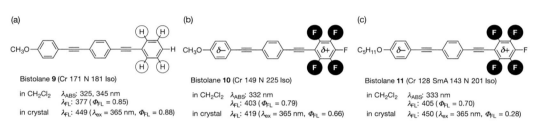

図9 ビストラン **9～11** の分子構造、液晶特性、および光学特性
Cr＝結晶相，N＝ネマチック相，SmA＝スメクチック A 相，Iso＝等方性液体。

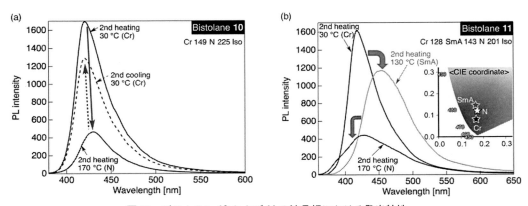

図10 ビストラン 10 および 11 の液晶相における発光特性
Cr＝結晶相，N＝ネマチック相，SmA＝スメクチック A 相，Iso＝等方性液体。

② 電子欠損芳香環である C_6F_5 基の導入によって大きな電子密度分布が形成され，分子間相互作用が適切にはたらき，液晶⇄等方相転移温度（透明点）が向上したため

だと推察されている。さらに炭素鎖を伸長させたビストラン 11 では，結晶(Cr)相とN相の間に比較的秩序性の高いスメクチック A（SmA）相の形成も観察された。

含フッ素ビストラン 10 および 11 はいずれも希薄溶液だけでなく結晶状態でも強い青色の蛍光を示した（図10）。特筆すべきことに，結晶⇄液晶相転移によって多様に発光挙動が変化する現象を見出した。すなわち，メトキシ置換含フッ素ビストラン(10)は結晶状態では比較的大きな発光強度を示したが，加熱とともに発光強度が減衰し，Cr → N 相転移によって，その発光強度がおよそ3分の1まで低下した。しかし，冷却によって Cr 相へ相転移させたところ，発光強度が同程度まで回復する結果となった。この結果，含フッ素ビストラン 10 は温度に応じて発光強度が変化する発光スイッチング材料として機能できる。一方，比較的長いアルコキシ鎖を有する含フッ素ビストラン 11 の場合，Cr⇄SmA⇄N 相転移によって，分子凝集構造（形成する分子間相互作用）が変化し，それに起因して発光色が変化することを見出した。含フッ素ビストラン 11 では，加熱－冷却過程で可逆的な発光色変化を示すことから，温度応答性発光スイッチング特性を保有していることが明らかになった。

2.3 フッ素系りん光材料

有機電界発光（EL，エレクトロルミネッセンス）素子に従来用いられていた蛍光材料は，励起一重項からの発光であり，励起子生成効率 β が 0.25 であるのに対して，イリジウム錯体を代表とするりん光材料は励起三重項からの発光を示すため，励起子生成効率 β は最大で 1 となる。すなわち，100％の内部量子効率を実現可能ではあるが，有機分子（たとえば，ベンゾフェノン）のりん光を利用してデバイスを作製した場合には，熱的失活が競合するだけでなく，三重項－三重項消滅による発光効率の低下が起こる。

第3章　低分子機能性材料

　約20年前（1990年代後半）から白金（Pt），イリジウム（Ir），オスミウム（Os）などを中心
金属とする有機金属錯体のりん光材料への応用が活発に研究されてきた。最近では，M. E.
Thompsonらによるフェニルピリジンを配位子とするシクロメタル化イリジウム（Ⅲ）錯体[26]やシ
クロメタル化白金（Ⅱ）錯体[27]をベース構造として，三原色（RGB）それぞれに対応する発光特性
を示すりん光材料が開発されている。本稿では，イリジウム錯体を中心に配位子構造にフッ素あ
るいはフルオロアルキル基をもつりん光材料に注目して整理したい。

2.3.1　含フッ素配位子をもつイリジウム錯体

　フェニルピリジンを配位子とするIr（Ⅲ）錯体は，光ルミネッセンス（PL）ならびにELの高
い量子収率と安定性，色調のチューニングが可能となることから，有機EL素子のような発光デ
バイスや酸素センサーなどの用途として益々重要性を増している。Ir（Ⅲ）錯体のうち，フェニル
ピリジン配位子構造中にフッ素やトリフルオロメチル基を導入したものが多数報告されている。
フェニルピリジン骨格のC–H結合をC–F結合へ変換することは，りん光発光材料においてどの
ようなメリットがあるのだろうか？一般的に考えられるメリットは以下のとおりである（場合に
よっては，フッ素の導入によって期待する効果が得られなかったり，あるいは逆効果であったり
することもあることに注意されたい）：

①　C–H結合には励起状態からの無輻射失活を促進させる効果がある。そのためC–H結合を
　　C–F結合で置き換えることによって，無輻射失活の速度を低下させ，PL効率を高められる。
②　一般にフッ素化された分子は，対応する非フッ素化合物よりも昇華性が高くなるため，デ
　　バイス化における昇華成膜法を利用しやすくなる。またフッ素の導入により，有機溶媒への
　　溶解度が向上することが多く，プリンタブルなパターンニング成膜の実現可能性を広げられ
　　る。
③　フッ素やトリフルオロメチル基の導入は，分子全体の電子的または立体構造を大きく変化
　　させることができる。そのため，それらの置換基導入によって，結晶状態での分子パッキン
　　グが変化し，自己消光挙動を抑制することができる。
④　フッ素の導入により錯体の電子構造が変化するため，正孔または電子移動度が変化し，電
　　荷移動度をチューニングすることができる。
⑤　配位子にフッ素やトリフルオロメチル基を導入することによって，HOMOおよびLUMO
　　準位が変化するため，キャリア注入の最適化や発光色の色調チューニングに有利になる。

　りん光性OLED（PHOLED）用途において，RGBのうち，赤色と緑色発光体はすでに高性能
な材料が開発できているが，高い発光量子収率と安定性を同時にもつ青色発光錯体は十分とは言
えず，今なお，それらの合成が望まれている。特に，濃青色発光体は白色発光デバイス
（WOLED）の作製に欠くことができないため，勢力的な研究が行われている。本稿で紹介する
イリジウム（Ⅲ）錯体の分子構造を図11にまとめている。

　現在では，イリジウム（Ⅲ）ビス（4,6-ジフルオロフェニルピリジナト-N,C）ピコリネート
（FIrpic）**12**が最もよく知られている三重項青色発光体の一つであり，ELデバイスとしての外

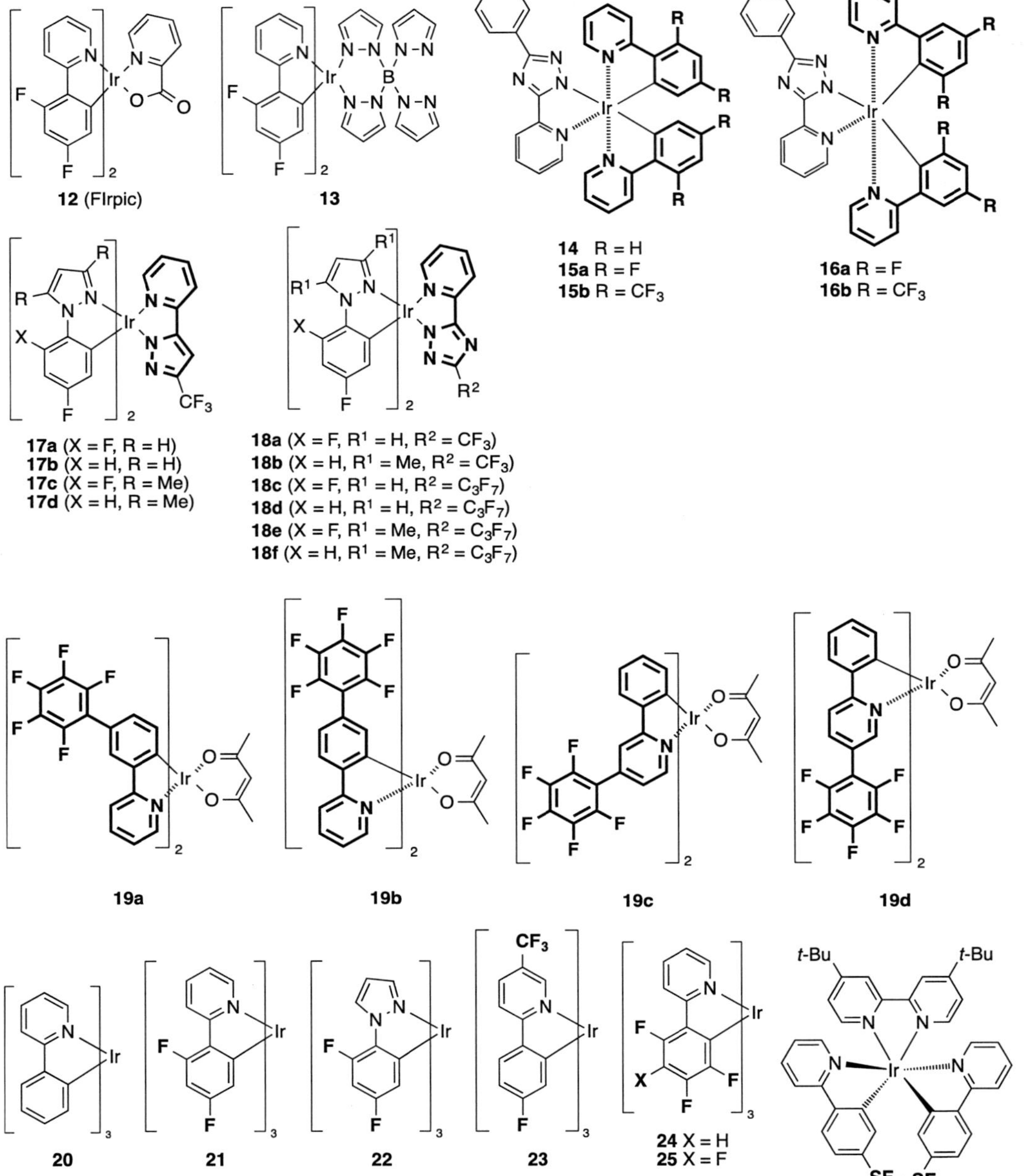

有機フッ素化合物の最新動向

12 (FIrpic)　　**13**

14　R = H
15a R = F
15b R = CF$_3$

16a R = F
16b R = CF$_3$

17a (X = F, R = H)
17b (X = H, R = H)
17c (X = F, R = Me)
17d (X = H, R = Me)

18a (X = F, R^1 = H, R^2 = CF$_3$)
18b (X = H, R^1 = H, R^2 = CF$_3$)
18c (X = F, R^1 = H, R^2 = C$_3$F$_7$)
18d (X = H, R^1 = H, R^2 = C$_3$F$_7$)
18e (X = F, R^1 = Me, R^2 = C$_3$F$_7$)
18f (X = H, R^1 = Me, R^2 = C$_3$F$_7$)

19a　　**19b**　　**19c**　　**19d**

20　　**21**　　**22**　　**23**　　**24** X = H
25 X = F

26

図11　含フッ素りん光発光性イリジウム錯体の分子構造

210

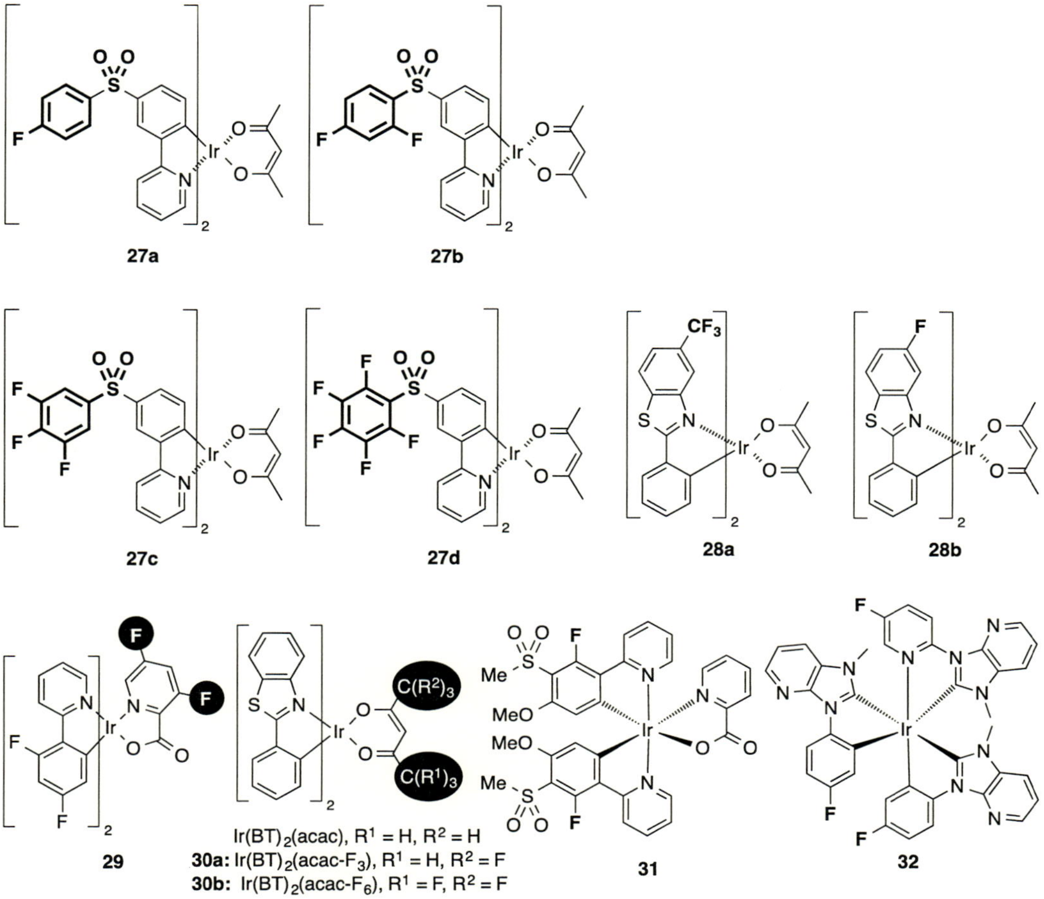

第3章　低分子機能性材料

27a　**27b**

27c　**27d**　**28a**　**28b**

29　**30a:** Ir(BT)$_2$(acac-F$_3$), R^1 = H, R^2 = F　**31**　**32**
30b: Ir(BT)$_2$(acac-F$_6$), R^1 = F, R^2 = F

Ir(BT)$_2$(acac), R^1 = H, R^2 = H

図11　含フッ素りん光発光性イリジウム錯体の分子構造（つづき）

部量子効率が約10％に達している[28,29]。しかし，**12**の発光の色調はシアンであり，完全な青色
ではないため，現在でも青色発光を求めて活発な研究が行われている。実用化されている青色発
光Ir錯体の一つとして，**12**の補助配位子であるピコリン酸をテトラキス(1-ピラゾリル)ボレー
トに替えた**13**であり，そのOLEDデバイスは外部量子効率9〜10％（λ_{max} = 457 nm）を示し，
青色の色度が**12**よりも純青色に近い[30]。このほかにも青色発光Ir錯体の探索研究は非常に活発
で，多岐にわたる構造が提案されている。

　室温での緑色〜青色発光のIr錯体の合成を目指して，フッ素やトリフルオロメチル基をもつ
フェニルピリジンを配位子とするいくつかの含フッ素Ir錯体が報告されている。フェニルピリ
ジン配位子のフェニル基へのフッ素およびトリフルオロメチル基の置換位置により発光特性が変
化することが明らかにされた。すなわち，フッ素化されていない錯体**14**（λ_{max} = 489 nm）と比
較して，フッ素化錯体**15a**の発光極大波長は約28 nmのブルーシフトを引き起こし，ほぼ青色
の発光（λ_{max} = 461 nm）を示した。フッ素原子をフェニル基の金属結合炭素から3,5-位にもつ

211

有機フッ素化合物の最新動向

錯体 **15a** では，フッ素の電子求引性誘起効果によってフェニル基が電子不足となり，シクロメタル化配位子からイリジウムへの σ 供与性が低下し，金属－配位子電荷移動遷移（MLCT 遷移）による発光レベルが上昇したと説明されている。これとは対照的に，錯体 **16a** の発光は錯体 **14** とほぼ同等であった。これは先とは異なり，錯体 **16a** の 2,4-位に導入されたフッ素の共鳴効果による電子供与性が効果的にはたらき，フェニル基上の電子密度が低下しなかったためだと推察されている。また，フェニル基の金属－炭素結合部位から見て 2,4-位にトリフルオロメチル基を導入した錯体 **16b** では，錯体 **14** と比較して 23 nm の発光波長のブルーシフト（$\lambda_{max} = 466$ nm）を示した。一方，3,5-位に CF$_3$ 基を導入した錯体 **15b**（$\lambda_{max} = 511$ nm）では，錯体 **14** の λ_{max} から 22 nm の発光極大のレッドシフトを示すことが明らかとされている[31]。

補助配位子として 2-ピリジルピラゾールや 2-ピリジルトリアゾールを導入した Ir（Ⅲ）錯体（**17a～d** および **18a～f**）では，ジクロロメタン溶液中で 450～470 nm をピーク波長とする青色系発光を実現でき，すべての錯体の光安定性は良好であるが，その量子収率は極端に低い。対照的に，これらの材料は固体状態では量子収率の向上が観察され，錯体 **17a** の量子効率は 0.13 であった。フッ素原子またはペルフルオロアルキル鎖の挿入効果は，光安定性能向上には寄与しているものの，発光特性の向上には特筆するほど大きな効果は見出せていない[32]。

一方，フェニルピリジン配位子のフェニル基上あるいはピリジル基上にペンタフルオロフェニル基を導入した場合，その導入位置によって MLCT 遷移のエネルギーレベルが変化し，それぞれの PL または EL スペクトルを短波長または長波長へとチューニングできることが報告されている。置換基をもたない類似錯体と比較して，ペンタフルオロフェニル基を導入すると，錯体 **19b～d** では発光極大の長波長シフトが観察され，錯体 **19a** に限り，発光バンドが短波長側へシフトすることが明らかになった。これらの錯体の EL スペクトルの発光バンドはいずれも 513～578 nm（緑色～橙色）の発光にチューニングされ，それらの外部量子効率はおよそ 10～17% という結果になった[33]。

fac-トリス（フェニルピリジン）イリジウム（Ⅲ）錯体 **20**（$\lambda_{max} = 492$ nm）とフェニルピリジンのベンゼン環上にフッ素を導入した錯体 **21** を比較すると，発光のブルーシフト（$\lambda_{max} = 450$ nm）が観察された[34]。これはフッ素の電子求引性によって，錯体の HOMO が安定化され，三重項エネルギーギャップを増大させた結果だと説明されている。ジフルオロフェニルピラゾリル配位子をもつ錯体 **22** の発光についても同様に，非フッ素錯体よりもブルーシフトすることが報告されている[35]。Wang らは，フェニルピリジンのフェニル基にフッ素，ピリジン環にトリフルオロメチル基を導入した Ir 錯体 **23** を報告し，含フッ素置換基の導入効果として，錯体 **23** の昇華温度が対応する錯体 **20** よりも約 70℃ 低くなることを報告している。また錯体 **23** の固体状態でのフォトルミネセンス量子収率は溶液系と比較して劇的に向上し，含フッ素置換基の導入によって非フッ素系錯体 **20** とは異なる分子パッキングを形成したことに起因していると説明されている[36]。Naso らは，トリスイリジウム（Ⅲ）錯体の HOMO エネルギーの低下を目的とし，フェニルピリジン配位子のベンゼン環に 3 または 4 個のフッ素を導入し，それらの Ir 錯体 **24** ならびに

第3章　低分子機能性材料

25 を合成したところ，それらの HOMO-LUMO エネルギーギャップが効果的に拡大し，青色のりん光発光を観測することに成功した[37]。最近では，強力な電子求引性 SF$_5$ 基をもつフェニルピリジンを配位子としたイリジウム（Ⅲ）錯体 **26** が開発され，そのりん光スペクトルの発光波長が非フッ素系類縁体と比べてブルーシフトしていることが明らかにされた。さらに，SF$_5$ 基がフッ素や CF$_3$ 基よりも強力な電子求引基として作用するだけでなく，SF$_5$ 基の立体的なかさ高さによって，固体状態での金属錯体同士の分子間相互作用が抑制され，錯体自身の溶解度が大きく向上したことも報告されている[38]。4-フルオロベンゼンスルホニル基が結合したフェニルピリジンを配位子とする Ir（Ⅲ）錯体 **27a～d** は高い量子収率でりん光発光することが紹介されており，フッ素とスルホニルユニットの相乗的な電子求引効果として説明されている[39]。フェニルピリジン配位子のピリジン環をベンゾチアゾール環に換えた配位子とし，その 5-位にトリフルオロメチル基あるいはフッ素を導入したところ，対応するイリジウム錯体 **28a** および **28b** はそれぞれ 567 nm，564 nm に発光極大を示し，その量子収率は 0.32，0.27 であった[40]。

　また，補助配位子にフッ素を導入した系についても，研究が行われている。一つはジフルオロピコリン酸を補助配位子とした錯体 **29**，もう一つは含フッ素アセチルアセトンを配位子とした錯体 **30a** および **30b** である。前者は，FIrpic（**12**）と比較すると発光波長のレッドシフト（λ_{max} = 471 nm）が観測された[41]。一方後者では，非フッ素化アセチルアセトンを用いた類似錯体 Ir（BT）$_2$（acac）（λ_{max} = 544 nm）と比較すると，**30a**（λ_{max} = 535 nm），**30b**（λ_{max} = 526 nm）のいずれもブルーシフトが観察され，量子収率もそれぞれ 0.32 および 0.35 であった[42]。

　青色りん光発光 Ir 錯体の最近の例として，以下の 2 報があげられる。一方は，フェニルピリジンのフェニル基を 2,4-ジフェニル-3-メタンスルホニルフェニル基に置き換えた錯体 **31** である。これは溶解性が高く，OLED デバイスにおけるりん光発光は λ_{max} = 463 nm に極大発光波長をもつ青色りん光発光を実現しており，その発光に及ぼす効果は主にスルホニル基の効果が支配的と見られている[43]。もう一方は，3-フェニル-3H-イミダゾ[4,5-b]ピリジン型配位子を用いた NHC カルベンをベースとした Ir（Ⅲ）錯体 **32** であり，固体状態でのりん光発光は λ_{max} = 422 nm であった[44]。

2.3.2　含フッ素りん光発光性金錯体

　北海道大学伊藤肇教授のグループによって報告された一連の発光性メカノクロミック錯体は，いわゆる，EL デバイスを指向したりん光発光材料とは一線を画す興味ある発光分子である（図12）。2008 年に報告された金錯体 **33a**（結晶）は，紫外線照射下では比較的弱い青色の発光（λ_{max} = 415 nm）を示すが，機械的刺激を与えることにより，黄色発光（λ_{max} = 533 nm）へと発光色が変化する現象を見出した。さらに，この黄色発光成分に有機溶媒を接触させると青色発光に戻すことができる[45]。これは機械的刺激により，分子凝集構造が変化し，金－金相互作用の強さが変化したことによる発光色変化だと推察されている。この報告を端緒として，さまざまな発光性金錯体（**33b～e**）を報告している[46]。特に興味深いことに，フェニル（フェニルイソシアノ）金（Ⅰ）錯体 **33e** は，結晶表面にわずかな機械的刺激を与えることで劇的な発光色変化を伴った"単

213

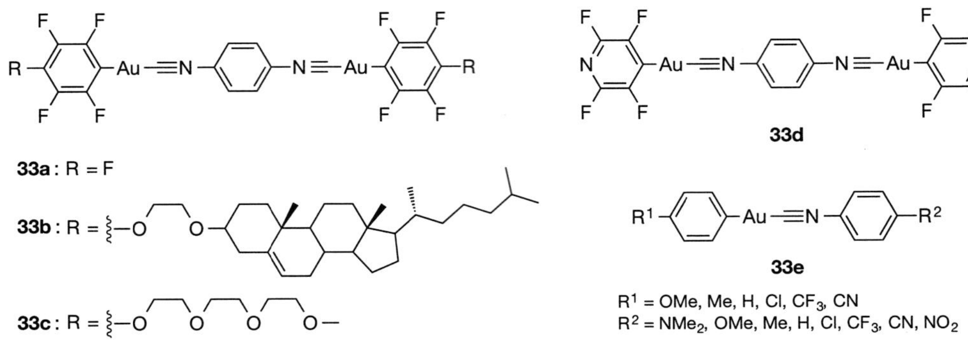

有機フッ素化合物の最新動向

33a : R = F

33b : R = §–O〜O–

33c : R = §–O〜O〜O〜O–

33d

R¹–〜–Au≡N–〜–R²

33e

R¹ = OMe, Me, H, Cl, CF₃, CN
R² = NMe₂, OMe, Me, H, Cl, CF₃, CN, NO₂

図12　メカノクロミック性を有する含フッ素棒状金錯体

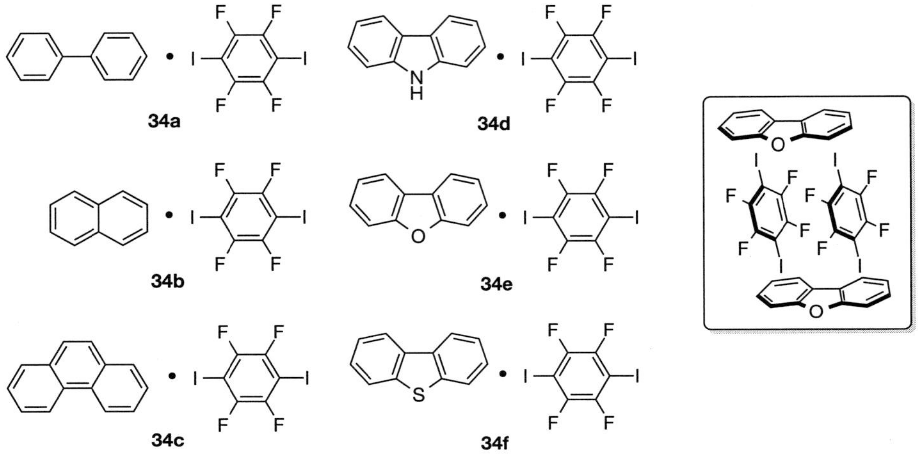

図13　ハロゲン結合によって誘起される共結晶形成とりん光発光特性

結晶－単結晶相転移”が誘起され，相転移によってわずかに形成された異なる結晶が核となり，ドミノ倒しのような効果で結晶全体に相転移が自発的に伝搬する現象も観察されている。しかし，メカノクロミック性にフッ素がどのように寄与しているかは現在までに明らかにされていない。

2.3.3　ハロゲン結合型りん光発光共結晶[47)]

　Jin らは，1,4-ジヨードテトラフルオロベンゼンは優秀なハロゲン結合ドナーとして機能し，ビフェニル，ナフタレン，フェナントレン，カルバゾール，ジベンゾフラン，そしてジベンゾチオフェンと共結晶 **34a～f** を形成することを報告している（図13）。さらに，これらの芳香族化合物のりん光がスピン－軌道カップリングによって増強されることも明らかにしている。非フッ素置換1,4-ジヨードベンゼンでは，このような共結晶形成ならびにりん光増強を発現しないことから，**34** に導入された4つのフッ素が重要な役割を果たしていることは明らかである。

214

第 3 章　低分子機能性材料

2.4　おわりに

　本稿で取り上げた含フッ素蛍光材料および含フッ素りん光材料は，この四半世紀で発光材料の研究領域の一部エリアとして研究され，成果物の中には実用域に到達しているものも出現してきた。今後，有機 EL ディスプレイや有機発光ダイオードなどエレクトロニクス分野，細胞内のバイオイメージングや細胞内物質のセンサーとしてバイオ・医療分野でのこれら含フッ素発光材料の利点を生かした利用・応用がさらに進展し，社会のなかで役に立ってくれることを期待している。

文　　　献

1)　(a) D. O'Hagan, *Chem. Soc. Rev.*, **37**, 308-319 (2008)；(b) P. Kirsch, in "Modern Fluoroorganic Chemistry: Synthesis, Reactivity, Applications", P. Kirsch, Ed., Wiley-VCH, Weinheim (2004)；(c) T. Hiyama, in "Organofluorine Compounds, Chemistry and Applications", H. Yamamoto, Ed., Springer-Verlag, Berlin (2000)

2)　蛍光およびりん光に関する成書：(a) N. J. Turro, V. Ramamurthy, J. C. Scaiano, "Principles of Molecular Photochemistry: An Introduction", University Science Book (2009)；(b) B. Valeur, M. N. Berberan-Santos, in "Molecular Fluorescence, Principles and Applications", B. Valeur, M. N. Berberan-Santos, Eds., Wiley-VCH Verlag GmbH & Co., KGaA, Weinheim (2012)；(c) C. Ronda, in "Luminescence: From Theory to Applications", C. Ronda, Ed., Wiley-VCH Verlag GmbH & Co., KGaA, Weinheim (2008)

3)　A. Treibs, F.-H. Kreuzer, *Justus Liebigs Ann. Chem.*, **718**, 208-223 (1968)

4)　(a) A. Loudet, K. Burgess, *Chem. Rev.*, **107**, 4891-4932 (2007)；(b) T. E. Wood, A. Thompson, *Chem. Rev.*, **107**, 1831-1861 (2007)；(c) A. C. Benniston, G. Gopley, *Phys. Chem. Chem. Phys.*, **11**, 4124-4131 (2009)；(d) G. Ulrich, R. Ziessel, A. Harriman, *Angew. Chem. Int. Ed.*, **47**, 1184-1201 (2008)

5)　(a) A. Burghart *et al., J. Org. Chem.*, **64**, 7813-7819 (1999)；(b) W. Qin *et al., J. Phys. Chem. A*, **111**, 8588-8597 (2007)

6)　(a) J. Killoran, S. O. McDonnell, J. F. Gallagher, D. F. O'Shea, *New J. Chem.*, **32**, 483-489 (2008)；(b) J. Killoran *et al., Chem. Commun.*, 1862-1863 (2002)

7)　(a) R. Ziessel, G. Ulrich, A. Harriman, *New J. Chem.*, **31**, 496-501 (2007)；(b) G. Ulrich, C. Goze, S. Goeb, P. Retailleau, R. Ziessel, *New J. Chem.*, **30**, 982-986 (2006)

8)　C. Bonnier, W. E. Piers, A. A. Ali, A. Thompson, M. Parvez, *Organometallics*, **28**, 4845-4851 (2009)

9)　(a) M. Irie, T. Fukaminato, K. Matsuda, S. Kobatake, *Chem. Rev.*, **114**, 12174-12277 (2014)；(b) M. Irie, *Chem. Rev.*, **100**, 1685-1716 (2000)

10)　M. Irie, H. Ishida, T. Tsujioka, *Jpn. J. Appl. Phys.*, **38**, 6114-6117 (1999)

有機フッ素化合物の最新動向

11) (a) M. Irie, K. Uchida, *Bull. Chem. Soc. Jpn.*, **71**, 985-996 (1998)；(b) M. Irie, M. Mohri, *J. Org. Chem.*, **53**, 803-808 (1988)

12) T. Kawai, T. Sasaki, M. Irie, *Chem. Commun.*, 711-712 (2001)

13) T. A. Golvkova, D. V. Kozlov, D. C. Neckers, *J. Org. Chem.*, **70**, 5545-5549 (2005)

14) (a) A. Osuka, D. Fujikane, H. Shinmori, S. Kobatake, M. Irie, *J. Org. Chem.*, **66**, 3913-3923 (2001)；(b) G. M. Tsivgoulis, J.-M. Lehn, *Angew. Chem. Int. Ed.*, **34**, 1119-1122 (1995)

15) (a) M. Irie, M. Morimoto, *Bull. Chem. Soc. Jpn.*, **91**, 237-250 (2018)；(b) M. Morimoto, T. Sumi, M. Irie, *Materials*, **10**, 1021 (2017)；(c) Y. Takagi *et al., Photochem. Photobiol. Sci.*, **11**, 1661-1665 (2012)；(d) Y.-C. Jeong, S. I. Yang, K.-H. Ahn, E. Kim, *Chem. Commun.*, 2503-2505 (2005)

16) "Organic Light-Emitting Devices. Synthesis, Properties and Applications", K. Müllen, U. Scerf, Eds., Wiley-VCH, Weinheim (2006)

17) (a) J. Zaumseil, H. Sirringhaus, *Chem. Rev.*, **107**, 1296-1323 (2007)；(b) F. Cicoira, C. Santato, *Adv. Funct. Mater.*, **17**, 3421-3434 (2007)

18) S. W. Thomas, G. D. Joly, T. M. Swager, *Chem. Rev.*, **107**, 1339-1386 (2007)

19) M. Shimizu, T. Hiyama, *Chem. Asian J.*, **5**, 1516-1531 (2010)

20) J. Luo, Z. Xie, J. W. Y. Lam, L. Cheng, H. Chen, C. Qiu, H. S. Kwok, X. Zhan, Y. Liu, D. Zhu, B. Z. Tang, *Chem. Commun.*, 1740-1741 (2001)

21) (a) J. Mei, N. L. C. Leung, R. T. K. Kwok, J. W. Y. Lam, B. Z. Tang, *Chem. Rev.*, **115**, 11718-11940 (2015)；(b) Y. Hong, J. W. Y. Lam, B. Z. Tang, *Chem. Soc. Rev.*, **40**, 5361-5388 (2011)；(c) "Aggregation-Induced Emission: Fundamentals", A. Qin, B. Z. Tang, Eds., John Wiley & Sons, Ltd. (2013)

22) M. Shimizu, Y. Takeda, M. Higashi, T. Hiyama, *Angew. Chem. Int. Ed.*, **48**, 3653-3656 (2009)

23) M. Shimizu, Y. Takeda, M. Higashi, T. Hiyama, *Chem. Asian J.*, **6**, 2536-2544 (2011)

24) 他のドナー・アクセプター型含フッ素発光分子に関する報告：M. Shimizu, R. Kaki, Y. Takeda, T. Hiyama, N. Nagai, H. Yamagishi, H. Furutani, *Angew. Chem. Int. Ed.*, **51**, 4095-4099 (2012)

25) S. Yamada, K. Miyano, T. Konno, T. Agou, T. Kubota, T. Hosokai, *Org. Biomol. Chem.*, **15**, 5949-5958 (2017)

26) (a) A. B. Tamayo, B. D. Alleyne, P. I. Djurovich, S. Lamansky, I. Tsyba, N. N. Ho, R. Bau, M. E. Thompson, *J. Am. Chem. Soc.*, **125**, 7377-7387 (2003)；(b) S. Lamansky, P. Djurovich, D. Murphy, F. Abdel-Razzaq, H.-E. Lee, C. Adachi, P. E. Burrows, S. R. Forrest, M. E. Thompson, *J. Am. Chem. Soc.*, **123**, 4304-4312 (2001)

27) S. Ikawa, S. Yagi, T. Maeda, H. Nakazumi, *Phys. Status Solidi C*, **9**, 2553-2556 (2012)

28) C. Adachi, R. C. Kwong, P. Djurovich, V. Adamovich, M. A. Baldo, M. E. Thompson, S. R. Forrest, *Appl. Phys. Lett.*, **79**, 2082-2084 (2001)

29) S. Tokito, T. Iijima, Y. Suzuri, H. Kita, T. Tsuzuki, F. Sato, *Appl. Phys. Lett.*, **83**, 569-570 (2003)

30) R. J. Holmes, B. W. D'Andrade, S. R. Forrest, X. Ren, J. Li, M. E. Thompson, *Appl. Phys. Lett.*, **83**, 3818-3820 (2003)

31) P. Coppo, E. A. Plummer, L. De Cola, *Chem. Commun.*, 1774-1775 (2004)

第 3 章　低分子機能性材料

32) C.-H. Yang, S.-W. Li, Y. Chi, Y.-M. Cheng, Y.-S. Yeh, P.-T. Chou, G.-H. Lee, C.-H. Wang, C.-F. Shu, *Inorg. Chem.*, **44**, 7770-7780 (2005)

33) T. Tsuzuki, N. Shirasawa, T. Suzuki, S. Tokito, *Adv. Mater.*, **15**, 1455-1458 (2003)

34) A. B. Tamayo, B. D. Alleyne, P. I. Djurovich, S. Lamansky, I. Tsyba, N. N. Ho, R. Bau, M. E. Thompson, *J. Am. Chem. Soc.*, **125**, 7377-7387 (2003)

35) J. Brooks, Y. Babayan, S. Lamansky, P. I. Djurovich, I. Tsyba, R. Bau, M. E. Thompson, *Inorg. Chem.*, **41**, 3055-3066 (2002)

36) Y. Wang, N. Herron, V. V. Grushin, D. LeCloux, V. Petrov, *Appl. Phys. Lett.*, **79**, 449-450 (2001)

37) R. Ragni, E. A. Plummer, K. Brunner, J. W. Hofstraat, F. Babudri, G. M. Farinola, F. Naso, L. De Cola, *J. Mater. Chem.*, **16**, 1161-1170 (2006)

38) N. M. Shavaleev, G. Xie, S. Varghese, D. B. Cordes, A. M. Z. Slawin, C. Momblona, E. Ortí, H. J. Bolink, I. D. W. Samuel, E. Zysman-Colman, *Inorg. Chem.*, **54**, 5907-5914 (2015)

39) J. Zhao, Y. Yu, X. Yang, X. Yan, H. Zhang, X. Xu, G. Zhou, Z. Wu, Y. Ren, W. i-Y. Wong, *ACS Appl. Mater. Interfaces*, **7**, 24703-24714 (2014)

40) D. Liu, R. Yao, R. Dong, F. Jia, M. Fu, *Dyes and Pig.*, **145**, 528-537 (2017)

41) J. Liu, M. Jiang, X. Zhou, C. Zhan, J. Bai, M. Xiong, F. Li, Y. Liu, *Synth. Met.*, **234**, 111-116 (2017)

42) R. Kai, W. Jun, J. Huali, *Sens. Actuators B Chem.*, **240**, 697-708 (2017)

43) H. Benjamin, Y. Zheng, A. S. Batsanov, M. A. Fox, H. A. Al-Attar, A. P. Monkman, M. R. Bryce, *Inorg. Chem.*, **55**, 8612-8627 (2016)

44) G. Sarada, A. Maheshwaran, W. Cho, T. Lee, S.-H. Han, J.-Y. Lee, S.-H. Jin, *Dyes and Pig.*, **150**, 1-8 (2018)

45) H. Ito, T. Saito, N. Oshima, N. Kitamura, S. Ishizaka, Y. Hinatsu, M. Wakeshima, M. Kato, K. Tsuge, M. Sawamura, *J. Am. Chem. Soc.*, **130**, 10044-10045 (2008)

46) (a) K. Kawaguchi, T. Seki, T. Karatsu, A. Kitamura, H. Ito, S. Yagai, *Chem. Commun.*, **19**, 11391-11394 (2013) ; (b) T. Seki, T. Ozaki, T. Ohkura, K. Asakura, A. Sakon, H. Uekusa, H. Ito, *Chem. Sci.*, **6**, 2187-2195 (2015) ; (c) S. Yagai, T. Seki, H. Aonuma, K. Kawabuchi, T. Karatsu, T. Okura, A. Sakon, H. Uekusa, H. Ito, *Chem. Mat.*, **28**, 234-241 (2015) ; (d) T. Seki, Y. Takamatsu, H. Ito, *J. Am. Chem. Soc.*, **138**, 6252-6260 (2016) ; (e) M. Jin, T. Sumitani, H. Sato, T. Seki, H. Ito, *J. Am. Chem. Soc.*, **140**, 2875-2879 (2018)

47) (a) H. Y. Gao, X. R. Zhao, H. Wang, X. Pang, W. J. Jin, *Cryst. Growth Des.*, **12**, 4377-4387 (2012) ; (b) Q. J. Shen, H. Q. Wei, W. S. Zou, H. L. Sun, W. J. Jin, *Cryst. Eng. Comm.*, **14**, 1010-1015 (2012) ; (c) Q. J. Shen, X. Pang, X. R. Zhao, H. Y. Gao, H.-L. Sun, W. J. Jin, *Cryst. Eng. Comm.*, 14, 5027-5034 (2012) ; (d) H. Y. Gao, Q. J. Shen, X. R. Zhao, X. Q. Yan, X. Pang, W. J. Jin, *J. Mater. Chem.*, **22**, 5336-5343 (2012)

3 有機電界効果トランジスターを指向した 含フッ素有機半導体材料の設計と評価

折田明浩*

3.1 はじめに

近年，様々なフッ素置換化合物が報告され，医薬品や有機材料として利用されている[1]。いずれも物理的あるいは化学的に興味ある特徴を示すが，アルキル鎖をフッ素で多置換したフルオロカーボン（C_nF_{2n+2}）では，フッ素特有の電子的性質に起因した物理的特徴が見られる。例えば，フルオロカーボンの沸点は，同等の分子量をもつ炭化水素（C_nH_{2n+2}）と比較して，大幅に低い。C_2F_6（FW. 138.0 g/mol）の沸点 -78.15℃ に対して，$C_{10}H_{22}$（FW. 142.3 g/mol）の沸点は，174.2℃である。また，長鎖フルオロカーボンは，室温付近では有機溶媒と混ざらず，有機相とも水相とも異なる第3の相"フルオラス相"を与える。これらの現象は，フッ素上の電子反発によってフルオロカーボン分子間には極めて小さな分散力しか発生しないことに起因する。我々は，この"フルオラス相"を利用することで，反応後に分離・回収を容易に行うことができるフルオラスジスタノキサン触媒を開発し，これをエステル交換反応に利用した（図1）[2]。

同様にベンゼンの水素をフッ素で置換したヘキサフルオロベンゼン（C_6F_6）は，フッ素の電子求引効果により，ベンゼン環上の電子密度が大きく低下するとともに，ベンゼンとは逆符号の四重極モーメントをもつ（$+31.7\times10^{-40}\,C/m^{-2}$）。そのため，ベンゼン（$C_6H_6$）とヘキサフルオロベンゼン（$C_6F_6$）との混合物から再結晶を行うと，ベンゼン-ヘキサフルオロベンゼンの1:1錯体が得られる[3]。フルオロカーボンと同様にフッ素化芳香族化合物も，π共役系の電子的変化を通じて共役化合物の新たな物性を示すことが分かった。

さて，ここではフッ素で置換した有機半導体材料の設計について紹介するが，その前に我々が鍵骨格として利用したπ共役化合物フェニレンエチニレンについて以下に，簡単な合成法と背景を説明したい。

近年様々なアセチレン系共役化合物が合成され，機能性有機材料としての応用展開が検討されている[4]。アセチレン誘導体は，柔軟な分子設計が可能な上，様々なルートで合成できる。また，π共役系を拡張したり種々の置換基を導入することでその光学的特性をチューニングできること

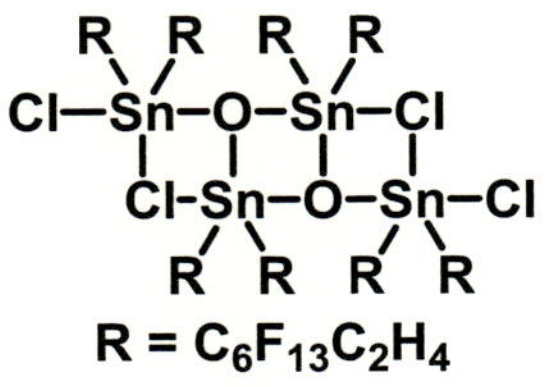

$$R = C_6F_{13}C_2H_4$$

図1 フルオラスジスタノキサン触媒

＊ Akihiro Orita　岡山理科大学　工学部　バイオ・応用化学科　教授

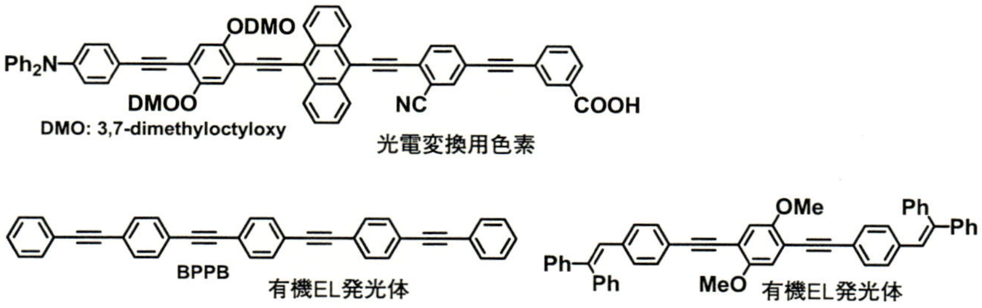

第3章　低分子機能性材料

図2　拡張 π 共役型アセチレン有機材料

から，光電変換用色素をはじめ，有機 EL に利用可能な蛍光色素や有機半導体材料など，幅広い応用が期待できる。我々はこれまでに，アセチレン化合物を自在に合成する方法論を開発するとともに，ベンゼンとアセチレンとを交互に連結した拡張型 π 共役系を用いて，様々な有機材料への応用展開を試みた[5]（図2）。例えば，電子供与基と電子求引基とを置換したフェニレンエチニレンは，色素増感型太陽電池の可視光吸収色素として機能し，5.0％の光電変換効率を示した[6]。また，フェニレンエチニレンは剛直な分子構造と拡張した π 共役系を有することから，紫外線照射により蛍光発光を示す。有機 EL の発光体としても利用することが可能で，5つのベンゼンと4つのアセチレンとが交互に連結した誘導体（BPPB）を用いた素子では，470 nm あるいは 510 nm に発光を示した（外部量子収率 0.53％）[7]。さらに，分子の両端にアリールエテン型青色発色団を置換したフェニレンエチニレンも，有機 EL の青色発光体として利用することが可能で，この場合には発色団の導入により外部量子収率が 2.4％にまで向上した[8]。

　さて，フェニレンエチニレン誘導体（BPPB）は青緑色の EL 発光体として利用できることを述べたが，この研究の過程で，BPPB がホール輸送材として機能することが分かった。そこで，いくつかのフェニレンエチニレン誘導体を合成し，分子構造とキャリア輸送能との相関を探った[9]。

3.2　BPEPE の合成とキャリア輸送能評価

　フェニレンエチニレンはベンゼンとアセチレンとを繰り返し単位にもつことから，芳香族アセチレンをいかに効率的に合成するかが鍵となる。我々は，スルホンとアルデヒドとを出発原料に用いた芳香族アセチレンのワンポット・ワンショット合成法を既に確立しており，この方法を用いて本研究に必要なジヨードジフェニルエチンを合成した[5a]。続いて，ジヨード体と種々の末端アセチレンとの薗頭カップリングから末端置換基の異なるフェニレンエチニレン誘導体を調製した（図3）。

　フェニレンエチニレン誘導体（BPEPE）を用いてシリコン基板上にボトムコンタクト型素子を作製した。素子作製には真空蒸着法（$<10^{-4}$ Pa）を用い，300 nm の酸化被膜をインシュレーターにもつシリコン基板上に，80 nm の BPEPE を室温で成膜した。大気中では動作が不安定だったため，キャリア移動度の測定は真空中，室温で行った。また，薄膜の紫外可視吸収スペク

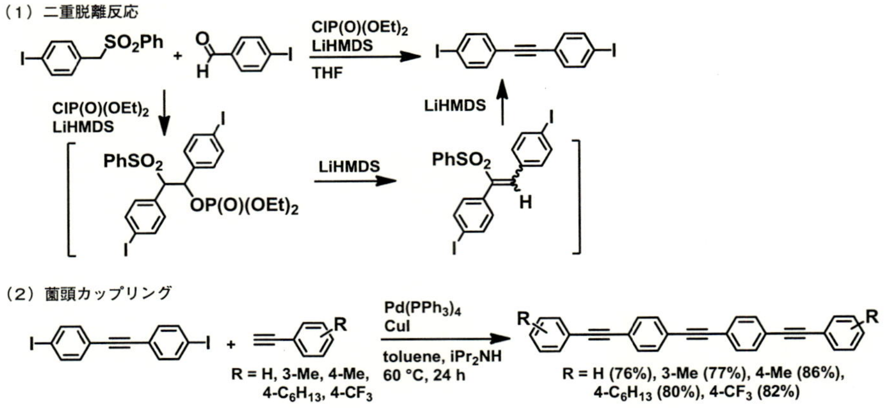

有機フッ素化合物の最新動向

（1）二重脱離反応

（2）薗頭カップリング

R = H, 3-Me, 4-Me,
4-C₆H₁₃, 4-CF₃

R = H (76%), 3-Me (77%), 4-Me (86%),
4-C₆H₁₃ (80%), 4-CF₃ (82%)

図3　フェニレンエチニレン（BPEPE）の合成

表1　フェニレンエチニレン（BPEPE）の FET 特性

	R＝H	R＝4－Me	R＝3－Me	R＝4－C₆H₁₃	R＝CF₃
蛍光波長（nm）	440	440	443	451	443
τ_F（ns）	1.1	1.1	1.0	0.7	1.1
Φ_{PL}（%）	80	45	80	40	39
k_r（×10⁸ s⁻¹）	7.2	4.1	8.0	5.7	3.5
HOMO/LUMO（eV）	5.9/2.9	6.0/3.0	6.1/2.9	5.8/2.6	>6.2/-
FET 特性	p-type	p-type	not observed	p-type	n-type
FET 移動度（cm² V⁻¹ s⁻¹）	$1.3×10^{-3}$	$6.5×10^{-4}$	not observed	$3.5×10^{-5}$	$1.3×10^{-7}$
閾値電圧（V）	−42	−32	not observed	−22	45

トル，蛍光スペクトル，および，蛍光寿命を測定するとともに，紫外光電子分光法を用いて
HOMO 準位を見積もった（表1）。

　4つのベンゼンと3つのアセチレンとが交互に4位で連結したフェニレンエチニレン
（BPEPE）が p 型有機半導体として機能し，$1.3×10^{-3}$ cm²/Vs のホール移動度を示すことを見
出した。興味深いことに，フェニレンエチニレンのベンゼン末端にアルキル基を置換すると，移
動度が大きく変化した。4位にメチル基およびヘキシル基を導入すると，ホール移動度はそれぞ
れ $6.5×10^{-4}$ および $3.5×10^{-5}$ cm²/Vs にまで減少した。ベンゼン環上に置換したアルキル鎖の
分子間相互作用から生じる「分子ファスナー効果」により，隣接するフェニレンエチニレン間の
距離および配向を制御することで，移動度の向上を期待したが，本系では逆の結果を与えた。ま
た，4位に替えて3位にメチル基を置換したフェニレンエチニレンを用いてトランジスタ特性を
評価した場合には，ホール移動は観測されなかった。こうした置換パターンの違いに基づく移動
度の差異を解析するために，蒸着で作製したフェニレンエチニレン誘導体の薄膜表面を AFM で
観察したところ，そのモルフォロジーに大きな差異が観察された（図4）。無置換体は密に詰まっ
た多結晶テクスチャー構造をもち，ホール移動が効果的に進むことが示唆された。一方，4-およ
び3-メチル置換体は，微細結晶あるいは結晶間に大きな空間を有する多孔性の棒状結晶を示す。

220

第3章　低分子機能性材料

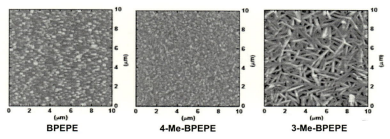

図4　フェニレンエチニレン（BPEPE）のAFM観察像
（*Jpn. J. Appl. Phys.*, **45**, L1331（2006）より転載）

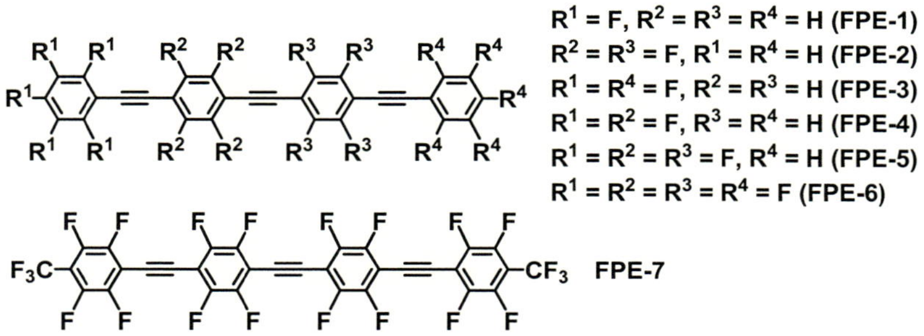

図5　フッ素化フェニレンエチニレン（FPE）の構造

　これらのテクスチャー構造はいずれもキャリア移動にはあまり適さず，4-および3-メチル置換体から作製したトランジスターは，極めて小さな移動度しか示さなかった。興味深いことに，末端ベンゼンに電子求引基であるトリフルオロメチル基を置換した誘導体は，移動度は低いものの，n型半導体として作動することが分かった（電子移動度　$1.3 \times 10^{-7} \, \mathrm{cm^2/Vs}$）。拡張したπ共役系に電子求引基を置換することでLUMOレベルが低下し，フェニレンエチニレンがn型半導体材料として機能したと考えられる。電子移動度の向上を目的に，ベンゼン環上にもフッ素置換基を導入し，さらに低いLUMOレベルを達成することで，新たなn型半導体材料の開発に取り組んだ[10]。

3.3　FPEの合成とキャリア輸送能評価

　本研究ではベンゼン環上へのフッ素の置換が及ぼす影響をシステマティックに調査するため，様々なフッ素置換パターンのフェニレンエチニレンFPE-1からFPE-7を合成した（図5）。
　これら誘導体の合成は，薗頭カップリング，我々が開発したスルホンとアルデヒドとを出発原料に用いたワンショットアセチレン合成法[5a]，フルオロベンゼンへの求核置換反応を組み合わせることで達成した。代表例として中心部の2つのベンゼン環がフッ素化された誘導体FPE-2，分子片側の2つのベンゼン環がフッ素化された誘導体FPE-4，すべてのベンゼン環がフッ素化されたうえ，両末端ベンゼンにトリフルオロメチル基が置換した誘導体FPE-7の合成を示す（図

221

有機フッ素化合物の最新動向

6）。どの誘導体の合成にも鍵中間体としてビス（ペンタフルオロフェニルエチン）M-2を利用した。M-2はペンタフルオロヨードベンゼンとトリメチルシリルアセチレンとの薗頭カップリングから得られたシリルアセチレンM-1を，再びペンタフルオロヨードベンゼンとカップリングすることで，中程度の収率で得られた。なお，フッ素で多置換した有機化合物は分散力が小さく，そのため低沸点なものが多いが，シリルアセチレンM-1の脱シリル化から調製した末端アセチレンも揮発性が高く取扱いが極めて困難であった。そのため，M-2を薗頭カップリングで合成する際には，シリルアセチレンM-1を化学量論量の塩化銅と作用させ，系中で銅アセチリドを調製し，これをカップリング反応に利用した。こうして調製したビス（ペンタフルオロフェニルエチン）M-2を鍵中間体に利用して，以下，誘導体FPE-2，4，7を合成した。誘導体FPE-2の合成では，フェニルエチンのリチウムアセチリドを求核剤に用いて，M-2の4位のフッ素を2カ所で置換した。誘導体FPE-4も，M-6から調製したリチウムアセチリドを求核剤に用いたM-2の置換反応によって合成した。末端アセチレンM-6はフェニルスルホンM-3とヨードベンズアルデヒドM-4とのワンショット反応から調製したヨードアセチレンM-5を薗頭カップリングでエチニル化した後に，脱シリル化反応によって調製した。完全にフッ素化された誘導体FPE-7の合成は，M-9から調製したアセチリドによるM-2の求核置換反応によって調製した。本反応に必要なトリフルオロメチルアセチレンM-9は，M-7のヨウ素化によって得られたM-8から薗頭カップリングを経由して調製した。M-9を用いた置換反応は，シリルアセチレンM-9とM-2との混合物に触媒量のテトラブチルアンモニウム フルオリド（TBAF）を作用させることで実施した。ここでは，TBAFの脱シリル化による系中でアセチリドを発生させるが，置換

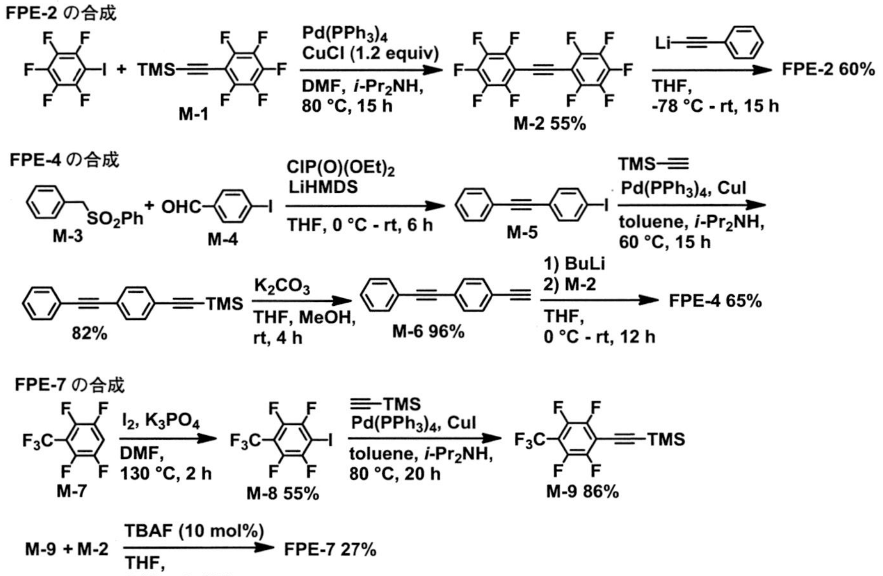

図6　フッ素置換フェニレンエチニレン（FPE-2，4，7）の合成

第 3 章　低分子機能性材料

表 2　フッ素置換フェニレンエチニレン（FPE）の電気化学特性と HOMO, LUMO 準位

	$E_{red}^{a,b}$	$E_{LUMO}^{a,d}$	$E_{HOMO}^{a,d}$	$\Delta E^{a,d,e}$
BPEPE（F_0）	----	---- （-2.10）	---- （-5.47）	3.31 （3.37）
FPE-1（F_5）	-2.02	-2.36 （-2.26）	-5.62 （-5.58）	3.26 （3.32）
FPE-2（F_8）	-1.57	-2.81 （-2.64）	-5.99 （-5.90）	3.18 （3.26）
FPE-3（F_{10}）	-1.97	-2.41 （-2.37）	-5.72 （-5.72）	3.31 （3.35）
FPE-4（F_9）	-1.66	-2.72 （-2.56）	-5.86 （-5.75）	3.14 （3.19）
FPE-5（F_{13}）	-1.40	-2.98 （-2.77）	-6.16 （-6.01）	3.18 （3.24）
FPE-6（F_{18}）	-1.33^c	-3.05 （-2.88）	-6.27 （-6.18）	3.22 （3.30）
FPE-7（$F_{16, }2CF_3$）	-1.20^c	-3.18 （-3.05）	-6.40 （-6.34）	3.22 （3.29）

[a]V. [b]Half-wave reduction potential (Ag/AgNO3, in THF (1.0×10^{-5} M), calibrated by Fc/Fc⁺ redox potential). [c]Concentration is unknown. [d]Calculated results on B3LYP/6-31G(d) in parentheses. [e]HOMO-LUMO energy gap.

反応の際に脱離基としてフルオリドが再生するため，触媒量の TBAF 添加で置換反応は完結する。

　合成した一連の誘導体上でのフッ素による電子的効果を評価するために，電気化学的手法を用いた溶液中での酸化・還元電位を測定した。また，HOMO 準位および LUMO 準位を分子軌道計算（B3LYP/6-31G(d)）から見積もった（表 2）。

　THF 中でサイクリックボルタンメトリーを測定（Ag/AgNO3, 1.0×10^{-3} M）したところ，フッ素置換した誘導体 FPE-1-7 では，-1.20 V から-2.02 V に可逆な還元電位が観測された。一方，フッ素置換していない誘導体 BPEPE では，還元波が見られなかった。実験的に得られた還元電位の絶対値は，フッ素の置換数が増えるにつれて小さくなり，フッ素置換によってフェニレンエチニレンが還元を受けやすくなることが示された。例えば，末端のベンゼン環 1 つがフッ素化された FPE-1（F_5）体では-2.02 V，ベンゼン環 2 つがフッ素化された FPE-2（F_8），FPE-3（F_{10}），FPE-4（F_9）体では-1.97 V から-1.57 V，ベンゼン環 3 つあるいは 4 つがフッ素化された FPE-5（F_{13}）体および FPE-6（F_{18}）体では，それぞれ-1.40 V，-1.33 V に還元電位を示した。さらに，両末端ベンゼンにトリフルオロメチル基を置換した FPE-7（$F_{16, }2CF_3$）体では，還元電位が-1.20 V にまで達した。当初に我々が期待した通り，フッ素の電子求引効果によりフェニレンエチニレンの電子受容能が向上したことが示された。なお，誘導体 FPE-6（F_{18}）および FPE-7（$F_{16, }2CF_3$）誘導体は，THF への溶解性が極めて低いため，正確な 1.0×10^{-3} M 溶液を調製することが困難であった。そのため，濃度不明ながらサイクリックボルタン

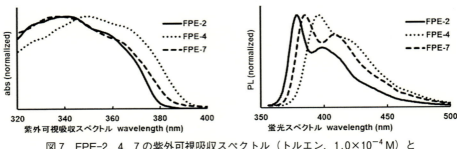

図7　FPE-2, 4, 7の紫外可視吸収スペクトル（トルエン, 1.0×10^{-4} M）と蛍光スペクトル（トルエン, 1.0×10^{-6} M）

メトリーの測定が可能な THF 溶液を調製し，還元電位の測定を行った。

　トルエン溶液中で，これらの紫外可視吸収スペクトルを測定したところ，いずれも，380～390 nm 付近に吸収末端を示した（図7）。非対称にフッ素置換した FPE-4 は最大吸収波長，吸収末端ともに長波長シフトが観測された。また，トルエン溶液中で蛍光スペクトルを測定した場合には，374～396 nm 付近に最大発光が観測された（図7）。この場合にも，非対称にフッ素置換した FPE-4 では発光の長波長シフトが見られた。

　電気化学的手法（サイクリックボルタンメトリー）によって得られた還元電位（E_{red}）から，一連のフェニレンエチニレンの電子親和力（E_{LUMO}）を算出した。また，紫外可視吸収スペクトルで観測された吸収末端の波長から，HOMO-LUMO 間のエネルギー差（ΔE）を算出し，イオン化ポテンシャル（E_{HOMO}）を求めた。

　こうして，フッ素置換した一連のフェニレンエチニレンの還元電位（E_{red}），および，イオン化ポテンシャル（E_{HOMO}）が実験的に得られたが，より詳細な解析を行うために，分子軌道計算による構造の最適化，続く，HOMO と LUMO 準位のシミュレーションを行った。分子軌道計算には B3LYP/6-31G(d) レベルを用い，溶媒効果（ε_{THF} = 7.43）を考慮した。フェニレンエチニレンの構造最適化は，すべてのベンゼン環が同一平面上に配置された立体配座を初期構造に用いて行った。シミュレーションから得られた HOMO と LUMO 準位を表に示すが，実験的に得られた値と良い一致を示している。酸化・還元電位，および，HOMO・LUMO 準位は，ベンゼン環上に置換されたフッ素の数が増えるにつれて，深くなる。ところが，2つのベンゼン環がフッ素化された誘導体でありながら，誘導体 FPE-2 と FPE-3 との間には，HOMO 準位および LUMO 準位に大きな差異が見られた（E_{red} FPE-2 = -1.57 V, E_{red} FPE-3 = -1.97 V）。FPE-2 は内側に位置する2つのベンゼンにフッ素が置換した F$_8$ 誘導体，一方，FPE-3 は外側の2つのベンゼン環がフッ素化された F$_{10}$ 誘導体である。一見すると，より多くのフッ素で置換された FPE-3 の方が，還元されやすそうであるが，実際には FPE-2 の方がはるかに容易に還元を受ける。この理由を明らかにするために，分子軌道計算から得られた FPE-2 と FPE-3 の LUMO を比較する（図8）。

　FPE-2 と FPE-3 の LUMO はいずれも分子全体に広がっており，アセチレンがベンゼンの4

第3章　低分子機能性材料

図8　FPE-2とFPE-3のLUMO
(*Chem. Lett.*, **39**, 1300 (2010) より転載)

位で連結することにより，π共役系が効果的に拡張していることが分かる。また，FPE-2では，LUMOの係数は中心のベンゼン環が有するすべてのフッ素上に広がっており，FPE-2（F_8）誘導体の8つのフッ素すべてがLUMOに寄与することが示唆された。一方，FPE-3では，両端のベンゼン上の3位と5位に置換したフッ素はLUMOの"節"にあたり，係数が見られないことから，LUMOには関与しない。そのため，FPE-3（F_{10}）誘導体は10カ所でフッ素置換されているにも拘らず，そのうち6つのフッ素だけがLUMOに寄与しており，残り4つのフッ素は充分な電子求引効果が機能していないものと考えられる。結果として，FPE-3（F_{10}）誘導体では，ベンゼン上のフッ素の置換数から予想される還元電位よりも，遥かに高い還元電位を示す。フッ素の電子求引効果を有効的に利用するには，共役系の適切な位置にフッ素を置換する必要があること，また，適切にフッ素置換された化合物の分子設計を行うには，分子軌道法が極めて有効な手段になり得ることが示された。ベンゼン上をさらにフッ素化した誘導体 FPE-5（F_{13}），FPE-6（F_{18}）では，置換したフッ素の数に応じて，LUMOは低くなった（E_{red}FPE-5 = -1.40 V，E_{red}FPE-6 = -1.33 V）。また，末端ベンゼンの4位に置換したCF_3基はLUMO準位を引き下げるのに効果的で，FPE-7（F_{16}, $2CF_3$）は，4つのベンゼン環を完全にフッ素置換したフェニレンエチニレン FPE-6（F_{18}）よりもさらに低いLUMO準位を示した（E_{red}FPE-6 = -1.33 V，E_{red}FPE-7 = -1.20 V）。

続いて，フッ素置換フェニレンエチニレンの薄膜を25℃のシリコン基板上に作製し，走査型電子顕微鏡（SEM）を用いて，そのモルフォロジーを観察した（図9）。成膜は真空蒸着法により，シリコン基板上に行った。一連のフッ素置換フェニレンエチニレン FPE-1-7 から作製した薄膜をSEM観察したところ，FPE-7だけが緻密な微結晶が集積した集合体のテクスチャーを与

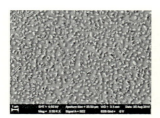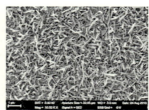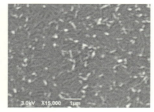

図9　シリコン基板上に成膜した FPE-2, 4, 7 のSEM画像
(*Chem. Lett.*, **39**, 1330 (2010) より一部転載)

有機フッ素化合物の最新動向

表3　FPE-7のトランジスター特性

エントリー	基板表面[a]	蒸着 (℃)	電子移動度 μ (cm^2/Vs)	オン／オフ比	閾値電圧 (V)
1	Si	25	5.5×10^{-2}	10^5	45
2	H	25	5.2×10^{-2}	10^6	30
3	H	60	5.2×10^{-2}	10^6	40

[a]Si：SiO$_2$，H：HMDS-treated SiO$_2$．

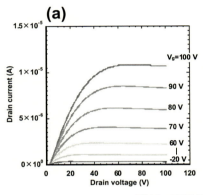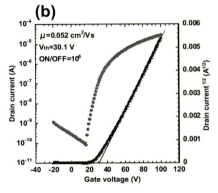

図10　FPE-7のトランジスター特性
(a)ゲート電圧を変化させた際のドレーン電流（I$_d$）−ドレーン電圧（V$_d$）特性
(b)ドレーン電流（I$_d$）−ゲート電圧（V$_g$）特性とドレーン電流（I$_d^{1/2}$）−ゲート電圧（V$_g$）特性

えた。これ以外の誘導体は，比較的大きなサイズの結晶が互いに離れて配置したモルフォロジーや多孔質のモルフォロジーを生じたことから，両末端ベンゼンの4位にCF$_3$基を置換することで，基板上での成膜性が大きく改善されることが分かった。

　FPE-7が低いLUMO準位をもつこと，また，高い成膜性をもつことから，フッ素置換フェニレンエチニレンFPE-7を電子輸送材に利用した有機トランジスターの作製に着手した。トランジスター素子にはトップコンタクト型を採用し，表面が300 nmの熱酸化膜で覆われたシリコン基板上に直接，あるいは，ヘキサメチルジシラザン（HMDS）で処理した基板上に，25℃あるいは60℃で厚さ50 nmのFPE-7を真空蒸着（約10^{-5} Torr）した。作製した素子は大気中では不安定であったため，トランジスター特性は真空中，25℃で評価した。表には，素子作製条件（Si or H，25 or 60℃），キャリア移動度（cm^2 V^{-1} s^{-1}），on/off比，閾値電圧（V）など，素子特性をまとめた（表3）。また，ゲート電圧を変化させた際のドレーン電流（I$_d$）−ドレーン電圧（V$_d$）特性，および，ドレーン電流（I$_d$）−ゲート電圧（V$_g$）特性とドレーン電流（I$_d^{1/2}$）−ゲート電圧（V$_g$）特性をまとめた（図10）。

　期待した通り，フッ素置換フェニレンエチニレンFPE-7はn型半導体特性を示し，30 V以上のゲート電圧で駆動した。(1)式から算出されたFPE-7の電子移動度は，5.2〜5.5×10^{-2} cm^2 V^{-1} s^{-1}と比較的大きく，この値は，デバイス作製時のシリコン基板処理や温度にほとんど影響

第3章　低分子機能性材料

を受けないことが分かった。

$$I_d = W \mu C \ (V_g - V_{th})^2 / 2L \tag{1}$$

　　I_d；ドレーン電流（μA），W；チャネル幅（mm），μ；移動度（cm^2/Vs），
　　C；SiO$_2$ インシュレーターの静電容量（1.18×10^{-8} F/cm^2），V_g；ゲート電圧（V），
　　V_{th}；閾値電圧（V），L；チャネル長（μm）

3.4　おわりに

　我々は，有機合成的手法によって一連のフッ素置換フェニレンエチニレンを合成した。フッ素は様々な機能を有機化合物に付与することが知られているが，ここではフッ素がもつ電子求引性を利用して，低い LUMO 準位を有する π 共役拡張化合物を調製し，これを n 型半導体材料に用いた電界効果トランジスターの作製を検討した。π 共役系にフッ素を置換すると，期待した通り，フッ素の置換数に応じて LUMO 準位は低くなった。一方，フッ素の置換場所によってフッ素の求引効果が LUMO 準位に及ぼす影響が大きく異なることが分かった。これは，同じベンゼン環上に置換したフッ素であっても，その置換位置によって HOMO や LUMO の係数が異なることに起因する。分子軌道の係数は比較的簡単なシミュレーションから予想できるので，分子軌道法を併用することで材料設計をより効果的に行うことができるであろう。また，基板上での半導体化合物のモルフォロジーは，分子間でのキャリア移動に大きな影響をもつことが知られているが，トリフルオロメチル基（CF$_3$ 基）を共役系に置換すると，フッ素よりも効果的な電子求引効果と同時に，成膜性が大幅に改善できることが分かった。最終的には，フッ素で置換したフェニレンエチニレン FPE-7 を n 型半導体材料に利用して，電子移動度が 5×10^{-2} cm^2 V^{-1} s^{-1} に達する電界効果トランジスターを作製することができた。ただ，最近では，大気中でも駆動可能な n 型半導体材料や，さらに大きな移動度をもつ n 型半導体材料も開発されており，今後も様々なアイデアを盛り込んだ特徴ある材料分子の開発が期待される。一連の研究の素子作製やトランジスター特性評価については，九州大学応用化学部門教授　安達千波矢先生，および，（公財）九州先端科学技術研究所　研究グループ長　八尋正幸先生にお世話になった。化合物合成チームと評価チームとの共同作業によって得られた一連の成果である。この場を借りて深謝したい。

文　　　献

1)　P. Kirsch（Ed.），"Modern Fluoroorganic Chemistry"，WILEY-VCH（2004）
2)　J. Xiang, A. Orita, J. Otera, *Angew. Chem. Int. Ed.*, **41**, 4117（2002）
3)　C. R. Patrick, G. S. Prosser, *Nature*, **187**, 1021（1960）

有機フッ素化合物の最新動向

4) F. Diederich, P. J. Stang, R. P. Tykwinski (Eds.), "Acetylene Chemistry", WILEY-VCH (2005)

5) (a) A. Orita, H. Taniguchi, J. Otera, *Chem. Asian J.*, **1**, 430 (2006) ; (b) L. Peng, F. Xu, K. Shinohara, T. Nishida, K. Wakamatsu, A. Orita, J. Otera, *Org. Chem. Front.*, **2**, 248 (2015)

6) X. Yang, S. Kajiyama, J-K. Fang, F. Xu, Y. Uemura, N. Koumura, K. Hara, A. Orita, J. Otera, *Bull. Chem. Soc. Jpn.*, **85**, 687 (2012)

7) L. Fenenko, G. Shao, A. Orita, M. Yahiro, J. Otera, S. Svechnikov, C. Adachi, *Chem. Commun.*, 2278 (2007)

8) G. Mao, A. Orita, L. Fenenko, M. Yahiro, C. Adachi, J. Otera, *Mater. Chem. Phys.*, **115**, 378 (2009)

9) T. Oyamada, G. Shao, H. Uchiuzou, H. Nakanotani, A. Orita, J. Otera, M. Yahiro, C. Adachi, *Jpn. J. Appl. Phys.*, **45**, L1331 (2006)

10) D. Matsuo, X. Yang, A. Hamada, K. Morimoto, T. Kato, M. Yahiro, C. Adachi, A. Orita, J. Otera, *Chem. Lett.*, **39**, 1300 (2010)

228

4 フッ素置換基を活用した機能性色素の設計とその特性

船曳一正*

4.1 はじめに

有機半導体分子，有機太陽電池用有機分子にフッ素原子もしくは含フッ素置換基を導入して，その性能を向上させる研究が最近多くみられる[1]。

有機色素は，最近，機能性有機色素として注目されており，その合成や利用に関する成書が数多く出版されている[2]。数多くある機能性有機色素の中で，シアニン色素は，その半値幅の狭い非常に強い吸収を可視光から近赤外領域までの幅広い範囲で設定することができるため，光記録媒体用色素，光学フィルター用色素，LB膜用色素，有機太陽電池用色素，有機EL用色素，DNAチップ用色素，医療診断薬など様々な分野に応用されている[3]。シアニン色素は，窒素原子を含む2個の複素環が奇数個のメチン基で結合している色素群のことで，一方の窒素原子は4級アンモニウム構造を取り，電子受容体としての役割を果たし，もう一方の窒素原子は3級アミン構造を取り，電子供与体としての役割を果たす（図1）。

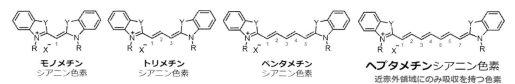

図1 シアニン色素の構造

このように窒素原子上の電荷が共鳴に寄与する共役系である電荷共鳴体であり，等価な共鳴構造を取ることが可能であって，共役系のすべての結合が等しい二重結合性を持つ。含窒素複素環の種類を変えることによっても色素の吸収波長を変化させることができる。また，シアニン色素はカチオン性のものが多く，対アニオンとの塩として存在する。この対アニオンの種類も数多く存在し，その種類によって，色素の溶解性，耐熱性などの性質を変化させることができる。長所としてメチン基の数を変えることによって，容易に最大吸収波長を変化させることがあげられる。

本節では，このシアニン色素について，フッ素原子もしくはフッ素置換基の導入による色素の基礎的な性能，すなわち，吸収，蛍光特性，耐熱性，耐光性などへの影響について，概説するとともに，我々の最近の研究も紹介する[4]。

4.2 モノメチンシアニン色素へのフッ素置換基の導入効果

YaronやArmitageら[5]は，フッ素置換基を有する非対称モノメチンシアニン色素において，

---

* Kazumasa Funabiki 岐阜大学 工学部 化学・生命工学科 教授

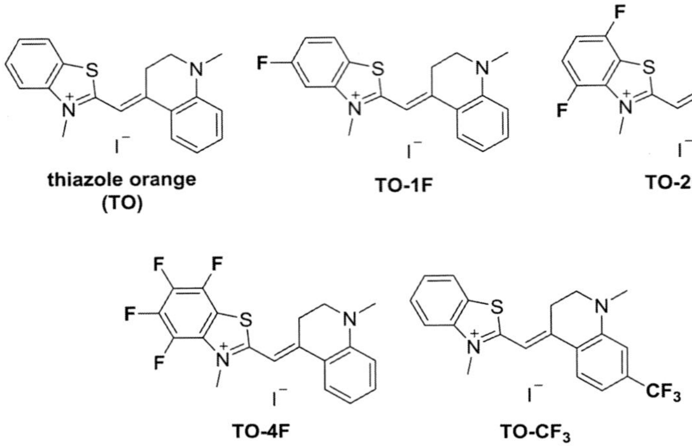

有機フッ素化合物の最新動向

図 2　チアゾールオレンジ（TO）誘導体の構造式

表 1　チアゾールオレンジ（TO）誘導体の最大吸収波長（λ_{max}），蛍光波長（F_{max}），蛍光量子収率（Φ_f）

Dye	$\lambda_{max}{}^a$ (nm)	$F_{max}{}^b$ (nm)	$\Phi_f{}^b$
TO	502	858	0.027
TO-1F	500	858	0.029
TO-2F	489	860	0.038
TO-4F	485	859	0.051
TO-CF$_3$	516	857	0.017

[a] Measured in MeOH.
[b] Measured in 90% glycerol.

ベンゾチアゾール環に複数個のフッ素原子を持つ色素およびキノリン環にトリフルオロメチル基を持つ色素を合成し，その性質と分子構造との相関を系統的に調べている。以下にその内容をまとめる。

　まず，構造式を図 2 に，最大吸収波長（λ_{max}），蛍光波長（F_{max}），蛍光量子収率（Φ_f）を表 1 にまとめた。

　ベンゾチアゾール環にフッ素原子を導入すると溶液中での λ_{max} は，**TO**（502 nm）＞ **TO-1F**（500 nm）＞ **TO-2F**（489 nm）＞ **TO-4F**（485 nm）の順に短波長シフトする。F_{max} は，**TO**（858 nm）＝ **TO-1F**（858 nm）＜ **TO-2F**（860 nm）＝ **TO-4F**（859 nm）となり，それほど大きな影響はない。および一方，キノリン環にトリフルオロメチル基を導入すると長波長シフトする（**TO**（502 nm）＜ **TO-CF$_3$**（516 nm））。分子軌道計算によると，平面な配座を持つ基底状態では HOMO，LUMO ともに色素全体に非局在化している。しかしながら，励起状態では，ベンゾチアゾール環とキノリン環がねじれた配座で励起エネルギーが最小になり，HOMO はキノリン環に局在化し，LUMO はベンゾチアゾール環に局在化している。ベンゾチアゾール環へのフッ素原子導入は，フッ素原子の誘起効果により分子軌道を安定化する。LUMO よりも HOMO をよ

第3章　低分子機能性材料

り低下させるため，HOMO-LUMO ギャップが拡大し，λ_{max} および F_{max} を短波長シフトする。これに対して，キノリン環上でのトリフルオロメチル基の誘起効果は，HOMO よりも LUMO をより低下させる。そのため，HOMO-LUMO ギャップが減少し，長波長シフトする。

グリセロール－水（90/19）混合溶液中の蛍光量子収率（Φ_f）は，ベンゾチアゾール環にフッ素原子を導入すると **TO**（0.027）＜ **TO-1F**（0.029）＜ **TO-2F**（0.038）＜ **TO-4F**（0.051）の順に増大し，キノリン環にトリフルオロメチル基を導入すると減少する（**TO-CF₃**（0.017））。励起状態でのねじれ機構におけるフッ素原子の置換基効果を考察するため，分子軌道計算を実施している。その結果，ベンゾチアゾール環へのフッ素原子の導入は，励起状態でのねじれ機構の活性化障壁を増加させ，その結果，蛍光量子収率（Φ_f）を増加させたとしている。しかしながら，実際に無放射失活や放射失活の速度定数などは測定していない。

最後に，溶液中での色素の会合体形成および耐光性について検討している。色素の会合体抑制効果は，フッ素原子およびトリフルオロメチル基のいずれを導入しても効果があり，**TO** ＜ **TO-1F** ＜ **TO-CF₃** ＜ **TO-2F** ＝ **TO-4F** の順に大きくなる。特に，ベンゾチアゾール環へのフッ素原子導入が溶液中での会合を抑えるのに効果的であり，二フッ素化体と四フッ素化体では，その効果はほとんど変わらないことは興味深い。これに対して，緩衝溶液中で色素の耐光性評価では，**TO** ＜ **TO-1F** ＜ **TO-CF₃** ＜ **TO-2F** ＜ **TO-4F** の順に耐光性が向上し，ベンゾチアゾール環上への 4 つのフッ素原子導入が最も効果的である。

残念ながら，ベンゾチアゾール環にトリフルオロメチル基を導入した色素は，合成されていない。そのため，ベンゾチアゾール環への直接フッ素化とトリフルオロメチル化による違いが明らかではない。

4.3　フッ素置換基を有するモノ，トリ，およびペンタメチンシアニン色素

特徴的な位置にフッ素原子もしくはフッ素置換基を持つシアニン色素についてまとめたので，以下に紹介する。

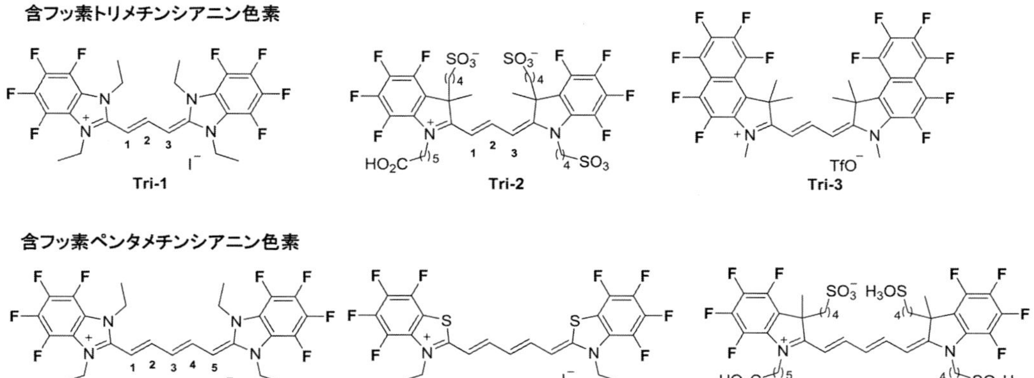

含フッ素トリメチンシアニン色素

含フッ素ペンタメチンシアニン色素

図3　他のフッ素置換基を有するシアニン色素（1）

ヘテロ環の水素原子がすべてフッ化された色素について，図3にまとめた。

Yagupolskii らは古くから含シアニン色素の合成に取り組んでおり，ペルフルオロヘテロ環を有する **Tri-1**，**Penta-1** などを合成している。しかしながら，その光学特性まで十分精査していない[6]。最近，Armitage らは，**Penta-2** を合成し，紫外可視吸収スペクトルを測定している。その結果，ベンゾチアゾール環にフッ素原子を導入すると溶液中での λ_{max} は，6 nm 短波長シフトする。また，フッ素を含まないペンタメチンシアニン色素が純水中で H–会合体を多く生成するのに対して，**Penta-2** は，純水中でも H–会合体の生成を抑制でき，通常の有機溶媒と同様なピークが観測された。Φ_f は，フッ素原子を導入した **Penta-2** が 0.17，フッ素を含まない **Penta-2** が 0.15 となり，フッ素の導入は Φ_f の向上にやや効果的であった。最後に，リン酸緩衝液—メタノール混合溶媒中，水銀ランプ照射条件下，色素の光退色を検討している。その結果，ベンゾチアゾール環へのフッ素原子導入は，色素の光退色を抑制するのに効果的であった[7]。Cooper らは，官能基を有するシアニン色素 **Tri-2** や **Penta-3** の水溶液中での光安定性について調べている。その結果，Armitage らと同様にインドレニン環の水素原子4つのすべてがフッ化された色素は，フッ素を持たない色素に対して高い光安定性を示した[8]。我々は，ベンゾインドレニン環の水素原子6つすべてをフッ素原子に置換したトリメチンシアニン色素 **Tri-3** の新規合成法を見出した[9]。さらに，フッ素を持たないトリメチンシアニン色素が粉末状態で固体蛍光をほとんど示さないのに対し，**Tri-3** は粉末状態で赤い固体蛍光を示す興味深い結果も得た[9]。現在，その詳細については検討中である。

次に，メソ位にフルオロアルキル基を有するシアニン色素やメチン鎖をすべてフッ素置換したシアニン色素について，図4にまとめた。

山中らは，トリフルオロメチル基を有するモノメチンシアニン色素 **Mono-1** の合成と反応[10]を，Yagupolskii らは，フルオロアルキル基を有する色素 **Tri-4**[6]を合成している。また，山中らは，モノフッ素化モノメチンシアニン色素 **Mono-1** の合成と反応を報告している[11]。

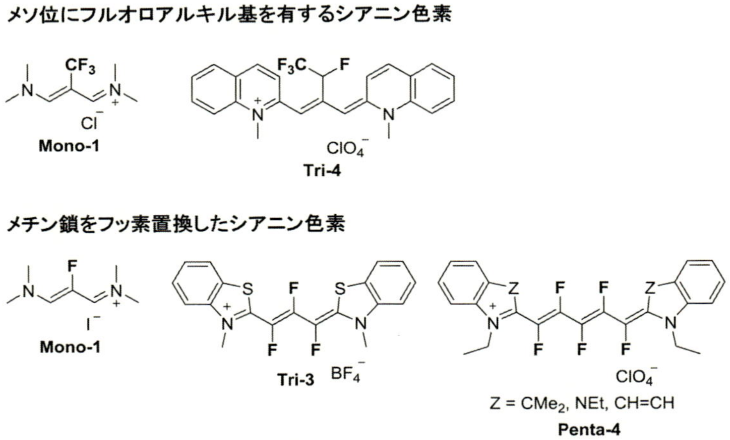

メソ位にフルオロアルキル基を有するシアニン色素

メチン鎖をフッ素置換したシアニン色素

図4　他のフッ素置換基を有するシアニン色素（2）

第3章　低分子機能性材料

Yagupolskii らは，メチン鎖のすべての水素をフッ素原子に置換した色素 **Tri-3**，**Penta-4** なども合成し，紫外可視吸収スペクトルを測定している。その結果，メチン部位の３つと水素原子をフッ素原子に置換した **Tri-3** の λ_{max} は，溶液中で，20 nm 長波長シフトした[6]。吸収特性について，分子軌道計算による解析などを行っているが，その他の各種特性（蛍光特性，耐熱性，耐光性）については十分に解明されていない。

4.4　ヘプタメチンシアニン色素へのフッ素置換基導入の効果

　ヘプタメチンシアニン色素は，他のシアニン色素に比べて共役が長いため，可視光領域にほとんど吸収を持たず，近赤外光を選択的に吸収する。しかしながら，その構造のため，他の共役の短いシアニン色素に比べて熱的安定性，化学的安定性が低い。この低い耐久性を向上させるために，これまでにいくつかの研究が実施されている[12]。

　我々は，先ずこのヘプタメチンシアニン色素の耐久性，すなわち，「耐熱性」および「耐光性」をともに向上させるため，フッ素置換基を活用した簡便で汎用性の高い手法を開発した。具体的には，ヘプタメチンシアニン色素のアニオンの交換，および，メソ位の塩素原子の代わりに各種アミド基の導入について検討し，フッ素置換基を活用することで色素の「耐熱性」および「耐光性」を向上させることに成功したので，その詳細について述べる[13]。

　色素の構造式を図５に，最大吸収波長（λ_{max}），モル吸光係数（ε），蛍光波長（F_{max}），分解温度（T_{dt}）を表２にまとめた。

　すなわち，「耐熱性」向上のために，ヘプタメチンシアニン色素のアニオン部分にフッ素原子を導入し，色素の分解開始温度（T_{dt}）の向上に成功した。ビス（トリフルオロメタンスルホン）イミド，ヘキサフルオロホスフェート，トリフラートなどは，これまでにも用いられてきたが，フェニル基上にフッ素原子もしくはトリフルオロメチル基を有するボレートアニオンの使用は，近赤外光吸収有機色素においてあまり例がない[14]。また，この嵩高いボレートアニオンは，色素の会合体を防ぐのにも効果的であった。熱分解のメカニズムが明確でないため現時点で詳細はわ

表２　アニオン類やメソ位にフッ素置換基を有するヘプタメチンシアニン色素の最大吸収波長（λ_{max}），モル吸光係数（ε），蛍光波長（F_{max}），分解温度（T_{dt}）

Dye	$\lambda_{max}{}^a$ (nm)	ε^a	$F_{max}{}^a$ (nm)	Decomp. temp. T_{dt} (℃)^b
GF-8	826	337000	858	193
GF-9	826	327000	858	214
GF-10	826	368000	860	241
GF-11	826	339000	859	229
GF-15	826	311000	857	192
GF-16	826	367000	860	210
GF-17	826	315000	857	215
GF-20	834	364000	867	218
GF-30	852	378000	880	227

^{a} Measured in CH_2Cl_2 (5×10^{-6} M)
^{b} Determined by TG-DTA

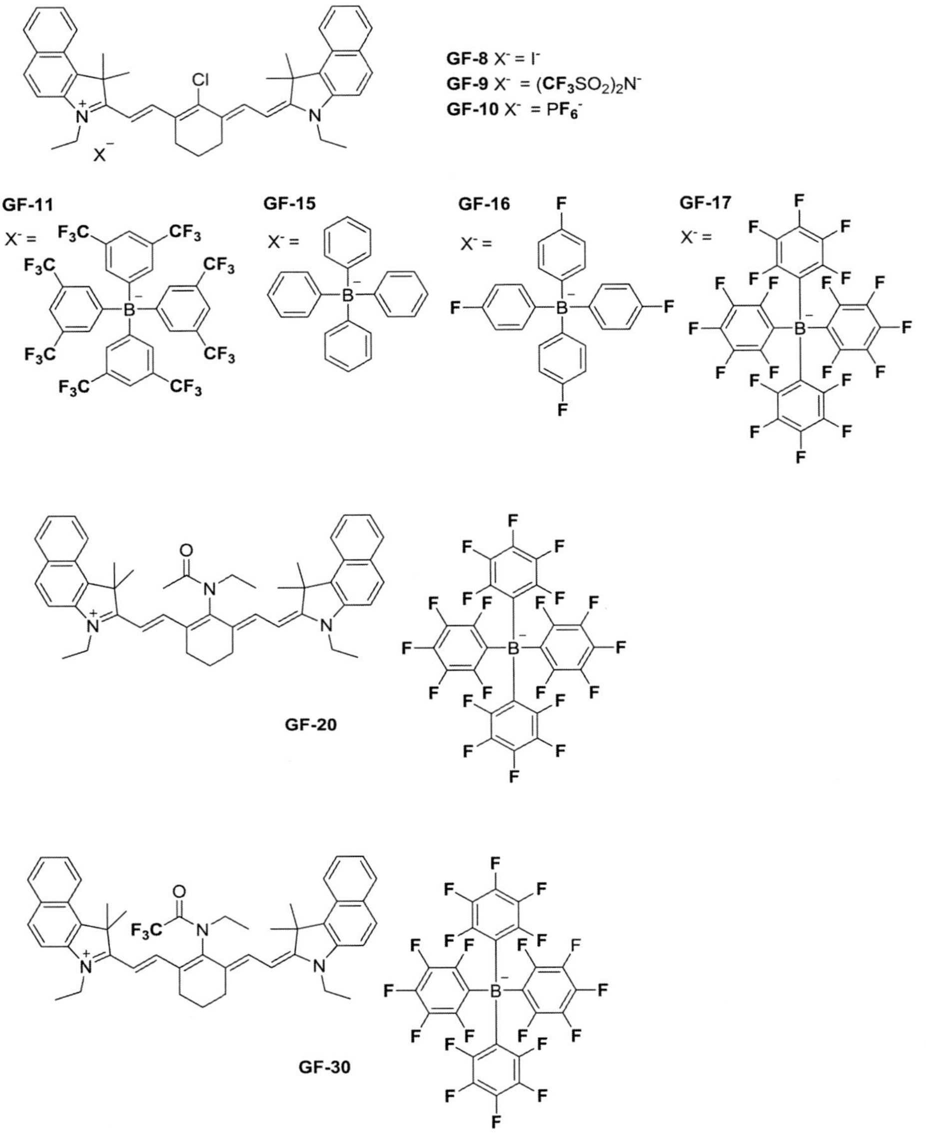

有機フッ素化合物の最新動向

図5 アニオン類やメソ位にフッ素置換基を有するヘプタメチンシアニン色素

からないが，アニオン部分にフッ素置換基を導入するとアニオンの HOMO および LUMO が低下し，その結果，対応する T_{dt} が向上するようである。

　さらに，ヘプタメチンシアニン色素の「耐光性」向上を目的とし，メソ位の塩素原子の代わりにトリフルオロアセトアミド基を導入したヘプタメチンシアニン色素を合成した。その結果，塩素原子を持つ色素に比べて，最大吸収波長（λ_{max}）および最大蛍光波長（F_{max}）が 23〜26 nm 長波長シフトした。また，アニオン交換と組み合わせることにより，高い T_{dt}（227℃）および高

第3章　低分子機能性材料

い耐光性（ジクロロメタン中，白色 LED 照射下）を示した。メソ位の塩素原子の代わりにフッ素を含まないアセトアミド基の導入が耐光性に効果的であるという報告がある[12b,c]が，これに比べてトリフルオロアセトアミド基の導入は，最大吸収波長（λ_{max}）の長波長化および耐光性向上により効果的であった。以上の結果，色素のアニオンへのフッ素置換基の導入とメソ位へのトリフルオロアセトアミド基導入は，耐光性を大きく向上させることを明らかにした（ジクロロメタン中，白色 LED 照射下での 240 時間後の色素残存率 **GF-8**（23%）＜ **GF-30**（94%））[13]。

　次に，最近，テトラフルオロインドレニンを出発原料にヘプタメチンシアニン色素のカチオン部分の芳香環上の水素原子をフッ素原子に置換した色素を合成[8]し，先のアニオン交換，メソ位へのトリフルオロアセトアミド骨格の導入法と併用することにより，さらに「高耐熱」，「高耐光」なヘプタメチンシアニン色素の開発に成功した[15]。色素の構造式を図 6 に，最大吸収波長（λ_{max}），モル吸光係数（ε），蛍光波長（F_{max}），分解温度（T_{dt}）を表 3 にまとめた。

　これらの各種ヘプタメチンシアニン色素は，テトラフルオロアニリンを出発原料に用い，常法に従って合成した。

　合成したヘプタメチンシアニン色素 **GF-32-34,39-40** の紫外可視吸収スペクトルにおける溶液中での λ_{max} は，**GF-32**（787 nm）＞ **GF-34**（781 nm）＞ **GF-33**（769 nm）の順に短波長シフトす

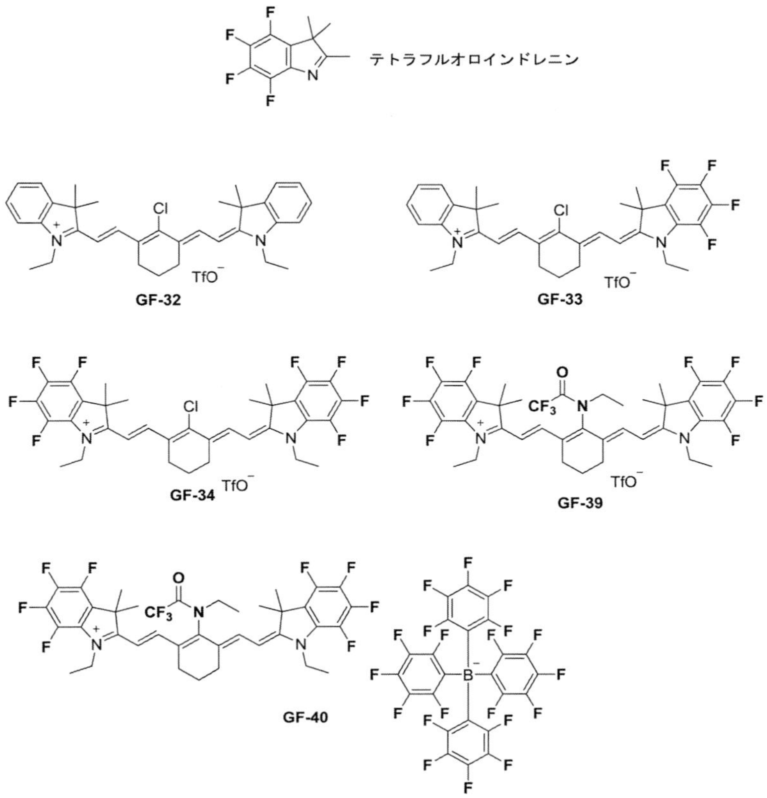

図 6　カチオン性色素骨格にフッ素原子を有するヘプタメチンシアニン色素

表3 カチオン性色素骨格にフッ素原子を有するヘプタメチンシアニン色素の最大吸収波長（λ_{max}），モル吸光係数（ε），蛍光波長（F_{max}），分解温度（T_{dt}）

Dye	$\lambda_{max}{}^a$	ε^a	$F_{max}{}^a$	Decomp. temp. T_{dt} (℃)^b
GF-32	787	366000	816	236
GF-33	769	131000	805	232
GF-34	781	345000	810	222
GF-39	802	336000	830	229
GF-40	802	265000	829	252

^{a} Measured in CH_2Cl_2 (5×10^{-6} M)
^{b} Determined by TG-DTA

る。すなわち，両方のインドレニン環にフッ素原子を導入した色素 **GF-34** はフッ素が置換していない色素 **GF-32** に比べて 6 nm 短波長シフトし，一方のインドレニン環にのみフッ素原子を導入した非対称色素 **GF-33** では最大吸収波長が 18 nm 短波長シフトし，モル吸光係数（ε）が大きく低下した。これは，色素の非対称な構造が分子内局在化と H-会合体の生成を促進しているためと考えられるが詳細は明らかでない。またメソ位の塩素原子をトリフルオロアセトアミド基に変更した色素では，これまでと同様に，λ_{max} は，長波長シフトした（**GF-34**（781 nm）＜ **GF-39,40**（802 nm））。

色素の分解開始温度（T_{dt}）に関しては，**GF-32**（236℃）＞ **GF-33**（232℃）＞ **GF-34**（222℃）の順に T_{dt} が低下し，インドレニン環へのフッ素原子導入は，T_{dt} を低下させた。しかしながら，メソ位へのトリフルオロアセトアミド基導入（229℃）およびテトラキス（ペンタフルオロフェニル）ボレートへのアニオン交換（252℃）と組み合わせることにより，T_{dt} を大きく向上させることができた。

最後に，合成した 5 種類のヘプタメチンシアニン色素のジクロロメタン溶液（5×10^{-6} M）について，8.5 W の白色 LED ライト照射条件下，恒温槽（25℃）中で色素の耐光性試験を行っ

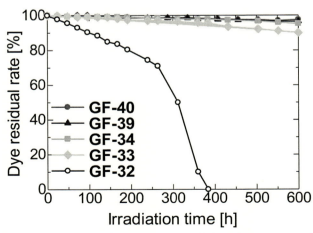

図7 白色 LED 照射条件下，各種ヘプタメチンシアニン色素のジクロロメタン中での耐光性実験

第3章　低分子機能性材料

た。その結果を図7に示す。

　カチオン性色素骨格部分にフッ素が置換していない色素 **GF-32** は約 400 時間で色素残存率が 0%となり完全に色素が分解した。それに比べて，ベンゼン環上にフッ素原子が置換した色素 **GF-33, 34, 39, 40** の色素は 600 時間後でも色素残存率が 90%以上となり，大幅な耐光性向上が見られた。特筆すべきは，テトラフルオロインドレニン骨格を有し，メソ位にトリフルオロアセチルアミノ基，アニオンにテトラキス（ペンタフルオロフェニル）ボレートを持つ **GF-40** は，最も高い光安定性を示し，600 時間（25 日）後でも 97%と非常に高い色素残存率を示すことがわかった。

　以上の結果をまとめると，近赤外光吸収有機色素であるヘプタメチンシアニン色素の分子設計においては，

・インドレニン環により多くのフッ素原子を導入することで耐熱性が低下

・インドレニン環により多くのフッ素原子を導入することで耐光性が大きく向上

という結果が得られた。

　これらの結果に，メソ位にトリフルオロアセトアミド基を導入，アニオンをテトラキス（ペンタフルオロフェニル）ボレートに交換する手法を組み合わせることにより，非常に高い「耐光性」と「耐熱性」を実現できた。

4.5　おわりに

　数ある有機色素の中からシアニン色素に注目し，色素の各部位にフッ素原子および含フッ素置換基が導入されたシアニン色素について，これまでの文献と我々の結果をまとめた。

　その結果，

・カチオン色素のヘテロ環の芳香環の水素原子をフッ素原子に置換するとシアニン色素の耐光性は，大きく向上し，耐熱性は低下する。

・フッ素置換されたアニオンを使用することによって，シアニン色素の耐熱性は向上する。

・メソ位の塩素原子をトリフルオロアセトアミド基に変更するとシアニン色素の最大吸収波長は，長波長化し，耐熱性，耐光性も向上する。

などの事実が明らかとなった。

　現在，我々は，フッ素原子もしくはフッ素置換基の特性を活用した高耐熱・高耐光な近赤外吸収色素の開発を継続している。

謝辞

　本研究を遂行するにあたり，共同研究を実施頂きました JSR ㈱に深く御礼申し上げます。

文　　献

1) 最近の例，有機半導体：K. Kawashima, T. Fukuhara, Y. Suda, Y. Suzuki, T. Koganezawa, H. Yoshida, H. Ohkita, I. Osaka, K. Takimiya, *J. Am. Chem. Soc.*, **138**, 10265 (2016)；有機太陽電池：J. H. Yun, S. Park, J. H. Heo, H.-S. Lee, S. Yoon, J. Kang, S. H. Im, H. Kim, W. Lee, B. Kim, M. J. Ko, D. S. Chung, H. J. Son, *Chem. Sci.*, **7**, 6649 (2016) など

2) (a)松居正樹監修，機能性色素の新規合成・実用化動向，シーエムシー出版 (2016)；(b)中澄博行編，機能性色素の科学：色素の基本から合成・反応，実際の応用まで，化学同人 (2013)；(c)松居正樹監修，機能性色素の合成と応用技術，シーエムシー出版 (2007) など

3) シアニン色素の最近の総説：(a) M. Henary, A. Levitz, *Dyes Pigm.*, **99**, 1107 (2013)；(b) M. Panigrahi, S. Dash, S. Patel, B. K. Mishra, *Tetrahedron*, **68**, 781 (2012)；(c) N. Norouzi, *Synlett*, **24**, 1307 (2013)；(d) A. P. Gorka, R. R. Nani, M. J. Schnermann, *Org. Biomol. Chem.*, **13**, 7584 (2015)；(e) A. Mishra, R. K. Behera, P. K. Behera, B. K. Mishra, G. B. Behera, *Chem. Rev.*, **100**, 1973 (2000)；(f) M. Matsuoka, Infrared Absorbing Dyes, Plenum Press, New York (1990)；(g) J. Fabian, H. Nakazumi, M. Matsuoka, *Chem. Rev.*, **92**, 1197 (1992)

4) 含フッ素有機色素に関する総説：松居正樹，色材，**73**，553 (2000)；含フッ素フタロシアニンの合成と特性に関する総説：森悟，柴田哲男，有機合成化学協会誌，**74**，154 (2016)；S. Mori, N. Shibata, *Beilstein J. Org. Chem.*, **13**, 2273 (2017)

5) G. L. Silva, V. Ediz, D. Yaron, B. A. Armitage, *J. Am. Chem. Soc.*, **129**, 5710 (2007)

6) (a) V. I. Troitskaya, V. I. Rudyk, G. G. Yakobson, L. M. Yagupolskii, S. V. Pazenok, I. P. Kovtyukh, *Khim. Geterotsikl. Soedin.*, **12**, 1675 (1981)；(b) L. M. Yagupolskii, *Tetrahedron Lett.*, **32**, 4595 (1991)；(c) L. M. Yagupolskii, N. V. Kondratenko, O. I. Chernega, A. N. Chernega, S. A. Buth, Yu.L. Yagupolskii, *Dyes Pigm.*, **79**, 242 (2008)

7) B. R.Renikuntla, H. C.Rose, J. Endo, A. S. Waggoner, B. A. Armitage, *Org. Lett.*, **6**, 909 (2004)

8) M. E. Cooper, N. J. Gardner, P. G. Laughton, WO2006111726 (A1)

9) 齋藤優生，窪田裕大，犬塚俊康，船曳一正，第 40 回フッ素化学討論会，P-60 (2017)；齋藤優生，窪田裕大，船曳一正，日本化学会第 98 春季年会，1I4-37 (2018)

10) H. Yamanaka, T. Takekawa, K. Morita, T. Ishihara, J. T. Gupton, *Tetrahedron Lett.*, **37**, 1829 (1996)

11) (a) H. Yamanaka, S. Yamashita, T. Ishihara, *Tetrahedron Lett.*, **33**, 357 (1992)；(b) H. Yamanaka, Y. Odani, T. Ishihara, J. T Gupton, *Tetrahedron Lett.*, **39**, 6943 (1998)；(c) X. Shi, T. Ishihara, H. Yamanaka, J. T. Gupton, *Tetrahedron Lett.*, **36**, 1527 (1995)；(d) H. Yamanaka, K. Hisaki, K. Kase, T. Ishihara, J. T. Gupton, *Tetrahedron Lett.*, **39**, 4355 (1998)；(e) I. W. Davies., J.-F. Marcoux, J. Wu, M. Palucki, E. G. Corley, M. A. Robbins, N. Tsou, R. G. Ball, P. Dormer, R. D. Larsen, P. J. Reider, *J. Org. Chem.*, **65**, 4571 (2000)；(f) J.-F. Marcoux, E. G. Corley, K. Rossen, P. Pye, J. Wu, M. A. Robbins, I. W. Davies, R. D. Larsen, P. J. Reider, *Org. Lett.*, **2**, 2339 (2000)

12) (a) C. M. Simon Yau, S. I. Pascu, S. A. Odom, J. E. Warren, E. J. F. Klotz, M. J. Frampton, C. C. Williams, V. Coropceanu, M. K. Kuimova, D. Phillips, S. Barlow, J.-L. Bredas, S. R. Marder, V. Millar, H. L. Anderson, *Chem. Commun.*, 2897 (2008)；(b) A. Samanta, M. Vendrell, R. Das,

第 3 章　低分子機能性材料

Y. -T. Chang, *Chem. Commun.*, **46**, 7406 (2010)；(c) R. K. Das, A. Samanta, H.-H. Ha, Y.-T. Chang, *RSC Adv.*, **1**, 573 (2011) など

13) (a) K. Funabiki, K. Yagi, M. Nomoto, Y. Kubota, M. Matsui, *J. Fluorine Chem.*, **174**, 132 (2015)；(b) K. Funabiki, K. Yagi, M. Ueta, M. Nakajima, M. Horiuchi, Y. Kubota, M. Matsui, *Chem. Eur. J.*, **22**, 12282 (2016)

14) ヘプタメチンシアニン色素のアニオン交換と得られた色素の紫外可視吸収スペクトルおよび単結晶 X 線構造解析について，最近報告された。 P.-A. Bouit, C. Aronica, L. Toupet, B. LeGuennic, C. Andrauda, O. Maury, *J. Am. Chem. Soc.*, **132**, 4328 (2010)

15) これまでに 1 例報告がある。文献 8)；五藤舜也，船曳一正，窪田裕大，犬塚俊康，松居正樹，第 39 回フッ素化学討論会，O-25 (2016)

5 地球環境型フッ素系溶剤 "ゼオローラH"

大槻記靖*

5.1 はじめに

1920年代にいわゆるフロンと言われる物質が発見され，CFC-12，CFC-11，CFC-113などが工業化された。その優れた特性，安全性に加え，工業的に安価な材料から容易に製造が可能になり安価（数百円/kg）に供給されたため，カーエアコン，空調，冷蔵庫などの冷媒，エアゾールの噴射剤，ウレタンやポリスチレンなどの樹脂発泡剤，電気電子部品や精密電子部品，金属部品の洗浄剤，半導体製造過程で使用されるエッチングガスなどの用途で急速に普及が進んだ。これらフロン類は，不燃性であり，様々な特徴を有し，人体に対しても安全性が高いことから，夢の化合物と言われた。

これらフッ素化合物は，フッ素原子を導入することにより，不燃化，低表面張力化，低粘度化，化学的安定性付与，低表面エネルギー化など多くの特徴を付与することができ，化合物の炭素数やフッ素数などを変えることによって様々な沸点の化合物が設計可能であり，その沸点に応じて上記のような異なる用途に展開されている。

かつてフロン類の主流であった特定フロン（CFC：クロロフルオロカーボン）は，安全性，洗浄性，乾燥性，コストなどの点から優れた特徴を有し，「夢の化合物」と言われたが，1974年カルフォルニア大学のローランド博士が，CFCによる成層圏オゾン層の破壊を発表したことは世界に衝撃を与えた。それはCFCの非常に高い安定性が故に，成層圏まで到達し，そこで紫外線により分解し発生した塩素ラジカルが，成層圏に存在するオゾンを触媒的に分解するため，成層圏オゾン層を破壊する恐れがあることを示したものである。

その発表が契機となり，1987年にオゾン層破壊防止を目的とするモントリオール議定書が採択され，日本をはじめとする先進国では，1995年末にCFC生産が全廃された。

その後，CFCに類似したオゾン層破壊能の小さい代替フロン（HCFC：ハイドロクロロフルオロカーボン）が開発され冷媒，発泡剤，洗浄剤などの用途に実用化された。HCFCは，分子中に水素を導入することにより，オゾン層破壊能を小さくすることに成功した。しかし，HCFCは，小さいといえども依然としてオゾン層破壊能を有していることから，モントリオール議定書により，我が国では2020年に生産が実質的に全廃されることが決定している。

フルオロカーボン類（オゾン層を破壊するフロンと区別し，HFCやHFEをフルオロカーボンと記載することにする。）にとって，オゾン層破壊防止と並んで重要なテーマが地球温暖化防止である。1980年以降，主に先進国の急速な経済発展により，大量の二酸化炭素が放出され地球温暖化を引き起こしていることが問題視されるようになった。1992年に「気候変動枠組条約」が調印され，1997年に京都で開催された第3回締約国会合（COP3）にて，京都議定書が採択された。

＊ Noriyasu Otsuki　日本ゼオン㈱　化学品事業部　技術グループ　課長

第3章　低分子機能性材料

表1　フルオロカーボン類の用途と種類

用途	CFC		HCFC		HFC HFE	
	名称	構造	名称	構造	名称	構造
冷媒	CFC-11 CFC-12 CFC-115	CCl3F CCl2F2 CClF2CF3	HCFC-22	CHClF2	HFC-134a HFC-32 HFC-152a HFC-125	CH2FCF3 CH2F2 CH3CHF2 CH3CHF2
発泡剤	CFC-11	CCl3F	HCFC-141b HCFC-142b	CH3CCl2F CH3CClF2	HFC-245fa HFC-365mfc	CHF2CH2CF3 CH3CF2CH2CF3
洗浄剤	CFC-113	CCl2FCClF2	HCFC-225ca HCFC-225cb HCFC-141b	CF3CF2CHCl2 CClF2CF2CHClF CH3CCl2F	HFC-c447ef HFC-43-10-mee HFC-365mfc HFE-449s1 HFE-347pc-f	c-CH2CHFCF2CF2CF2 CF3CHFCHFCF2CF3 CH3CF2CH2CF3 C4F9OCH3 CHF2CF2OCH2CF3

　CFC，HCFC に次いで HFE（ハイドロフルオロエーテル），HFC（ハイドロフルオロカーボン）が開発された。これら化合物は，構造中に塩素を含有しないためオゾン層破壊能を有しない。オゾン層を破壊しない代替物質として開発された HFC，HFE は，オゾン層破壊防止を目的とするモントリオール議定書の対象物質ではなかったが，この中には地球温暖化能（GWP）が大きいものがあることより，環境への影響が問題視され，地球温暖化防止を目的とする京都議定書の対象物質となった。

　表1に主なフルオロカーボン類の用途と種類を示す。

　2016 年 10 月のモントリオール議定書キガリ改正により，京都議定書の対象物質であった HFC について，新たにモントリオール議定書の規制対象とする改正案が採択され，今後生産量を削減する計画が国際的に決定された。

　キガリ改正で合意された HCFC・HFC の削減スケジュールを表2に示す。

　基準値に対して，日本などの先進国では，2019 年 10％削減，2024 年に 40％，更に 2029 年には 70％の大幅な削減を義務付けており，今後環境影響の小さい代替物質の開発及び転換が求められる。

　また，キガリ改正によりモントリオール議定書に追加された HFC を表3に示す。

　これまでフルオロカーボン類の歴史，種類，規制状況について述べてきたが，以降は冷媒，噴射剤，発泡剤，洗浄剤，半導体用エッチング剤に使用されるフルオロカーボンの内，特に洗浄剤に焦点を当てることにする。

有機フッ素化合物の最新動向

表2　モントリオール議定書キガリ改正の内容

	先進国[※1]	途上国第1グループ[※2]	途上国第2グループ[※3]
基準年	2011-2013年	2020-2022年	2024-2026年
基準値 （HFC＋HCFC）	各年のHFC生産・消費量の平均＋HCFCの基準値×15%	各年のHFC生産・消費量の平均＋HCFCの基準値×65%	各年のHFC生産・消費量の平均＋HCFCの基準値×65%
凍結年	なし	2024年	2028年[※4]
削減 スケジュール[※5]	2019年：▲10% 2024年：▲40% 2029年：▲70% 2034年：▲80% 2036年：▲85%	2029年：▲10% 2035年：▲30% 2040年：▲50% 2045年：▲80%	2032年：▲10% 2037年：▲20% 2042年：▲30% 2047年：▲85%

※1：先進国に属するベラルーシ、露、カザフスタン、タジキスタン、ウズベキスタンは、規制措置に差異を設ける（基準値について、HCFCの参入量を基準値の25%とし、削減スケジュールについて、第1段階は2020年5%、第2段階は2025年に35%削減とする）。
※2：途上国第1グループ：開発途上国であって、第2グループに属さない国
※3：途上国第2グループ：印、パキスタン、イラン、イラク、湾岸諸国
※4：途上国第2グループについて、凍結年（2028年）の4～5年前に技術評価を行い、凍結年を2年間猶予することを検討する。
※5：すべての締約国について、2022年、及びその後5年ごとに技術評価を実施する。

（引用）経済産業省ホームページより

　　　　http://www.meti.go.jp/committee/sankoushin/seizou/kagaku/pdf/005_07_00.pdf

表3　モントリオール議定書キガリ改正により追加されたHFC

Group	Substance	100-Year Global Warming Potential
Group I		
CHF_2CHF_2	HFC-134	1,100
CH_2FCF_3	HFC-134a	1,430
CH_2FCHF_2	HFC-143	353
$CHF_2CH_2CF_3$	HFC-245fa	1,030
$CF_3CH_2CF_2CH_3$	HFC-365mfc	794
CF_3CHFCF_3	HFC-227ea	3,220
$CH_2FCF_2CF_3$	HFC-236cb	1,340
CHF_2CHFCF_3	HFC-236ea	1,370
$CF_3CH_2CF_3$	HFC-236fa	9,810
$CH_2FCF_2CHF_2$	HFC-245ca	693
$CF_3CHFCHFCF_2CF_3$	HFC-43-10mee	1,640
CH_2F_2	HFC-32	675
CHF_2CF_3	HFC-125	3,500
CH_3CF_3	HFC-143a	4,470
CH_3F	HFC-41	92
CH_2FCH_2F	HFC-152	53
CH_3CHF_2	HFC-152a	124
Group II		
CHF_3	HFC-23	14,800

（引用）モントリオール議定書第28回締約国会合最終報告書より

　　　　http://conf.montreal-protocol.org/meeting/mop/mop-28/final-report/SitePages/Home.aspx

第3章　低分子機能性材料

5.2　洗浄剤の動向

　かつては，「夢の洗浄剤」と言われた CFC-113 が洗浄剤の主流だったが，上記で述べたようにオゾン層への影響が明らかになり，生産規制が課されることになった。CFC-113 に代わり様々なタイプの洗浄剤が開発・販売されるようになった。

　洗浄剤は，水系，準水系，非水系に大別されるが，非水系洗浄剤はさらに，炭化水素系，アルコール系，フッ素系，塩素系，臭素系に分類される。引火性を持たないのがフッ素系をはじめとするハロゲン系洗浄剤の最大の特徴であるが，炭化水素系やアルコール系洗浄剤は可燃性である。

　水系洗浄剤は，不燃性であり，毒性が小さい洗浄剤であるが，純水製造装置や廃水設備など設置が必要であり設備も大型のものが多いため，設備導入コストが高いこと，また広いスペースを確保する必要があり，使用できる企業は限定される。

　炭化水素系洗浄剤は，脱脂力に優れ，洗浄剤単価が比較的安価であるが，可燃性溶剤であるため設備の防爆対応が必要となる。炭化水素系洗浄剤に対応する安全性に配慮された洗浄機も開発され各社で導入されている。しかしながら，沸点が高いものが多いため，乾燥性が悪く，熱風乾燥，真空乾燥が必要になるなど，大量のワークを処理することが困難であったり，消防法上の指定数量の点で，洗浄剤として可燃性溶剤を導入することができない企業も多い。

　塩素系洗浄剤は，不燃性であり，脱脂力も強く，価格も安価であることから広く普及しているが，水質汚濁防止や大気汚染防止法への対応の他，主要な洗浄剤が発ガンの恐れがあるとして労働安全衛生法特定化学物質に追加されたことにより，厳格な管理が求められている。

　臭素系洗浄剤（nPB：ノルマルプロピルブロマイド）は，不燃性であり，脱脂力の強い溶剤であるが，ACGIH（米国産業衛生専門家会議）により許容濃度が 0.1 ppm に制定されるなど，安全衛生管理の観点から取り扱いの適正化が求められてきており，使用には塩素系洗浄剤同等以上の厳格な管理が求められる。

　一方，フッ素系洗浄剤の一般的な特徴を示すと次のようになる。

① 不燃性

　不燃性であり取り扱いが容易。

表4　洗浄剤の種類

洗浄剤の系統	成分	引火性
水系	純水　アルカリ系，界面活性剤等	無し
準水系	水＋高沸点溶剤	無し
非水系	炭化水素系（ノルマルパラフィン，イソパラフィンなど）	有り
	アルコール類（IPAなど）	有り
	フッ素系（HCFC，HFE，HFCなど）	無し
	塩素系（塩化メチレン，トリクロロエチレンなど）	無し
	臭素系（ノルマルプロピルブロマイドなど）	無し

243

有機フッ素化合物の最新動向

② 低毒性

　人体に対する毒性が一般的に小さい。

③ 乾燥性

　沸点・蒸発潜熱の比較的低い溶剤であり，乾燥性が良好。

④ 化学的安定性・リサイクル性

　熱的・化学的に安定であり，溶剤回収・リサイクル使用が可能であり，ランニングコスト低減や廃棄物削減に有効。

⑤ 材料安定性

　金属やガラスなどワークへの影響が少ない。

⑥ 低表面張力・低粘度

　表面張力や粘度が低く，隙間・細管部への浸透性に優れる。

⑦ エネルギーコスト

　比熱・蒸発潜熱が小さいため，溶剤リサイクルや乾燥時のエネルギー負荷が少ない。

　これらの特長を有する一方，HFE・HFC系洗浄剤は，構造中に塩素を含有していないのでオゾン層破壊能はないが，それ故にHCFC系洗浄剤や炭化水素系，塩素系洗浄剤などに比較して洗浄性・溶解性が劣るいう欠点がある。それを補うべく，高い洗浄性を有する溶剤を混合する組成物で洗浄能力を高めたり，炭化水素系洗浄剤で洗浄した後に，フッ素系溶剤で溶剤置換及び乾燥する方法，いわゆるコ・ソルベント洗浄といわれる洗浄方法もある。

5.3 フッ素系洗浄剤の種類と基本物性比較

　表5にHFC系，HFE系洗浄剤の基本物性を示す。

　比較的沸点が低い溶剤が多い中，ゼオローラH（日本ゼオン製）は，沸点が82.5℃と比較的

表5　フッ素系溶剤の基本物性比較

分類	C-HFC	HFC	HFC	HFE	HFE	HFE
化合物	ゼオローラ®H	HFC-43-10mee	HFC-365mfc	HFE-449s1	HFE-569sf2	HFE-347pc-f
構造式	c-C5F7H3	CF3CF2CHFCHFCF3	CF3CH2CF2CH3CF2CH3	C4F9OCH3	C4F9OC2H5	CHF2CF2OCH2CF3
沸点(℃)	82.5	55	40.2	61	76	56.2
密度(g/cm3)[25℃]	1.58	1.58	1.263(20℃)	1.52	1.43	1.47
粘度(cP)[25℃]	1.56	0.67	0.433(20℃)	0.58	0.57	0.65
表面張力(mN/m)[25℃]	19.6	14.1	15.0(20℃)	13.6	13.6	16.4
凝固点(℃)	20.5	-80	-35	-135	-138	-94
引火点(℃)	なし	なし	なし	なし	なし	なし

（引用）日本ゼオン，ホームページより

　　　　http://www.zeon.co.jp/business/enterprise/spechemi/spechemi5-12.html

第3章　低分子機能性材料

表6　フッ素系溶剤の環境特性比較

分　類	C-HFC	HCFC	HFC	HFC	HFE	HFE	HFE
普通名・別名	ゼオローラ®H	HCFC-225cb	HFC-43-10mee	HFC-365mfc	HFE-449s1	HFE-569sf2	HFE-347pc-f
構造式	c-C5F7H3	CClF2CF2CHClF	CF3CF2CHFCHFCF3	CF3CH2CF2CH3	C4F9OCH3	C4F9OC2H5	CHF2CF2OCH2CF3
オゾン破壊係数(ODP)	0	0.03	0	0	0	0	0
大気寿命(年)【IPCC AR5】	2.8*	5.9	16.1	8.7	4.7	0.8*	6.0
GWP(100Y, AR5【IPCC AR5】	175**	525	1650	804	421	57*	889

＊ N. Zhang *et al.*, *Chem. Phys. Lett.*, **619**, 199-204（2015）
＊＊ A. Sekiya, JSPS, 155-104, April（2016）
（引用）日本ゼオン，ゼオローラカタログ（2017年9月発行）より

高い溶剤である。
　表6に環境特性を示した。HCFCやHFCの一部がモントリオール議定書の規制物質となっているが，ゼオローラHとHFE類は規制対象とはなっていない。

5.4　ゼオローラHとは

　オゾン層破壊防止や地球温暖化防止など地球規模での環境保全や人体に対する安全性管理が企業経営の中でも最も重要な要素となっている。
　ゼオローラHは日本ゼオンと産業技術総合研究所が開発した炭素，フッ素，水素からなるHFC系フッ素溶剤の一つである。ゼオローラHは優れた環境特性を有することから，1998年に米国環境保護庁（EPA）より「成層圏オゾン層保護賞」，2003年にグリーンサステイナブルケミストリーネットワーク（GSCN）より「GSC賞環境大臣賞」，2008年に日刊工業新聞社より「オゾン層保護・地球温暖化防止大賞」を受賞するなど合計5賞を受賞しており，環境にやさしい製品であることが社会的にも認知されている。
　ゼオローラHは，図1に示すように独自の5員環構造を有しており，環境特性のみならず性能上も他のフッ素系溶剤に見られない様々な特徴を有している。

図1　ゼオローラHの構造式

有機フッ素化合物の最新動向

●ゼオローラHの特長

ゼオローラHは一般的なフッ素系洗浄剤の特長を保持しているが，更に次に挙げるような特長がある。

① 環境特性

オゾン層破壊係数は"0"であり，大気寿命2.8年，地球温暖化係数175と小さく，モントリオール議定書の規制対象になっていない。

② 溶解性・洗浄性

環状構造を有する化合物であること，沸点が他のフッ素系洗浄剤と比較して比較的高いことにより，軽質油などの溶解性・洗浄性に優れる。

③ ランニングコスト

沸点が82℃と他のフッ素系溶剤よりも比較的高い沸点を有していることから，揮発ロスを大幅に低減することが可能で，ランニングコスト低減に寄与する。

以下にこれらの特長について述べる。

5.4.1 毒性データ

表7にゼオローラHの毒性データを示したが，毒性は非常に小さいことがわかる。

5.4.2 ゼオローラHシリーズの基本物性

ゼオローラHの凝固点は20.5℃であり，保存時や使用時に温度管理が必要となる場合がある。そこで，不燃性を維持したまま融点を低下させるとともに，洗浄性能を高めたゼオローラHTAを洗浄剤グレードとしてラインナップしている。

ゼオローラHは主にコーティング溶剤や混合溶剤などの溶剤用途，ゼオローラHTAは洗浄用途に使用されている。

ゼオローラHTAは，ゼオローラHと炭素数5のt-アミルアルコールとの共沸組成物である。他社では，イソプロピルアルコール（IPA）やエタノール（EtOH）を共沸溶剤で使用した事例があるが，それらは水溶性が高いために，水分離器などでアルコール分が水に移行し，アルコール濃度が減少することにより，洗浄性能も低下する傾向がある。一方，ゼオローラHTAに使用しているt-アミルアルコールは水溶性が低く水分離槽で水に移行する量はIPAやEtOHに比較

表7　ゼオローラHの毒性データ

魚類への影響	低魚毒性、魚濃縮性なし
急性吸入毒性	LC50=14,213ppm（ラット4時間）
急性経口毒性	LD50>2,000mg/kg（ラット）
変異原性試験	陰性
染色体異常試験	陰性（マウスの生体を用いた試験）
催奇形性	異常なし
皮膚刺激性	無し
眼刺激性	弱い

第3章　低分子機能性材料

表8　ゼオローラHシリーズ

	ゼオローラ® H	ゼオローラ®HTA
比重[25℃]	1.58	1.50
沸点(℃)	82.5	82
表面張力(mN/m)[25℃]	20.25	18.67
凝固点(℃)	20.5	6.0~10.0
引火点(℃)	なし	なし
KB値	14	20
主な用途	溶剤用途	洗浄剤用途

して非常に小さく，共沸組成物であるため蒸留再生によるリサイクル性に優れており，繰り返し使用しても組成や洗浄性は安定している。

5.4.3 ゼオローラHTAによる洗浄システム

ゼオローラHTAによる洗浄性イメージを図2に示した。他社フッ素系洗浄剤（HFE系・HFC系）は脱脂洗浄性に乏しく，軽質油でさえ十分な洗浄性を発揮することができないのに対し，ゼオローラHTAは軽質～中質の加工油であれば洗浄性を確保できることがわかる。しかしながら，中質～重質の加工油に対しては，ゼオローラHTAでも十分な洗浄性を発揮できないことがあるが，溶解性の高い炭化水素やグリコールエーテルなどの溶剤で前洗浄してゼオローラHTAでリンス・乾燥（コ・ソルベント洗浄）を行うことにより，高い洗浄性を確保することが可能となる。

図3にゼオローラHTA一液による洗浄方法を示す。浸漬超音波洗浄～浸漬リンス～蒸気洗浄・乾燥を行う方法であるが，これは，従来のフッ素系，塩素系洗浄剤システムと同様の方法である。即ち，これは現在使用しているHCFC系，塩素系，臭素系洗浄機を踏襲できることを示しており，顧客にとっては設備を更新する必要がないため，メリットが大きい。

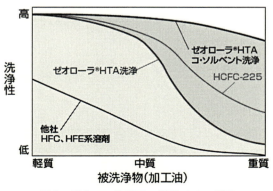

図2　ゼオローラHTA　洗浄イメージ図

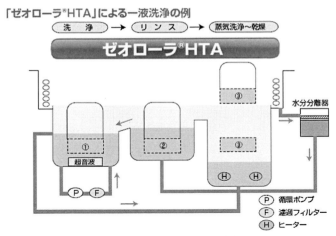

図3 ゼオローラHTAによる一液洗浄システム

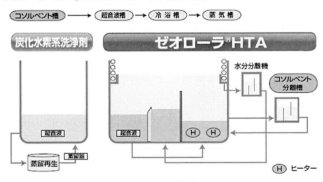

図4 コ・ソルベント洗浄システム

　図4にゼオローラHTAによるコ・ソルベント洗浄システム図を示した。この洗浄方法を行うことにより，ゼオローラHTA一液では対応できない広範囲な加工油の洗浄が可能となる。特にシミの発生などが問題になる鏡面加工部品や真空部品などの精密電子部品の洗浄に対応することができる。

5.4.4　ゼオローラHTAの溶解性・洗浄性
(1)　各種加工油の洗浄性
　ゼオローラHTAによる加工油の溶解性を表9に示した。HFE-449s1が温度を上げても加工油をほとんど溶解しないのに対し，ゼオローラHTAは沸点で打抜き油，切削油を完全に溶解することができることがわかる。このようにゼオローラHTAは，他のHFE系・HFC系洗浄剤で洗浄できない加工油に対しても高い溶解性があり，洗浄性能を確保できることがわかる。

第3章 低分子機能性材料

表9 加工油の溶解性

数値は溶剤100gに溶ける各種油のg数を示す
100は相溶を意味する

各種工作油	HCFC-225	ゼオローラ®HTA			HFE-449s1			HFE-449s1＋IPA		
	常温	常温	40℃	沸点	常温	40℃	沸点	常温	40℃	沸点
ダフニーパンチオイル	100	100	100	100	100	100	100	100	100	100
G-6050	100	3.5	5.4	100	1.9	2.7	4.4	2.8	3.3	5.2
G-6040	100	2.9	3.6	100	2.3	3.5	5.6	3.0	3.7	6.7
C-126	100	100	100	100	×	×	×	×	×	×
P-1600	100	4.5	5.4	100	5.8	6.8	8.6	5.9	7.2	9.3
ヒマシ油	100	0.6	1.0	6.9	×	×	×	×	×	×
オリーブ油	100	0.4	0.7	3.8	×	×	×	×	×	×

品名	メーカー	分類	動粘度(40℃)	添加剤等
ダフニーパンチオイル	出光	打抜き油	1.06	極圧添加剤（リン）
G-6050	日本工作油	打抜き油	3.43	油性剤、塩素化合物、防錆添加剤、防蝕剤
G-6040	日本工作油	打抜き油	5.17	塩素化合物
C-126	日本工作油	切削油	20.00	セミドライタイプ、脂肪酸エステル系
アンチラスト P-1600	新日本石油	防錆油		
ヒマシ油	関東化学の試薬	植物系油		
オリーブ油	関東化学の試薬	植物系油		

(2) シリコングリスの洗浄性

ゼオローラHTAによるシリコングリスの洗浄性を図5に示した。ゼオローラHTAでは50℃×1分で洗浄可能であるが，HFE系洗浄剤では洗浄ができていないことがわかる。

(3) エポキシ樹脂の洗浄性

ゼオローラHTAによるエポキシ樹脂（未硬化）の洗浄性を示した。HFE449s1＋IPAやHFC-43-10mee＋EtOHでは洗浄が不能であったが，驚くべきことに一般に洗浄性が高いと言わ

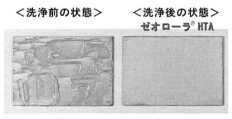

図5 シリコングリスの洗浄性

	JU-100-5（弘輝）高速ディスペンサ対応	JU-41P（弘輝）印刷タイプ	JU-R2S（弘輝）鉛フリー対応	結　果
ゼオローラ®HTA				洗浄良好 溶解除去可
HFE-449s1+IPA				洗浄NG 溶解できず
HFC-43-10mee+EtOH				洗浄NG 溶解できず
n-デカン				洗浄NG 溶解できず
IPA				洗浄NG 溶解できず
HCFC-225				洗浄良好 溶解除去可
酢酸エチル				洗浄良好 溶解除去可

図6　エポキシ樹脂の洗浄性

スライドグラスの片面半分にエポキシ樹脂接着剤を適量塗布し，一昼夜放置後に洗浄テスト（未硬化の状態）
超音波洗浄　20℃ × 10 秒

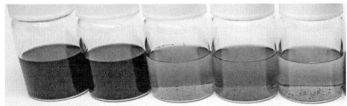

溶剤10mlに色素0.001gを入れ，室温下強攪拌による溶解の状態を確認

図7　色素の溶解性

れている IPA や n-デカンでも洗浄性が不十分であったものが，ゼオローラ HTA では洗浄することが可能であった。

⑷　色素の溶解性

各種フッ素系溶剤 10 ml に色素 0.001 g を混合した様子を図 7 に示した。ゼオローラ H 及び HTA を用いた時には濃紫色を呈し溶解していることがわかるが，他のフッ素系溶剤では色素が沈殿しており溶解が不十分であることがわかる。

⑸　液晶の溶解性

図 8 に液晶の溶解性を示した。室温ではいずれの溶剤も 2 相に分離しているが，60℃に加温した時，ゼオローラ HTA のみが透明になっており，完全に溶解していることがわかる。

以上，実例を挙げて述べたとおり，ゼオローラ HTA は，他のフッ素系溶剤に比較して高い溶解性・洗浄性を示し，顧客の多様な要求に応えうる溶剤である。

第 3 章　低分子機能性材料

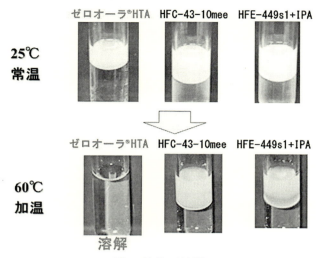

図 8　液晶の溶解性

5.4.5　ランニングコスト低減

　フッ素系溶剤は，塩素系，炭化水素系などの洗浄剤よりも高価であるため，ランニングコスト低減が求められる。また，環境保全のためにも環境への排出を極力減らすことが必要となる。

　一般に沸点が低い溶剤ほど洗浄工程における揮発ロスが多く，使用量が多くなる傾向がある。ゼオローラ HTA は沸点が 82℃ であり，他のフッ素系溶剤よりも 20～30℃ 程度高い沸点を有しているため，揮発ロスを大幅に低減することが可能である。

　図 9 に蒸気洗浄時の液消耗量比較を図 10 に自然蒸発による消耗量比較を示した。ゼオローラ HTA は，使用条件にもよるが沸点 54～61℃ の他社フッ素系溶剤に比較して，使用量を

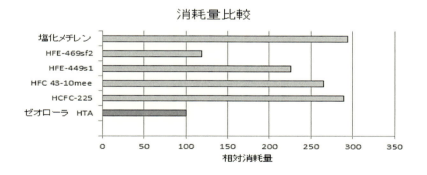

（実験条件）
フリーボード比：0.65　　コンデンサー冷却温度：15℃
図 9　蒸気発生時の液消耗量比較

実機モデル機により各種蒸気発生時の消耗量を測定し，単位面積・単位時間当たりの消耗量を求め，相対比較を行った。

251

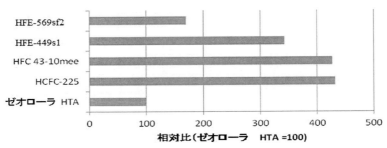

図10 自然蒸発による液消耗量比較

秤量瓶（φ 40×60 mm）に溶剤 20 g を入れ，液温を 25℃に保ち 4 時間経過後の消耗量を測定し，相対比較した。

1/2～1/3 程度に削減することが可能であり，ランニングコスト低減に寄与する。

5.5 おわりに

　例えば，一見環境に良いと思われている水系洗浄剤でも，乾燥時，廃水の回収時のエネルギーが高いため，間接的に地球温暖化へ大きな影響を与えている。環境影響を最小化するためには，製造・使用・廃棄を含めたトータルで影響の少ない材料やシステムを選定することが必要である。
　フルオロカーボン業界は，冷媒，発泡剤，洗浄などの用途でこうした要請に，継続的に代替物を開発することで社会貢献を果たしてきた。フルオロカーボンは「持続可能な社会」の実現に貢献できる一つの回答であると考えられる。

第4章　高分子機能性材料

1　常温型フッ素系コーティング剤による電子部品・実装基板の防湿性・防水性付与

伊藤隆彦[*]

1.1　はじめに

ポリテトラフルオロエチレン（PTFE）を代表とするフッ素樹脂は，基本機能として低表面エネルギー，耐酸，耐薬品性，耐熱性，低摩擦性，高絶縁性などの特異的な機能を発揮し，工業的に非常に有用であることが知られている。しかし，この樹脂は結晶性が高いために外観的には透明性のない白濁樹脂となる。また，耐熱性の裏返しではあるが，皮膜を形成するには300℃以上の高熱が必要なこともあり，エレクトロニクス関連部材に使用するには制限が多すぎた[1]。

このフッ素樹脂のメリットを生かしながらも，フッ素系溶剤や有機溶剤に可溶で常温にて透明な皮膜を形成することのできるフッ素系撥水撥油処理剤が何種類か開発され実用されている。フッ素系撥水撥油処理剤は撥水撥油性や電気特性に優れているため，一部の電気部品の防水・防湿用途にも使用される例がある。しかし，フッ素系撥水撥油処理剤は皮膜の機械的強度が低く脆弱という欠点があり，本来この用途目的で設計された商品ではないため，10μm以上の膜厚を形成した場合に冷熱サイクルによってクラックが入ることが多々あった。膜厚と防湿・防水性能は比例するため，膜厚が不足すると充分な防湿・防水性能が得られない。

当社ではこの問題を解決し実装基板や電子部品の防湿や防水コーティング専用に設計されたフッ素系防湿コーティング剤「フロロサーフ®FG-3000シリーズ」を2003年に発売開始し，着実に市場での実績を築いてきた。本節ではこのフッ素系防湿コーティング剤について述べたい。

1.2　概要

当社製品のフッ素系防湿コーティング剤「フロロサーフ®FG-3000シリーズ」の皮膜成分として代表的に使用されているのはペルフルオロアルキル基を側鎖に有するアクリル系樹脂である。この樹脂はフッ素樹脂の中でも最も低表面エネルギーな皮膜を形成でき撥水撥油性と電気特性に優れる。また，他の不飽和モノマーと組み合わせて共重合させることが可能であり，共重合モノマーの選択により各種溶剤への溶解性や皮膜強度などの特性を付与することが可能であり，さまざまな用途に合わせた特性の樹脂組成をつくることが可能である。

また，フロロサーフ®FG-3000シリーズには溶媒としてフッ素系溶媒を使用している。フッ素系溶媒は一般的な有機溶剤とは異なり，非引火性（非危険物）であり，毒性が低く臭いもマイルドであるなどの特長を持つ。安衛法有機則，PRTR法，消防法の危険物規制の対象外であり，

---

*　Takahiko Ito　㈱フロロテクノロジー　代表取締役

安全かつ自由に使用できるため現場での使用メリットが大きいが原料として高価である。

さらにフロロサーフ®FG-3000シリーズでは，顧客の要求する膜厚に適合するための樹脂分の濃度設定や溶媒成分の乾燥スピードの選択を行えるので，ユーザーの使用工程に合わせてベストな仕様の製品を選択できる。

1.3 皮膜特性面での優位点

プリント配線板などの防湿・防水・耐酸用途に専用設計されたフロロサーフ®FG-3000シリーズは，防湿特性，絶縁特性に優れ，電子基板や部品などの絶縁防湿コーティングや耐酸・耐食コーティング剤として高い性能を示す。従来の撥水撥油処理剤では皮膜の機械的特性が優れず，熱衝撃によるクラックが入りやすかったので，せいぜい1μm程度の膜厚が形成できる製品（樹脂分濃度にして2%）しか市販されていなかった。表1はコーティング剤の種類別，膜厚別の透湿性データである。この表に見られるように防湿性能は膜厚と比例するため，数μm以下の膜厚では，防湿性の高いフッ素樹脂皮膜といえども充分な機能を発揮できなかった。フロロサーフ®FG-3000シリーズは，数μmの薄膜から数10μm以上の高膜厚まで幅広いレンジで容易に皮膜形成が可能であり，高膜厚でも冷熱サイクルに耐えクラックが入らないので防湿や防水に充分な機能を発揮することができる。

従来，一般的に使用されてきたウレタン，アクリル樹脂を皮膜成分とする電子基板用防湿コーティング剤に比較した場合，同表に見られるように同膜厚の条件下では透湿性が1/6～1/5程度とかなり高い防湿性を発揮する。ポッティングなどに使用されるシリコン樹脂との比較に至っては透湿性が1/30程度となる。このことは言い換えると，同レベルの防湿性を求める場合は，その比例倍率で膜厚が薄くても良いということになる。軽量化を求めるモバイル機器にとってフッ素系コーティング剤を使用することは他系統の樹脂に比べて薄い膜で防湿性を発揮できることとなり非常に有利なポイントとなる。また，フッ素樹脂の持つ特性として化学的に安定しており耐塩水性や耐酸性も同時に発揮する。図1は塩水噴霧の結果である。塩水噴霧480時間経過してもフッ素コーティングした試料表面の変化は見られない。図2は銅箔（t=0.1mm）を硝酸10

表1　コーティング種類と膜厚による透湿性比較

コーティング剤種類	膜厚（μm）	透湿性（$g/m^2/24hr$）
フロロサーフ　FG-3030TH-8.0	8	640
フロロサーフ　FG-3030C-30	30	220
フロロサーフ　FG-3030C-20　3回重ね塗り	100	37
ウレタン1液	30	880
ウレタン1液	100	290
アクリル1液	100	240
シリコン　ポッティング用	100	1200

第4章　高分子機能性材料

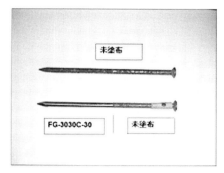
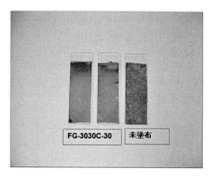

図1　フッ素系防湿コーティング剤の有用性（耐塩水性）

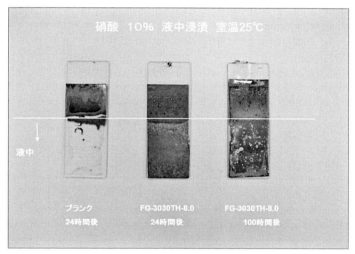

図2　耐硝酸性

wt％水溶液に浸漬したもので，未塗布の試料は24時間で銅箔が溶解して消失したのに対して，5μm程度の薄膜でもフッ素コーティングされたものは銅箔が残存している。

表2は200μmのスリットが入った絶縁電極にコーティングされたものが5wt％の塩水にさらされた場合に，各コーティング剤の皮膜が絶縁性をどれほどの時間発揮するかをテストした絶縁破壊性の結果である。比較例として使用したウレタン系防湿コーティング剤は大手自動車メーカーが長年使用している製品であるが，実質数秒程度の耐絶縁破壊性であり気休め程度の性能でしかない。これに対して，フッ素系では膜厚に比例して数分から3時間の絶縁性を発揮することができ，圧倒的に優位であることが示された。これらの結果より，実際の使用水準と膜厚，樹脂分濃度との関係を，当社独自の見解でまとめたのが表3である。

電気特性的には上記の点以外に誘電率が2.5前後と低いことでノイズが乗りにくく高周波基板

にも使用することが可能であり，また，絶縁性も他樹脂より高い結果が得られる。各種性能について他樹脂との比較については表4をご参照いただきたい。

表2 耐絶縁破壊性

コーティング剤の種類	樹脂分濃度	塗布方法	膜厚 (μ)	絶縁破壊するまでの時間	最大電流値 (μA)
FG-3030TH-8	8 %	浸漬	5〜8	3分50秒	620
ウレタン系	15 %	エアゾール2回	5〜8	瞬時	1000以上
FG-3030C-30	30 %	浸漬2回	15〜20	146分	1
ウレタン系	15 %	エアゾール5回	15〜20	3秒	1000以上
FG-3030C-40	40 %	浸漬	20〜30	182分	2.2

表3 使用水準と推奨膜厚・推奨濃度

クラス	使用水準	推奨膜厚 (μ)	推奨濃度
I	通常の条件で空気中の湿気から電子回路や部品を保護したい。	2〜4	4〜8 %
II	海岸沿いなど高温多湿の条件で電子回路や部品を保護したい。	4〜8	8〜10 %
III	時々水がかかることがある。または，二次電池の電解液や酸性雰囲気下から電子回路や部品を保護したい。	6〜10	20 %
IV	水没10分間くらいまで電子機器の作動を確保したい。電子回路や部品を保護したい。	20〜40	30 %
V	水没60分間くらいまで電子機器の作動を確保したい。電子回路や部品を保護したい。	30〜50	40〜50 %
VI	完全水没しても半永久的に電子回路や部品を保護したい。	50以上*	40〜50 %

＊防水容器との併用が必要。

表4 各コーティング剤の特性

系統	体積抵抗率[1]	誘電率[2]	不燃性[3]
フッ素系（フロロサーフ）	8.00E＋15	2.5	V-0
ウレタン	3.00E＋14	3.5	V-0
アクリル	8.00E＋14	2.5	可燃
シリコン	5.00E＋13	2.7	V-0
オレフィン	3.00E＋16	不明	可燃

[1] 40℃ 90 %RH（Ω·cm），[2] 1 Mhz，[3] UL94

第4章　高分子機能性材料

1.4　使用上のメリット

1.4.1　皮膜不燃性

　一般的に基板の防湿コーティング皮膜には，電気回路の短絡などによって発生する火災時に自己消火する，または，延焼を防ぐためにも不燃性であることが望まれる。フッ素系樹脂は樹脂そのものが燃焼時に大量の酸素を必要とするため，コーティング皮膜は難燃剤を添加しなくてもUL94規格のV-0相当の不燃性を有する。他の樹脂では窒素原子を構造内に有するウレタン樹脂以外はV-0相当の不燃性を得るにはリン系化合物や無機系化合物などの難燃剤を併用する必要がある。また，オレフィン系の一部のコーティング剤では燃焼性が解消されない状態で使用されている。

1.4.2　コーティング液非引火性

　さらに，フロロサーフ®FG-3000シリーズでは，フッ素樹脂の揮発性溶媒として引火性のないフッ素系溶媒を使用している。このことで消防法上の扱いは非危険物となり，塗布工程上で大量に使用する場合においても，乙種第4類以上の危険物取扱資格所持者による管理や危険物取扱所の認定が不要になるほか，使用量が少量の場合においても工場内への持ち込み量制限や危険物倉庫での保管数量管理などが不要となり，インフラ面の管理項目を大幅に減らすことができる。さらに，コーティング工程や換気，照明などの設備類への防爆対応が不要となるため，設備投資する場合は投資額を大幅に減らすことができる。

　ただし，古いタイプのフッ素系溶媒，例えばPFPE（ペルフルオロポリエーテル）やPFC（ペルフルオロカーボン）などの完全フッ化物タイプは難分解性のため地球温暖化係数（GWP）が高いという欠点がある。近年では，これに代わる低GWPフッ素系溶媒として，HFE（ハイドロフルオロエーテル）やHFO（ハイドロフルオロオレフィン）といったフッ素系溶媒が主流になりつつある。

1.4.3　高信頼性

　UV硬化型や熱硬化型といった化学反応による硬化コーティング剤では，硬化時に反応阻害が起きている場合には完全に硬化反応が完了せず，未反応物が残留する可能性がある。硬化不良が発生する一例を上げると，UV硬化熱硬化併用型は光源の劣化や酸素の存在などにより硬化状況が安定しないことがある。硬化状況の管理方法としてはインラインにおいて非破壊で全数検査することが難しいため，反応条件などで間接的に管理を行うしか方法がない。

　完全硬化せずに残留した未反応物は電気特性に悪影響を与え，また，皮膜は膨潤状態になっているために長期間経過後に皮膜界面にブリードして塗膜の密着はがれなどを生じる可能性がある。

　フロロサーフ®FG-3000シリーズでは，単純にフッ素系溶媒が揮発して乾燥することにより樹脂成分が皮膜を形成する。皮膜形成には化学反応が伴わないので，膜厚依存の特性以外については工程条件に左右されずに，設計値通りの電気特性が常に安定して得られ，高信頼性である。

257

有機フッ素化合物の最新動向

1.5 使用例

フロロサーフ®FG-3000 シリーズのエレクトロニクス防湿・防水・耐酸用途での実用例を述べる。

1.5.1 防湿・イオンマイグレーション防止・リーク防止

1.3項で述べた通り，フロロサーフ®FG-3000 シリーズでは，ウレタン系，アクリル系，シリコン系といった従来の防湿コーティング剤より高防湿性で，膜厚が薄くできるので軽量化に寄与することができる。スマートフォンやタブレット PC，ゲーム機器，Bluetooth ヘッドフォンといった軽さ勝負のモバイル端末には最適であり，防水・防湿用途に数多くの実績がある。

また，半導体パッケージのリード線部分やフレキケーブルの接合部分などの狭ピッチでのリーク対策にも薄膜で効果を発揮する。

1.5.2 リチウムイオン電池電解液対策

リチウムイオン電池はコンパクトで高出力なためモバイル機器に多用されているが，反面，発火事故が多く危険性が高いことはよく知られている。モバイル機器が落下して損傷した場合に，電解液の漏洩により充放電のコントロール回路がダメージを受け，充放電のコントロールが失われることにより熱暴走が起き発火に至るケースがある。電解液が漏洩した場合，フッ素系コーティングがもっとも耐電解液性や電気特性に優れておりコントロール回路を保護できるが，ウレタンやアクリルなど他系統の樹脂では回路を保護することができない。この耐電解液性については表2の耐絶縁破壊性と相関がある。この用途での使用実績としてはタブレット型コンピューターやスマートフォンなどのモバイル機器だけでなく旅客航空機，電動アシスト自転車，電動ドライバーなど多方面なリチウムバッテリー電池コントロール基板に使用されている。

1.5.3 LED の劣化防止（硫化防止性）

LED 照明は，低電力消費，高寿命などの利点で白熱灯や蛍光灯からの代替が進んでいるが，薄型のテープ型 LED などでは空気中の微量の硫化水素の作用により徐々に輝度が劣化していくことがある。LED の構造は，発光素子の背面に銀メッキされた反射板があり，効率よく前方に光を投射するようになっている（図3）。発光素子はシリコンの封止樹脂で封止されているが，大気中には自動車の排ガスなどから生じる硫化水素が微量に存在し，この硫化水素が封止樹脂を通過して反射板の銀を硫化することにより，銀表面が硫化銀となり黒化し反射光が低減することが輝度低下現象の原因である。特に表面実装タイプの低プロファイルの LED については，砲弾型 LED より封止樹脂が薄いためにこの現象が起こりやすい。この現象を回避する策としていくつかのコーティング樹脂が試されたが，効果が最も高いのはフッ素系コーティング剤であることが判明している[2]。図4は LED 用の銀メッキ板を硫化水素 15〜20 ppm 含む雰囲気に曝露したものである。無コーティングの場合は短時間に表面が硫化銀に変化し黒化するが，コーティングされたものは変化が見られない。このことより当社製品は LED の硫化防止策として効果があり多数の実績がある。

第4章　高分子機能性材料

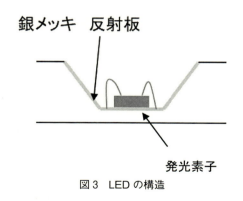

図3　LEDの構造

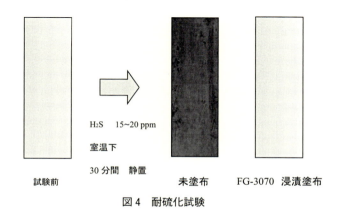

図4　耐硫化試験

1.6　今後の方向性と環境への配慮

　PTFEを筆頭としてフッ素系化合物は難分解性であり安全な化合物であるとの認識があったが，近年，逆にその特性により，不法投棄などで環境中に放出された場合に自然界に永年残留することとなり問題視されだした。特に，界面活性剤や乳化剤として多方面に使用されていた炭素数8〜10のペルフルオロ基と親水基の両方を有する低分子化合物は，水溶性を持つために環境中に容易に拡散放出されるだけでなく，人体内に取り込まれやすく，体内に蓄積される可能性が示唆されていた[3]。これらの化合物はPFOS（ペルフルオロオクタンスルホン酸）やPFOA（ペルフルオロオクタン酸）が代表的化合物であるのでPFOS/PFOA問題とも呼ばれる。これらの化合物は人体内半減期がPFOSで8.6年，PFOAは4.3年であり，本来，人体内半減期が10年以上と定義される高蓄積性化合物には該当しないのであるが，環境中で残留することが原因で将来的に禍根を残す懸念があるためPOPs条約（残留性有機汚染物質に関するストックホルム条約）を基にした規制が始まった[4]。

　フッ素系防湿コーティング剤や撥水撥油処理剤についても，従来は炭素数8〜10のペルフルオロアルキル基を構造中に持つ高分子化合物が撥水撥油性・防水性・耐酸性・絶縁性など諸々の特

性において優れるため主要成分として使用されてきた。この化合物は安定した高分子化合物であり難水溶性であるために，環境中への影響や人体内に取り込まれる可能性は無く安全である。だが，自然界に拡散された場合は，特に環境中で何段階かの化学反応を経て分解し PFOA などに変化する可能性があるという説があり，欧州を中心に将来的にペルフルオロ基の炭素数が 8 以上の構造を持つ化合物をすべて規制する方向で議論が進んでいる。当社においても，撥水撥油剤や防湿コーティング剤，防汚コーティング剤などについてペルフルオロ基の炭素数が 6 以下の化合物やペルフルオロポリエーテルなど全く異なる構造のフッ素化合物への移行が進められている。

文　　　献

1)　日本弗素樹脂工業会，ふっ素樹脂ハンドブック，第 10 版，p. 7（2004）
2)　日亜化学工業社技報，SE-AP00012B，Jan. 8（2015），
　　https://www.nichia.co.jp/specification/products/led/ApplicationNote_SE-AP00012C.pdf
3)　環境庁資料，https://www.env.go.jp/council/09water/y095-13/mat07_2.pdf
4)　経済産業省，http://www.meti.go.jp/policy/chemical_management/int/pops.html

2　塗料用水性フッ素樹脂の耐候性と水性架橋技術

井本克彦*

2.1　はじめに

　フッ素樹脂は，耐候性，低透過性，耐薬品性など優れた特性を有しており，塗料の原料として採用され改修工事が極めて難しい超高層ビル，公共大型建造物，長大橋，海上構造物などへの塗装や，耐薬品性においてケミカルタンク，航空機など用途は多岐に亘っている。フッ素塗料は，溶剤型が主に使われており，強制乾燥が必要なポリフッ化ビニリデン（PVDF）はアメリカで販売が開始され半世紀が経過し，常温施工可能な溶剤可溶型塗料用フッ素樹脂（FEVE系）が日本で製品化され約30年が経過している。

　地球温暖化，大気汚染などの地球の環境汚染問題に対する取組がグローバルに進んでいることに加え，塗料に含まれる有機溶剤による火災の危険性が指摘され，安全な職場環境を整えるため水性塗料化や粉体塗料化の要求が高まりつつある中，水性塗料や粉体塗料に用いるフッ素樹脂開発が積極的に進められている。

　本稿では，水性フッ素樹脂架橋系の開発動向についてわれわれの開発事例を中心に解説する。

2.2　有機溶剤と環境問題

　有機溶剤は塗料や印刷インク，接着剤，化学品などに多く含まれている。主な有機溶剤はキシレン，トルエン，酢酸エチル，アセトンなどで揮発性を有し，大気中では気体状態となる有機化合物であり「揮発性有機化合物（Volatile Organic Compounds/VOC）」と呼ばれている。

　揮発性有機化合物（VOC）は，大気中で窒素酸化物の共存下，紫外線による反応で光化学オキシダントが生成，および大気中でOHラジカル，オゾンなどと化学反応を起こし低揮発性有機化合物となり，最終的に浮遊粒子状物質の二次粒子が生成する。

　光化学オキシダントに含まれるオゾンは強力な酸化性のため，植物や農作物に対する悪影響が憂慮されている。光化学オキシダントや浮遊粒子状物質の二次粒子は地球環境のみならず，人の健康への影響が懸念され，大気汚染対策の一環としてVOCの排出を抑制することが重要である。

　VOCの削減策として，以下の2点が上げられている。

　①　溶剤の少ない塗料（ハイソリッド型塗料，水性塗料，粉体塗料）を適用する。

　②　耐久性の高い塗装系による塗替え周期を長くする（ライフサイクルコストの低減）。

フッ素樹脂は，VOCの削減策①，②とも兼ね備えた特性を有している。

2.3　フッ素樹脂の水性化

　フッ素樹脂の水性化は，「水に分散するタイプ」，「水に分散できるタイプ」の2種類に形態を分けて考えることが可能である。

---

　*　Katsuhiko Imoto　ダイキン工業㈱　化学事業部　商品開発部　主任技師

有機フッ素化合物の最新動向

表1 フッ素樹脂の水性化と性状

	エマルション	ディスパージョン
製法	乳化重合法	溶液重合法からの転相乳化法
外観	乳白色	乳白色～半透明
粒子径（μm）	0.10～0.30	0.05～0.30
分子量	高	中から低
粘度	低～中 分子量の影響を受けない	低 分子量の影響を多少受ける
常温乾燥性	◎	△～○
塗料形態	1液乾燥型 2液乾燥硬化型	2液乾燥硬化型

　「水に分散するタイプ」は，水を溶媒として乳化重合法によりポリマーを合成するタイプである。乳化重合により高分子粒子が水媒体中に分散したエマルションが得られる。このエマルションは塗料用樹脂として広く採用されている。

　「水に分散できるタイプ」は，溶液重合法でポリマーを合成した後に水と中和剤を加え水性化を行い「ディスパージョン」が得られる。

　フッ素樹脂の水性化には一般的には表1に示したような形態を選択することができる。それぞれの形態には特徴があり，目的に応じた適切な選択が必要である。

2.4　水性塗料用フッ素樹脂
2.4.1　エマルションタイプ

　ビニリデン（VDF）系共重合体とアクリル樹脂をエマルションの1粒子内で複合化した水性フッ素樹脂「ゼッフルSE」は，1996年から紹介を始め20年経過し，その耐候性がようやく認知されるようになってきた。

　ゼッフルSEの構造は，エマルションの1粒子の中にフッ素樹脂とアクリル樹脂が複合化された形態で存在している（図1，図2）。

　フッ素樹脂は溶剤系工場塗装の高温焼き付け塗料で実績があるPVDFをベースに変性を行っている。フッ素樹脂は一般的に他素材と混ざり難い性質であるが，PVDFは唯一アクリル樹脂と相溶性に優れた樹脂である。PVDFは結晶性高分子であり，アクリル樹脂と複合するためには，PVDFの融点以上に温度を上げる必要がある。即ち，融点以下の温度ではPVDFとアクリル樹脂を混ぜ合わせることが容易ではない。

　当社は，室温においてアクリル樹脂と相溶可能なVDF系フッ素樹脂を開発することで，通常の重合条件下でエマルション1粒子内での複合化に成功し，現場施工から工場施工まで幅広い乾燥条件に適用可能な水性分散体樹脂の商品化に至った。

　ゼッフルSEの品種を表2に示すが，アクリル樹脂の組成を変え，複合樹脂の性状を任意に変

第4章 高分子機能性材料

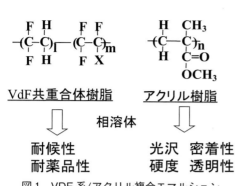

図1 VDF系/アクリル複合エマルション「ゼッフルSE」の樹脂構造

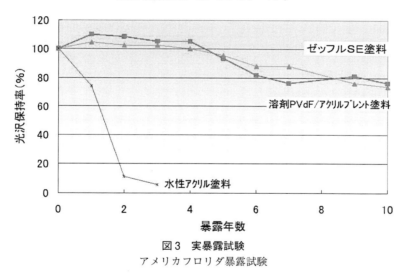

図2 「ゼッフルSE」の電子顕微鏡写真（TEM）

図3 実暴露試験
アメリカフロリダ暴露試験

えることで，基材・塗装条件に適した幅広い樹脂設計が可能となった。

図3には耐候性試験では非常に厳しい環境であるアメリカフロリダの試験結果を示す。ゼッフルSE白塗料は，フロリダ実暴露試験10年においても光沢保持率が80%に近い数値を示し，溶剤型PVDF／アクリルブレンド塗料と同等の性能を示している。

ゼッフルSEを用いた白塗料を施工した実物件の18年目の状態を確認した（図4）。18年経過した状態であるが，非常に良好な結果が示された（図4，表2）。

263

図4 実物件事例 O邸

表2 測定結果

経過年数	施工直後（0年）	2年	18年
60°光沢	3.6	3	2.6
光沢保持率（％）	100	83	72
$\Delta E*$	0	1.64	2.2
L*	88.47	86.9	86.85
a*	−1.95	−1.51	−0.87
b*	7.38	7.19	6.35

2.4.2 水性架橋システム

架橋システムを「1液架橋システム」と「2液架橋システム」に分類し，フッ素樹脂における水性架橋は，長期実績を有するエマルションタイプ「ゼッフルSE」と溶剤型フッ素モノマー／ビニルモノマー系共重合体樹脂を転相乳化で作成したディスパージョンを用い検討を行った。

(1) 1液架橋タイプ

1液架橋タイプとして，「カルボキシル基（-COOH）と金属イオン」，「カルボキシル基（-COOH）とカルボジイミド基（-N=C=N-）」と「カルボニル基（-COCH₃）とヒドラジド基（H₂NHN-CO-）」，「カルボニル基とエポキシ基」の架橋反応を上げることができる。

常温での硬化反応系である「カルボキシル基（-COOH）と金属イオン」の架橋反応は，主に床用コーティング材に適用され，「カルボニル基（-COCH₃）とヒドラジド基（H₂NHN-CO-）」の架橋反応は，建築塗料用途のエマルション塗料において利用されている。

図5に示すカルボニル基を含有する2-アセトアセトキシエチルメタクリレート（AAEM）をゼッフルSEに導入し，架橋剤としては水溶性のアジピン酸ジヒドラジド（ADH）を用いた粒

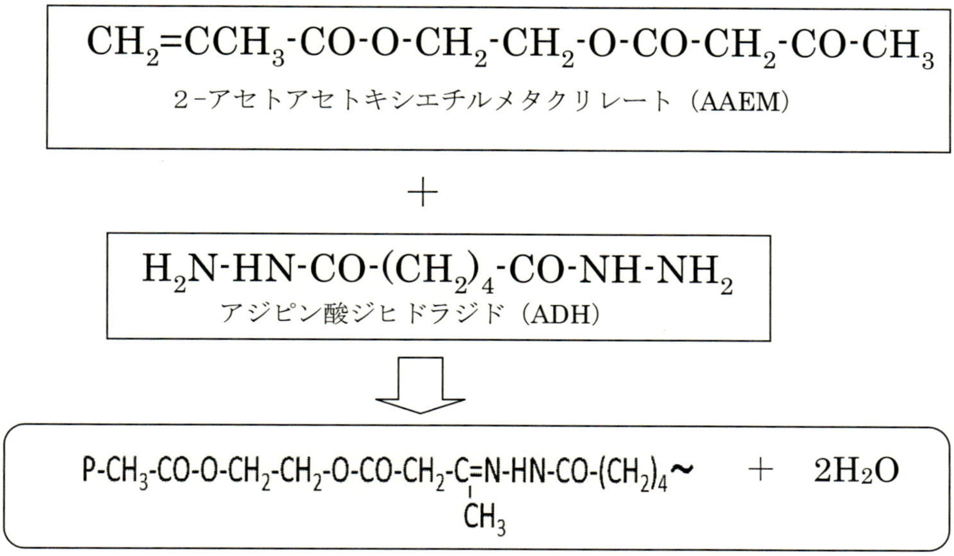

第4章　高分子機能性材料

$$CH_2=CCH_3\text{-}CO\text{-}O\text{-}CH_2\text{-}CH_2\text{-}O\text{-}CO\text{-}CH_2\text{-}CO\text{-}CH_3$$
2-アセトアセトキシエチルメタクリレート（AAEM）

$$H_2N\text{-}HN\text{-}CO\text{-}(CH_2)_4\text{-}CO\text{-}NH\text{-}NH_2$$
アジピン酸ジヒドラジド（ADH）

$$P\text{-}CH_3\text{-}CO\text{-}O\text{-}CH_2\text{-}CH_2\text{-}O\text{-}CO\text{-}CH_2\text{-}\underset{CH_3}{C}=N\text{-}HN\text{-}CO\text{-}(CH_2)_4\sim \quad + \quad 2H_2O$$

図5　カルボニル基とヒドラジド基の反応

表3　カルボキシル基と金属イオンおよびヒドラジド基の架橋反応と塗膜物性

	架橋なし	架橋システム	
		-COOH/ 金属イオン	-COCH$_3$/ ヒドラジド基
耐水性	○	○	◎
耐沸騰水性	×	○	◎
耐溶剤性/ MEKラビング	×	× 塗膜溶解	○ 光沢低下

塗膜乾燥：室温×7日後，膜厚：乾燥膜厚20μm

子間架橋反応を検討。

「カルボキシル基（-COOH）と金属イオン」の架橋反応系[1]と「カルボニル基（-COCH$_3$）とヒドラジド基（H$_2$NHN-CO-）」の架橋反応系[2]について検討結果を示す（表3）。

カルボニル基とヒドラジド基の反応は酸性サイドで高い反応性を示すため，中性からアルカリで使用される塗料用として非常に安定な水性1液架橋システムを設計することができる。フッ素樹脂との組み合わせにより，耐溶剤性を有する水性架橋システムの設計が可能である。

1液架橋システムの中で，加熱架橋反応系である「カルボキシル基（-COOH）とエポキシ基」の反応系（図6）について検討結果を示す[3]。

カルボキシル基とエポキシ基の反応性は低く，高温条件下120℃以上必要な強制乾燥の水性架橋システムとしての設計が可能である。一般的にフッ素樹脂は，金属基材や有機基材への密着性の向上が望まれる中，カルボキシル基とエポキシ基の架橋系システムで得られた塗膜は，優れた密着性を示した（表4）。

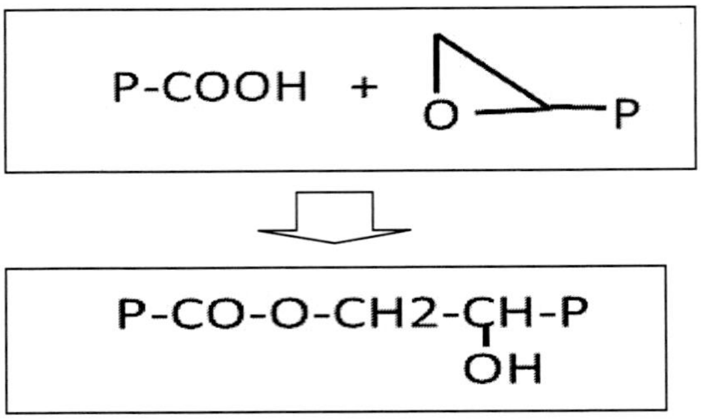

有機フッ素化合物の最新動向

$$P\text{-}COOH \ + \ \overset{}{\underset{O}{\triangle}}\text{-}P$$

$$\Downarrow$$

$$P\text{-}CO\text{-}O\text{-}CH2\text{-}\underset{\underset{OH}{|}}{CH}\text{-}P$$

図6　カルボキシル基とエポキシ基の反応

表4　カルボキシル基とエポキシ基の架橋反応と密着性評価

	架橋なし	-COOH基／エポキシ基
初期密着性	×(0/100)	◎(100/100)
温水密着性	×(0/100)	◎(100/100)

塗膜乾燥：140℃，10秒，基材：ガルバリウム鋼板

　フッ素樹脂とアクリル樹脂の粒子構造の制御と架橋系を導入することで，フッ素系では1コートでの施工が難しいと考えられる金属への密着性を向上することが可能となった。

(2)　2液架橋システム

　水性2液架橋システムは，樹脂の官能基として水酸基（-OH）と架橋剤として水分散のポリイソシアネート系と，カルボジイミド系が主に検討されている。

　ポリイソシアネート系については，エマルションとコロイダルディスパージョンの2つのタイプで検討した結果を示す。

　エマルションタイプの樹脂は，水酸基（-OH）含有単量体を樹脂に導入し水分散体を合成する。ディスパージョンタイプの樹脂は，酸無水物による樹脂変性の手法を用いるか，または，カルボキシル基を含有する単量体を共重合する手法を用いた，2つの方法が考えられる。

　エマルションタイプ[4,5]もディスパージョンタイプ[6~8]とも，樹脂に導入した水酸基（-OH）と架橋剤のイソシアネート基（-NCO）の架橋反応である。

　水酸基（-OH）とイソシアネート基（-NCO）の架橋反応で得られた塗膜は，耐溶剤性，密着性など優れた性能を示す（表5，図7）。

　カルボキシル基とカルボジイミド基は高い反応性を示し，常温から強制乾燥まで幅広く利用することができる（図8）。

　水性2液架橋システムで硬化した塗膜は，溶剤MEK（メチルエチルケトン）のラビング試験，プラスチック基材であるPET（ポリエチレンテレフタレート）への密着性も，良好な状態を示している（表5）。

　水性化樹脂はエマルションとディスパージョンがあり，その性能を表6に示す。

第4章　高分子機能性材料

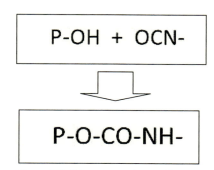

図7　水酸基とイソシアネート基の反応

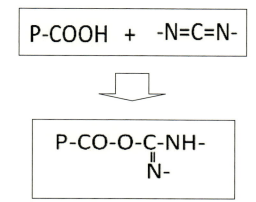

図8　カルボキシル基とカルボジイミド基の反応

表5　カルボキシル基とカルボジイミド基の反応，水酸基とイソシアネート基の反応

		エマルション			ディスパージョン
		架橋なし	-COOH/ カルボジイミド基	-OH/ イソシアネート基	-OH/ イソシアネート基
光沢		70	70	70	80
耐沸騰水性		◎	◎	◎	◎
耐溶剤性／ MEKラビング		×	○ 光沢低下	◎ 異常なし	◎ 異常なし
密着性	ガルバ鋼板	×	◎	◎	◎
	PRT	×	◎	◎	◎

塗膜乾燥：室温×7日，膜厚：乾燥膜厚20μm

表6　水性化樹脂形態；エマルションとディスパージョンと架橋塗膜

フッ素樹脂の形態	光沢	耐溶剤性	密着性	作業・乾燥性
エマルション	70〜75	○	◎	◎
ディスパージョン	80〜85	◎	◎	○

有機フッ素化合物の最新動向

表7　架橋システムと特徴

架橋システム	架橋系	乾燥温度	耐溶剤性	密着性	耐凍結融解性	水中安定性
カルボキシル基／ 金属イオン	1液	室温～ 強制乾燥	×	×	×	◎
カルボキシル基／ カルボジイミド基	2液	室温～ 強制乾燥	○	○	◎	×
カルボキシル基／ エポキシ基	1液	強制乾燥 （120℃以上）	×	◎	×	◎
カルボニル基／ ヒドラジド基	1液	室温～ 強制乾燥	○	○	◎	◎
水酸基／ イソシアネート基	2液	室温～ 強制乾燥	◎	◎	◎	×

　当社で検討した，水性架橋システムの特徴を表7に示す。

2.5　終わりに

　地球環境の保護による揮発性有機化合物（VOC）の規制強化と作業環境を変えることで危険性を低下する取組のため，溶剤塗料から水性塗料への移行が現実となりつつある。現在の水性架橋システムは，樹脂構造および樹脂に導入する官能基に留まらず架橋剤を含めた架橋システム（表6，表7）について，用途・要求性能・塗装条件を考慮したうえで開発する必要がある。溶剤塗料から水性塗料への移行の加速に伴い，樹脂と架橋剤の双方の技術革新が期待される。

文　　　献

1)　特開平 11-124535
2)　特許第 3564587 号
3)　特許第 5229367 号
4)　特許第 4144355 号
5)　特許第 6249066 号
6)　特許第 5513742 号
7)　特許第 5709380 号
8)　特開 2013-224029

3　自動車向け高機能フッ素ゴム

入江正樹*

3.1　序章

　近年，自動車業界においては社会・地球環境の持続的発展を目指して安全，環境，快適，情報などをキーワードとした開発が進められており，とりわけ安全および環境対応の観点でフッ素ゴムに期待される役割が大きくなっている。

　フッ素ゴムとはフッ素含む合成ゴムの総称で，耐熱性や耐薬品性に優れた高機能材料である。フッ素ゴムは原料モノマーの組み合わせによって幾つかのカテゴリに分類されるが，主要モノマーとしてフッ化ビニリデンを含むゴム（FKM）が最も多く生産されており，狭義では FKM をフッ素ゴムと呼ぶこともある。FKM 以外ではパーフロゴム（FFKM），TFE-プロピレン系ゴム（FEPM）も知られているが，自動車用フッ素ゴムとしては FKM が主流と言える。また，本稿では紹介しないがフロロシリコーンゴム（FVMQ）や，信越化学工業㈱製 SIFEL も広義ではフッ素ゴムの一種である。

　2018 年現在の FKM の市場規模は 3 万トン/年を上回ると考えられており，フッ素ゴムの中では最も大きい。FKM はポリマーの末端基制御，モノマー構造，或いは加硫系の選択により，耐熱性，耐薬品性，耐寒性などさまざまな機能，特徴を付与することができるため，現在でも改良品の開発が行われており，その多くは環境対応車向けと考えられる。また，地域別の市場規模は自動車産業との相関がみられ，欧州が最大（8,000 トン/年以上），次いで米国（6,000 トン/年以上）と続き，中国は市場の伸びと規制の強化が相まって米国に匹敵する規模になっている。日本は 5,000 トン/年を下回り，相対的な地位は低下しているものの，堅調に推移している。

　本稿では自動車の燃費向上，規制対応，排気のクリーン化など環境負荷低減の期待に応え得る材料として，主に FKM 系フッ素ゴムの開発動向について記す。

3.2　フッ素ゴムの種類と特徴

3.2.1　フッ素ゴムの特徴と ASTM 分類

　フッ素原子はあらゆる元素と結合しやすく，特に炭素原子 C と強固な結合（C-F 結合）を作る。C-F 結合は結合エネルギーが高く，電気的に安定であり，フッ素化合物のさまざまな特長を発現している。炭素とフッ素の結合エネルギーは，一般的な合成ゴムの骨格である炭素と水素の結合エネルギーよりも大きくて安定なため，外から加えられる熱や紫外線のようなあらゆるエネルギーに対して耐性が向上し，優れた耐熱性・耐薬品性・耐候性などを示す。

　フッ素ゴムは，フッ素含有モノマーの組み合わせによって表 1 に示すように，ASTM の分類として FKM は二元系（Type 1），三元系（Type 2）と低温性を改良したグレード（Type 3）の 3 種類が旧来より知られている。Type 4〜6 は新たなモノマーの組み合わせにより，主に耐アミ

---

　*　Masaki Irie　ダイキン工業㈱　化学事業部　商品開発部　主任技師

有機フッ素化合物の最新動向

表1 フッ素ゴムの ASTM 分類と共重合モノマー種，特徴

ASTM 分類	共重合モノマー	特徴	主な製造メーカー
FKM-Type 1	VdF/HFP	低温性と耐薬品性は中程度，ポリオール加硫しやすく，CS や耐熱性が良い。FKM の標準的なグレード	ダイキン，ケマーズ，ソルベイ，ダイニオン，晨光，梅蘭，3F，東岳など
FKM-Type 2	VdF/TFE/HFP	Type 1 より耐薬品性に優れ，低温性は劣る（一部例外あり）。ポリオールおよびパーオキサイド加硫の両グレードが存在する	ダイキン，ケマーズ，ソルベイ，ダイニオン，晨光，梅蘭，3F，東岳など
FKM-Type 3	VdF/TFE/PAVE	低温性改良グレード。主にパーオキサイド加硫品のみ（以下 Type 4 以降も同様）	ダイキン，ケマーズ，ソルベイ，ダイニオン
FKM-Type 4	VdF/TFE/P	耐アミン性を付与し，低温性と耐薬品性をバランス良く調整	旭硝子，ダイニオン
FKM-Type 5	E/VdF/TFE/HFP/PMVE	耐薬品性，耐アミン性をバランス良く改良したグレード	ソルベイ
FKM-Type 6	VdF/HFO1234yf	耐アミン性と耐屈曲疲労性が FKM の中で最高レベルに高い	ダイキン
FFKM	TFE/PMVE など	耐熱，耐薬品性は FKM を遥かに凌駕するが，価格が高い	ダイキン，デュポン，ソルベイ，ダイニオン
FEPM	TFE/P	耐アミン性と電気絶縁性は FKM より優れるが，耐薬品性と低温性は劣る	旭硝子，ダイニオン

共重合モノマー略号
VdF：フッ化ビニリデン $CH_2 = CF_2$
TFE：四フッ化エチレン $CF_2 = CF_2$
HFP：六フッ化プロピレン $CF_2 = CF-CF_3$
HFO1234yf：$CH_2 = CF-CF_3$
PAVE：パーフルオロアルキルビニルエーテル $CF_2 = CF-ORf$
　Rf ＝パーフルオロアルキル基（エーテル酸素原子を含む）
　Rf ＝ CF_3 の PMVE（パーフルオロメチルビニルエーテル）が最も一般的
E：エチレン $CH_2 = CH_2$
P：プロピレン $CH_2 = CH-CH_3$

ン性を付与する目的で開発された。FKM のモノマー組成比は開示されていないが，ポリマー中のフッ素重量％「フッ素濃度（フッ素含有率ともいう）」が開示されており，概ね62～71％の間で設計されている。その中で最も一般的な二元 FKM（Type 1）のフッ素濃度は，66％が大半を占めている。フッ素濃度が高いほど，耐油性や薬液透過性は改善されるが，機械特性（特に高温環境）・低温性は低下する傾向にある。フッ素濃度以外にも，成形法として圧縮・押出し・射出の各成形法，加硫系としてポリアミン，ポリオール，パーオキサイド加硫の組み合わせがある。これらはユーザーの目的・用途に応じて多種多様な製品が使い分けられている。

3.3　自動車の地球環境問題への取り組み

　自動車に起因する地球環境問題，とりわけ温暖化防止への対応手段として，電気自動車（EV），燃料電池車（FCV）など，内燃機関以外の動力源を有する次世代自動車が開発されている。し

第4章　高分子機能性材料

かしインフラ整備など，本格的な普及に向けて解決すべき課題が山積しており，当面は内燃機関が動力源の主流であるとの見方が強い。そのため，現在でも内燃機関に関わる技術開発が盛んに行われており，例えば燃費改善やバイオ燃料対応（CO_2排出削減），排気ガス改善や燃料蒸発ガス低減（汚染物質の排出低減）などにより，地球環境を保全し，限りある資源を有効に活用するための努力がなされている。これらの新技術開発において，新たにフッ素ゴムが必要になるケースや，既存のフッ素ゴムでは対応できず，新たな機能を有するフッ素ゴムの開発が求められるケースがあり，本稿では主にこれらの動向について述べる。一方，従来はフッ素ゴムが使用されていたが，もはや新技術の要求特性に対応できず，他の素材に置き換わる動きもある。このように，①非フッ素ゴムからフッ素ゴムへ，②既存フッ素ゴムから新規フッ素ゴムへ，③フッ素ゴムから他材へ，と3つの動きが並行しているため，自動車向けフッ素ゴム市場の将来像は単純には理解し難い側面がある。

　別の要因として，欧州をはじめとする先進国に限らず，中国を筆頭とする新興国でもCO_2排出規制，燃費規制，排ガス規制が強化される動きが加速しており，①の非フッ素ゴムからフッ素ゴムへの置き換えがかなり進んでいる。この動きを加味すれば，フッ素ゴム全体の需要は現在でも堅調に拡大していると考えられる[1]。

3.4　自動車向けフッ素ゴムに求められる機能と開発動向

　自動車の排気系，燃料系，動力系，冷却系に使用されている，または使用され始めたフッ素ゴム（主にFKM）に関して解説する。

3.4.1　排気系

　排気系はエンジンからの排気ガスと接触する部位に用いられる部品で，燃焼温度そのものの上昇に加え，小型化による放熱効率の低下により，より高温に耐える素材が求められる傾向にある。フッ素ゴムは特に高温に耐えるゴム材料として，排気系への採用が拡大している。

（1）　ターボチャージャーホース

　ターボチャージャーとは，内燃機関の熱効率を高めるために利用される過給機で，吸入エアーを高圧化し，燃焼室に高濃度のエアーを送り込む装置である。20世紀後半に高出力実現のための技術として用いられてきたが，同等排気量の自然吸気エンジンと比べて燃費が悪いなどの欠点があり，ターボの搭載率は一時期減少した。ところが21世紀に入り，より強いパワーを得るためではなく，エンジンを小型化して燃費を改善，次いで不足する動力性能を従来同等レベルに維持することを目標とする「過給ダウンサイジング」と呼ばれるシステムとして再び脚光を浴び始めた。この技術はエンジンの小型化に伴う軽量化によって車体重量が軽量化されるため，大きな燃費改善効果をもたらす。図1に排気系過給機の構造概略を示す。

　エンジンの燃焼効率を上げるため，排気ガスはより高温，高圧化される傾向にあるが，ターボチャージャーから排気ガスをエンジンに送るためのホース，すなわちターボチャージャーホース（以下，TCH）には，その環境に耐え得るゴム材料が求められる。とりわけホースの最内層は温

271

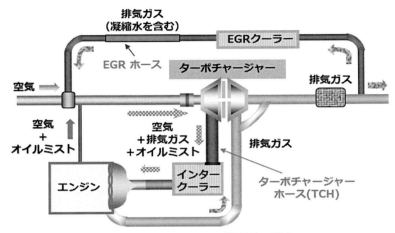

図1　排気系 EGR および過給機の構造

度が高いため，フッ素ゴム（FKM）が選択されることが多い。特に温度が高いディーゼルエンジン向け TCH は FKM が既に主流となりつつあるが，最近では一部の高出力ガソリンエンジン車向けにも FKM が使用され始めている。

　TCH に適した FKM の性能は，他用途向けフッ素ゴムと異なる部分が多く，これは接触する流体が主に燃料の排気ガスであることに由来する。例えば FKM として一般的なポリオール加硫系 FKM は，排ガスに含まれる酸性成分に対する耐久性や，ホースとして必要な破断伸びが十分ではない。一方，パーオキサイド加硫系 FKM は耐酸性，伸びは改善されるものの，このカテゴリは耐燃料油，低燃料透過などに優れた高フッ素濃度（68〜71％）品が主流で，これらは排ガス環境に必要な高温環境下での破断伸び，引裂き強度など機械的な特性が十分とは言えなかった。機械特性を改善するにはフッ素濃度の低い FKM が適しているが，幸いなことにフッ素濃度を下げた際に低下する耐燃料油や低透過特性は排ガス環境下にとって必須ではなく，必要十分な性能に調整する余地があった。結果として，かつて主流ではなかった低フッ素濃度（F），特に F＝66％の二元パーオキサイド系 FKM が近年では TCH 用フッ素ゴムの主流になりつつある。特に耐熱，耐オイルミスト性がシリコーンゴム（VMQ）で不十分な用途には，FKM が有力な選択肢となっている。

　FKM の引張強度，破断伸びの温度依存性を図 2，図 3 に示す。フッ素濃度（F）＝66.0％ FKM としてダイキン工業㈱製，ダイエル G-801，F＝70.5％ FKM としてダイエル G-902 を用いた。これらの比較により，フッ素濃度が低いほど高温時の強度，破断伸びなどの物理特性に優れることが分かる。

(2) EGR（排気再循環）システム

　EGR（Exhaust Gas Recirculation）とは排気ガスを循環させるシステムで，排出ガスの一部を吸気系に戻して再利用することで燃焼温度を下げること，或いは吸入空気中の酸素量を減らすこ

第4章 高分子機能性材料

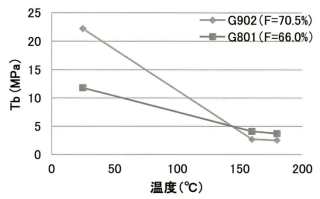

図2 フッ素ゴム（FKM）の高温時引張強度

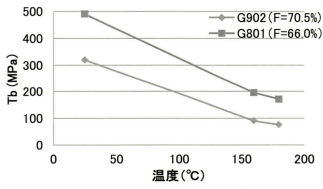

図3 フッ素ゴム（FKM）の高温破断伸び

とにより，排ガス中のNO_xを低減させることを目的としている。特に燃焼温度の高いディーゼルエンジンには欠かせない存在である。排気ガスに含まれるNO_xや硫黄に由来する酸性成分への耐久性が求められるため，使用条件によってはフッ素ゴムが採用されている。この用途にはターボチャージャーホースほどの高温特性は必要ないものの，先述の酸性成分を含む凝縮水に対する耐久性を必要とするため，基本的にはパーオキサイド加硫系FKMが適している。

(3) 排ガス酸素センサー

近年の排ガス規制に伴い，自動車の排ガス浄化装置はCO，HC，NO_xを同時に処理する三元触媒（Pt，Pd，Rh）が搭載されるようになった。しかし，この触媒は空燃比が理想空燃比（ガソリン1gに対し空気14.7g）付近でないと効率よく働かず，混合気を理想空燃比付近に維持する必要がある。そのコントロールのために排気管に酸素センサーを設置し，酸素濃度が理想空燃比より高いか低いか判定し，その情報を元に，ECU（Engine Control Unit）が燃料噴射量を調整するシステムが先進国では一般的に普及している。これは排ガス浄化のみならず，理想空燃比に近付けることにより燃費改善にも欠かせないアイテムと言える。

酸素センサーのリード線を保護するためのブッシュは排気ガスによる高温に晒され，かつシー

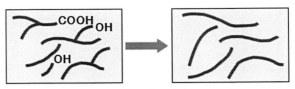

図4 ポリマー骨格の改良イメージ
(左：従来品 ⇒ 右：改良品)

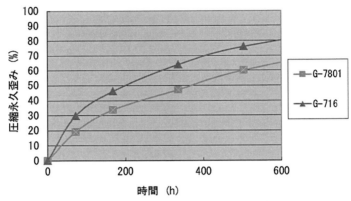

図5 圧縮永久歪みの経時変化（230℃）

ル性を確保するためにフッ素ゴムキャップが多く採用されている。特性としては高温時の圧縮永久歪みがシール性確保のために特に重要で，自動車用フッ素ゴムの中で最も使用温度が高い部材の一つである。そのため，耐熱性に優れるポリオール加硫系二元FKMが採用されることが多い。

また，近年酸素センサーを搭載したモジュールが小型化されることで放熱が難しくなり，より高温での圧縮永久歪みが求められる傾向にある。これを改善するためには架橋ネットワークをより完全なものにすべく，ポリマー構造の改良が進められてきた。具体的には架橋を阻害するOH基，COOH基などのイオン性末端基，低分子量成分，ポリマーの分岐を抑制することで，架橋ネットワークをより理想的な構造に近付ける工夫がなされてきた（図4にイメージを示す）。ダイキン工業㈱製ダイエル G-7801 はその観点で開発され，圧縮永久歪み（230℃）は，旧グレードのG-716と比べて大きく改善している（図5）[2]。しかし，耐熱性の改善要求は依然として強く，さらに耐熱性を高めた製品の登場が待たれている。

3.4.2 燃料系

各国における燃料透過規制の強化により，低燃料透過材料が急速に求められるようになり，材料変更の動きが顕著な領域である。3.3項で述べた非フッ素ゴムからフッ素ゴムへの置き換えと，フッ素ゴムから非フッ素樹脂への置き換えが同時に進行していると考えられる[3]。

(1) 燃料ホース

燃料ホースは単に燃料をエンジンに送るだけではなく，ホースからの環境放出を軽減する必要

第4章 高分子機能性材料

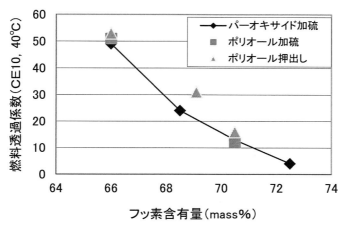

図6 FKMフッ素濃度と燃料透過係数の関係

があるため，低透過素材が求められる。とりわけガソリンは揮発性が高く，特に透過の少ない材料が必要になる。また，エンジン周りは高温になるため，耐熱性も必要となる。これらを満足するためにフッ素ゴムまたは樹脂が使用されることが多い。低燃料透過の観点ではゴムよりも樹脂が優れているが，振動吸収や静寂性，および組立作業性の観点では内層にFKMを用いたゴムホースが望ましい。ゴムホースの場合は，透過抑制の観点で高フッ素濃度FKMがより多く用いられる。一方でディーゼル車向け，特にバスやトラックなどの大型商用車向けは，従来FKMが使用されないケースが多かったが，特に新興国での環境規制強化，および粗悪燃料対応として，非フッ素ゴムからFKMへの置き換えが急速に進行している。

図6にフッ素濃度と燃料透過係数の関係を示すが，基本的に両者は反比例の関係にある。透過を改善するには高フッ素濃度が望ましいが，F=70.5％より高いFKMは低温性に課題があり，現在は市販されていない。したがって，FKMの実用的なフッ素濃度の上限はF=70.5％付近と考えられる。また，ポリオールやパーオキサイドなど加硫系の違いや，圧縮成形や押出し成形など成形法の違いによる透過性への影響はほとんどない。

一方で，樹脂チューブでありながら振動に強く，柔軟な低透過フッ素材料も開発されている。例えばダイキン工業㈱製ダイエルF-TPVはフッ素樹脂とフッ素ゴムの動的加硫樹脂アロイで，燃料透過係数（CE10 @ 60℃）をFKM比で1/20以下に抑えるなど，ゴム単体では到達不可能な低透過燃料ホース材料として，一部用途に使用されている[4]。

（2）フィラーネックホース

給油口と燃料タンクをつなぐホースで，耐燃料油性に優れるフッ素ゴムが多く使用されているが，近年の燃料透過規制対応のため，樹脂チューブに置き換えられるケースも多い。これは燃料ホースと比べてエンジンからの距離が遠く，耐熱性や柔軟性が重要ではないためと考えられる。

3.4.3 動力系

動力系はシール材としてゴムが使用されているが，高性能，長寿命化のためにフッ素ゴムの使

用部位が拡大している。しかし一般的な FKM は，潤滑油に含まれるアミンに対する耐久性が十分ではないため，潤滑油の種類によっては使用に際して注意が必要である。

（1） トランスミッションシール

オートマチックトランスミッションなど，車速やエンジンの回転速度に応じて変速比を自動的に切り替えるトランスミッションのオイルは，燃費向上を目的に低粘度化が進んでいる。しかし，一般的な FKM（Type 1 および 2）はガラス転移温度（Tg）が −10〜−20℃ と高いため，冬季にシール性が悪化し，オイル漏れトラブルの原因になり得る。低温で確実にシールするためには耐寒性フッ素ゴム FKM Type 3（特に VdF/TFE/PMVE 共重合体）が適しているが，価格が高いことが欠点である。さらに低温シール性を改良するため，特殊な変性モノマー（PAVE）を使用することで Tg を −40℃ 前後まで改良した製品も市販されているが，価格はさらに高くなる[5]。

（2） オイルシール

クランクシャフトシールに代表されるオイルシールは，エンジンに近い部品であるため，耐熱性かつ耐油性が特性として必要であるため，ポリオール系 FKM が使用されており，今後もその傾向は続くと見られている。一方でバルブステムシールには，エンジンでの燃焼後に発生する酸性ミストへの耐性の必要性から，パーオキサイド系 FKM の使用が拡がりつつある。

3.4.4　冷却系

（1） クーラントシール

内燃機関の冷却水には凍結防止のため，一般的にエチレングリコールを含む水が用いられ，ロング・ライフ・クーラント（Long Life Coolant：LLC）と呼ばれており，そのシール材がクーラントシールである。一般乗用車においては冷却水温度が 100℃ を大きく超えることはなく，クーラントシールとしてフッ素ゴムの必然性は高くない。しかし重機などの建機においては冷却水温度が 150℃ に達することもあり，耐熱性や耐スチーム性が必要になるため，フッ素ゴムは適用候補になり得る。ところが LLC に含まれる添加剤のアミンに対して一般的な FKM は耐久性が十分ではない。その中で新たにダイキン工業㈱により開発されたダイエル GBR-シリーズ（FKM Type 6）は，主鎖の脱 HF に伴うアミン劣化を効果的に抑制できるため，LLC クーラントシール材として使用され始めている。

図 7 および図 8 に FKM Type 6 のダイエル GBR-6002，および FKM Type 2 のパーオキサイド加硫グレード（G-902）と，ポリオール加硫グレード（G-562）を，LLC（ヤンマーロイヤルフリーズ）/水＝50/50 液中に 180℃ で浸漬後の物性変化率グラフを示す。引張強度の変化率は GBR-6002 が最も小さい。伸びの変化はパーオキサイド加硫の G-902 が軟化劣化，ポリオール加硫の G-562 が硬化劣化の傾向を示すのに対して GBR-6002 はほとんど変化せず，良好な耐アミン性を示すことが分かる。

また，表 2 に FKM としてダイエル GBR-6002，GBR-6005，G-801 および FEPM の物性表を示す。GBR シリーズは，新規ポリマーであるにも関わらず特別な配合を必要とせず，一般的な

第4章　高分子機能性材料

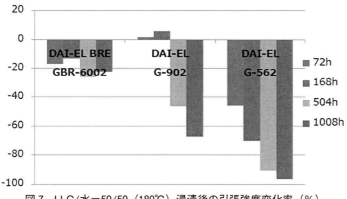

図7　LLC/水＝50/50（180℃）浸漬後の引張強度変化率（%）

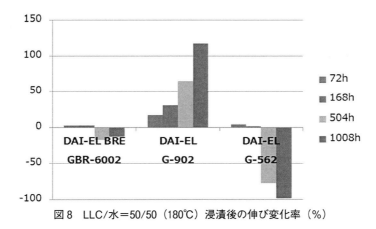

図8　LLC/水＝50/50（180℃）浸漬後の伸び変化率（%）

パーオキサイド加硫系 FKM と同等の配合により，類似の加硫特性，機械特性を示す。また，GBR シリーズは耐アミン性とは別に，耐屈曲疲労性（デマッチャ試験）が非常に優れていることが最近新たに判明している。この特性を活かしてバルブ，ダイヤフラム，ホースなど耐屈曲性能が求められる新たな用途に展開できる可能性も考えられる。

3.5　おわりに

以上，自動車の環境負荷低減を達成するために必要とされるフッ素ゴムについて述べてきた。基本的な傾向として，技術革新に伴いフッ素ゴムが得意とする耐熱性や低透過特性の要求が，より高いレベルになっていると考えて間違いない。一方で，新たな部材への適用に伴い，従来フッ素ゴムが得意としなかった低温性や耐アミン性，或いは高温環境下における伸びなどの機械特性が必要になるケースも出てきており，これが今なお多種多様なフッ素ゴムが開発されている背景と考えられる。

表 2　ダイエル BRE（GBR シリーズ）特性表

	単位	FKM Type 6		FKM Type 1 G-801	FEPM
		GBR-6002	GBR-6005		
フッ素濃度	mass%	62	62	66	57
配合　Raw gum	phr	100	100	100	100
N990 Carbon	phr	20	20	20	20
TAIC	phr	4	4	4	4
Perhexa 25B	phr	1.5	1.5	1.5	
Perbutyl P	phr				1.5
加硫性（MDR）		160℃	160℃	160℃	170℃
Minimum Torque	dNm	0.8	1.6	1.1	1.9
Maximum Torque	dNm	13.3	12.7	17.7	10.2
T90	min	4.9	4.6	3.8	11.9
成形条件　プレス（シート）		160℃ × 10 分			170℃ × 20 分
プレス（デマッチャ）		160℃ × 20 分			170℃ × 30 分
オーブン	min	180℃ × 4hr			200℃ × 4hr
常態物性（JIS K 6251, 6253, 6268）					
100% Modulus	MPa	1.9	1.9	2.2	2.8
Tensile Strength	MPa	22.8	22.7	24.7	16.2
Elongation at Break	%	540	600	430	270
Hardness ShoreA	peak	63	63	65	67
Hardness ShoreA	3sec	58	58	61	61
S.G.		1.72	1.72	1.80	1.57
デマチャ（CERI）　亀裂なし回数					
@ 23℃　中央値	回	＞ 60 万	——	16 万	＜ 2 万
@120℃　中央値	回	——	50 万	＜ 2 万	＜ 2 万

文　　　　献

1)　野村総合研究所，知的資産創造，2017 年 4 月号，4（2017）
2)　岸根充，日本ゴム協会誌，**78**(2)，60（2005）
3)　内田里沙，JARI Research Journal，JRJ20160902 解説，1（2016）
4)　増田晴久，ポリファイル，**45**(7)，68（2008）
5)　西科浩徳，日本ゴム協会誌，**80**(12)　（2007）

4 フッ素電解質材料の固体高分子形燃料電池触媒層への応用

長谷川直樹*

4.1 はじめに

　燃料電池は，地球温暖化防止のための二酸化炭素排出量削減やエネルギー源多様化に向けた取り組みとして，早期の導入が望まれている。定置型燃料電池はエネファームの名称で各社から販売されており，2009 年に固体高分子形燃料電池（PEFC）タイプが発売され，2011 年より固体酸化物形燃料電池（SOFC）タイプが加わり，2017 年には累計 20 万台以上が販売されている。燃料電池自動車の普及も進められており，日本では 2002 年にトヨタとホンダが限定的であるが世界で初めてリース販売している。2014 年にはトヨタが PEFC を用いた燃料電池自動車「MIRAI」を世界で初めて一般販売し，2018 年には燃料電池バス「SORA」を量販開始した。このように燃料電池の一般家庭・社会への普及も進んできている（図 1）。

　固体高分子形燃料電池（PEFC）は，固体高分子のイオン交換膜（電解質膜）を用いる燃料電池で 1958 年に米国ゼネラル・エレクトリック社で初めて開発され，ジェミニ宇宙船に搭載された[1]。しかし当初は炭化水素系の高分子電解質膜が用いられており，化学耐久性が低く寿命が短

定置型燃料電池「エネファーム」

Panasonic HP:
https://panasonic.biz/appliance/FC/house_07.html

燃料電池バス「SORA」

トヨタ自動車HP:
https://newsroom.toyota.co.jp/jp/corporate/21862392.html

燃料電池自動車「MIRAI」

トヨタ自動車HP:
https://toyota.jp/mirai/showroom/

図 1　固体高分子形燃料電池を用いた商品

＊　Naoki Hasegawa　㈱豊田中央研究所　環境・エネルギー 1 部　燃料電池第 1 研究室
　　主任研究員

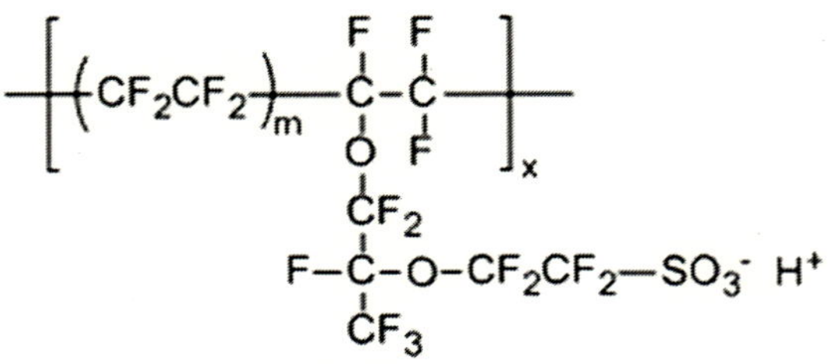

有機フッ素化合物の最新動向

図2　フッ素電解質材料「ナフィオン」の構造式

い大きな問題があった。デュポン社により，化学耐久性に優れたフッ素系の高分子電解質膜（ナフィオン：Nafion®，図2）が開発され[1]，その後樹脂メーカー各社でフッ素電解質膜の改良が進められたことによりPEFCの寿命を大きく伸ばすことができるようになった。

　フッ素電解質材料は，PEFCの電解質膜以外にも電極触媒層の構成材料としても用いられ，性能向上に大きく貢献している。米国のロスアラモス国立研究所（Los Alamos National Lab）は，1986年にフッ素電解質材料（アイオノマー）を電極触媒層に添加することにより画期的な白金触媒の使用量低減を実現させた[2]。1992年には非常に薄い高性能な触媒層を形成する手法として，白金担持カーボン触媒とフッ素電解質溶液とを混合した触媒インクを作製し，これをテフロンシートに塗布・乾燥する触媒インクプロセスを開発している[2]。フッ素電解質溶液には通常フッ素電解質材料を水／アルコール溶媒に溶解した溶液が用いられており，現在も一般的にはこの触媒インクプロセスによりPEFCの電極触媒層が作製されている。

4.2　固体高分子形燃料電池の触媒層

　固体高分子形燃料電池（PEFC）の膜－電極触媒層－ガス拡散層接合体と触媒層内部構造の模式図を図3に示す。PEFC内で電解質材料は，電気化学反応に必要なプロトンを輸送する重要な役割を担っている。白金担持カーボン触媒（Pt/C）とフッ素電解質溶液とからなるインクから作製された触媒層では，アイオノマーはPt/Cを数ナノメートル程度の厚さで被覆していることが分かっている（図4）[3]。この被覆したアイオノマーによりナノメーターサイズの微細で高表面積な白金触媒にプロトンを効率よく供給できるようになり，白金触媒が有効活用されることで少量の白金触媒でも高い性能が得られるようになった。

　PEFCの今後の大量普及には，更に少量の白金触媒で高い性能を発現することが求められており，白金合金等による触媒活性種の性能向上に加えて，触媒層アイオノマー材料に求められる特性が明らかになってきている。本節では，筆者らの研究を例として，アイオノマー材料に求められる課題である，①プロトン伝導性向上，②ガス透過性向上，③触媒被毒低減について解説していく。

第4章 高分子機能性材料

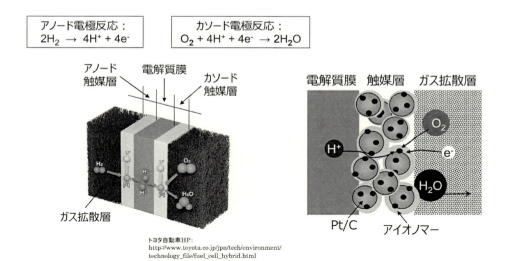

図3 固体高分子形燃料電池の膜−電極−ガス拡散層接合体（断面）と触媒層内部（カソード）の模式図

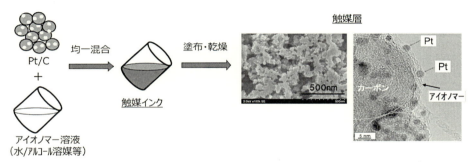

図4 インクプロセスによる触媒層作製の模式図と触媒層のSEM・TEM像[3]

4.3 触媒層アイオノマー
4.3.1 触媒層アイオノマーのプロトン伝導性

　PEFCに用いられる膜・触媒層アイオノマーの電解質材料には，PEFCスタックを運転するための水管理，熱管理等に必要な周辺部品の小型・簡素化，廃止につながる材料特性の向上が求められている。特に，車載用ではラジエーター小型化や加湿器廃止によるシステムの簡素化・小型化の要望から，高温低加湿あるいは無加湿で作動可能な高性能な電解質材料の開発が望まれている。高温低・無加湿での作動を可能にするためには，膜と合わせて触媒層アイオノマーのプロトン伝導性・水移動性の特性向上が必要である[4]。低加湿条件下におけるカソード極触媒層内の電流密度分布の計算から，アイオノマー中のプロトン移動抵抗の増大により発電反応分布が電解質膜側に偏り，反応過電圧が上昇することが明らかとなっている。アイオノマーのプロトン伝導性を向上できれば，触媒層内のより多くの白金触媒を均一に利用することが可能となり性能向上につながることを示している。

　低加湿でのプロトン伝導性向上を実現する方策として，電解質材料中のスルホン酸基密度

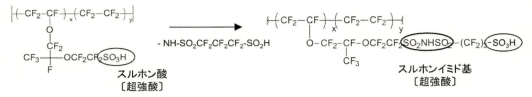

図5 2官能アイオノマーの構造式

表1 2官能アイオノマーの物性

	理論 IEC (meq/g)	実測 IEC (meq/g)	変換率 (%)	含水率 (%)	プロトン伝導度 (S/cm) 20%RH	60%RH	100%RH
ナフィオン	—	1.01	—	24	1.27E-3	1.28E-2	5.77E-2
2官能アイオノマー	1.56	1.37	82	119	4.31E-3	3.32E-2	1.00E-1

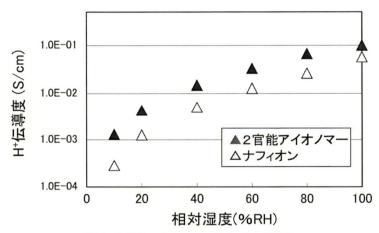

図6 2官能アイオノマーのプロトン伝導性

（IEC）を上げることが検討され，NEDO報告ではIECが従来電解質材料（ナフィオン）の2倍以上（約2.2 meq/g）の電解質材料も開発されている[5]。一般には，プロトン伝導機能を有するスルホン酸基モノマーの共重合比率を高くすることで高IECな電解質材料が合成されている。これらの高IEC電解質材料の触媒層アイオノマーへの適用についてはNEDO報告書にまとめられているので参照されたい[5]。

筆者らは高IEC化の別手法として，電解質材料のスルホン酸基末端を反応に用い，側鎖に2つの超強酸基を有する新規な2官能アイオノマーを合成した（図5）[6]。元の電解質材料としてデュポン社製ナフィオン（IEC：1.0 meq/g）を用いた場合，2官能アイオノマーのIECを約1.4倍まで増加することができた。高IEC化により，特に20%RHの低湿度下でプロトン伝導性は3.4倍に増加した（表1，図6）。粗視化分子動力学法（DPD）によるシミュレーションを

第4章　高分子機能性材料

用いて，2官能アイオノマーのプロトン伝導度向上の要因を解析した[7]。ここでは電解質材料中の水の体積分率を 0.2 として計算した。2官能アイオノマーの予測されたモルフォロジー，水の等値面を図 7 に，水の動径分布関数から求めたイオンクラスターサイズ，水の拡散係数を図 8 に示す。酸基量を増やすことでプロトンが伝導するイオンクラスターサイズが増大し，また水の等値面からクラスターの連続性が増大することが予測された。それに伴ない水の拡散係数が増大することが予測され，実際の2官能アイオノマーで IEC 増加以上にプロトン伝導性が増大した要因と推測された。

4.3.2　触媒層アイオノマーのガス透過性

　カソード触媒層で使用する白金触媒量の低減には，酸素還元反応（ORR 反応）の白金触媒の質量活性を向上させることに加え，白金触媒を被覆しているアイオノマー薄膜の酸素透過抵抗を低減し白金表面への酸素供給能を高める必要があることが分かってきた（図 9）[8]。しかしアイオノマー薄膜での高い酸素透過抵抗の原因は明らかでなかった。筆者らは，厚さ 20～200 nm のアイオノマー薄膜の酸素透過抵抗の測定，ならびに白金上のアイオノマー中の酸素透過過程について分子動力学（MD）計算[2]を実施することにより，酸素透過抵抗の要因を解析した。

　図 10 に示す薄膜酸素透過測定セルを用いて，アイオノマー薄膜の酸素透過抵抗を調べた[9]。円筒状の微小白金電極上に厚さ 20～200 nm のアイオノマー（ナフィオン）薄膜を作製し，低酸素濃度で酸素還元反応の限界電流を測定した。アイオノマー薄膜の厚みと酸素還元反応の限界電流の逆数との関係から，酸素透過にはアイオノマー厚みに依らない界面抵抗が存在することが明らかになった（図 11）。その抵抗値はアイオノマー厚み（内部抵抗）に換算すると 60～80 nm 厚みに相当し，実際の触媒層で推定されるアイオノマー厚み約 5 nm の 10 倍以上に相当する大きな抵抗であった。

　計算モデルとして白金基板上（Pt(111)）にアイオノマー分子鎖（ナフィオン）と水分子を配置し MD 計算した結果を図 12 に示した[10]。白金とアイオノマーとの界面に，アイオノマーの高密度部が存在することが予測された。酸素透過の自由エネルギー計算では，そのアイオノマー高密度部を透過する際のエネルギー障壁が最も高く，酸素透過抵抗の主要因であると考えられた。図 13 に白金基板上に形成したアイオノマー（ナフィオン）薄膜の中性子反射率の測定結果を，図 14 に推定されるアイオノマー構造を示した[11]。中性子反射率測定からも白金とアイオノマーとの界面にアイオノマーの高密度部が存在することが示された。これらの解析結果より，白金触媒とアイオノマーとの界面にあるアイオノマー高密度部が酸素透過を強く阻害しており，この緩和・解消が燃料電池の性能向上に重要であることを示している。

　高酸素透過性アイオノマーの開発に関しては，NEDO 報告では，嵩高い構造を有するモノマーを用いてアイオノマーを合成し，既存アイオノマー（ナフィオン）に対して，約 2 倍の酸素ガス透過性を有することが確認されている[12]。

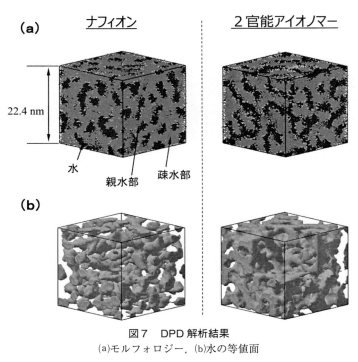

図7 DPD 解析結果
(a)モルフォロジー, (b)水の等値面

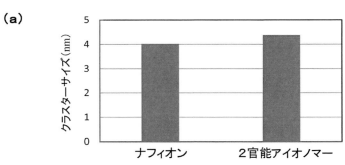

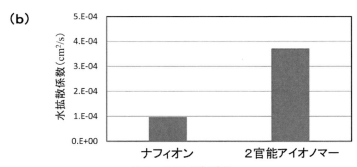

図8 DPD 解析結果
(a)イオンクラスターサイズ, (b)水拡散係数

第4章　高分子機能性材料

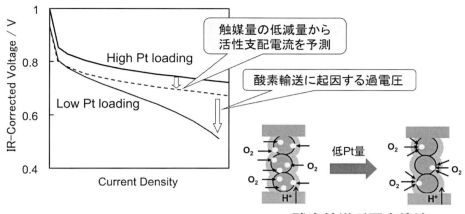

図9　白金担持量の異なる触媒層（カソード）を用いた燃料電池IVカーブと，触媒層内で酸素がアイオノマーを透過する模式図

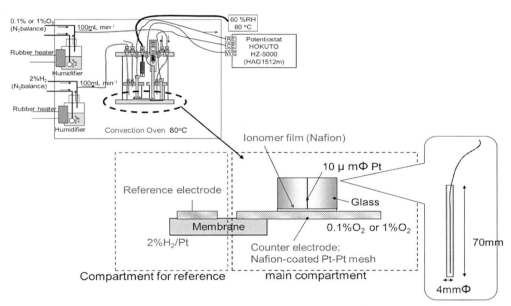

図10　アイオノマー薄膜の酸素透過測定セル[9)]

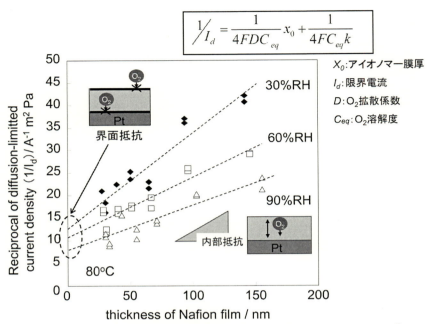

図11 膜厚と薄膜酸素透過測定から求めた限界電流の逆数（1/I_d）との関係[9]

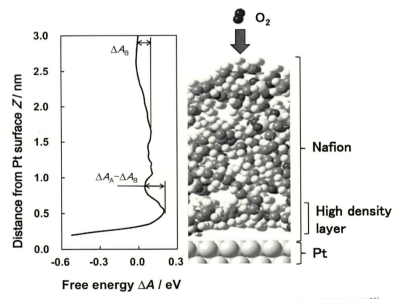

図12 白金基板上のアイオノマー（ナフィオン）の分子動力学計算結果[10]

第4章 高分子機能性材料

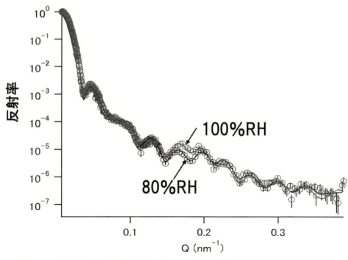

図13 白金基板上に形成したナフィオン薄膜の中性子反射率測定

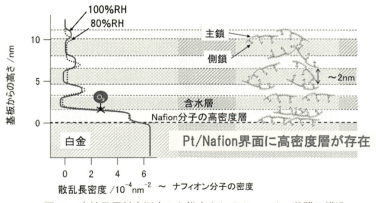

図14 中性子反射率測定から推定されるナフィオン薄膜の構造

4.3.3 触媒層アイオノマーの白金触媒表面への吸着による触媒被毒

　触媒層アイオノマーのスルホン酸基が白金触媒表面に吸着し，触媒活性を低下させることが分かってきた。図15に示す白金単結晶を用いたサイクリックボルタンメトリー（CV）測定の手法が考案され，アイオノマー（ナフィオン）中のスルホン酸基が白金表面に吸着する明確な様子がとらえられ，酸素還元反応（ORR反応）の触媒活性の低下との相関が明らかにされている[13]。筆者らは，スルホンイミド基を超強酸基として用いた新規なアイオノマー材料（NB-C4）を合成し[6]，同様に白金単結晶を用いてスルホンイミド基の吸着現象・ORR反応の触媒活性への影響を解析した[14]。図16に示すようにスルホンイミド基の白金表面への吸着がスルホン酸基に比べ弱いことが分かり，またスルホン酸基に比べて触媒活性の低下程度が小さいことが分かった。ナフィオン被覆した白金単結晶ではORR反応触媒活性（@ 0.82 V）が73%低下したのに対して，

有機フッ素化合物の最新動向

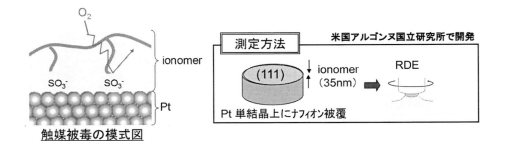

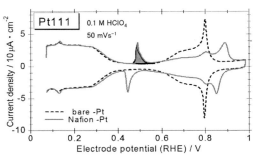

図15 ナフィオンを被覆した単結晶白金でのCV測定[13]

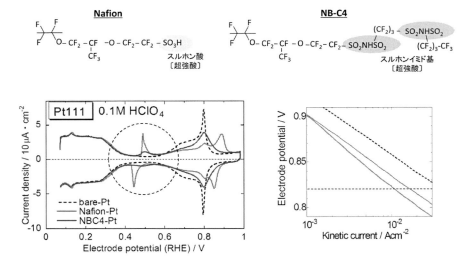

図16 スルホンイミド基を有するアイオノマーを被覆した単結晶白金での
　　　左：CV測定，右：ORR反応の触媒活性評価[14]

第4章　高分子機能性材料

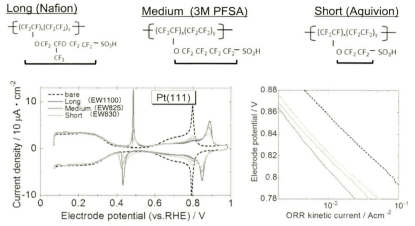

図17　側鎖構造の異なるアイオノマーを被覆した単結晶白金での
左：CV測定，右：ORR反応の触媒活性評価[15]

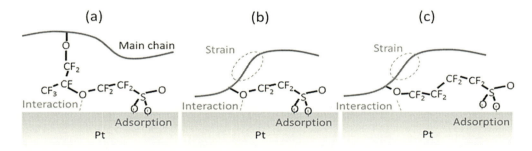

図18　推定される白金表面上でのアイオノマー吸着構造[15]
(a) Nafion，(b) 3M PFSA，(c) Aquivion

　NB-C4被覆した場合には触媒活性低下は60％に低減された。触媒被毒低減の面では，アイオノマーの酸基として，スルホンイミド基はスルホン酸基よりも適していることが示唆された。
　触媒層アイオノマーのスルホン酸基の側鎖構造を変えた場合の，白金単結晶を用いた吸着現象・触媒活性への影響を解析した結果を図17に示す[15]。側鎖構造が短くなるにしたがい，スルホン酸基の吸着が弱くなり，酸素還元反応の触媒活性が増大することが分かった。表面増強赤外分光法（SEIRAS）を用いた解析により，スルホン酸基の白金表面への吸着には側鎖内のエーテル基も関与していることが分かった。図18に示すように，側鎖構造が短いとエーテル基と白金表面との間で相互作用する際に主鎖骨格に歪が生じるため，スルホン酸基の白金表面への吸着が制限されると推測された。これらのアイオノマーの吸着特性・触媒活性への影響の解析結果から，アイオノマーの酸基（アニオン構造）および側鎖構造を改良することで白金触媒被毒を抑制できることを示している。

4.4 まとめ

　固体高分子形燃料電池の更なる白金触媒量の低減のための，触媒層アイオノマー材料に求められる課題として，①プロトン伝導性向上，②ガス透過性向上，③触媒被毒低減について解説した。材料解析・シミュレーションを活用した機能発現の要因解析により，アイオノマー材料の改良指針を示すことができた。今後の燃料電池の大量普及には，今回述べた触媒層の性能向上を含め，燃料電池スタックの更なる性能，耐久性・信頼性の向上，コスト低減が重要である。機能性，耐久性に優れたフッ素電解質材料は，固体高分子形燃料電池を構成する主要材料であり，今後の更なる発展を期待したい。

文　　献

1)　G. Sandstede, E. J. Cairns, V. S. Bagotsky, K. Wiesener, in: W. Vielstich, H. A. Gasteiger, A. Lamm（Eds.），Handbook of Fuel Cells –Fundamentals, Technology and Applications, **1**, pp. 145-218（Chapter 12）（2003）

2)　M. L. Perry, T. F. Fuller, *J. Electrochem. Soc.*, **149**(7), S59-S67（2002）

3)　触媒層 TEM 像は，K. L. More and K. S. Reeves, DOE Annual Merit Review 2005 ID#FC39 より引用

4)　旭化成イーマテリアルズ，平成 17 年度～平成 21 年度 NEDO 成果報告書「固体高分子形燃料電池実用化戦略的技術開発　要素技術開発　定置用燃料電池システムの低コスト化・高性能化のための電池スタック主要部材に関する基盤研究開発」（2009）

5)　旭化成イーマテリアルズ，平成 22 年度～平成 24 年度 NEDO 成果報告書「固体高分子形燃料電池実用化推進技術開発／基盤技術開発／定置用燃料電池システムの低コスト化のための MEA 高性能化」（2012）

6)　篠原朗大，長谷川直樹，川角昌弥，工藤憲治，田中洋充，特願 2009-283472；篠原朗大，工藤憲治，長谷川直樹，川角昌弥，高分子学会第 61 回高分子討論会予稿集，3R02（2012）

7)　篠原朗大，今井健二，山本智，長谷川直樹，第 62 回高分子討論会予稿集，2O18（2013）

8)　N. Nonoyama *et al.*, *J. Electrochem. Soc.*, **158**(4), B416（2011）

9)　K. Kudo, R. Jinnouchi, Y. Morimoto, *Electrochimica Acta*, **209**, 682-690（2016）

10)　R. Jinnouchi, K. Kodama, E. Toyoda, K. Kudo, N. Kitano, N. Hasegawa, Y. Morimoto, 66th Annual Meeting of the International Society of Electrochemistry, Symposium 12（2015）；R. Jinnouchi, K. Kudo, N. Kitano, Y. Morimoto, *Electrochimica Acta*, **188**, 767-776（2016）

11)　原田雅史，工藤憲治，長谷川直樹，杉山純，山田悟史，第 62 回高分子討論会予稿集，2L16（2013）；原田雅史，工藤憲治，長谷川直樹，杉山純，John Webster，第 63 回高分子学会年次大会予稿集，1Pf058（2014）

12)　旭化成イーマテリアルズ，平成 25 年度～平成 26 年度 NEDO 成果報告書「固体高分子形燃料電池実用化推進技術開発／次世代技術開発／車載用革新的フッ素系新規電解質材料に関

第 4 章　高分子機能性材料

する研究開発」（2014）
13）R. Subbaraman, D. Strmcnik, V. Stamenkovic, N. M. Markovic, *J. Phys. Chem. C.*, **114**, 8414（2010）
14）K. Kodama, A. Shinohara, N. Hasegawa, K. Shinozaki, R. Jinnouchi, T. Suzuki, T. Hatanaka, Y. Morimoto, *J. Electrochem. Soc.*, **161**(5), F649-F652（2014）
15）K. Kodama, K. Motobayashi, A. Shinohara, N. Hasegawa, K. Kudo, R. Jinnouchi, M. Osawa, Y. Morimoto, *ACS Catal.*, **8**, 694-700（2018）

5 固体高分子型燃料電池用フッ素系電解質膜の高機能化

宮崎久遠[*]

5.1 はじめに

我が国ではエネルギーの大部分を海外に依存しており供給に不安を抱えている。また新興国のエネルギー需要増加や産油国の政情不安等が重なり資源価格が不安定であることも不安要素の一部である。更に東日本大震災による原子力発電への安全性懸念から化石燃料への依存度が高くなっているが，一方で温室効果ガス排出に伴う地球温暖化の問題から，排出に対して厳しい規制が課せられるようになっている。これらのような不安要素を解消するべく新たなエネルギーとして水素の活用が期待されている[1]。

このような状況下，水素を燃料として活用する燃料電池が注目されている。燃料電池は下式(1)から(3)で表されるように，水素と酸素から水を生成する電気化学反応により電気を取り出すものであり，CO_2 を排出しないクリーンな発電システムである。

$$燃料極：H_2 \ \rightarrow \ 2H^+ \ + \ 2e^- \tag{1}$$
$$空気極：1/2O_2 \ + \ 2H^+ \ + \ 2e^- \ \rightarrow \ H_2O \tag{2}$$
$$全反応：H_2 \ + \ 1/2O_2 \ \rightarrow \ H_2O \tag{3}$$

燃料電池の中でも固体高分子型燃料電池（Polymer Electrolyte Fuel Cell 以下 PEFC）は，2009 年より家庭用コージェネレーションシステム「エネファーム」に搭載され，2017 年 5 月時点で累計 20 万台を達成している[2]。また，PEFC 普及のカギとされる燃料電池自動車（以下FCV）については，2014 年 12 月にトヨタ自動車より MIRAI が，2016 年 3 月に本田技研工業より CLARITY FUEL CELL が発売された。このように PEFC は家庭用コージェネレーションシステムや FCV として市場に投入されているものの，普及，拡大していくためには，更なる電池性能，耐久性の向上が必要である。本稿では PEFC に用いられるフッ素系電解質膜の高性能，高耐久化に向けた開発動向について紹介する。

5.2 固体高分子型燃料電池（PEFC）

PEFC は燃料極，電解質膜，空気極から構成され，電解質膜にはプロトン伝導性高分子を用いるが，代表的にはケマーズ社のナフィオンに代表されるパーフルオロカーボンスルホン酸樹脂が用いられる。PEFC のセル構造を図 1 に，パーフルオロカーボンスルホン酸樹脂の一般的な構造を図 2 にそれぞれ示す。

燃料極で生成したプロトンは固体高分子膜中を移動すると共に電子は外部回路を通り空気極に達する。空気極では外部より供給された酸素と，電解質膜を移動してきたプロトンと，外部回路を通ってきた電子が反応し水が生成する。

---

[*] Kuon Miyazaki 旭化成㈱ 研究・開発本部 化学・プロセス研究所 主幹研究員

第4章　高分子機能性材料

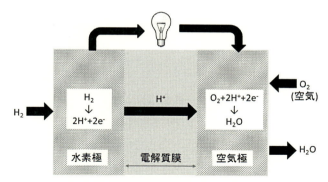

図1　PEFC型燃料電池のセル構造

$$-(CF_2-CF_2)_x-\left\{CF_2-CF \atop \quad\quad\quad |\atop \quad\quad\quad O-(CF_2-CFO)_m-(CF_2)_n-SO_3H \atop \quad\quad\quad\quad\quad | \atop \quad\quad\quad\quad\quad CF_3}\right\}_y$$

図2　パーフルオロカーボンスルホン酸樹脂の構造

5.3　電解質膜の特徴と機能発現因子

　電解質膜には水素極で発生したプロトンの伝導性，電気的な短絡を防ぐための電子遮断性，並びに水素極，酸素極に導入されている水素，酸素それぞれが対極に漏れこむのを防ぐガス遮断性，電池運転環境下でも運転継続が可能な耐久性が求められる。このような観点から，電解質膜には一般的にパーフルオロカーボンスルホン酸樹脂が使用される[3]。

　パーフルオロカーボンスルホン酸樹脂がプロトン伝導性を発現するためには，樹脂が含水する必要がある。よって，湿度の高い環境下では良好なプロトン伝導性を発現するが，湿度の低い環境下ではプロトン伝導性が低下する。図3に十分に含水したパーフルオロカーボンスルホン酸樹脂のプロトン伝導機構を示す。水素極で発生したプロトンは電解質膜中のクラスターチャネルを介して酸素極に移動する[4]。

　このクラスターチャネルの構造は湿度に大きく影響を受ける。図4にクラスター径並びにクラ

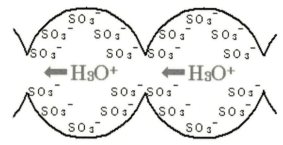

図3　プロトン伝導性発現機構（クラスターチャネル機構）

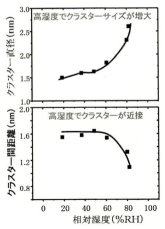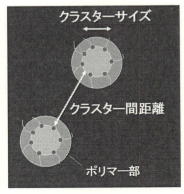

図4 クラスター径並びにクラスター間距離の相対湿度依存性

スター間距離の湿度依存性を示す。尚,クラスター直径は剛体球を仮定してX線小角散乱(SAXS)のデータをフィッティングすることで求めている[5,6]。高湿度条件下ではクラスター径が増大し,クラスター間の距離も短くなる。これによりチャネル間のプロトン伝導が円滑に行われ,電池性能が良好になる。一方,低加湿条件下では逆にクラスター径が小さくなり,クラスター間距離も長くなることからプロトン伝導抵抗が高くなり,電池性能が低下する。

そこで低加湿条件でもプロトン伝導性を発現させる目的で,パーフルオロカーボンスルホン酸樹脂のイオン交換容量を上げる取り組みがなされている。図5にイオン交換基当量重量(EW)を振った時のプロトン伝導度の相対湿度依存性を示す。尚,EWは(4)式から計算される。パーフルオロカーボンスルホン酸樹脂のEWを低くすることでプロトン伝導度は大幅に向上する。

今後の燃料電池システムは,特にFCVに代表されるように,現状よりも高温(〜120℃),での運転が必要とされる[7]。そのような条件下でも高性能を発現させるためには,電解質膜の保水性の確保が重要な開発ポイントとなる。その意味でパーフルオロカーボンスルホン酸樹脂のEWの調整が電池性能を大きく左右する。

イオン交換基当量重量(EW) = 1／(イオン交換容量) ＊1000 (g/eq.) (4)

電解質膜は図1で示す通り,隔膜として燃料極,空気極それぞれのガスの透過を抑制する機能が必要である。燃料である水素ガスの対極への漏れこみは電池特性の低下に繋がるだけでなく,特にFCV用途では燃費の低下をもたらす。図6にパーフルオロカーボンスルホン酸樹脂を用いた時の温度100℃,相対湿度50％での水素ガス透過量の膜厚依存性を示す。電解質膜が薄膜化すると水素ガスの透過量が増加する。電解質膜は電池セルの中では抵抗体となることから,低抵抗化の観点で薄膜化が望まれている。薄膜でも水素ガス透過量を低減する電解質膜開発が必要である。

第4章　高分子機能性材料

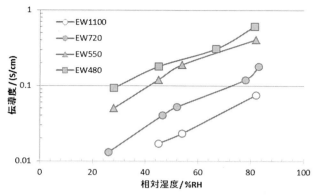

図5　異なるEWを有するパーフルオロカーボンスルホン酸樹脂の110℃での
プロトン伝導度の相対湿度依存性

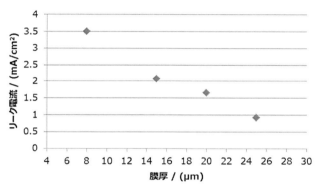

図6　パーフルオロカーボンスルホン酸樹脂を用いた時の温度100℃，相対湿度50％での
水素ガス透過量の膜厚依存性

5.4　高性能，高耐久電解質膜の開発

　燃料電池システムの普及には加湿器等の補機を削減し，システム自体を小型化する必要がある。特にFCVでは電池スタックや電池スタックを冷却するラジエータの小型化が要求され，高温運転でも機能を発現させる必要がある。本項では高温・低加湿な運転条件でも高性能，高耐久を発現させるための開発動向を紹介する。

　旭化成では次世代の定置用燃料電池に用いる電解質膜開発の一環で，90℃以上の高温，相対湿度30％以下での低加湿運転でも高い電池性能を発現する電解質膜を開発している。プロトン伝導性を付与するため，イオン交換容量の高い（EWの低い）パーフルオロカーボンスルホン酸樹脂を用いている。これにより90℃，相対湿度10％の条件下でもナフィオン211CSの1/5以下の低抵抗な電解質膜を得ている。図7に各種電解質膜の抵抗値を示す。

　旭硝子では高温運転に向けた電解質膜用のパーフルオロカーボンスルホン酸樹脂を開発している。120℃運転を想定し，図8のような1,3-ジオキソランを有する新規なモノマーとTFEとの共重合から新規の電解質膜を開発している。ナフィオン等の従来のパーフルオロカーボンスルホ

有機フッ素化合物の最新動向

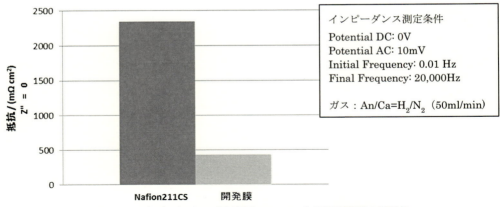

図7 セル温度が90℃,相対湿度10%での各種電解質膜の抵抗値

ン酸樹脂の軟化点が約80℃であるのに対し,これらの重合体は軟化点が140～150℃と飛躍的に高い。また図8のSMD-2とTFEの共重合体(EW500)の120℃,相対湿度30%でのプロトン伝導性の測定において約0.1 S/cmと高いプロトン伝導性を示す[8]。更に本ポリマーは高加湿でもナフィオンに対して含水率が低いが,同じ含水率でのプロトン伝導性は高い,という特徴を有している[9]。この特性により次世代の燃料電池システムで求められる低加湿運転でも高い電池性能を示し,更にFCVのような電解質膜の膨潤,収縮の激しい用途でも膜の物理劣化が少なくなり,高耐久性を示すことが期待される。

普及期のFCVではセルの出力向上の観点から低抵抗化が望まれており,電池セル内での抵抗成分である電解質膜を薄膜化する必要がある。一方で薄膜化に伴い燃料である水素の対極へのリークが問題となる。前述した低EWであるパーフルオロカーボンスルホン酸樹脂では薄膜化によりガスリークが多くなるという問題を生じる。そこでガスリークを抑制するための取り組みがなされている。

旭化成ではエンジニアリングプラスチックをベースとしたガスバリア材を開発し,パーフルオロカーボンスルホン酸樹脂とコンポジット化することで,プロトン伝導性とガスバリア性を両立する電解質膜を開発している。通常,パーフルオロカーボンスルホン酸樹脂に炭化水素系樹脂を配合すると製膜時に相分離を起こしガスバリア性を発現しない。そこで独自技術によりガスバリア材をパーフルオロカーボンスルホン酸樹脂にミクロ相分離させることでガスバリア性を発現させることに成功している。図9に本ガスバリア膜の80℃でのガスバリア性を示す。比較標準の

図8 環構造とスルホン酸基を有する新規パーフルオロモノマー

第4章　高分子機能性材料

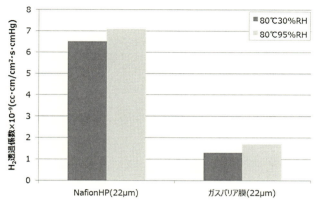

図9　各種膜の80℃, 95% RH および 80℃, 30% RH での水素ガス透過係数

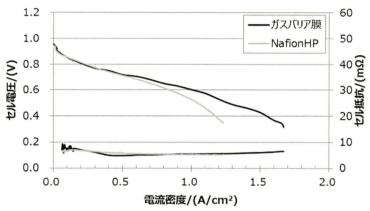

図10　セル温度80℃, 相対湿度100%でのガスバリア膜とNafionHPの分極カーブ

ナフィオン膜と比較して高いガスバリア性を示す。また，図10に本ガスバリア膜の分極カーブを示す。本ガスバリア膜は比較のナフィオン膜に対して良好な電池性能を示す。

　燃料電池では電池運転で水が生成すると同時に一部，過酸化水素が生成する。この過酸化水素が電池内に含有される微量な鉄イオン等によって分解されラジカルが発生し，電解質膜を劣化させることが知られている。図11に燃料電池における酸素還元機構と過酸化水素の分解によるラジカルの発生機構を示す。現在，触媒として用いられている白金カーボン触媒は4電子還元が主として進行するが，条件により2電子還元から過酸化水素が発生する。発生した過酸化水素は鉄イオン等のフェントン金属イオンと接すると分解しラジカルが発生する[10]。次に，図12に電解質の分解機構を示す[11]。発生したラジカルはパーフルオロカーボンスルホン酸樹脂の主鎖末端や側鎖のスルホン酸を攻撃し分解を促す。

　燃料電池の実用特性ではラジカルに対する劣化の抑制が重要であり，図11，図12の反応から，ラジカルによる劣化を防止する取り組みとして，パーフルオロカーボンスルホン酸樹脂の不安定末端基の削減，側鎖改良，ラジカル捕捉剤の配合，ラジカル捕捉層の設置，金属イオン捕捉等，

297

有機フッ素化合物の最新動向

$$O_2 \xrightarrow{\quad 4H^+ + 4e^- \ 1.23V \quad} 2H_2O$$

$$2H^+ + 2e^- \ 0.682V \qquad \qquad 2H^+ + 2e^-$$

$$2H_2O_2$$

$$
\begin{aligned}
O_2 + 2H^+ + 2e^- &\rightarrow H_2O_2 \qquad E_0 = 0.695V \\
H_2O_2 + Fe^{2+} &\rightarrow HO\cdot + OH^- + Fe^{3+} \\
Fe^{2+} + HO\cdot &\rightarrow Fe^{3+} + OH^- \\
H_2O_2 + HO\cdot &\rightarrow HO_2\cdot + H_2O \\
Fe^{2+} + HO_2\cdot &\rightarrow Fe^{3+} + HO_2^- \\
Fe^{3+} + HO_2\cdot &\rightarrow Fe^{2+} + H^+ + O_2
\end{aligned}
$$

図 11　酸素還元機構（左）と過酸化水素の分解によるラジカルの発生機構（右）

$$-CF_2SO_3H + HO\cdot \rightarrow -CF_2SO_3\cdot + H_2O$$

$$-CF_2SO_3\cdot \rightarrow -CF_2\cdot + SO_3$$

$$-CF_2\cdot + HO\cdot \rightarrow -CF_2OH \rightarrow \text{Unzipping反応継続}$$

図 12　パーフルオロカーボンスルホン酸樹脂の側鎖分解機構

数多くの取り組みがなされている。その中で本項では，パーフルオロカーボンスルホン酸樹脂の不安定末端基の削減，側鎖改良とラジカル捕捉材料の電解質膜への配合を紹介する。

　ソルベイでは図 13 に示す短側鎖型のパーフルオロカーボンスルホン酸樹脂の主鎖不安定末端を極限まで減らすと共に，例えば USP4,743,658 に記載の手法により，$-CF_3$ 基のような安定な末端に変換している[12]。本樹脂を電解質膜とし，セル温度 70℃，相対湿度 100%，並びにセル温度 90℃，相対湿度 50%での OCV 保持試験（化学劣化加速試験）を行ったところ，標準品に対して約 5 倍の化学耐久性を示している。また本樹脂の過酸化ラジカルに対する耐久性を確認するために，フェントン試験を行っている。主鎖不安定末端は図 14 のような機構で分解する。試験開始後，6 時間毎に新たな液を用い，フッ素溶出量の経時変化を調べている。その結果，30 時間後で，フッ素溶出量は標準品に対して 1/5 以下と優れた過酸化ラジカル耐久性を示している。

　旭硝子ではカチオン系ラジカル捕捉剤を配合したフッ素系電解質膜を開発している。本カチオン系ラジカル捕捉剤は，パーフルオロカーボンスルホン酸樹脂の分解の起点となるスルホン酸基

$$X_1-(CF_2\text{-}CF_2)_x\text{——}(CF_2\text{-}CF)_y-X_2$$
$$|$$
$$O\text{-}CF_2CF_2\text{-}SO_3H$$

X：不安定末端基
-COOH
-CF₂OH
-COF

図 13　短側鎖パーフルオロカーボンスルホン酸樹脂と不安定末端基

$$
\begin{aligned}
R_f\text{-}CF_2COOH + \cdot OH &\rightarrow R_f\text{-}CF_2\cdot + CO_2 + H_2O \\
R_f\text{-}CF_2\cdot + \cdot OH &\rightarrow R_f\text{-}CF_2OH \\
R_f\text{-}CF_2OH &\rightarrow R_f\text{-}COF + HF \\
R_f\text{-}COF + H_2O &\rightarrow R_f\text{-}COOH + HF
\end{aligned}
$$

図 14　パーフルオロカーボンスルホン酸樹脂の主鎖末端の分解機構

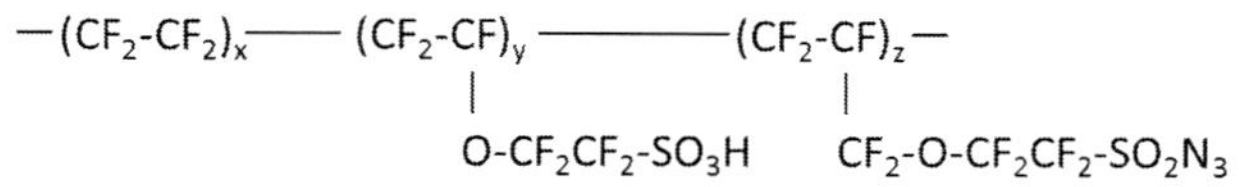

第4章　高分子機能性材料

$$-(CF_2-CF_2)_x \quad (CF_2-CF)_y \quad (CF_2-CF)_z-$$
$$| \qquad\qquad |$$
$$O-CF_2CF_2-SO_3H \quad CF_2-O-CF_2CF_2-SO_2N_3$$

図15　アジド基含有架橋性パーフルオロカーボンスルホン酸樹脂

を保護する。また本カチオン系ラジカル捕捉剤とスルホン酸のイオン架橋効果によりポリマーが高強度化する。これらの効果により，本電解質膜は温度120℃，相対湿度18%の条件下，OCV（開回路）運転で2,500時間以上でも，電解質膜の分解を示すフッ素溶出量の増加や，OCVの低下がほとんど見られない高耐久性を示す[9]。

　電池運転中，電池セル内では電解質膜は膨潤，収縮を繰り返すことから塑性変形し，破膜に至ることが知られている。このような物理劣化を防ぐ目的で，パーフルオロカーボンスルホン酸樹脂を延伸多孔質なPTFE（ePTFE）で補強する試みがなされている。

　日本ゴアでは，普及期のFCVの要求特性である高性能，高耐久化への対応として，電解質樹脂をePTFEにより補強した薄膜（5μm～）の電解質膜を開発している。一般的に，電解質膜を薄膜化していくと低抵抗化の観点から電池性能は向上するものの，物理的な強度が不足する。日本ゴアではePTFEの多孔質構造に改良を加えることで，電池性能と物理耐久性を両立する電解質膜を得ている[13]。

　上記のような薄膜化した電解質膜は物理耐久性だけでなく，薄膜化することによるガスバリア性の低下も問題となる。そこで同社は，電解質樹脂の改良，並びに同電解質樹脂とePTFEの親和性を最適化することで，温度80℃，相対湿度20%の条件での水素ガス透過試験で，7.5μmのePTFEでの補強膜でも，25μmのナフィオン211膜と同等の水素ガス透過量を発現している[14]。

　また補強材の導入とは異なる電解質膜の物理強度を向上させる手法として，パーフルオロカーボンスルホン酸樹脂を架橋させる取り組みがなされている。

　ソルベイでは例えば，図15に示すようなアジド基含有のポリマーを熱ないし紫外線照射により架橋させることで，物理強度が高く，プロトン伝導性も良好な電解質膜を報告している[15]。

　トヨタ自動車等はテトラフルオロエチレンとスルホニルフルオリド基（SO_2F）を有するパーフルオロビニルエーテルモノマーを共重合させた樹脂にアンモニアガスを暴露し，スルホンアミド基（-SO_2NH_2）を形成させ，二官能のSO_2NH_2ないし二官能のSO_2Fを有する化学剤と反応させることでスルホンイミド基（-SO_2-NH-SO_2-）を形成させた架橋型電解質樹脂を報告している。本電解質樹脂を用いた電解質膜は架橋構造により物理耐久性が向上するだけでなく，ガラス転移点の向上から熱的安定性に優れ，スルホンイミド基の強い酸性からプロトン伝導性が良好であり，FCVのような高温，低加湿での運転でも高い電池特性を発現する[16]。

5.5　最後に

　本節では燃料電池に関わるパーフルオロカーボンスルホン酸樹脂に必要とされる基本的な特性を紹介すると共に，今後普及が期待される FCV 等の機器に要求される特性を満たすための取り組みについて紹介した。特に FCV に求められる高温，低加湿運転での要求特性は厳しく，現在の取り組みの延長線上にない革新的な技術開発が必要であろう。今後の各機関の取り組みに注目したい。

謝辞

　本稿で紹介した旭化成の技術の一部は，（国研）新エネルギー・産業技術総合開発機構からの委託を受けて行われたものです。関係各位に感謝いたします。

文　　　献

1)　水素・燃料電池戦略ロードマップ～水素社会の実現に向けた取組の加速～，平成 26 年 6 月 23 日策定，平成 28 年 3 月 22 日改訂，水素・燃料電池戦略協議会

2)　エネファームパートナーズホームページ，http://www.gas.or.jp/user/comfortable-life/enefarm-partners/

3)　宮崎久遠，燃料電池研究会　第 135 回セミナー（2017）

4)　T. D. Gierke *et al.*, *J. Polym. Sci.*, **19**, 1687（1981）

5)　D. Kinning *et al.*, *Macromolecules*, **17**, 1712（1984）

6)　橋本康博ほか，第 52 回高分子討論会（2003）

7)　NEDO PEFC 技術（FCV）ロードマップ改訂の背景と目標到達イメージ，平成 30 年 3 月 8 日，FCCJ 要素基盤技術 WG　PEFC 技術 SWG

8)　S. Kinoshita *et al.*, *ECS Trans.*, **64**(3), 371（2014）

9)　渡部浩之，燃料電池研究会　第 127 回セミナー（2015）

10)　M. Inaba *et al.*, *Electrochimica Acta*, **51**, 5746（2006）

11)　E. Endoh, *ECS Trans.*, **16**, 1229（2008）[PEMFC8 in PRiME2008, Abstract#975]

12)　L. Merlo *et al.*, *Sep. Sci. and Tech.*, **42**, 2891（2007）

13)　川口知行，燃料電池研究会　第 127 回セミナー（2015）

14)　丸山将史，燃料電池研究会　第 135 回セミナー（2017）

15)　特表 2016-515662

16)　特許第 6185079

6 接着性フッ素樹脂及びその応用

西　栄一*

6.1 緒言

　フッ素樹脂は，汎用熱可塑性樹脂と比較して耐熱性，難燃性，耐薬品性等多くの優れた特性を併せ持った材料であり，1938年のPlunkettによるポリテトラフルオロエチレン（PTFE）の発見以来，フッ素樹脂の開発・工業化は，今尚，様々な用途で活発に行われてきている。耐熱性が150℃以上の高温での長期使用可能なスーパーエンジニアリング・プラスチックに分類され，最も古い高機能性の部類に含まれる。2015年現在では，28万2千トンのフッ素樹脂が販売されている[1]。汎用樹脂の代表であるポリエチレン，ポリプロピレン，また，エンジニアリング・プラスチックであるポリアミド，ポリカーボネート，ポリブチレンテレフタレート等と比較して生産量は小さいものの，フッ素樹脂特有の性質故に，工業的，化学的に非常に重要な材料である。その特徴としては，フッ素原子そのものの特質からフッ素樹脂の特性のほとんどが説明でき，原子量の割には原子半径が小さく非常に緻密な原子であるため，電子と核との相互作用が強いために分極が小さく，また，電気陰性度はあらゆる元素の中で最も高い。そのため，C−F結合は，他の元素との結合距離より短く，フッ素原子の高い陰性度とあいまってエネルギー的にも大きく，フッ素樹脂の耐熱性，耐酸化性（不燃性），耐紫外線性（耐候性）等の極立って優れた特性を示す最大の理由である。また，フッ素原子及びC−F結合の分極率が小さく，低屈折率，低誘電率の原因となっており，高周波数の電磁波に対する吸収や抵抗が少なく，誘電率や誘電正接が小さくなる理由でもある。この分極率が小さいことは，分子間力が小さいことにもなり，フッ素樹脂の特徴の一つである表面自由エネルギーが著しく低い，各種の液体に濡れにくく，接着し難い特有の性質をもたらしている[2]（表1，2）。

　このような特徴は，他の樹脂にない性質を持つフッ素樹脂であるが故に，現在では，航空宇宙分野から家庭用品に至るまで様々な領域で，新たな樹脂の工業化も積極的に行われている[2,3]。しかしながら，最も初めに開発されたPTFEは，現在知られているいかなる溶媒に対しても不溶であり，非常に高い化学的耐久性，低表面エネルギー，耐熱性を示す代表的なフッ素樹脂であるが，極めて高い分子量を有することより，溶融時の粘度が高く，オレフィン樹脂等の汎用熱可塑性樹脂と同様の溶融成形は適用することができない。このことがPTFEの様々な用途展開を妨げる最大の問題点であった。その後，この成形性の問題点を克服するための開発が進み，溶融成形を可能としたフッ素樹脂が開発・工業化された[4]。このようなフッ素樹脂は，C，F原子だけで構成されるパーフロロ系フッ素樹脂とC，F原子の他にH原子やCl原子を含む非パーフロロ系フッ素樹脂に大別される。前者に代表されるのがテトラフルオロエチレン／パーフロロエーテル共重合体（PFA），テトラフルオロエチレン／ヘキサフルオロプロピレン共重合体（FEP），後者がエチレン／テトラフルオロエチレン共重合体（ETFE），ポリフッ化ビニリデン（PVDF）

---

　*　Eiichi Nishi　旭硝子㈱　化学品カンパニー　戦略本部　開発部　機能商品開発室

有機フッ素化合物の最新動向

表1　フッ素原子の特徴

項　　目		H	F	Cl	Br	I
ファンデルワールス半径	（Å）	1.20	1.35	1.80	1.95	2.15
電気陰性度	（ポーリング）	2.1	4.0	3.0	2.8	2.5
イオン化ポテンシャル	（eV）	13.60	17.42	12.92	11.81	10.45
イオンの電子親和力	（eV）	−0.70	−3.45	−3.71	−3.49	−3.19
分極率	(χ^2) $(10^{-24}$cc）	0.79	1.27	4.61	3.4	5.82

表2　C−F結合の性質

項　　目		C−H	C−F	C−Cl	C−Br	C−I
結合距離	（Å）	1.09	1.31	1.77	1.94	2.13
結合エネルギー	（kJmol^{-1}）	411	484	323	269	212
分極率	(χ^2) $(10^{-24}$cc）	0.66	0.68	2.58	—	—
双極子能率	$(10^{-8}$e.s.u）	0.30	1.51	1.56	1.48	1.20

やポリクロロトリフルオロエチレン（PCTFE）であり，分子間の凝集力を高めることで機械的特性を改善した樹脂ということができる[4,5]。この中で，ETFEはフッ素樹脂の中でも特に化学的不活性と機械的特性，電気的特性，成形性のバランスに優れた材料であり，また，フッ素樹脂の中でもエチレンとの交互の共重合体のために比重が低い，軽量な樹脂であることより，航空機並びに自動車用のストレスクラッキング特性に優れた電線被覆物として採用されている。また，近年では，高い光線透過率を有する機材として，膜構造物等の建築材料，農業用，園芸用のビニールハウスとしても優れた材料として適していることが知られている。

6.2　フッ素樹脂の特性，市場及び用途

　フッ素樹脂はフッ素原子そのものが有する特異性（あらゆる元素の中で最も高い電気陰性度，ハロゲン元素の中で最も小さい原子半径）を反映した特徴を有するユニークな樹脂であり，耐熱性，不燃性，耐候性等の優れた特性を示す理由である。しかしフッ素樹脂は，分子間力が小さいことから機械的特性に劣るという特徴を持つ。このことが，フッ素樹脂が他のエンジニアリング・プラスチックのように構造材として使用されない所以であり，特にクリープ特性に劣り，ストレス・クラックが発生しやすいという問題がある。フッ素樹脂製品は従来，基礎的な構造材料として用いられるよりは，前述した諸特徴を活かした高付加価値製品にデザインされることが多い。用途面の最近のトピックスとしては，ワールドカップドイツ大会のスタジアムにETFEフィルムが使われたことが挙げられる[5]。エレクトロニクス，環境・エネルギー分野のキーマテリアルとして，将来の成長が期待されている。近年，高分子フッ素化学を中心に発展しつつあり，フッ素系高分子の発展が著しい。図1に示したように2012年の世界需要が19万7千トンであったものが2015年に28万2千トンと年率10％以上の高い需要が続いている[1]。

302

第4章 高分子機能性材料

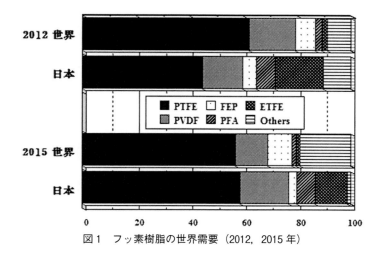

図1 フッ素樹脂の世界需要（2012, 2015年）

表3 フッ素樹脂の特徴

樹脂名	特徴	融点(℃)	連続使用温度(℃)
PTFE (Polytetrafluoroethylene)	最も融点が高く，耐熱性，耐薬品性，電気特性，非粘着性，自己潤滑性に優れるが，溶融粘度が高く，通常の溶融成形ができない（粉末を圧縮成形し，切削加工等の特殊な加工方法）。	327	260
PFA (Perfluoro alkoxy alkane)	微量のパーフルオロ系のビニルエーテルを共重合することにより，PTFEに最も近い様々な特性を維持し溶融成形可能な樹脂である。高い耐薬品性の特性のために半導体分野へ採用されている。	290〜310	260
FEP (Perfluoro ethylene propylene)	トリフルオロエチレン基を側鎖として導入し，結晶化度を下げ溶融成形を可能とした樹脂であり，各種用途に展開され，溶融成形可能なフッ素樹脂として最も販売されている樹脂でもある。	265〜270	200
ETFE (Ethylene-tetrafluoroethylene)	サーマルストレスクラッキング特性，カットスルー抵抗等の機械的強度に優れ，耐放射線性，電気特性，加工性の良い比較的バランスのとれた樹脂である。フッ素樹脂の中では，エチレンとの交互共重合体のため軽量な樹脂である。	225〜265	150〜185
PCTFE (Polyechlorotrifluoroethylene)	テトラフルオロエチレン−クロロトリフルオロエチレンとの繰り返し組成からなる共重合体であるため極性を伴う構造となり，ガスバリア性に優れるフッ素樹脂であり，すべてのプラスチックの中で最も水蒸気バリア性に優れる樹脂である。	220	120
ECTFE (Ethylene-chlorotrifluoroethylene)	クロロトリフルオロエチレンとエチレンとの交互共重合体からなり，硬さ，弾性率が高く，ガスバリア性に優れた樹脂である。コーティング用途の使用が多い。	245	165〜180
PVDF (Polyvinylidene fluoride)	分子鎖の極性が大きいために結晶性が高く，結晶の剛性も高いために機械的性質に優れた特性を示し，4種類の結晶構造（結晶多形）をとる珍しい高分子である。また，その極性構造より，圧電・焦電性を有する電気的特性を示す。	170〜180	150
PVF (Polyvinyl fluoride)	機械的強度が高く，強靱であり，耐摩耗性に優れ，誘電率や絶縁耐性が高い多くのフッ素樹脂にみられない特徴を有している。特性を生かした耐候性用途への展開が計られている。	200	100

有機フッ素化合物の最新動向

表3に現在市販されている代表的な各種フッ素樹脂の特徴を示す。

6.3 接着性フッ素系高分子材料の紹介及び複合化

表1，2で上述したように，フッ素原子は，電気陰性度が大きい原子としてよく知られており，他にも多くの特徴を有する。たとえば，ファンデルワールス半径が小さく，立体障害となりにくいため様々な炭素骨格のパーフルオロ化合物を得ることが可能となる。また，C-F結合の分極率は小さく，これにより低屈折率，低誘電率，低分子間凝集力，低沸点，低表面張力等のフッ素系材料の特徴が発現する。また，C-F結合エネルギーが大きく熱的・化学的に安定であることが，フッ素樹脂が耐熱性，耐薬品性に優れ，耐候性も良好である所以である。このようなユニークな特性であるフッ素樹脂を他材料と組み合わせる場合（炭化水素系のポリマーとの積層，金属材料とのライニング等の接着，ポリマーアロイ化，または，フィラーを用いた各種コンパウンド化）には，溶解度パラメーターが極めて低いために，相手材との親和性，相溶性に著しく欠けることとなり，フッ素樹脂の表面修飾，界面制御が必要となってくる。フッ素樹脂の成形品表面の改質技術[6]として，表4に挙げるドライ処理，ウエット処理の様々な方法が取られている。それらの方法において，生産性の問題，作業環境性等の短所があり，パーフロ系では，Naエッチング処理は効果的であるが，着色が発生し，作業環境性の欠点がある，また，コロナ処理では，パーフロ系樹脂は，不適であり，耐久性にも問題があることが知られている。

そこで，当社は，フッ素樹脂に直接官能基を導入する方法をETFEタイプ，パーフロロ系タイプで開発し，商品化してきた（Fluon®LM-ETFE AH-series, LH8000, Adhesive-Perfluoro EA2000 etc.）。これらの材料を用いることにより，相手材との共押出成形が可能となり，加工プロセスが従来多段工程であったものが一つの工程に簡易化でき，生産性が飛躍的に向上した。また，従来，相手材との溶解度パラメーターの違いにより，親和性，相溶性に欠如し，ポリマーアロイ化が困難であったものが，これらの官能基を導入したフッ素樹脂が化学反応型相溶化剤として働き，ドメインサイズがナノオーダー（相手材がポリアミドの場合）にまで，微細化し，耐衝撃性，低温特性，引張伸度等の機械的特性が改善することが可能となった。また，鉄，銅，アルミ等の金属材料とのラミネーション，フィラー含有時の界面制御により，最適なコンパウンド作製も可能となり，従来，応用展開が困難であった領域まで用途開発を進めることが可能となった。

6.3.1 接着性フッ素樹脂とは

Fluon®LM-ETFE AH-series（旭硝子製，以下AH-ETFE）は，エチレン-テトラフルオロエチレン共重合体に直接，接着性官能基を導入し溶融成形可能なフッ素樹脂であり，接着性を有し，他素材との溶融接着を可能にしたフッ素樹脂である。これまで必要とされていた特殊な接着剤や表面処理は不要であり，強固な積層成形も，わずか一工程で成形加工することができるものである。開発のコンセプトは，非粘着性をはじめ成形性，耐薬品性等，フッ素樹脂本来の持つ特性を維持し，接着官能基として，反応性の高く，耐熱性の高い，酸無水物を導入したものであり，アミノ基，水酸基と水素結合や化学反応して共有結合することが可能なものである。相手材がポ

第4章 高分子機能性材料

表4 フッ素樹脂成形品の表面改質技術

改質技術		改質反応	効果	長所	短所
ドライ処理	スパッタ処理	エッチング 再重合，突起	接着性，親水性	クリーン性 作業環境	真空処理，耐殺傷性
	プラズマ放電	励起，グラフト重合	接着性，親水性表面エネルギーの制御	精密薄層 大気圧処理	電極汚染
	コロナ放電	分解，励起	接着性，親水性	簡便性	パーフロ系樹脂に不適，耐久性
	遠紫外線	励起，グラフト重合	接着性，親水性	微細加工 大気圧処理	生産性
	プラズマ紫外光 エキシマレーザー	アブレーション グラフト重合	接着性，穿孔，親水性	微細加工 大気圧処理	生産性
ウエット処理	Na処理	エッチング，脱フッ素	接着性	汎用性	着色，耐紫外線性，作業環境
	無機物の被覆	微粒子の沈着と埋没	接着性，親水化	簡便性	表面平滑性 クリーン性

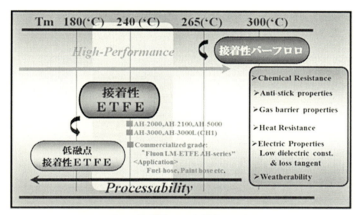

図2 接着性フッ素樹脂の分類

表5 接着性フッ素樹脂の基本特性

Item	unit	Adhesive-perfluoro (EA-2000)	St. PFA	Adhesive-ETFE (AH-2000)	St. ETFE	Mesurement Method
Specific Gravity	----	2.15	2.15	1.78	1.78	ASTM D3159
MFR	g/10m	21	34	25	25	ASTM D1238
Melting Point	°C	303	299	240	225	DSC
Tensile Strength	MPa	30	34	49	40	ASTM D638
Tensile Elongation	%	429	420	420	400	ASTM D638
Flexural Modulus	MPa	672	643	790	650	ASTM D790
Izod Impact Strength	MPa	Non-break	Non-break	Non-break	Non-break	ASTM D259
Contact Angle	°	112	115	100	103	ASTM D2578

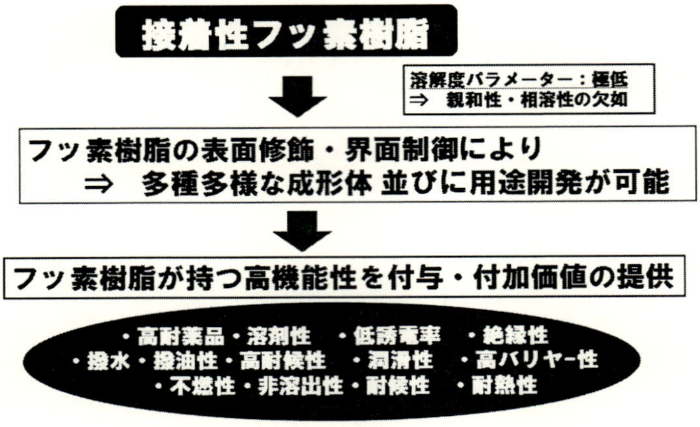

図3 接着性フッ素樹脂を用いた新たな価値の提供

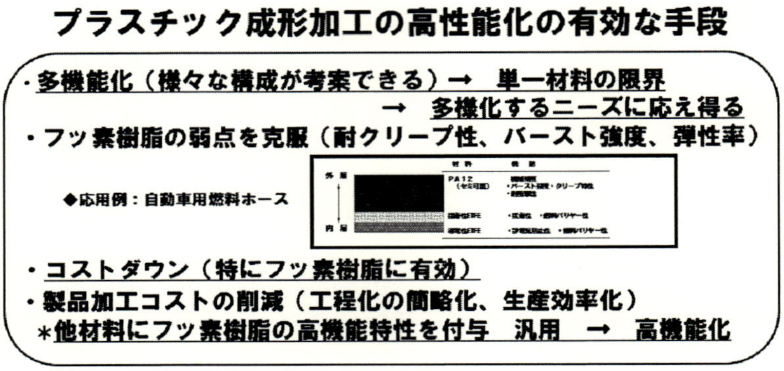

図4 接着性フッ素樹脂を用いた多層化とは

リアミドの場合には，耐久性，耐熱性の高いイミド結合が形成される。接着性フッ素樹脂の分類及びそれらの基本特性をそれぞれ，図2，表5に示す。

6.3.2 接着性フッ素樹脂を用いた複合化

フッ素樹脂の持つ耐薬品性，耐候性，耐熱性，低誘電率，難燃性等の高機能性を他材料と組み合わせて複合化する場合に，C−F結合の由来の低表面張力による非粘着性，溶解度パラメーターが極めて低いために，相手材との親和性，相溶性に著しく欠けることより，フッ素樹脂の表面修飾，界面制御が必要となってくる。また，様々な要求特性（フッ素樹脂の欠点となるクリープ，バースト強度等の機械的特性，材料のコスト等を相手材の持つ特性との組み合わせにより改善が可能となる）を満足するためには，単一材料の改良，改善には限界があり，新たな材料を開発するに極めて膨大な費用が必要となってくる。このような場合に，相手材との多層化，ポリマーアロイ化，コンパウンド化，金属とのライニング等の複合化による高機能化の手段が必要となってくる。図3〜5に接着性フッ素樹脂を用いた新たな価値の創造，高性能化の有効な手段としての多層化，ポリマーアロイ化における反応機構を示す。

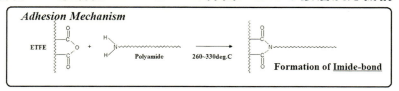

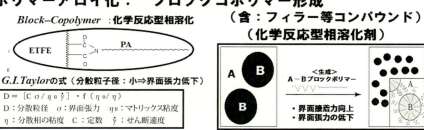

図5　多層・ポリマーアロイ界面反応機構

6.4　自動車におけるフッ素樹脂系高分子材料の用途

フッ素樹脂の代表であるPTFEは，主に酸素センサーや充填剤を配合したフィルドコンパウンドは，サスペンション等の摺動材料やガスケットとして用いられる。また，溶融成形可能メルト系フッ素樹脂は，耐熱性，難燃性の電線被覆材として自動車に搭載され，スーパーチャージャーの内面コーティングにETFEパウダーを用いた採用例もある。一方，フッ素ゴム材料は，各種のオイルに対する化学的安定性が優れることから，シャフトシール等のオイルシール材，エンジンガスケット等に用いられている。更に，近年環境への配慮から，燃料蒸散を抑制するためのバリア材料並びにあらゆる燃料の耐性に優れる材料としてフッ素樹脂が採用されてきており，燃料タンクへの供給ホース，燃料タンク，エンジンへの燃料フィードラインとして用いる場合が増えてきている。自動車用途としてフッ素系材料が用いられる部分は限られているが，自動車の高性能化によって使用環境がより厳しくなり，より高い信頼性を求められる重要部材に，更には，金属代替材料として，フッ素系材料の耐熱性，耐薬品性，耐久性といった特性により，今後も使用が増えていくものと思われる。

6.5　燃料系の防止材料，長期耐久部材としてのフッ素樹脂
6.5.1　燃料チューブの動向

燃料チューブは，従来の金属配管及びゴム系材料から軽量化並びにコストダウンの目的で樹脂化されてきた。用いられる部位によって，燃料が液状の場合燃料チューブは，図6に示すように燃料タンクへの給油ホース及びエンジンへの燃料供給配管部分に用いられる（液体燃料）。また，燃料タンク周りのバーパー系燃料及び燃料給油中のキャニスターを通して燃料ベーパーや蒸気を含む場合があり，用いる部位によってコルゲートタイプのものと直管のものがある。

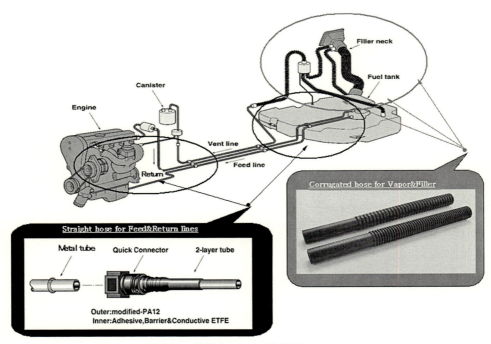

図6 自動車における燃料系ライン

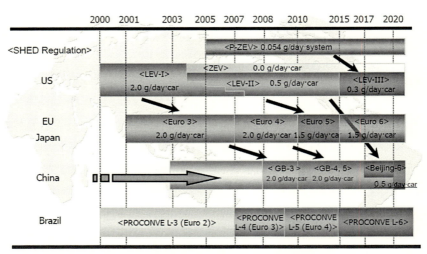

図7 自動車における各地域の燃料蒸散規制

　エンジン周りに用いられることから耐熱性が必要であり，機械的特性も含めてポリアミドが主に用いられてきた。しかしながら，自動車を取り巻く環境規制は，年々厳しくなってきており，特に，米国を中心とした燃料蒸散規制は，世界で最も厳しい規制である（図7）。
　樹脂配管からの燃料の揮散も無視できなくなってきた。したがって，ポリアミドの機械的特性を維持しながら，燃料透過性の低い材料を用いたシステムが必要となり，各種の構成からなる燃

第4章　高分子機能性材料

表6　自動車用燃料ホースの要求特性

要　　　求　　　特　　　性
1 広範囲な温度領域における機械特性（含：タフネス性） *-40～125℃（バースト強度，低温衝撃性，引張強度等）
2 長期耐久性 *10年，10万マイル　⇒　15年，15万マイル
3 劣化燃料や高濃度アルコール含有燃料等のあらゆる燃料油に対する耐性 * 燃料の種類：CE5，CE10，CM15，CE22，CM30，CE85，E100， BioFuels（Bio-alcohol，Bio-diesel：RME，SME）
4 サワー燃料性（劣化燃料性）
5 低抽出物（オリゴマー，モノマー＆可塑剤等）
6 超低下燃料バリア性 * 世界的な環境規制対応：Euro5，6，LEV-3，China-6，BS-6等
7 長期安定な静電気防止機能
8 成形性，2次加工性
9 コスト削減対応

料ホースシステムが提案されてきている。近年の要求特性をまとめたものが表6の一覧となる（表6）。

　炭化水素バリアやアルコールバリアに優れ，多種多様な燃料に対する優れたバリア性を有し，燃料蒸散規制に適合するグローバルなシステムの構築が求められている。また，劣化燃料や高濃度アルコール含有燃料等を含む様々な燃料に対して優れた耐性を有する燃料システムであり，同時に，燃料浸漬，熱処理後の層間接着性の長期耐久性，信頼性に優れる導電化により，帯電，放電による火災事故の防止が可能であり，各種燃料浸漬，熱処理後の安定した導電性の発現（導電率の変化小）が求められる。更に，近年の新たに加わった要求特性としては，燃料ホース材料由来のモノマー・オリゴマー，可塑剤等析出による様々なリスクを低減するホース，コスト低減対応が可能な要求が高まりつつある。

　図8には，各種材料の燃料透過性を示した。燃料油に対するシール材として実績のあるフッ素ゴム，FKMも多層構造チューブの一層として用いられる場合もあるが，エラストマー材料は，その非晶性のため燃料透過が大きく，バリア材料としては不適である。また，フッ素樹脂材料は，パーフルオロ樹脂のFEP，PFAに加え，部分フッ素化のETFEでさえ，ポリアミドPA12に比べ，2桁燃料バリア性が高いことが判る。また，近年では，従来の化石燃料資源の枯渇問題，地球温暖化対策及び燃料の高騰等から燃料蒸散規制と並行して燃料の種類の動向も注目されており，とうもろこし，サトウキビ，大豆油（SME），菜種油（RME）等のバイオ由来の所謂バイオフューエルの使用が増えてきている。そのために燃料蒸散規制に加えて，あらゆる燃料に対する耐性も問われている。ブラジルでは，サトウキビ由来のエタノールが100％で使用され，また，米国では，とうもろこし由来のエタノール含有量：85％の高濃度の燃料が使用されている。また，上記の燃料に京都市廃食油，牛脂等を添加したケースも検討されており，そのすべての長期耐性

309

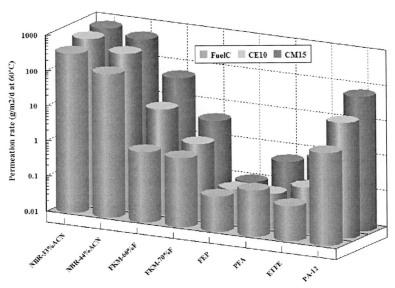

図8　各種材料の燃料透過性

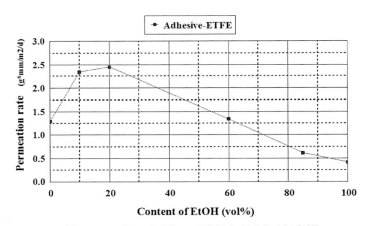

図9　AH-ETFE（接着性ETFE）のエタノール含有燃料の透過性

において，フッ素系樹脂は問題なく使用できることが確認されている。図9にAH-ETFE（接着性ETFE）のエタノール含有燃料における透過性のデータを示す。エタノール含有量が高い場合でも高い燃料バリア性を示している。

表7は，提案されている主なバリア性の燃料チューブの材料システムをまとめたものである。現在では，静電気除去のための導電層を含め，ポリアミドとフッ素樹脂の2層から5層の多層構造のものが多く提案され採用されている。

また，上述したように自動車を取り巻く環境規制は，年々厳しくなってきており，更に，近年の新たに加わった要求特性としては，燃料ホース材料由来のモノマー・オリゴマー，可塑剤等析

第4章　高分子機能性材料

表7　提案されている主なバリア性の燃料チューブシステム

使用材料		接着方式	構成(外層~内層)	層数	特徴
ポリアミド/フッ素樹脂系	ETFE系	表面処理法	PA12 / ETFE	2	低燃料透過, 耐アルコール燃料, 耐サワー性
		表面処理法	PA12 / ETFE / 導電ETFE	3	静電気防止, 低燃料透過, 耐アルコール燃料, 耐サワー性
		共押出法	PA11,12 / ETFE	2	低燃料透過, 耐アルコール燃料, 耐サワー性
		共押出法	PA11,12 / ETFE / 導電ETFE	3	静電気防止, 低燃料透過, 耐アルコール燃料, 耐サワー性
		共押出法	PA11,12 / 接着層 / ETFE / 導電ETFE	4	静電気防止, 低燃料透過, 耐アルコール燃料, 耐サワー性
	PVDF系	共押出法	PA12 / 接着層 / PVDF	3	低燃料透過
		共押出法	PA12 / 接着層 / 導電PVDF	3	低燃料透過
		共押出法	PA12 / modified-PVDF / PA12	3	低燃料透過
		共押出法	PA12 / modified-PVDF / PA12 / 導電PA12	4	低燃料透過
		共押出法	PA12 / 接着層 / PVDF / 接着層 / PA12	5	低燃料透過
		共押出法	PA12 / 接着層 / PVDF / 接着層 / 導電PA12	5	低燃料透過
	THV系	共押出法	PA12 / 接着層 / THV	3	低燃料透過
		共押出法	PA12 / 接着層 / 導電THV	3	低燃料透過
	PTFE系	表面処理法	PA12 / PTFE	2	耐熱性, 低燃料透過
		表面処理法	PA12 / PTFE / 導電PTFE	3	耐熱性, 低燃料透過
ポリアミド/EVOH系		共押出法	PA12 / 接着層 / EVOH / PA6	4	低コスト, 超低燃料透過
		共押出法	PA12 / 接着層 / EVOH / 接着層 / PA12	5	低コスト, 超低燃料透過
		共押出法	PA12 / 接着層 / EVOH / 接着層 / 導電PA12	5	低コスト, 超低燃料透過
ポリアミド/PPS系		共押出法	PA11,12 / 接着層 / PPS	3	低コスト, 超低燃料透過
		共押出法	PA11,12 / 接着層 / PPS / 導電PPS	4	低コスト, 超低燃料透過
ポリアミド/セミ芳香族系ポリアミド系		共押出法	PA12 / PA9T	2	低コスト, 超低燃料透過
		共押出法	PA12 / PA9T / 導電PA9T	3	低コスト, 超低燃料透過
		共押出法	PA12 / PA6T	2	低コスト, 超低燃料透過
ポリアミド/ポリエステル系		共押出法	PA12 / 接着層 / PEN / 接着層 / PA12	5	低コスト, 超低燃料透過
ポリエステル系		共押出法	TPEE / modified-PBT / PEN / modified-PBT	4	低コスト, 超低燃料透過

表8　2つのバリア材料を用いた多層燃料ホース

使用材料		接着方式	構成(外層~内層)	層数	特徴
ポリアミド/フッ素樹脂系	PPS系	共押出法	PA12 / 接着層 / PPS / 接着層 / ETFE	5	超低燃料透過, 耐アルコール, 低抽出物, 耐サワー
		共押出法	PA12 / 接着層 / PPS / 接着層 / 導電ETFE	5	静電気防止, 超低燃料透過, 耐アルコール燃料, 低抽出物, 耐サワー性
	セミ芳香族系	共押出法	PA12 / セミ芳香族系PA / ETFE	3	超低燃料透過, 耐アルコール, 低抽出物, 耐サワー
		共押出法	PA12 / セミ芳香族系PA / 導電ETFE	3	静電気防止, 超低燃料透過, 耐アルコール燃料, 低抽出物, 耐サワー性
	EVOH系	共押出法	PA12,612 / 接着層 / EVOH / 接着層 / ETFE	5	超低燃料透過, 耐アルコール, 低抽出物, 耐サワー
		共押出法	PA12,612 / 接着層 / EVOH / 接着層 / 導電ETFE	5	静電気防止, 超低燃料透過, 耐アルコール燃料, 低抽出物, 耐サワー性

出による様々なリスクを低減するホース，コスト低減対応が可能な要求が高まりつつある。

6.5.2　フッ素樹脂の燃料バリア機構

　フッ素樹脂は，C−F結合の安定性と低表面エネルギーによって燃料油に侵されにくいことは，容易に想像できる。また，燃料透過性が低いことは，フッ素樹脂への燃料油の溶解度が低いことによると理解できる。すなわち，透過における溶解拡散機構を仮定すれば，次式のように燃料透過係数（P）は透過係数燃料分子のフッ素樹脂への溶解度（S）と拡散速度（D）の積で表される。

$$(P) = (S) \times (D) \tag{1}$$

　ここで拡散係数（D）は，高分子の運動によって生じる自由体積の大きさ等によるもので，分子間力の小さいフッ素系ポリマーは，一般的な高分子材料と比較して透過抑制に有利とはいえない。拡散係数を小さくするためには，分子運動の活発な非晶質部分を極力減らす，すなわち結晶化度の高いポリマーを用いるか，化学的または水素結合等の物理的な架橋構造を導入することで分子運動を抑えることが，有効な手段となる。たとえば，前者であればPPSのような高結晶性ポリマーが例として挙げられ，後者はポリビニルアルコール等が例として挙げられる。

　一方，ポリマーと溶媒の溶解における自由エネルギー（ΔG）は，次の(2)式で表される。

$$(\Delta G) = \Delta H - T\Delta S \tag{2}$$

溶解においては，常にエントロピー（ΔS）は増大するので，エンタルピー（ΔH）が小さいほ

ど自由エネルギー（ΔG）は小さく，溶解しやすいといえる。一方，エンタルピー変化は成分1及び2のそれぞれの体積分率φと溶解度パラメーターδにより，(3)式のように表される。

$$\Delta H = V_1 (\delta_1 - \delta_2)_2 \cdot \phi_1 \cdot \phi_2 \tag{3}$$

すなわち，溶解度パラメーターの差，｜δ1－δ2｜が大きければエンタルピー変化は大きく，溶解しにくいといえる[7]。したがって，炭化水素系の燃料とフッ素樹脂は，この溶解度パラメーターが大きく異なるため，溶解拡散機構における溶解度が極めて小さく，バリア性を発現していると理解できる。

6.5.3 成形性に優れた接着性 ETFE の開発と燃料ホースシステム

　フッ素樹脂の耐燃料油性とバリア性を生かしつつ，ポリアミドの機械物性を兼ね備えた多層チューブが燃料チューブの主流となりつつあるが，この多層化においてフッ素系材料は一つの課題があった。それは，C－F結合の持つ低表面エネルギーに由来する非粘着性である。この特性を利用し，フッ素樹脂は，離形フィルム等の用途にも用いられているが，他の材料との組み合わせにおいては，接着性が乏しく多層化や複合化が困難であった。フッ素樹脂に接着性を付与するためには，成形体の表面をナトリウムナフタレン溶液で処理するウエットプロセス，または，同様に表面をプラズマやコロナ放電によるエッチング等のドライプロセスで処理する必要があった。このような状況に鑑み，近年，樹脂そのものに接着官能基を導入し，たとえば，二層共押し出し工程等において，同時に積層成形と接着が可能なフッ素樹脂が開発された。特に燃料ホース用途には，耐燃料油性に実績のある ETFE（エチレン－テトラフルオロエチレン交互共重合体）に接着官能基を導入したポリマーが実用化されている[8]。たとえば，酸無水物基を共重合等によりポリマー中に導入したもの，カーボネート構造をポリマー末端に導入したもの等がある。以下，共重合により接着官能基を導入した AH-ETFE とこれを用いた燃料ホースシステムについて紹介する。AH-ETFE の官能基モノマー含量とポリアミドとの接着強度について図10に示す。接着官能基の濃度は共重合割合としては非常に低いレベルであっても十分に接着強度を発現する。つまり，本来の ETFE のポリマー骨格にはほとんど変化がなく，耐油レベルも通常の ETFE と遜色ない。官能基レベルが低くても十分な接着性を発現するのは，共押し出し等の成形プロセスで受ける高温を利用した反応による化学結合の生成によるものと考えられる。図11に示すように，AH-ETFE 中の酸無水物はポリアミドの末端基として存在するアミノ基と化学反応により非常に安定なイミド結合を生成する。酸無水物以外のカルボニル系官能基もアミノ基との反応によりアミド基を生成するが，化学的，熱的安定性は，イミド結合が勝ると思われる。

　また，AH-ETFE とポリアミドとの二層共押し出しチューブを燃料油にそれぞれ浸漬及び燃料をホースに封入した場合の接着安定性の試験結果を示す（図12，13）。7500時間の燃料浸漬後も 40 N/cm を越える接着強度を維持しており，イミド結合による接着の安定性を実用的にも示す結果となっている。さらに，図14には，二層共押し出しの成形温度と接着強度の発現について示した。AH-ETFE は熱的に安定なイミド結合を生成するため，一旦化学反応により生成し

第4章 高分子機能性材料

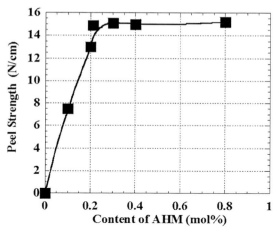

図10 接着官能基量（AHM：酸無水物）と接着強度の関係

a）AH-ETFE のポリアミドとの接着メカニズム

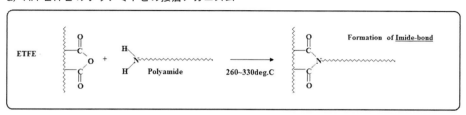

b）他のフッ素樹脂の接着メカニズム

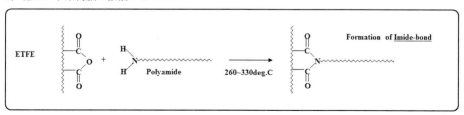

図11 AH-ETFE のポリアミドとの接着メカニズム

た結合が熱的に分解することなく接着に寄与し，広い成形温度範囲を採用することが可能となる。これにより，成形速度のアップ等のメリットが得られるものと考えられる。

313

有機フッ素化合物の最新動向

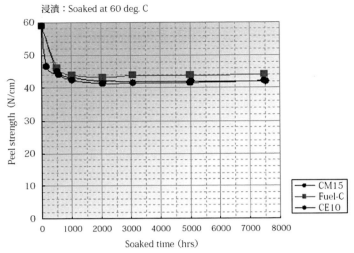

図12　燃料浸漬時のAH-ETFEの接着耐久性

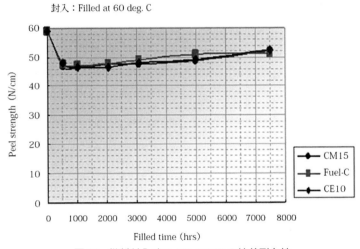

図13　燃料封入時のAH-ETFEの接着耐久性

第4章　高分子機能性材料

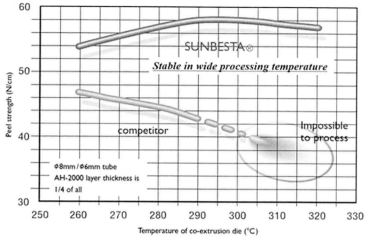

図14　共押し出しダイ温度と接着強度の関係

6.6　接着性フッ素樹脂の新たな展開

　現在の接着性フッ素樹脂の融点は，低融点タイプの180℃から，パーフルオロ系の300℃まで広範囲にラインナップされており，これらの材料との組み合わせによる複合化は，多層化，ポリマーアロイ化，コンパウンド化等の加工処理により，多くの領域をカバーできるものと思われる。パーフルオロ系フッ素樹脂の特徴として，より優れた耐薬品性，耐候性以外に，あらゆる樹脂の中で最も誘電率が低いため多くの電子機器，通信機器の小型化，軽量化のフレキシブル基板，リジッド基板に採用されてきている。また，車載センサーや高速データ通信等で注目されているミリ波を使った高速無線データ通信を生かすためには，大量のデータを短時間で処理する高速デジタル回路としての性能向上が必要とされており，高周波領域における信号伝送速度の向上，伝送損失低減とノイズの低減が求められており，フレキシブルプリント配線板においても基板材料，配線技術，回路形態等からの検討が進められている。また，他の重要な用途の一つとして，自動車や航空機等各種輸送機器の軽量化が求められており，炭素繊維強化プラスチックが，軽量且つ高剛性の金属代替材料として注目されている。今後，各国における燃費規制の強化に伴い，自動車業界においても炭素繊維強化プラスチックの利用が進むと予想されている[9,10]。熱硬化性樹脂を用いたCFRPは，成形時間の長さや，二次加工，リサイクルが困難な点等，課題も存在しているため，自動車業界を含むより広範な用途に向け，熱可塑性樹脂をマトリックス樹脂として用いた炭素繊維強化プラスチック（CFRTP）の開発が進められている。CFRTPの今後の予測として，現状（2018年）プリプレグとして700トンの販売数量に対して，2030年に12.7万トンの市場予測があり[9]今後の伸長が期待されている（図15）。

315

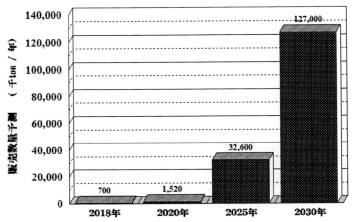

図15 熱可塑性炭素繊維プリプレグ（中間基材）の市場予測

6.7 フッ素技術によるポリアミド樹脂の改質について

　ポリアミド6は汎用のポリアミド樹脂として射出成形部品，フィルム，チューブ，繊維等の押出成形品として，各産業で重要な役割を果たしており，CFRTPのマトリックス樹脂としての利用も期待されている。ポリアミド6樹脂は分子内にアミド基を有することから，吸水性が高く，成形加工時の加水分解や吸水による強度の低下が起こることが知られているが，接着性フッ素樹脂を用いたポリマーアロイ化により，引張強度低下を10%以内に抑えて，吸水率が約30%低下すること並びにポリアミド6の衝撃強度の約3倍まで向上することが可能である。

　最後に，接着性フッ素樹脂は，非粘着を特徴としたフッ素系材料において，画期的なコンセプトであり，過去にない無機フィラー等の表面修飾を制御したコンパウンド及び他のポリマーとの反応性を利用した新たなポリマーアロイ，金属とのライニング等の新たな複合材料の開発が期待される。

文　　献

1) HIS Chemical 改 Floropolymers Chemical Economic Handbook (2016)
2) フッ素化学入門 先端テクノロジーに果たすフッ素化学の役割，(独)日本学術振興会・フッ素化学第155委員会編，177-178，三共出版 (2004)
3) Drobny JG, Technology of Fluoropolymers, 2nd Ed., CRPress, BocaRaton (2009)
4) 里川孝臣編，ふっ素樹脂ハンドブック，日刊工業新聞社，281-335 (1990)
5) 小田喜朗，清水哲男，プラスチックス，**59**，106 (2008)
6) 村上，上森，日東技報，**34**(1)，60 (1996)
7) 井出文雄，プラスチックエージ，**46**(1)，154 (2000)

第 4 章　高分子機能性材料

8)　特開 2006-321224, 旭硝子 (2006)
9)　単層繊維複合材料 (CFRP/CFRTP) 関連技術・用途市場の展望, ㈱富士経済 (2017)
10)　石川隆司, 精密工学会誌, **81**(6) (2015)

有機フッ素化合物の最新動向

2018 年 7 月 30 日　第 1 刷発行

監　　修　今野　勉　　　　　　　　　　　　　　　　　（T1083）
発 行 者　辻　賢司
発 行 所　株式会社シーエムシー出版
　　　　　東京都千代田区神田錦町 1 － 17 － 1
　　　　　電話 03（3293）7066
　　　　　大阪市中央区内平野町 1 － 3 － 12
　　　　　電話 06（4794）8234
　　　　　http://www.cmcbooks.co.jp/
編集担当　井口　誠／門脇孝子

〔印刷　尼崎印刷株式会社〕　　　　　　　　　　　　　　Ⓒ T. Konno, 2018

落丁・乱丁本はお取替えいたします。

本書の内容の一部あるいは全部を無断で複写（コピー）することは，法
律で認められた場合を除き，著作者および出版社の権利の侵害になり
ます。

ISBN978-4-7813-1337-5　C3043　¥82000E